できる
Excel
パーフェクトブック
困った!&便利ワザ大全
Office 2024 / 2021 / 2019 & Microsoft 365 版

Copilot 対応

きたみあきこ & できるシリーズ編集部

インプレス

動画について

操作を確認できる動画をYouTube動画で参照できます。画面の動きがそのまま見られるので、より理解が深まります。QRコードが読めるスマートフォンなどからはレッスンタイトル横にあるQRコードを読むことで直接動画を見ることができます。パソコンなどQRコードが読めない場合は、以下の動画一覧ページからご覧ください。

▼動画一覧ページ
https://dekiru.net/ex2024pb

無料電子版について

本書の購入特典として、気軽に持ち歩ける電子書籍版(PDF)を以下の書籍情報ページからダウンロードできます。PDF閲覧ソフトを使えば、キーワードから知りたい情報をすぐに探せます。

▼書籍情報ページ
https://book.impress.co.jp/books/1124101111

● **用語の使い方**

　本文中では、「Microsoft Excel 2024」のことを、「Excel 2024」または「Excel」、「Microsoft Windows 11」のことを「Windows 11」または「Windows」、「Microsoft Word 2024」のことを「Word 2024」または「Word」と記述しています。また、本文中で使用している用語は、基本的に実際の画面に表示される名称に則っています。

● **本書の前提**

　本書では、「Windows 11（24H2）」に「Microsoft Excel 2024」または「Microsoft 365のExcel」がインストールされているパソコンで、インターネットに常時接続されている環境を前提に画面を再現しています。また一部のレッスンでは有料版のCopilotを契約してMicrosoft 365のExcelでCopilotが利用できる状況になっている必要があります。

「できる」「できるシリーズ」は、株式会社インプレスの登録商標です。
Microsoft、Windowsは、米国Microsoft Corporationの米国およびその他の国における登録商標または商標です。
そのほか、本書に記載されている会社名、製品名、サービス名は、一般に各開発メーカーおよびサービス提供元の登録商標または商標です。
なお、本文中には™および®マークは明記していません。

Copyright © 2025 Akiko Kitami and Impress Corporation. All rights reserved.
本書の内容はすべて、著作権法によって保護されています。著者および発行者の許可を得ず、転載、複写、複製等の利用はできません。

まえがき

Excelは、ビジネスの現場に欠かせない表計算アプリです。その機能はバージョンが上がるたびに進化し、使い方も時代とともに変化してきました。初期のExcelは単独のパソコンで使用することが前提でしたが、クラウドサービスの普及とともにファイルをクラウドに保存し、出先で編集したり仲間と共有したりと、使用シーンが大きく広がりました。また、ビッグデータの重要度が高まるなか、Excelに「パワーピボット」というツールが追加され、Excel単独では扱えない量のデータを扱えるようになりました。最新のExcelでは、AIアシスタントである「Copilot」に直接Excelの操作をしてもらえるようになっています。

本書は、こうした"多機能"なExcelを使いこなしていただくための書籍です。日常の作業にすぐに役立つ便利ワザや、業務を効率化する一歩進んだテクニック、Excelを使っているときに遭遇するトラブルの解決方法など、盛りだくさんのノウハウを紹介しています。また、クラウドでファイルを共有する方法や、パワーピボットを使ってデータを集計する方法、無料のCopilotにExcelの操作を教えてもらう方法、さらに有料版のCopilotにExcelを直接操作してもらう方法も盛り込みました。

操作を紹介するワザでは練習用ファイルを用意していますので、ぜひダウンロードしてください。実際に手を動かして操作することで、理解を深めていただけるでしょう。Excelにはさまざまなバージョンがありますが、本書はExcel 2024/2021/2019の3つのバージョン、およびMicrosoft 365に対応しています。解説にはExcel 2024の画面を使用していますが、操作が異なる場合はそれぞれのバージョンでの操作方法も併記しました。

初めてExcelに挑戦される方やステップアップを図りたい方など、Excelを使用するあらゆる方にとって、本書がその手助けになれば幸いです。最後に、本書の制作にご協力くださったすべての皆さまに、心よりお礼申し上げます。

2025年1月　きたみあきこ

本書の読み方

中項目
各章は、内容に応じて複数の中項目に分かれています。あるテーマについて詳しく知りたいときは、同じ中項目のワザを通して読むと効果的です。

ワザ
各ワザは目的や知りたいことからQ&A形式で探せます。

解説
「困った!」への対処方法を回答付きで解説しています。

イチオシ①
ワザはQ&A形式で紹介しているため、A（回答）で大まかな答えを、本文では詳細な解説で理解が深まります。

イチオシ②
操作手順を丁寧かつ簡潔な説明で紹介！パソコン操作をしながらでも、ささっと効率的に読み進められます。

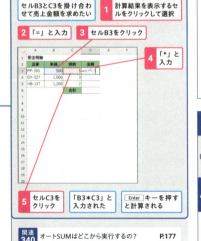

第6章 データをまとめる関数・集計のワザ

数式の基本

集計表の数式作成のコツは、セルを上手に参照することです。セルを参照する方式は単純に指定する方法のほか、相対参照や絶対参照などがあります。ここでは、さまざまな参照方法と数式の作成に関する基本を解説します。

337 365 2024 2021 2019 サンプル
お役立ち度 ★★★

Q セルを使って計算するには？

A セルを選択してから「=」で入力を始めます

「=」に続けてセル番号と演算子を入力すると、セルの値で計算できます。セル番号でセルの値を参照することを「セル参照」と言います。セルの値を変更すると、計算結果も変わります。

338 365 2024 2021 2019
お役立ち度 ★★

Q 2の3乗のようなべき乗を求めるには

A 演算子「^」を数字と数字の間に入力して使います

べき乗は、演算子「^」を使って「=2^3」のように入力して求めます。「^」は[^]キー（ひらがなの「へ」が書かれたキー）を押して入力します。

役立つ豆知識
演算子の優先順位
Excelでは、通常の計算と同様に「べき乗」「乗算と除算」「加算と減算」の順に計算されます。この優先順位はかっこで変更できます。例えば「=1+2*3」は「2*3」が優先されて結果は「7」になり、「=(1+2)*3」の結果は「9」になります。

339 365 2024 2021 2019
お役立ち度 ★★

Q 文字列を連結したい

A セルを指定して「&」でつなげます

文字列を連結するには演算子の「&」を使用します。例えば、セルA1に「佐藤」と入力されているときに、「=A1 & "様"」と記述すると「佐藤様」になります。

関連ワザ参照
紹介しているワザに関連する機能や、併せて知っておくと便利なワザを紹介しています。

役立つ豆知識
ワザに関連した情報や別の操作方法など、豆知識を掲載しています。

対応バージョン
ワザが実行できるバージョンを表しています。

解説動画
ワザで解説している操作を動画で見られます。QRをスマホで読み取るか、Webブラウザーで「できるネット」の動画一覧ページにアクセスしてください。動画一覧ページは2ページで紹介しています。

サンプル
練習用ファイルを使って手順を試すことができます。詳しくは39ページをご参照ください。

お役立ち度
各ワザの役立つ度合いを★で表しています。

左右のつめ
カテゴリーでワザを探せます。ほかの章もすぐに開けます。

手順
操作説明
「○○をクリック」など、それぞれの手順での実際の操作です。番号順に操作してください。

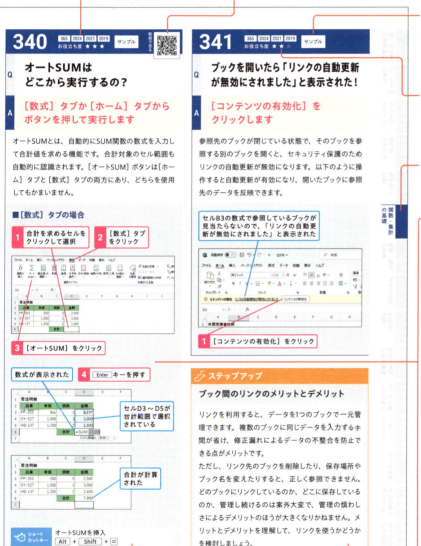

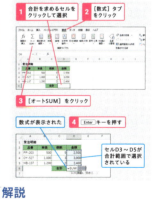

解説
操作の前提や意味、操作結果について解説しています。

※ここに掲載している紙面はイメージです。実際のレッスンページとは異なります。

ショートカットキー
ワザに関連したショートカットキーを紹介しています。

ステップアップ
一歩進んだ活用方法や、Excelをさらに便利に使うためのお役立ち情報を掲載しています。

目次

まえがき	3
本書の読み方	4
目的別索引	34
OneDriveプラン一覧	39
練習用ファイルの使い方	40
ご購入・ご利用の前に	41

第1章 脱・初心者のExcel基本ワザ

Excelの基本機能　42

001	Excelとは	42
002	表計算アプリの特徴とは	42
003	OfficeやExcelの買い方を知りたい	43
004	POSAカードとダウンロード版の違いは？	43
005	Office 2024やMicrosoft 365で利用できるアプリを知りたい	44
006	Microsoft 365を使うメリットは何？	44
007	ライセンス認証って何？	45
008	利用しているOfficeの情報を知りたい	45
009	複数のパソコンでExcelを使いたい	45
010	OfficeやExcelを最新の状態に保つには	45
011	セルって何？	46
012	ワークシートやブックって何？	46
013	ワークシートの大きさはどのくらい？	46
014	画面に表示される白い矢印や十字は何？	46
015	Excel 2024の新機能を知りたい！	47

Excelの起動と終了　48

016	Windows 11でExcelを起動するには	48
017	起動と同時にファイルを開きたい	48
018	タスクバーから簡単に起動できるようにしたい	49
019	デスクトップから簡単に起動できるようにするには	49
020	Excelを終了するには	50
021	［自動保存］はどうやって使うの？	50
022	サインインしないと使えないの？	50
023	Excelの画面から新しいブックを作成するには	51

024	パソコンに保存されているブックを開くには	51
025	ブックをパソコンに保存するには	52

Excelの画面を便利に使う　53

026	Excelの機能はどこから実行するの？	53
027	表示されているボタンの機能を確かめるには	53
028	スマート検索って何？	53
029	リボンの構成を知りたい	54
030	［ファイル］タブで操作できる内容は？	54
031	リボンの表示を小さくしてワークシートを広く使いたい	55
032	リボンの設定画面を素早く表示するには	55
033	いつもあるボタンが見当たらない	56
034	リアルタイムプレビューって何？	56
035	右クリックすると表示されるメニューは何？	56
036	右クリックすると表示されるツールバーは何？	56
037	機能ごとの設定画面を表示するには	57
038	ときどきリボンに別のタブが表示される！	57
039	セル範囲を選択すると表示されるボタンは何？	58
040	画面左上に並ぶボタンは何？	58
041	ショートカットキーでリボンやメニューを操作したい	58
042	クイックアクセスツールバーの位置を変えたい	58
043	クイックアクセスツールバーが消えてしまった	59
044	［ファイル］タブのボタンを登録したい	59
045	クイックアクセスツールバーにリボンのボタンを登録したい	60
046	Excel全体の設定を変更するには	60
047	リボンに好きなボタンを追加したい	61
048	以前のバージョンにあった機能がリボンにない！	62
049	リボンやクイックアクセスツールバーをリセットするには	62
050	リセットしたのにクイックアクセスツールバーが消えない	62
051	画面の表示倍率をマウスで変更するには	63
052	ヘルプを表示する方法は？	63
053	やりたいことに最適な機能を探したい	63

第2章 データ入力効率化のワザ

セルを移動する　64

054	表の先頭や末尾へ簡単に移動するには	64
055	セルA1に素早く移動したい	64
056	Ctrl + Home キーでセルA1に移動できないのはなぜ？	64
057	行の先頭に移動したい	65
058	表の右下端に移動するには	65
059	画面単位で大きく移動するには	65
060	特定のセルに一発で移動するには	66
061	アクティブセルを見失ってしまった！	66
062	方向キーを押すと選択範囲が広がってしまう	66
063	方向キーを押すと画面がスクロールしてしまう	66
064	Enter キーを押したときにセルを横に移動できる？	67
065	入力可能なセルだけを順番に移動したい	67
066	データを入力する範囲を指定する方法は？	68
067	効率よく移動しながら表を入力したい	68
068	入力中にセル内でカーソルを移動するには	68

ステップアップ データを入力する　69

069	同じデータを複数のセルに一括で入力したい	69
070	確定済みのデータをほかのセルにも一括入力したい	69
071	文字と数値の入力方法を簡単に切り替えられる？	70
072	入力済みのセルの一部を修正したい	70
073	入力済みの漢字を再変換するには	70
074	すぐ上のセルと同じデータを素早く入力したい	70
075	ワークシートが保護されていてデータを入力できない！	71
076	セルを編集できない！	71
077	「@100」と入力するにはどうすればいいの？	71
078	テンキーで数字が入力できない	72
079	「/」を1文字目に入力できない	72
080	小文字で入力したいのに大文字になってしまう	72
081	セル内でカーソルを移動するには	72
082	セル内で改行したい	72
083	セル内の2行目以降が表示されていない	73
084	セルに2行入力したのに数式バーに1行しか表示されない	73

ステップアップ	1文字目の「@」は関数の入力を表す	73
085	入力後にセルを移動せずに確定したい	74
086	セルに入力されているデータを手早く削除するには	74
087	入力済みのセルを新しい状態のセルに戻すには	74
088	Back spaceキーと Deleteキーの違いって何？	74

数値や日付を入力する　　75

089	数値が「####」と表示されてしまう	75
090	数値が「4.E＋04」のように表示されてしまう	75
091	データを入力した通りにセルに表示したい	76
092	「1-1」と入力したいのに「1月1日」と表示される	76
093	「0318」を入力すると「318」と表示されてしまう	76
094	「(1)」と入力したいのに「-1」と表示される	77
095	16けた以上の数値は入力できないの？	77
096	入力した数値が日付に変わってしまう	77
097	分数を入力したい	77
098	数値を「0001」のように4けたで入力したい	77
099	「℃」や「㎡」などの記号を入力するには	78
100	小数点以下の数値が勝手に四捨五入されてしまう	78
101	小数点をいちいち入力しなくて済むようにできる？	78
102	小数点以下の数字がセルに表示されない	78
103	平方根（√）やシグマ（Σ）を使った数式を入力するには	79
ステップアップ	［文字列］と「'」（シングルクォーテーション）を使い分けよう	79
104	手書きで複雑な数式を入力できないの？	80
105	和暦のつもりで入力したのに西暦に変更されてしまう	80
106	現在の日付や時刻を素早く入力したい	80
107	時刻をAM／PMで入力するには	80

連続するデータを効率的に入力する　　81

108	連続するデータを簡単に入力する方法はある？	81
109	「1、2、3……」のような数値の連続データを入力したい	81
110	10飛びの数を連続して入力したい	82
111	月単位や年単位で日付の連続データを入力するには	82
112	月曜日から日曜日までを簡単に入力するには	82
113	「1」から「100」まで簡単に連続データを入力するには	83
114	月末だけを連続して入力できないの？	83

115	「Q5」が連続入力できない！	83
116	独自の連続データを入力できるようにするには	84
117	オートフィルをもっと素早く実行したい	84

サンプル面倒なデータ入力を効率化する　　85

118	同じ文字を何度も入力するのが面倒	85
119	オートコンプリートの機能をオフにしたい	85
120	入力するデータをリストから選べるようにするには？	86
121	セルに入力した選択肢から入力リストを作成したい	86
122	入力できるデータの範囲を制限したい	87
123	入力エラー時に分かりやすいメッセージを表示させたい	87
124	セル内の姓と名を別々のセルに分割したい	88
125	セル内の氏名から姓だけを取り出したい	89
126	もっと簡単にフラッシュフィルを使いたい	89
127	セルごとに入力モードを自動的に切り替えたい	90
128	郵便番号から住所を素早く入力できる？	90
129	ふりがなを表示したい	91
130	ふりがなを修正するには	91
131	ふりがなの書式や配置は変更できる？	91

入力ミスを減らす　　92

132	間違えて入力したスペルが自動で修正されるようにしたい	92
133	スペルミスがないかどうか調べられる？	92
134	先頭の小文字が勝手に大文字に変わってしまう	93
135	「(c)」と入力したいのに「©」に変換されてしまう	93

第3章 セルとワークシートの強力編集ワザ

セル選択の便利ワザ　　94

136	離れたセルを同時に選択できる？	94
137	広いセル範囲を正確に選択するには	94
138	ワークシート上のすべてのセルを選択するには	95
139	数値が入力されたセルだけを選択したい	95
140	空白のセルだけを選択したい	96
141	表全体を簡単に選択する方法はないの？	96
142	選択範囲から一部のセルの選択を解除したい	96

143	行や列全体を選択するには	97
144	ハイパーリンクが設定されたセルが選択できない！	97
145	選択範囲を広げたり狭めたりするには	97

移動とコピーの便利なテクニック　98

146	表を近くのセルにササッと移動したい	98
147	表を近くのセルにササッとコピーしたい	98
148	ドラッグを使わずに落ち着いて移動またはコピーしたい	99
149	貼り付け終えたのにセルの枠の点滅が消えない！	100
150	元の列の幅のまま表をコピーできる？	100
151	数式ではなく計算結果をコピーしたい	100
152	表の縦と横を入れ替えたい	101
153	書式だけをコピーするには	101
154	繰り返し書式をコピーできる？	101
155	列幅が異なる表を同じシートに並べたい	102
156	コピーできるデータをストックして使うには	103
157	クリップボードのデータを消す方法は？	103
158	列を丸ごとほかの列の間に移動／コピーするには	103
159	セル同士を入れ替えたい	104
160	コピー元とコピー先で常に同じデータを表示できる？	104
161	「貼り付けプレビュー」って何？	104

セルの挿入と削除のワザ　105

162	表にセルを追加で挿入したい	105
163	データをセルごと削除するには	105
164	表に行や列を挿入したい	106
165	書式を引き継がずに行や列を挿入できる？	106
166	下の行と同じ書式の行を挿入するには	106
167	複数の行や列を一度に挿入したい	107
168	行や列を削除するには	107
169	表の一部を削除したら別の表が崩れた！	107
170	［クリア］と［削除］は何が違うの？	107

セルの幅や高さの調整　108

171	行の高さや列の幅を変更したい	108
172	複数の行の高さや列の幅をそろえるには	108
173	行の高さや列の幅の単位は何？	109

174	行の高さや列の幅を数値で指定したい	109
175	行の高さや列の幅をセンチメートル単位で指定できる？	109
176	セルの内容に合わせて列の幅を自動調整するには	110
177	ダブルクリックしても列の幅が調整されない！	110
178	表のタイトル以外の内容に合わせて列の幅を調整したい	110
179	行や列を一時的に非表示にしたい	111
180	非表示にした行や列を再表示したい	111

ワークシートの操作　　112

181	新しいワークシートを挿入するには	112
182	ワークシートを削除するには	112
183	一部のシート見出しが隠れてしまった！	113
184	ワークシートの表示を効率よく切り替えたい	113
185	特定のワークシートを非表示にできる？	114
186	非表示のワークシートを再表示するには	114
187	ワークシートの操作ができない！	114
188	複数のワークシートをまとめて操作したい	115
189	ワークシートの順序を入れ替えたい	115
190	ワークシートのグループ化を解除するには	115
191	ワークシートをブック内でコピーして使いたい	115
192	ワークシートをほかのブックにコピーまたは移動するには	116
193	ワークシートをまとめてコピーまたは移動できる？	116
194	シート名を分かりやすく変更したい	116
195	シート見出しを分かりやすく区別するには	116

検索と置換のテクニック　　117

196	特定のデータが入力されたセルを探したい	117
197	ブック全体で特定のデータが入力されたセルを探したい	118
198	「東京都〇〇市」といったあいまいな条件でも検索できる？	118
199	同じ条件で続けて検索するには	119
200	「*」や「？」を検索するには	119
201	あるはずのデータが見つからない	119
202	特定の文字を別の文字に置き換えたい	119
203	文字列の中にある空白を一括で取り除きたい	120
204	文字列中の全角の空白だけを削除したい	120
205	すべてのセル内の改行を一度に削除するには	120

| 206 | ワークシート内の文字の色を一気に別の色に変更したい | 121 |
| 207 | ワークシート内の特定のデータのセルに色を付けるには | 121 |

ハイパーリンクで困った 122

208	セルのクリックで特定のワークシートにジャンプするには	122
209	メールアドレスやURLに勝手にリンクが設定されて困る	123
210	ハイパーリンクが自動設定されないようにするには	123
211	ハイパーリンクをまとめて削除したい	124

編集作業の便利ワザ 125

212	操作を元に戻すには	125
213	元に戻した操作をもう一度やり直したい	125
214	「元に戻す」や「やり直し」を素早く実行したい	125
215	同じ操作を何度も繰り返すには	125

第4章 表現力を高める書式やスタイルのワザ

データの表示形式を活用する 126

216	セルの数値を通貨表示に変更したい	126
217	セルの数値をパーセント表示にするには	126
218	通貨記号やパーセントをはずしたい	127
219	小数の表示けた数を指定するには	127
220	小数の表示けた数をそろえるには？	127
221	セルの数値を漢数字で表示できる？	128
222	先頭に「0」を補って数値を4けたで表示したい	128
223	「918千円」のように下3けたを省略するには	129
224	数値に単位を付けて表示するには？	129
225	正数に「+」、負数に「-」を付けたい	130
226	正と負で文字色を変えたい	130
227	「〇万〇〇〇〇」と表示するには	131
228	日付や時刻を漢字入りで表示するには	131
229	日付の後に曜日を表示したい	132
230	月日に0を入れて2けたで表示したい	132
231	令和1年を「令和元年」と表示できる？	133
232	時間を「分」に換算するには	133

データの配置を調整する　134

- 233　セル内で1文字分字下げしたい　134
- 234　データの末尾に空白を挿入するには？　134
- 235　セルに入力した文章の行末をそろえたい　134
- 236　表の文字を縦書きにするには　135
- 237　2けたの月名を縦書きにするには？　135
- 238　セル内で折り返してすべての文字を表示するには　135
- 239　折り返したときに行の高さが自動調整されない　135
- 240　セル内に文字を均等に配置したい　136
- 241　セル内に文字を均等に配置できない　136
- 242　下付き文字や上付き文字を入力するには　136
- 243　複数のセルを1つにつなげるには　137
- 244　セルの結合を解除したい　137
- 245　複数行のセルを行ごとにまとめて結合したい　137
- 246　セルの結合時にデータを中央に配置したくない　137
- 247　セルを結合せずにデータを複数セルの中央に配置したい　138
- 248　文字サイズを縮小してすべてのデータを収めたい　138

セルを装飾する　139

- 249　セルの見栄えを簡単に良くしたい　139
- 250　セルのスタイルを解除するには　139
- 251　オリジナルの書式を「スタイル」として登録できる？　140
- 252　登録したスタイルを削除するには　140
- 253　文字の一部だけ色を変えたい　141
- 254　フォントに設定したスタイルをすべて解除するには　141
- 255　データを残したままあらゆる書式を削除したい　141
- 256　1行置きに色を付けて見やすくしたい　142
- 257　隣接したセルの書式が勝手に引き継がれる　142
- 258　表を簡単に美しく装飾したい　143
- 259　表の先頭列や最終列を目立たせるには　143
- 260　「テーマ」って何？　144
- 261　テーマの色合いだけを変更できる？　144
- 262　同じ「Office」テーマなのに配色やフォントが違うのはなぜ？　145
- 263　テーマや配色を変えても色が変わらないセルがある　145
- 264　オリジナルのテーマを登録するには　145
- 265　表に格子罫線を引きたい　146

266	格子の外枠だけを太線にするには	146
267	セルに斜線を引くには？	146
268	マウスでドラッグした範囲に罫線を引きたい	147
269	色付きの罫線を引くには	147
270	セルに引いた罫線を削除したい	147
271	いろいろな種類の罫線を引くにはどうすればいい？	148
	ステップアップ ［セルの書式設定］画面で罫線を設定するコツ	148

条件付き書式を活用する　149

272	条件付き書式って何？	149
273	値の大小を視覚的に表現するには	149
274	条件に一致するセルだけ色を変えたい	150
275	トップ3のセルの色を変える方法は？	150
276	条件付き書式の条件や書式を後から修正するには	151
277	条件付き書式を解除したい	151
278	条件に一致する行だけ色を変えたい	152
279	行の追加に応じて罫線を自動で追加するには	153
280	表の日付のうち土日だけ色を変えたい	154
281	複数設定した条件のうち1つだけを解除するには？	154
282	祝日など日曜日以外の休日も色を変えられる？	155
283	複数設定した条件の優先順位を変更するには	155

第5章　気が利く書類にする印刷のワザ

印刷の基本　156

284	印刷イメージを確認してから印刷したい	156
285	セルの文字が欠けて印刷される	156
286	印刷イメージを閉じるには？	157
287	印刷イメージが小さくてよく見えない	157
288	設定を変更せずにすぐに印刷するには	157
289	印刷ができない！	158
290	プリンターを選択して印刷したい	158
291	印刷するページ数を指定するには	158
292	すべてのワークシートをまとめて印刷できる？	159
293	用紙の両面に印刷したい	159
294	複数のワークシートをまとめて印刷するには	159

295	ページレイアウトビューって何？	160
296	改ページプレビューとは	160
297	表示モードを標準ビューに戻したい	160

印刷の体裁を設定する　161

298	用紙のサイズや向きを設定するには	161
299	複数のワークシートにまとめて印刷の設定をしたい	161
300	用紙の中央にバランスよく印刷したい	161
301	空白のページが印刷されてしまう！	162
302	印刷したくない列があるときは	162
303	必要な部分だけ選択して印刷したい	162
304	印刷範囲を解除するには	162
305	白黒で印刷したら文字が読めなくなった！	163
306	特定のセルだけを印刷したくない	163
307	グラフだけを印刷するには	163
308	ほかのワークシートにある表をまとめて印刷するには	163
309	印刷すると表が少しだけはみ出してしまう	164

大きな表を印刷する　165

310	大きな表を1ページに収めて印刷したい	165
311	印刷の倍率を指定するには	165
312	A4に合わせて作った表をB5に印刷できる？	165
313	幅だけ1ページに収まるように印刷したい	166
314	特定の位置でページを区切るには	166
315	改ページを解除するには	166
316	すべての改ページをまとめて解除するには	167
317	［シート］タブの設定ができないのはなぜ？	167
318	イメージを確認しながら改ページを移動したい	167
319	改ページを表す線が表示されない！	168
320	すべてのページに列見出しを付けて印刷したい	168

ヘッダーやフッターのカスタマイズ　169

321	ヘッダーやフッターを挿入するには	169
322	ヘッダーやフッターのフォントを変更したい	169
323	ページ番号や総ページ数を自動でふって印刷するには	170
324	先頭のページ番号を指定して印刷するには	170
325	ファイル名やシート名も印刷したい	171

326	偶数ページと奇数ページで異なるヘッダーやフッターを挿入できる？	171
327	ヘッダーに画像を挿入するには	172
328	ヘッダーに挿入した画像の大きさを変えたい	172
329	「社外秘」などの透かしを入れて印刷するには	173
330	ヘッダーに挿入した画像の位置を調整するには	173

データ以外を印刷する　　174

331	セルに挿入したコメントも印刷したい	174
332	罫線を引いていないセルに枠線を印刷するには	174
333	行番号や列番号を印刷できる？	174
334	図形やグラフを印刷したくない	175
335	エラー表示が印刷されて格好悪い！	175

第6章 データをまとめる関数・集計のワザ

数式の基本　　176

336	セルを使って計算するには？	176
337	四則演算にはどんな演算子を使うの？	176
338	2の3乗のようなべき乗を求めるには	176
339	文字列を連結したい	176
340	オートSUMはどこから実行するの？	177
341	オートSUMを素早く実行したい	177
342	オートSUMで間違ったセル範囲が選択された！	178
343	離れたセルの合計を求めるには	178
344	縦横の合計を一括で求めたい	179
345	小計と総計を求めるには？	179
346	平均やデータの個数を簡単に求められる？	179
347	数式をコピーするには？	180
348	コピーしてもセルの参照先が変わらないようにしたい	180
349	行か列の参照だけを固定できる？	181
350	計算結果を簡単に確認するには	181
351	数式中のセル番号を後から修正したい	182
352	数式を入力したセルに書式が勝手に付いた！	182
353	セルに分かりやすい名前を設定したい	183
354	名前の範囲って何？	183
355	セル範囲に付けた名前を数式で利用するには？	183

#	項目	ページ
356	数式で使っている名前の参照範囲に後からデータを追加したい	184
357	登録した名前を削除するには	185
358	数式を入力したらセル番号の代わりにテーブル名が入力された	185
359	配列数式って何？	186
360	動的配列数式って何？	186
361	ゴーストって何？	187
362	動的配列数式の範囲を数式で指定したい	187
363	動的配列数式を編集するには	188
364	数式にいつの間にか「@」が付いてしまった！	188
365	スピルを利用する関数にはどんなものがあるの？	188
366	スピルは従来の関数では使えないの？	188
367	従来版で配列数式を入力するには	189
368	配列数式を修正するには	189
369	配列数式が削除できない！	189

ワークシート間で計算する　190

#	項目	ページ
370	ほかのワークシートのセルを参照したい	190
371	移動によってワークシートが集計の対象からはずれた！	190
372	複数のワークシート上にある同じセルを合計するには	191
373	複数のワークシート上にある同じレイアウトの表を集計するには	191
374	レイアウトの異なる表を1つの表にまとめられる？	192
375	統合先のデータを最新の状態に保つには	193
376	特定の項目だけを統合するには	193
377	ほかのブックのセルを参照したい	194
378	ブックを開いたら「リンクの自動更新が無効にされました」と表示された！	194
ステップアップ	ブック間のリンクのメリットとデメリット	194

エラーに対処する　195

#	項目	ページ
379	「#」で始まる記号は何？	195
380	エラーの原因を探すには	196
381	エラーのセルを検索するには	196
382	数式が正しいのに緑色のマークが付いた！	196
383	無視したエラーをもう一度確認したい	197
384	手軽に数式を検証する方法はある？	197
385	複雑な数式の計算過程を調べるには	197
386	計算に関わっているセルをひと目で確認したい	198

387	特定のセルから影響を受けるセルを調べられる？	198
388	循環参照のエラーが表示されたときは？	199
389	数値が入力されているのに計算結果がおかしい	199
390	文字列として入力された数字を数値データに変換したい	199
391	データを変更したとき計算結果の更新に時間が掛かるときは	200
392	再計算が行われないときは	200
393	セルに計算結果ではなく数式を表示したい	200
394	表示形式を設定した数値の計算結果が合わないときは	201
395	「1.2-1.1」の計算結果は0.1にならない？	201
396	大きい数値の計算にも誤差が生じるの？	201

第7章 説得力を高める関数・数式の応用ワザ

関数を入力する 202

397	関数とは	202
398	新しく追加された関数はあるの？	202
399	新しい関数と互換性関数のどちらを使えばいいの？	203
400	数式バーにすべての数式を表示するには	203
401	関数の入力時に「#NAME?」と表示された！	203
ステップアップ	ブックを開いたときに再計算される関数とは？	203
402	関数はどうやって入力するの？	204
403	どの関数を使ったらいいか分からない	205
404	もっと手早く関数を入力したい	205
405	関数を直接入力したい	205
406	関数の引数に関数を入力できる？	206

数値の計算をする 207

407	データの個数を数えるには？	207
408	平均値、最大値、最小値を求めるには	207
409	データの増減に自動的に対応して合計するには	208
410	累計を求めたい	208
411	順位を求めるには	209
412	数値を指定したけたで四捨五入したい	209
413	数値を指定したけたで切り上げたい	210
414	数値を指定したけたで切り下げたい	210
415	税込価格から本体価格を求めるには？	210

416	本体価格から税込価格を求めるには？	211
417	500円単位で切り上げや切り捨てをするには	211
418	条件に一致するデータを数えたい	212
419	「○以上」の条件を満たすデータを数えるには	212
420	セルに入力した値を条件として利用したい	212
421	「○以上△未満」の条件を満たすデータを数えたい	213
422	「東京都」または「埼玉県」という条件でデータを数えたい	213
423	「○○」を含むという条件を指定するには？	213
424	「○○ではない」という条件を指定するには	213
425	条件を満たすデータの合計を求めたい	214
426	複数の条件を満たすデータを合計したい	214
427	条件を満たすデータの平均値を求めるには	214
428	条件を満たすデータの最大値や最小値を求めるには？	215
429	別表で条件を指定してデータの合計を求めるには	215
430	別表で条件を指定してデータ数や平均を求められる？	216
431	別表で完全一致の条件を指定したい	216
432	別表で複雑な条件を指定したい	216
433	関数1つで商品別に一括集計したい	217
434	関数1つでクロス集計したい	217
435	よく使う計算を関数として登録するには	218

日付や時刻を計算する　219

436	シリアル値って何？	219
437	現在の日付と時刻を表示したい	219
438	日付を求めたのに数値が表示された！	220
439	日数を求めたのに日付が表示されたときは	220
440	日付や時刻を年月日、時分秒に分けて表示したい	220
441	別々のセルにある日付や時刻を結合したい	221
442	月末の日付を求めるには	221
443	日付を表す数字の並びから日付データを作成したい	222
444	日付の隣のセルに曜日を自動表示できる？	222
445	日付を文字列と組み合わせると数値に変わってしまう	222
446	金曜日を定休日として翌営業日を求めたい	223
447	金曜日を定休日として営業日数を求めたい	223
448	翌月10日を求めるには？	224
449	数式に日付や時刻を直接入力するには	224

450	生年月日から年齢を求めたい	224
451	DATEDIF関数が一覧に表示されない	224
452	時間の合計を正しく表示するには？	225
453	「5:30」を「5.5」時間として正しく時給を計算したい	225
454	勤務時間を早朝、通常、残業に分けて計算するには	226
455	時間の表示が「####」になった！	226

文字列を操作する　227

456	半角を全角に、大文字を小文字にできる？	227
457	ふりがなを表示させたい	227
458	ひらがなとカタカナを統一したい	228
459	改行を挟んで2つのセルの文字列を結合できる？	228
460	文字列から一部の文字を取り出したい	228
ステップアップ	元のセルで文字の種類を統一するには	228
461	文字列の文字数を調べるには？	229
462	文字列の前後から空白を取り除くには	229
463	セル内の改行や文字列中の空白を取り除くには	229
464	特定の文字を境に前後の文字列を取り出すには	230
465	氏名の姓と名を別々のセルに分けられる？	230
466	住所を都道府県と市町村に分けるには	231
467	特定の文字を境に文字列を複数のセルに分割する	231

条件分岐を行う　232

468	比較演算子って何？	232
469	条件によって表示する文字を変えるには	232
470	複数の条件を組み合わせて判定したい	233
471	複数の条件を1つの関数で段階的に組み合わせたい	233
472	複数の条件を段階的に組み合わせるには？	234
473	特定の値を条件に複数の結果に振り分けられる？	234
474	複数の条件を簡潔に指定するには	235
475	関数のエラーを表示したくない	235
476	すべてのセルに数値が入力されている場合だけ計算を行うには	235

データを検索する　236

477	品番を手掛かりに商品リストから商品名を取り出したい	236
478	XLOOKUP関数を複数の行にコピーするには	236
479	品番が見つからない場合のエラーに対処したい	237

480	検索結果の行を丸ごと引き出すには	237
481	「○以上△未満」の検索をするには	238
482	どのバージョンでも使える関数で表を検索したい	238
483	VLOOKUP関数でエラーが表示されないようにしたい	239
484	間違った検索値が入力されないようにするには？	239
485	VLOOKUP関数で「○以上△未満」の条件で表を検索したい	240
486	ほかのワークシートにある表を検索できる？	240
487	縦横の項目名を指定して表からデータを取り出したい	241
488	どのバージョンでも使える関数でデータを取り出したい	241
489	入力する値によってリストに表示するデータを変えるには	242
490	表のデータを並べ替えたい	243
491	複数の列を基準に表のデータを並べ替えたい	243
492	条件に合うデータを抽出したい	244
493	「区分がB」かつ「30歳未満」の条件で抽出したい	244
494	「区分がB」または「区分がC」の条件で抽出したい	245
495	表から顧客名を1つずつ取り出したい	245

第8章 ひと目で納得させるグラフ作成ワザ

グラフ作成の基本　246

496	グラフを作成したい	246
497	離れたセルのデータでグラフを作成できる？	247
498	グラフを選択するには	247
499	グラフのサイズを変更したい	247
500	グラフの位置やサイズをセルに合わせて調整したい	247
501	グラフを移動するには？	248
502	複数のグラフのサイズをそろえられる？	248
503	グラフをほかのシートに移動するには	248
504	グラフのデザインを変更したい	249
505	グラフのレイアウトを変更したい	249
506	より素早くデザインを変更するには	250
507	グラフの種類を変更するには	250
508	グラフの要素名を知りたい	251
509	グラフの要素を確実に選択するには	251

グラフの元データに関するワザ　252

- 510　グラフのデータ範囲を変更したい　252
- 511　より簡単にデータ範囲を変更するには　253
- 512　項目とデータ系列の内容を入れ替えたい　253
- 513　グラフに表示するデータを簡単に変更するには　254
- 514　レイアウトを流用して別のグラフを作成できる？　254
- 515　横（項目）軸の項目名を直接入力したい　255
- 516　凡例を直接入力するには　255

グラフ要素の編集に関するワザ　256

- 517　グラフにタイトルを表示したい　256
- 518　グラフ上の文字の書式を変更するには　256
- 519　グラフタイトルにセルの内容を表示できる？　257
- 520　凡例の位置情報や表示／非表示を切り替えるには　257
- 521　より素早くグラフ要素を表示するには　258
- 522　グラフ上に元データの表も表示したい　258
- 523　グラフに軸ラベルを表示したい　259
- 524　軸ラベルの文字の向きがおかしい！　259
- 525　グラフ上にデータラベルを表示したい　260
- 526　1系列だけ値を表示するには　260
- 527　1要素だけ値を表示するには　260
- 528　データラベルに系列名と値を見やすく表示したい　261
- 529　グラフの背景に色を付けたい　262
- 530　プロットエリアだけ色が付かない　262
- 531　グラフに図形を追加するには　262

軸の編集に関するワザ　263

- 532　縦（値）軸の目盛りの間隔を設定して見やすくするには　263
- 533　縦（値）軸の通貨の単位をはずすには　264
- 534　縦（値）軸の目盛りの表示単位を万単位にするには　264
- 535　横（項目）軸の項目の間隔を1つ飛ばして表示するには　265
- 536　日付データの抜けをグラフに反映したくないときは　265

グラフの種類に応じた編集テクニック　266

- 537　積み上げ縦棒グラフで系列の順序を変えたい　266
- **ステップアップ**　データ系列はSERIES関数で定義される　266

538	棒グラフを太くするには？	267
539	棒を1本だけ目立たせたい	267
540	100%積み上げ棒グラフに区分線を入れたい	268
541	横棒グラフで項目の順序を変えられる？	268
542	折れ線グラフの線が途切れた！	269
543	円グラフのデータ要素を切り離すには？	269
544	円グラフに項目名とパーセンテージを表示したい	270
545	ドーナツグラフの中央に合計値を表示するには	270

高度なグラフの作成ワザ　271

546	画像を並べた棒グラフを作成したい	271
547	2種類のグラフを組み合わせるには	272
548	セル内にグラフを作成したい	273
549	スパークラインの縦軸の範囲をそろえられる？	273

第9章　仕事をスピードアップするCopilot連携ワザ

Copilotの基本　274

550	Copilotって何？	274
551	Copilotにはどんな種類があるの？	274
552	Copilotで質問するポイントは？	275
553	必ず正しい回答を返してくれるの？	275
554	意図通りの回答が得られない場合は？	275
555	安全性に問題はないの？	275

Microsoft CopilotにExcelの相談をする　276

556	数式を立ててもらうには	276
557	数式の意味を教えてもらうには	277
558	グラフを分析してもらうには	278
559	データベースの項目を提案してもらうには	278
560	マクロを作成してもらうには	279

Microsoft Copilot ProにExcelを操作してもらう　280

561	Microsoft Copilot Proを利用するには	280
562	Copilotを使うためのExcelの条件は？	280
563	Copilotを使うためのブックの条件は？	280
564	表に数式の列を追加してもらうには	281

| 565 | 条件に応じて書式を変えてもらうには | 282 |
| 566 | 表のデータを集計・グラフ化してもらうには | 283 |

第10章 魅せる資料を作る図形編集ワザ

図形を作成する 284

567	図形を作成するには	284
568	図形を回転させたい	284
569	図形の形状を調整したい	285
570	垂直線や水平線を描きたい	285
571	正円や正方形を描くには	285
572	図形のデザインを一括変更できる？	285
573	よく使う図形の色などの設定を登録しておきたい	285
574	縦横比を保ったまま図形のサイズを変更したい	286
575	図形をセルに合わせて配置したい	286
576	行の高さや列の幅を変更したら図形の形が崩れてしまった	286
577	図形内に文字を入力するには	287
578	図形内の文字の配置を整えたい	287
579	図形内により多くの文字を配置したい	287
580	図形にセルの内容を表示できる？	288
581	ワークシート上の自由な位置に文字を配置したい	288
582	インパクトのある文字を作成したい	289
583	文字の縦横のバランスを簡単に変更したい	289
584	複数の図形を簡単に選択するには	290
585	複数の図形の重なりを変えられる？	290
586	複数の図形の配置をまとめて変更したい	291
587	複数の図形をまとめて操作できるようにするには	291
588	絵文字を使用したい	292
589	図表を作成するには	292
590	図表のデザインを変えたい	293
591	図表に新しい図形を後から追加できる？	293

写真を挿入する 294

592	ワークシートに画像を挿入したい	294
593	画像にインパクトのある効果を設定できる？	294
594	画像の不要な部分を取り除きたい	295

ステップアップ	画像の不要な部分を完全に削除するには	295
595	画像のコントラストや明るさを変えるには	295
596	画像に鉛筆画や水彩画のようなアート効果を設定できる？	295
597	セルの中に画像を挿入するには	296
598	画像の背景を透明にするには	296
599	画面のスクリーンショットを撮るには	297
600	Web上の地図をワークシートに挿入できる？	297

第11章　データに強くなる集計・整理・分析の便利ワザ

データベースとテーブルの基本　　298

601	データベースって何？	298
602	テーブルって何？	298
603	表をテーブルに変換するには	299
604	テーブルを元の表に戻したい	299
605	テーブルスタイルのみ解除できないの？	299
606	テーブルにデザインを設定したい	300
607	テーブルに新しく集計列を追加するには	300
608	テーブルの集計行を表示するには	301
609	集計行があるテーブルに新しいデータを追加したい	301
610	テーブルの行や列を選択するには	301
611	テーブルのデータを簡単に抽出する方法はある？	302
612	スライサーによる抽出を解除したい	302
613	スライサーを閉じるには	302

データを並べ替える　　303

614	データを並べ替えるには	303
615	並べ替える前に戻したい	303
616	見出しの行まで並べ替えられてしまう	303
617	複数の条件で並べ替えるには	304
618	表の一部を並べ替えられる？	304
619	横方向に並べ替えたい	305
620	セルに設定された色に基づいてデータを並べ替えるには	305
621	オリジナルの順序でデータを並べ替えたい	306
622	氏名が五十音順に並べ替えられない！	306

データを抽出する　　307

- 623　オートフィルターって何？　　307
- 624　オートフィルターを解除するには　　307
- 625　オートフィルターが正しく設定できない　　307
- 626　商品名が「○○」のデータを抽出したい　　308
- 627　複数の列でそれぞれ抽出を行いたい　　308
- 628　特定の列の抽出条件を解除するには　　309
- 629　すべての抽出条件を解除したい　　309
- 630　「○以上△以下」のデータを抽出する方法は？　　309
- 631　売り上げのベスト5を抽出したい　　310
- 632　「○○」を含むデータを抽出するには　　310
- 633　オートフィルターの抽出結果に連動して合計値を求められる？　　311
- 634　セルに設定された色でデータを抽出したい　　311
- 635　抽出条件を保存していつでも表示できるようにするには　　312
- 636　複雑な条件でデータを抽出するには　　313

データの重複で困ったときは　　314

- 637　1つの列から重複なくデータを取り出したい　　314
- 638　重複するデータをチェックするには　　314
- 639　重複する行を削除したい　　315
- 640　重複するデータの入力を防ぐには　　315

表に小計行と総計行を挿入する　　316

- 641　同じ項目ごとにデータを集計したい　　316
- 642　集計しても思い通りの結果にならない！　　317
- 643　集計を解除するには　　317
- 644　折り畳んだ集計結果をコピーするには　　317

データをシミュレーションする　　318

- 645　計算結果が目的値になるように逆算するには？　　318
- 646　数式にさまざまなデータを代入して試算するには　　319
- 647　過去のデータから未来のデータを予測したい　　320
- 648　予測の上限と下限が不要なときは　　321
- 649　季節性のある売上データを予測するには　　321

第12章 データを自在に操るピボットテーブルのワザ

ピボットテーブルで集計する　322

- 650　ピボットテーブルって何？　322
- 651　ピボットテーブルを作成するには　323
- 652　フィールドリストが見当たらない　323
- 653　ピボットテーブルにフィールドを追加するには　324
- 654　集計値に桁区切りのカンマを表示するには　324
- 655　ピボットテーブルのフィールドを入れ替えるには　325
- 656　項目を階層化して集計したい　325
- 657　集計項目の順序を入れ替えるには　326
- 658　行や列に表示される項目を絞り込みたい　326
- 659　日付データを月ごとにまとめて集計するには　327
- 660　日付のグループ化の単位を変更するには　327
- 661　ピボットテーブルで条件を切り替えて集計表を見るには　328
- 662　もっと簡単に条件を切り替えたい　328
- 663　タイムラインを利用して抽出期間を指定するには　329
- ステップアップ　[おすすめピボットテーブル]を利用する　329
- 664　集計元のデータの変更を反映するには　330
- 665　ピボットテーブルを普通の表に変換したい　330
- 666　集計元のセル範囲を変更するには　330
- 667　ピボットグラフを作成したい　331
- 668　ピボットグラフに表示される項目を絞り込むには　331

パワーピボットで集計する　332

- 669　パワーピボットって何？　332
- 670　パワーピボットを起動するには　333
- 671　Excelとパワーピボットの画面を切り替えるには　333
- 672　リレーションシップって何？　334
- 673　テーブルをデータモデルに追加するには　334
- 674　リレーションシップを作成したい　335
- 675　リレーションシップを削除・編集するには　335
- 676　テーブルに計算列を追加するには　336
- 677　追加した列を削除したい　336
- 678　ほかのテーブルの列を使って計算したい　337

679	ほかのテーブルの列を表示するには	337
680	列の合計を求めたい	338
681	メジャーを削除するには	338
682	メジャーの計算結果が表示されない	338
683	データモデルからピボットテーブルを作成するには	339
684	フィールドリストに表示されるフィールドを増やしたい	340
685	同じワークシートに別のピボットテーブルを作成するには	340
686	ダッシュボードを作成して分析したい	341
ステップアップ	タイムラインの利用	341

第13章 応用力が付くブック管理のワザ

ブックを作成する 342

687	Excelの起動時に直接新規ブックを表示するには	342
688	新規に作成するブックのワークシート数を変更したい	342
689	テンプレートって何？	343
690	マイクロソフトのWebサイトにあるテンプレートを利用したい	343
691	オリジナルのテンプレートを登録するには	344
692	テンプレートの既定の保存先を変更したい	344
693	登録したテンプレートからブックを作成するには	344
694	オリジナルのテンプレートが見つからない！	345
695	登録したテンプレートを削除するには	345
696	登録したテンプレートを後から編集できる？	345

ブックを保存する 346

697	元のブックを残したまま別のブックとして保存したい	346
698	自動回復用データを自動保存するには	346
699	ブックを上書き保存できない！	346
700	誤って保存せずにブックを閉じてしまった！	346
701	ブックを開くときや保存するときの標準のフォルダーを変えたい	347
702	ブックを最近使用したフォルダーに保存したい	347
703	自分のパソコンを既定の保存先にするには	347
704	上書き保存するときに古いブックも残す方法はある？	348
705	ブックを開くときにパスワードを設定したい	349
706	ブックを開く人と保存する人をパスワードで制限するには	349
707	ブックをテキスト形式で保存するには	350

708	人に見せるためにブックをPDFで保存したい	350
709	保存されているファイル形式が分からない	351
710	ブックに保存される個人情報を確認したい	351
711	ブックに残った個人情報をすべて削除したい	352
712	プロパティの基になる名前を変更するには	352

ブックを開く　353

713	履歴の一覧に特定のブックを固定するには	353
714	使用したブックの履歴を他人に見せないようにしたい	353
715	ブックがどこに保存されているか分からなくなった！	353
716	ほかのファイル形式のファイルを開くには	354
717	ブックを開くときにパスワードの入力を求められた	354
718	壊れたブックを開きたい	355
ステップアップ	パスワードを入力したら間違えていると警告された！	355
719	ブックを開くときに「ロックされています」と表示された	355
720	前回保存し損ねたブックを開き直したい	355
721	自動回復用として自動保存されたブックを開くには	356
722	OneDriveに保存したブックの編集履歴を確認するには	356

ウィンドウを思い通りに表示する　357

723	同じワークシートの離れた場所のデータを同時に表示できる？	357
724	表の見出しを常に表示しておきたい	357
725	複数のブックを並べて見比べたい	358
726	同じブックの複数のワークシートを並べて表示するには	358
727	2つのブックをそれぞれスクロールするのが面倒	359
728	表をピッタリの倍率で表示できる？	359
729	表示倍率を「100%」に戻したい	359
730	画面の表示倍率を手早く調整したい	360
731	マウス操作でワークシートを高速スクロールできる？	360
732	セルの枠線を非表示にしたい	360
733	数字になった列番号を英字に戻すには	360

動作の不具合や互換性の問題を解決する　361

734	Excelが応答しなくなったときはどうすればいいの？	361
735	［ドキュメントの回復］作業ウィンドウって何？	361
736	［回復済み］と表示されているのに完全に回復されないのはなぜ？	362
737	Excelの調子が悪い！	362

| | 738 | 古い形式で作られたブックを現在のブックで保存するには | 363 |
| | 739 | 他バージョンで開いたときに生じる問題点をチェックしたい | 363 |

第14章 共同作業を快適にする連携とOneDriveのワザ

ほかのユーザーと共同作業する 364

	740	セルに注釈を付けたい	364
	741	注釈を編集するには	365
	742	コメントが表示されたままにしたい	365
	743	会話形式でコメントをやりとりするには	365
	744	会話形式のコメントに返信するには	366
	745	画面を指でなぞってワークシートに印を付けるには	366
	746	ワークシート全体を変更されないようにロックしたい	367
	747	ワークシートの保護を解除するには？	367
	748	保護したワークシートで行える操作を指定するには	368
	749	一部のセルだけを編集できるように設定するには	368
	750	特定の人だけセル範囲を編集できるようにするには	369
	751	どのセルが編集可能なセルなのかが分からない	370
	752	ワークシート保護解除のためのパスワードを忘れてしまった！	370
	753	ワークシートやブックを保護すれば安心？	370
	754	ワークシートの構成を変更されたくないときは	370

ほかのアプリとの連携ワザ 371

	755	Excelの表をWordに貼り付けたい	371
	756	ExcelのグラフをWordに貼り付けられる？	371
	757	テキストファイルをExcelで開くには	372
	758	読み込んだテキストファイルのデータから0が消えてしまう！	373
	759	データ形式を指定してCSVファイルを開くには	373
	760	AccessのデータをExcelに取り込みたい	374
	761	Accessデータの変更をExcelに反映させたい	375
	762	データをAccessから切り離したい	375
	763	Accessのデータをセルに単純にコピーしたい	375
	ステップアップ	PowerQueryって何？	375

OneDriveを活用する 376

| | 764 | 「Microsoftアカウント」って何？ | 376 |

765	Microsoftアカウントを取得したい	376
766	「OneDrive」って何？	377
767	「Web用Excel」って何？	377
768	WindowsとExcelのアカウントはそろえたほうがいい？	378
769	Microsoftアカウントにサインインするには	378
770	ExcelからOneDriveにブックを保存したい	379
771	ExcelからOneDrive上のブックを開くには	379
772	OneDriveから開いたブックを保存するには	379
773	フォルダーの［状態］欄に表示されるアイコンは何？	380
774	OneDriveの内容をブラウザーで確認するには	380
775	Webブラウザーを利用してブックをOneDriveに保存したい	381
776	OneDriveにあるブックをパソコンにダウンロードしたい	381
777	OneDriveにフォルダーを作成するには	381
778	WebブラウザーでOneDriveにあるファイルを開くには	382
779	ブラウザで開いたブックをパソコンのExcelで編集したい	382
780	Web用ExcelではExcelの全機能を使えるの？	382
781	OneDriveに保存したブックを共有したい	383
782	共有相手がブックを変更できないようにするには	383
783	ブックのURLを取得して共有相手に自分でメールを書きたい	384
784	共有するブックをパスワードや共有期限で保護したい	384
785	特定の相手だけと共有するには	384
786	複数のブックをまとめて共有したい	385
787	共有されているブックやフォルダーを確認したい	385
788	Excelからブックを共有するには	385
789	OneDriveで共有したブックの共有設定を解除するには	386
790	共有を知らせるメールが届いたときは	386
791	スマートフォンやタブレットでOneDriveのブックを確認するには	387
792	スマートフォンやタブレットでブックを編集するには	387

第15章 マクロで操作を自動化するワザ

マクロを使いこなす　388

793	マクロって何？	388
794	［開発］タブが表示されていない！	388
795	マクロを記録するには	389
796	マクロに記録できない操作はあるの？	389

797	マクロを実行するには	390
798	［相対参照で記録］って何に使うの？	390
799	マクロを含むブックを保存するには	391
800	ブックを開いたら「マクロが無効にされました」と表示された	391
801	マクロを含むブックに警告が表示されるようにしたい	392
802	「セキュリティリスク」の警告が表示された！	392
803	ワークシートにマクロを実行するボタンを作成したい	393
804	作成したボタンを選択するには	393
805	記録したマクロの内容を確認するには	394
806	VBAって何？	394
807	マクロを削除するには	394
808	Copilotで提供されたマクロを使用したい	395

ショートカットキー一覧	396
キーワード解説	398
索引	410
本書を読み終えた方へ	414

目的別索引

数字・アルファベット

項目	ページ	Q番号
（ ）付きの数値を表示する	P.77	Q094
+と-を表示する	P.130	Q225
1行置きに色を付ける	P.142	Q256
2つのブックを同時にスクロールする	P.359	Q727
Altキーでショートカットキーを確認する	P.58	Q041
Backstageビューを表示する	P.54	Q030
Copilot		
Copilotに画像を使って質問する	P.277	Q557
Copilotにグラフを分析させる	P.278	Q558
Copilotに数式を作らせる	P.276	Q556
Copilotに直接数式を入力させる	P.281	Q564
Copilotにデータの集計とグラフ化をさせる	P.283	Q566
Copilotにマクロを作成させる	P.279	Q560
Excelのオプションを表示する	P.60	Q046
Excelの新機能を確認する	P.47	Q015
Excelを強制終了する	P.361	Q734
Excelを更新する	P.45	Q010
Excelを購入する	P.43	Q003
Microsoftアカウントにサインインする	P.378	Q769
Microsoftアカウントを取得する	P.376	Q765
Officeを修復する	P.362	Q737
OneDriveにファイルを保存する	P.379	Q770
OR関数と組み合わせてセルの書式を設定する	P.153	Q279
ROUND関数で端数を処理する	P.201	Q394
Web用Excelを使用する	P.382	Q778

あ

項目	ページ	Q番号
あいまいな条件で検索する	P.118	Q198
新しいブック形式に変換する	P.363	Q738
新しいワークシートを追加する	P.112	Q181
あらゆる書式を解除する	P.141	Q255
一部のセルだけロックをオフにする	P.368	Q749
色付きの罫線を設定する	P.147	Q269
色を条件に抽出する	P.311	Q634
印刷位置を整える	P.161	Q300
印刷する	P.156	Q284
印刷の向きを設定する	P.161	Q298
印刷範囲を解除する	P.162	Q304
印刷プレビューを拡大する	P.157	Q287
ウィンドウを分割表示する	P.357	Q723
エラー値を調べる	P.195	Q379
エラーの原因を探る	P.196	Q380
エラーを無視する	P.196	Q382
オートSUMのセル範囲を変更する	P.178	Q342
オートSUMを実行する	P.177	Q340
オートコレクトの設定を変更する	P.93	Q134
オートコンプリートをオフにする	P.85	Q119
オートフィル		
10飛びの連続データを入力する	P.82	Q110
オートフィルを使う	P.81	Q108
日付の連続データを入力する	P.82	Q112
連続データを入力する	P.81	Q109
オートフィルターを解除する	P.307	Q624
オートフィルターを利用する	P.307	Q623
同じブックのワークシートを並べて表示する	P.358	Q726
オリジナルのテンプレートを登録する	P.344	Q691

か

項目	ページ	Q番号
改ページを解除する	P.166	Q315
隠れたワークシートを表示する	P.113	Q183
画像を挿入する	P.294	Q592
画像をトリミングする	P.295	Q594
画面を拡大／縮小する	P.63	Q051
漢字を再変換する	P.70	Q073
関数		
AND関数やOR関数を使う	P.233	Q470
IFS関数を使う	P.233	Q471
IF関数を使う	P.232	Q469
IF関数をネストする	P.234	Q472
VLOOKUP関数のエラーを非表示にする	P.239	Q483
VLOOKUP関数を使う	P.238	Q482
XLOOKUP関数をコピーする	P.237	Q478
XLOOKUP関数を使う	P.236	Q479
関数のエラーを非表示にする	P.235	Q475
関数を検索する	P.205	Q403
休日を設定する	P.223	Q446
切りの良い数値で切り上げる	P.211	Q417

項目	ページ・Q番号	項目	ページ・Q番号
勤務時間を計算する	P.226 Q454	行や列を非表示にする	P.111 Q179
空白を取り除く	P.229 Q462	クイックアクセスツールバー	
クロス集計する	P.217 Q434	クイックアクセスツールバーの位置を変更する	P.58 Q042
けたを指定して切り上げる	P.210 Q413	クイックアクセスツールバーをカスタマイズする	P.59 Q044
月末の日付を求める	P.221 Q442	クイックアクセスツールバーを再表示する	P.59 Q043
現在の日付と時刻を表示する	P.219 Q437	クイックアクセスツールバーを初期状態に戻す	P.62 Q049
順位を求める	P.209 Q411	クイック印刷する	P.157 Q288
条件に比較演算子を組み合わせる	P.212 Q419	クイック分析を利用する	P.58 Q039
条件を指定してカウントする	P.212 Q418	空白のセルだけを選択する	P.96 Q140
条件を満たすデータの最大値を求める	P.215 Q428	空白のブックのシート数を変更する	P.342 Q688
条件を満たすデータの平均値を求める	P.214 Q427	空白のブックを作成する	P.51 Q023
条件を満たすデータを合計する	P.214 Q425	グラフタイトルを追加する	P.256 Q517
セルの値を条件に使う	P.212 Q420	グラフだけを印刷する	P.163 Q307
前後の文字列を抽出する	P.230 Q464	グラフのサイズを変更する	P.247 Q499
重複のないデータを抽出する	P.245 Q495	グラフの種類を変更する	P.250 Q507
データの個数を数える	P.207 Q407	グラフのすぐ下に元データを表示する	P.258 Q522
データベース関数を使う	P.216 Q430	グラフのデータ範囲を変更する	P.252 Q510
データを抽出する	P.244 Q492	グラフのデザインを変更する	P.249 Q504
データを並べ替える	P.243 Q490	グラフの背景に色を作る	P.262 Q529
独自の関数を作る	P.218 Q435	グラフの要素を確認する	P.251 Q508
引数に列番号を指定する	P.208 Q409	グラフフィルターボタンを使う	P.254 Q513
日付の隣に曜日を表示する	P.222 Q444	グラフを作る	P.246 Q496
複数の条件と処理をまとめる	P.234 Q473	計算結果を手軽に確認する	P.181 Q350
複数の条件を満たすデータを合計する	P.214 Q426	形式を選択してファイルを開く	P.354 Q716
ふりがなを表示する	P.227 Q457	罫線の種類を変更する	P.148 Q271
平均値や最大値などを求める	P.207 Q408	罫線を削除する	P.147 Q270
文字の一部を抽出する	P.228 Q460	構造化参照で入力する	P.185 Q358
文字列を結合する	P.228 Q459	項目とデータ系列を入れ替える	P.253 Q512
文字列を統一する	P.227 Q456	ゴーストのセルを確認する	P.187 Q361
文字列を分割する	P.231 Q467	ゴールシークで試算する	P.318 Q645
ワイルドカードを使う	P.213 Q423	互換性チェックを実行する	P.363 Q739
記号を検索する	P.119 Q200	個人情報を確認する	P.351 Q710
起動する	P.48 Q016	コピー元を参照する	P.104 Q160
行と列を入れ替えて貼り付ける	P.101 Q152	壊れたブックを開く	P.355 Q718
行の高さや列の幅を数値で指定する	P.109 Q174		
行の高さや列の幅を変更する	P.108 Q171	**さ**	
行番号や列番号を印刷する	P.174 Q333	シート保護を解除する	P.71 Q075
行や列を削除する	P.107 Q168	シート見出しに色を付ける	P.116 Q195
行や列を挿入する	P.106 Q164	自動回復用データを自動保存する	P.346 Q698

自動的に正しいスペルに変換する	P.92	Q132	セル内で字下げする	P.134	Q233
自動保存されたブックを開く	P.356	Q721	セル内の改行を削除する	P.120	Q205
自動保存を切り替える	P.50	Q021	セルに数式を表示する	P.200	Q393
手動で再計算する	P.200	Q391	セルに名前を設定する	P.183	Q353
条件付き書式を解除する	P.151	Q277	セルにふりがなを表示する	P.91	Q129
条件付き書式の優先順位を変更する	P.155	Q283	セルの移動方向を変更する	P.67	Q064
条件に一致するデータを強調表示する	P.150	Q274	セルの色で並べ替える	P.305	Q620
小数点以下を表示する	P.78	Q100	セルの結合を解除する	P.137	Q244
ショートカットメニューを表示する	P.56	Q035	セルの参照先を表示する	P.198	Q387
ショートカットを作成する	P.49	Q019	セルの書式でデータの大小を表現する	P.149	Q273
書式だけコピーする	P.101	Q153	セルの書式を置換する	P.121	Q207
書式をクリアして挿入する	P.106	Q165	セルのスタイルを適用する	P.139	Q249
白黒で印刷する	P.163	Q305	セルの中に画像を配置する	P.296	Q597
数式の計算過程を調べる	P.197	Q385	セルの名前を数式で利用する	P.183	Q355
数式の参照先を変更する	P.182	Q351	セルの枠線を非表示にする	P.360	Q732
数式の参照元を表示する	P.198	Q386	セル範囲から入力リストを作る	P.86	Q121
数式バーに複数行表示する	P.73	Q084	セル番号を指定して移動する	P.66	Q060
数式を絶対参照にする	P.180	Q348	セルを結合する	P.137	Q243
数式を相対参照にする	P.181	Q349	セルを結合せずに見た目を整える	P.138	Q247
数式を手軽に検証する	P.197	Q384	セルをドラッグで移動する	P.98	Q146
数値と文字を組み合わせて表示する	P.129	Q223	セルをドラッグで入れ替える	P.104	Q159
図形に多くの文字を配置する	P.287	Q579	セルをドラッグでコピーする	P.98	Q147
図形に文字を入力する	P.287	Q577	セルをまとめて結合する	P.137	Q245
図形の位置を揃える	P.291	Q586	選択範囲を拡大／縮小する	P.97	Q145
図形の重なり順を変更する	P.290	Q585	先頭に0を入れた数値で表示する	P.128	Q222
図形を回転する	P.284	Q568	先頭の0を表示する	P.76	Q093
図形をグループ化する	P.291	Q587	外枠だけ太線にする	P.146	Q266
図形をセルに合わせて配置する	P.286	Q575			
図として貼り付ける	P.102	Q155			

た

スパークラインを使用する	P.273	Q548
タスクバーにピン留めする	P.49	Q018
図表の項目を増やす	P.293	Q591
ダッシュボードを作成する	P.341	Q686
図表のデザインを変更する	P.293	Q590
縦横の合計を計算する	P.179	Q344
図表を作成する	P.292	Q589
抽出結果のみを合計する	P.311	Q633
スペルミスを調べる	P.92	Q133
抽出条件を保存する	P.312	Q635
スライサーを解除する	P.302	Q612
重複する行を削除する	P.315	Q639
スライサーを利用する	P.302	Q611
重複するデータをチェックする	P.314	Q638
セキュリティリスクの警告を解消する	P.392	Q802
重複のないデータを抽出する	P.314	Q637
セル内で折り返す	P.135	Q238
データと書式を削除する	P.74	Q087
セル内で改行する	P.72	Q082
データを検索する	P.117	Q196

項目	ページ	Q番号
データを置換する	P.119	Q202
データを並べ替える	P.303	Q614
テーブルとして書式設定する	P.143	Q258
テーブルにデザインを設定する	P.300	Q606
テーブルの列や行を選択する	P.301	Q610
テーブルを解除する	P.299	Q604
テーマの配色を変える	P.144	Q261
テーマを適用する	P.144	Q260
テキストフィルターで文字を条件に抽出する	P.310	Q632
統合したデータを最新の状態に保つ	P.193	Q375
動的配列数式とスピルを使用する	P.186	Q360
独自の連続データを登録する	P.84	Q116
特殊な記号を入力する	P.78	Q099
特定の位置でページを区切る	P.166	Q314
特定の項目だけを統合する	P.193	Q376
特定の項目をグループ化して集計する	P.316	Q641
特定の範囲のみ編集可能にする	P.369	Q750
トップテンオートフィルターを使用する	P.310	Q631
ドラッグしてデータを削除する	P.74	Q086

な

項目	ページ	Q番号
名前を設定したセル範囲を変更する	P.184	Q356
並べ替えの順序を設定する	P.306	Q621
入力可能なセルに移動する	P.67	Q065
入力項目をリスト化する	P.86	Q120
入力データを区切り位置で分割する	P.88	Q124
入力できるデータを制限する	P.87	Q122
入力モードを限定する	P.90	Q127

は

項目	ページ	Q番号
ハイパーリンクが設定されたセルを選択する	P.97	Q144
ハイパーリンクを削除する	P.123	Q209
ハイパーリンクを制限する	P.123	Q210
バックアップファイルを作成する	P.348	Q704
離れたセルを合計する	P.178	Q343
離れたセルを選択する	P.94	Q136
パワーピボットで列全体を合計する	P.338	Q680
パワーピボットを使用する	P.333	Q670
日付や時刻の表示を変更する	P.131	Q228

項目	ページ	Q番号
日付を数値に戻す	P.77	Q096
必要な部分だけ印刷する	P.162	Q303
ピボットテーブル		
データモデルからピボットテーブルを作成する	P.339	Q683
ピボットグラフを作成する	P.331	Q667
ピボットテーブルにフィールドを追加する	P.324	Q653
ピボットテーブルの項目をグループ化する	P.327	Q659
ピボットテーブルの項目を絞り込む	P.326	Q658
ピボットテーブルの条件を切り替える	P.328	Q661
ピボットテーブルのタイムラインを利用する	P.329	Q663
ピボットテーブルのフィールドを入れ替える	P.325	Q655
ピボットテーブルを作成する	P.323	Q651
表示形式を［文字列］にする	P.76	Q091
表の先頭や末尾に移動する	P.64	Q054
表のデータに合わせて列の幅を調整する	P.110	Q178
表の日付の土日だけ色を変える	P.154	Q280
表の見出しを常に表示する	P.357	Q724
表をテーブルに変換する	P.299	Q603
ヒントを表示する	P.53	Q027
ファイルの保存先を設定する	P.347	Q701
ファイル名などを印刷する	P.171	Q325
フィルターボタンでデータを抽出する	P.308	Q626
フィルを使う	P.83	Q113
フォントの書式を解除する	P.141	Q254
複合グラフを作る	P.272	Q547
複数の行や列を挿入する	P.107	Q167
複数の行や列を揃える	P.108	Q172
複数の条件で並べ替える	P.304	Q617
複数の図形を選択する	P.290	Q584
複数のセルに同じデータを入力する	P.69	Q069
複数のブックを並べて表示する	P.358	Q725
複数の列でデータを抽出する	P.308	Q627
ブック全体から検索する	P.118	Q197
ブック全体を保護する	P.370	Q754
ブックの編集履歴を確認する	P.356	Q722
ブックの履歴を非表示にする	P.353	Q714
ブックをPDF形式にする	P.350	Q708
ブックを共有する	P.383	Q781
ブックをテキスト形式にする	P.350	Q707

項目	ページ	Q番号
ブックを別名で保存する	P.346	Q697
ブックを保護する	P.349	Q705
ふりがなを修正する	P.91	Q130
プレビューしながら改ページ部分を変更する	P.167	Q318
文章の行末を揃える	P.134	Q235
分数を入力する	P.77	Q097
ページの区切り位置を確認／変更する	P.160	Q296
ページ番号を設定する	P.170	Q323
ページレイアウトビューを表示する	P.109	Q175
ページレイアウトを確認しながら編集する	P.160	Q295
ページを指定して印刷する	P.158	Q291
ヘッダーを挿入する	P.169	Q321
別表の条件で抽出する	P.313	Q636
編集設定を変更する	P.71	Q076
棒グラフを太くする	P.267	Q538
ほかのブックのセルを参照する	P.194	Q377
ほかのワークシートにある同じ形の表を集計する	P.191	Q373
ほかのワークシートにある同じセルを合計する	P.191	Q372
ほかのワークシートを参照する	P.190	Q370
保存されていないブックを回復する	P.355	Q720

ま

項目	ページ	Q番号
マクロを記録する	P.389	Q795
マクロを実行する	P.390	Q797
マクロを保存する	P.391	Q799
マクロを有効にする	P.391	Q800
まとめて印刷する	P.159	Q292
ミニツールバーを表示する	P.56	Q036
文字サイズを縮小する	P.138	Q248
文字の一部だけ色を変える	P.141	Q253
文字の色を置換する	P.121	Q206
文字列を数値に変換する	P.199	Q390
文字列を連結する	P.176	Q339
文字を均等に配置する	P.136	Q240

や

項目	ページ	Q番号
ユーザー定義で文字色を指定する	P.130	Q226
ユーザー名を変更する	P.352	Q712
用紙に合わせて印刷する	P.165	Q312
用紙の余白を調整する	P.164	Q309
横棒グラフで軸を反転する	P.268	Q541
横方向に並べ替える	P.305	Q619

ら

項目	ページ	Q番号
リストを利用する	P.85	Q118
リボンにボタンを追加する	P.61	Q047
リボンのユーザー設定を表示する	P.55	Q032
リボンを非表示にする	P.55	Q031
リレーションシップを作成する	P.335	Q674
レイアウトの違う表を統合する	P.192	Q374
列幅を保持して貼り付ける	P.100	Q150
列や行の条件付き書式を設定する	P.152	Q278
列をドラッグで移動する	P.103	Q158

わ

項目	ページ	Q番号
ワークシート全体をロックする	P.367	Q746
ワークシートのグループ化を解除する	P.115	Q190
ワークシートの順序を変える	P.115	Q189
ワークシートの保護を解除する	P.367	Q747
ワークシートを一覧から選択する	P.113	Q184
ワークシートをグループ化する	P.115	Q188
ワークシートをコピーする	P.115	Q191
ワークシートを再表示する	P.114	Q186
ワークシートを削除する	P.112	Q182
ワークシートを抽出する	P.116	Q192
ワークシートを非表示にする	P.114	Q185
ワードアートで文字をデザインする	P.289	Q582
枠線を追加して印刷する	P.174	Q332

練習用ファイルの使い方

本書では操作をすぐに試せる練習用ファイルを用意しています（ワザに「サンプル」アイコンと表示）。ダウンロードした練習用ファイルは下記の手順で展開し、フォルダーを移動して使ってください。練習用ファイルは章ごとにファイルが格納されています。手順実行後のファイルは収録できるもののみ入っています。

▼練習用ファイルのダウンロードページ
https://book.impress.co.jp/books/1124101111

OneDrive プラン一覧

Microsoft OneDriveはプランを変更することで使用可能な容量が増えます。また、Microsoft 365を契約するとメールボックスの容量なども増えます。以下の表で確認しましょう。

種類	Microsoft 365	Microsoft 365 Basic	Microsoft 365 Personal	Microsoft 365 Family
料金	無料	2,440円／年 または260円／月	21,300円／年 または2,130円／月	27,400円／年 または2,740円／月
クラウドストレージの容量	5GB	100GB	1TB	1TB ＊1人あたり
メールボックスの容量	15GB	100GB	100GB	100GB
利用可能人数	1人	1人	1人	最大6人
利用可能なアプリ	OneDrive、Outlook.comメールと予定表、Web用のWordなど	OneDrive、Outlook、Web用のWordなど	Microsoft 365 Personalのアプリケーションなど	Microsoft 365 Familyのアプリケーションなど
備考		OneDriveのファイルと写真をランサムウェアから保護、Microsoftサポートエキスパート利用可能	OneDriveのファイルと写真をランサムウェアから保護、Microsoftサポートエキスパート、Microsoft Defender利用可能	OneDriveのファイルと写真をランサムウェアから保護、Microsoftサポートエキスパート、Microsoft Defender利用可能

※価格などの情報は2025年1月現在のものです。表記は税込みの金額です。

ご購入・ご利用の前に必ずお読みください

本書は、2025年1月現在の情報をもとにWindows版の「Microsoft 365のExcel」「Microsoft Excel 2024」「Microsoft Excel 2021」「Microsoft Excel 2019」の操作方法について解説しています。本書の発行後に「Excel」の機能や操作方法、画面などが変更された場合、本書の掲載内容通りに操作できなくなる可能性があります。本書発行後の情報については、弊社のWebページ（https://book.impress.co.jp/）などで可能な限りお知らせいたしますが、すべての情報の即時掲載ならびに、確実な解決をお約束することはできかねます。また本書の運用により生じる、直接的、または間接的な損害について、著者ならびに弊社では一切の責任を負いかねます。あらかじめご理解、ご了承ください。

本書で紹介している内容のご質問につきましては、巻末をご参照のうえ、メールまたは封書にてお問い合わせください。ただし、本書の発行後に発生した利用手順やサービスの変更に関しては、お答えしかねる場合があります。また、本書の奥付に記載されている初版発行日から3年が経過した場合、もしくは解説する製品やサービスの提供会社がサポートを終了した場合にも、ご質問にお答えしかねる場合があります。あらかじめご了承ください。

第1章 脱・初心者のExcel基本ワザ

Excelの基本機能

Excelは、表組みにしたデータから、さまざまな集計を行うことのできる表計算アプリです。まずは、Excelの基本に関する疑問を解決しましょう。

---

001 [365][2024][2021][2019] お役立ち度 ★★

Q Excelとは

A データ集計などに役立つマイクロソフトの表計算アプリです

Excelは、マイクロソフトが開発している「表計算アプリ」です。マイクロソフトは複数のアプリをセットにした「Office」という製品を販売していますが、ExcelはOfficeに含まれるアプリの1つでもあります。Excelを使うと、データの集計やグラフの作成などを簡単に行えます。

本書執筆時（2025年1月）の最新バージョンはExcel 2024ですが、本書ではExcel 2024/2021/2019の3バージョン、およびMicrosoft 365に含まれるExcelを扱います。Officeのパッケージについてはワザ003、Microsoft 365についてはワザ006を参照してください。

■Excelを含む製品

製品	説明
Office 2024	Excel 2024を含む製品
Office 2021	Excel 2021を含む製品
Office 2019	Excel 2019を含む製品
Microsoft 365	Excel（バージョンなし）を含む製品

関連 003 OfficeやExcelの買い方を知りたい　P.43
関連 006 Microsoft 365を使うメリットは何？　P.44

---

002 [365][2024][2021][2019] お役立ち度 ★★

Q 表計算アプリの特徴とは

A 表を計算したりグラフを作成したりできます

「表計算アプリ」とは、表組みにしたデータを基に計算を行うアプリです。表計算アプリの画面は、集計用紙のようなマス目で構成されています。このマス目に文字や数値、計算式を入力することで、集計表などを簡単に作成できます。データを変更すると、その内容に従い自動的に計算結果が修正されるので、集計用紙のように計算し直す必要はありません。

Excelは、このような表計算機能に加え、表組みにしたデータからグラフを作成したり高度な分析を行ったりするなど、さまざまな付加機能を搭載しています。

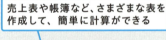
売上表や帳簿など、さまざまな表を作成して、簡単に計算ができる

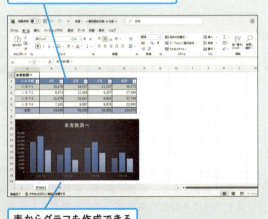
表からグラフも作成できる

003

365 | 2024 | 2021 | 2019
お役立ち度 ★★

Q OfficeやExcelの買い方を知りたい

A 月額で利用する方法と最初に一括で購入する方法があります

Excelを含む製品のうち、2025年1月現在、マイクロソフトから販売されている個人向けの製品は、サブスクリプション版の「Microsoft 365 Personal」「Microsoft 365 Family」と買い切り版の「Office 2024」「Excel 2024」の4種類です。それぞれライセンスの形態やユーザー数、インストール可能な端末の種類、最新機能が追加されるかどうか、大容量のOneDriveを使用する権利の有無などに違いがあります。以下の表を参考に、目的に合った製品を入手しましょう。

■ Microsoft 365 Personal/Family

月額または年額料金を支払って利用する

■ Office 2024/Excel 2024

最初に一括で料金を支払って利用する

■ 製品の特徴

	Microsoft 365 Personal	Microsoft 365 Family	Office 2024	Excel 2024
ライセンス	サブスクリプション（月または年ごとの支払い）		最初に購入（永続ライセンス）	
ユーザー数	1ユーザー	最大6ユーザー	1ユーザー	
インストールできる端末	何台でもインストール可能 Windows PC / Mac、タブレット、スマートフォンなど、同時使用は5台まで		2台までインストール可能 Windows PC / Mac	
新機能の追加	常に最新版		基本的に新機能の追加はなし	
OneDrive	1TB	ユーザー1人あたり1TB	−	−

※Office 2024には、「Office Home & Business」「Office Home」の2種類があります
※パソコンにプリインストールされているOffice製品の場合、そのパソコン1台のみの使用となります

004

365 | 2024 | 2021 | 2019
お役立ち度 ★★

Q POSAカードとダウンロード版の違いは？

A 店頭で買うかインターネットで買うかの違いです

「Microsoft 365 Personal」「Microsoft 365 Family」「Office 2024」「Excel 2024」は、「POSAカード」と「ダウンロード版」の2種類の形態で提供されます。POSAカードは、店頭販売の商品です。支払い時にレジを通すとカードに記載されたプロダクトキーが有効になる仕組みになっており、実際にパソコンにインストールするには、マイクロソフトのWebサイトでプロダクトキーを入力してダウンロードする必要があります。一方、ダウンロード版は、ネット販売される商品です。マイクロソフトのWebサイトなどで購入し、ダウンロードしてインストールします。

005 `365` `2024` `2021` `2019` お役立ち度 ★★☆

Q Office 2024やMicrosoft 365で利用できるアプリを知りたい

A 製品によって含まれるアプリが変わります

Windowsパソコン用のOffice 2024には、「Office Home & Business」と「Office Home」があります。これら2種類およびMicrosoft 365では、それぞれ製品に含まれるアプリの種類が異なります。どの製品にもExcelは含まれているので、Excelのほかにどのようなアプリを使用したいかが、Office製品を選ぶ際の1つの判断材料となります。

■Office製品に同梱されているソフトウェアの一覧

	Microsoft 365	Office Home & Business 2024	Office Home 2024
Word	●	●	●
Excel	●	●	●
PowerPoint	●	●	●
Outlook	●	●	―
Onenote	●	●	●
Access	●	―	―

006 `365` `2024` `2021` `2019` お役立ち度 ★★★

Q Microsoft 365を使うメリットは何？

A 更新することで常に最新版の機能が使えます

「Microsoft 365」は、月額や年額の料金を支払う期間契約のサブスクリプション製品です。Microsoft 365には法人向けもありますが、「Microsoft 365 Personal」と「Microsoft 365 Family」は個人向け製品です。Microsoft 365の最大のメリットは、ワザ010を参考に更新を行うことで、常に最新機能を使用できる点です。Office 2024にもOffice 2021にない新機能が追加されましたが、それらの新機能は既にMicrosoft 365に搭載されているものでした。Microsoft 365には、今後も新機能が追加されていくでしょう。このほか、Microsoft 365ではインストール可能な端末が多い点や、大容量のOneDriveを使用できる点も魅力です。

■Microsoft 365 Personalの料金

契約期間	料金
1カ月	1,490円／月
1年（一括）	14,900円／年

※消費税10％込みでの金額

■複数の端末でいつも最新機能が利用可能

複数台のWindowsパソコンまたはMac

複数台のスマートフォンやタブレット

007 〔365〕〔2024〕〔2021〕〔2019〕 お役立ち度 ★★★

Q ライセンス認証って何？

A Excelを正規で利用するための手続きです

「ライセンス認証」とは、パソコンにインストールされているExcelが正規の製品であること、インストールできるパソコンの制限数を超えていないことなどを証明するための手続きです。Officeのバージョンや製品の種類、何台目のインストールか、インターネットに接続しているかどうかなどによって、手続きの方法は異なります。ライセンス認証が自動で行われる場合もあれば、ライセンス認証ウィザードが起動して製品に記載されているプロダクトキーの入力を求められる場合もあります。

008 〔365〕〔2024〕〔2021〕〔2019〕 お役立ち度 ★★

Q 利用しているOfficeの情報を知りたい

A ［アカウント］画面で種類やバージョンを確認できます

［ファイル］タブの左のメニューから［アカウント］をクリックすると、パソコンにインストールされているOffice製品の種類を確認できます。メニューに［アカウント］がない場合は、［その他］-［アカウント］をクリックしてください。

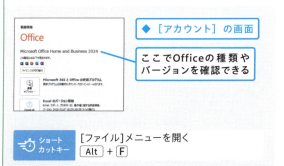

◆［アカウント］の画面
ここでOfficeの種類やバージョンを確認できる

ショートカットキー ［ファイル］メニューを開く　[Alt] + [F]

009 〔365〕〔2024〕〔2021〕〔2019〕 お役立ち度 ★★

Q 複数のパソコンでExcelを使いたい

A 製品によってインストールできる台数が異なります

Microsoft 365は、Windowsパソコン、Mac、タブレット、スマートフォンなど何台でも使用可能（同時使用は5台まで）です。一方、買い切り版のOffice 2024やExcel 2024を使用できるのは、基本的に2台までのWindowsパソコンやMacです。製品によって使用できる端末の種類や台数が異なるので注意してください。

010 〔365〕〔2024〕〔2021〕〔2019〕 お役立ち度 ★★★

Q OfficeやExcelを最新の状態に保つには

A 手動または自動で更新を実行しましょう

OfficeやExcelでは、セキュリティや機能に不具合が見つかると、マイクロソフトから更新プログラムが提供されます。［ファイル］タブの［アカウント］の画面で［更新オプション］ボタンをクリックすると、手動で更新プログラムをインストールしたり、自動更新されるように設定または設定解除したりすることができます。

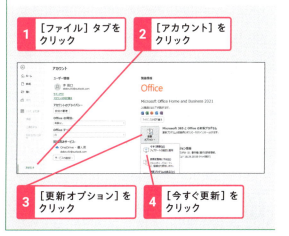

1 ［ファイル］タブをクリック
2 ［アカウント］をクリック
3 ［更新オプション］をクリック
4 ［今すぐ更新］をクリック

011 〔365〕〔2024〕〔2021〕〔2019〕 お役立ち度 ★★

Q セルって何？

A データを入力する1つ1つのマス目のことです

Excelを起動すると、小さな四角いマス目が集まった集計用紙のような画面が表示されます。このマス目を「セル」と呼びます。セルには文字や数値、日付データ、計算式などを入力できます。

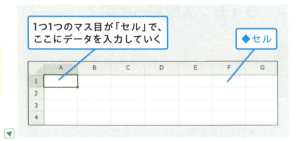

1つ1つのマス目が「セル」で、ここにデータを入力していく ◆セル

012 〔365〕〔2024〕〔2021〕〔2019〕 お役立ち度 ★★

Q ワークシートやブックって何？

A ワークシートの集まりがブックでブックが1つのファイルを表します

セルの集まりが「ワークシート」、ワークシートの集まりが「ブック」です。ブックは「.xlsx」という拡張子を持つ1つのファイルとなります。

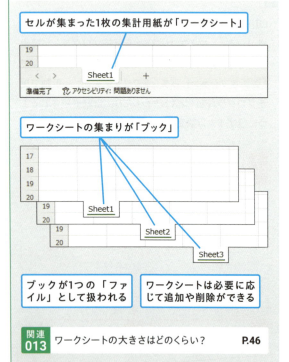

セルが集まった1枚の集計用紙が「ワークシート」

ワークシートの集まりが「ブック」

ブックが1つの「ファイル」として扱われる

ワークシートは必要に応じて追加や削除ができる

関連 013 ワークシートの大きさはどのくらい？ P.46

013 〔365〕〔2024〕〔2021〕〔2019〕 お役立ち度 ★★

Q ワークシートの大きさはどのくらい？

A 100万行×1万6千列以上の表を作れます

1枚のワークシートは1,048,576行×16,384列（XFD列）と決められています。作成した表の行や列は後から増やせますが、末尾の行や列が自動的に削除されるので、ワークシートの大きさは変わりません。

014 〔365〕〔2024〕〔2021〕〔2019〕 お役立ち度 ★★

Q 画面に表示される白い矢印や十字は何？

A マウスの位置を示す「マウスポインター」です

白い矢印や十字はExcelを操作するための「マウスポインター」です。操作の種類によってマウスポインターの形状が変化します。

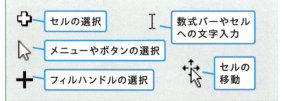

セルの選択 / 数式バーやセルへの文字入力 / メニューやボタンの選択 / フィルハンドルの選択 / セルの移動

015 365 2024 2021 2019
お役立ち度 ★★★

Q Excel 2024の新機能を知りたい！

A 関数を中心に仕事に役立つ機能が追加されました

Excel 2024では関数の機能が大幅に強化されました。特に動的配列数式に対応した関数が数多く追加されています。スピルした範囲から作成したグラフは動的に変化するので、グラフの活用の幅が大きく広がりました。文字列操作の新関数も追加され、これまで複数の関数を組み合わせなければ実現できなかった文字列の分解が、1つの関数で簡潔に行えるようになりました。また、LAMBDA関数を使用すれば独自の関数を定義することもできます。セルの中に画像を挿入する機能も追加されています。名簿や商品リストなどに写真を埋め込んで、データと一緒に一括管理できるので便利です。テーマの種類やカラーパレットの色も一新されています。ワンパターンになりがちな表やグラフを目新しいデザインに変えられるでしょう。

■スピルした範囲からグラフ作成

スピルする範囲が変化するとグラフも動的に変化する

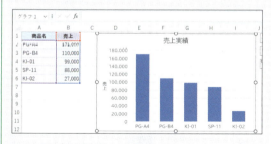

■文字列操作関数

関数1つで簡単に文字列を分解できる

■LAMBDA関数の応用

LAMBDA関数を使用して独自の関数を定義できる

■セルの中に画像を配置

セルの中に画像を配置してデータとして管理できる

■カラーパレットの刷新

カラーパレットに表示される色が変わった

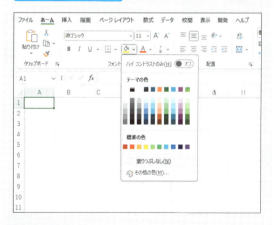

関連 480	検索結果の行を丸ごと引き出すには	P.237
関連 743	会話形式でコメントをやり取りするには	P.365

Excelの起動と終了

Excelを初めて利用するなら、まず起動と終了の方法を覚えておきましょう。また、より簡単にExcelを起動するための設定方法を知っておきましょう。

016　365 2024 2021 2019　お役立ち度 ★★☆

Q Windows 11でExcelを起動するには

A ［スタート］メニュー内のExcelのアイコンをクリックします

Excelを起動するには、Windowsの［スタート］メニューから［Excel］をクリックします。［スタート］メニューに［Excel］がない場合は、［すべて］をクリックして、アプリの一覧から［Excel］を探しましょう。

1 ［スタート］をクリック

2 ［Excel］をクリック　　Excelが起動する

ショートカットキー　スタートメニューを表示

017　365 2024 2021 2019　お役立ち度 ★★☆

Q 起動と同時にファイルを開きたい

A 開くファイルのアイコンをダブルクリックします

フォルダーのウィンドウを開いて、Excelのファイルアイコンをダブルクリックすると、Excelが起動し、ファイルが開きます。Ctrlキーを使用して複数のファイルを選択し、右クリックのメニューから［開く］をクリックすれば、複数のファイルをまとめて開くこともできます。

1 開くファイルをダブルクリック

018 [365] [2024] [2021] [2019] お役立ち度 ★★★

Q タスクバーから簡単に起動できるようにしたい

A 「ピン留め」の機能でタスクバーに常に表示できます

Excelを起動すると、デスクトップの下部にあるタスクバーにExcelのボタンが表示されます。通常、このボタンはExcelを終了すると消えてしまいますが、以下のように操作するとタスクバーにExcelのボタンが常に表示され、クリックでいつでも簡単にExcelを起動できるようになります。タスクバーのボタンが不要になったときは、右クリックして［タスクバーからピン留めを外す］をクリックしてください。

Excelを起動しておく

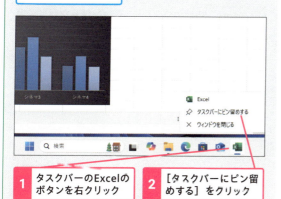

1 タスクバーのExcelのボタンを右クリック
2 ［タスクバーにピン留めする］をクリック

Excelを終了して、デスクトップを表示しておく

タスクバーにExcelのボタンが固定された

次回からはボタンをクリックするだけでExcelを起動できる

関連 019 デスクトップから簡単に起動できるようにするには　P.49

019 [365] [2024] [2021] [2019] お役立ち度 ★★☆

Q デスクトップから簡単に起動できるようにするには

A メニューから［Excel］をドラッグしてショートカットを作成します

デスクトップにExcelのショートカットアイコンを作成しておくと、ダブルクリックするだけで素早くExcelを起動できます。

1 ［スタート］をクリック
2 ［すべて］をクリック

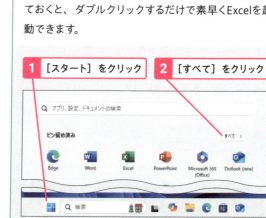

アプリの一覧が表示された

3 ［Excel］をデスクトップにドラッグ

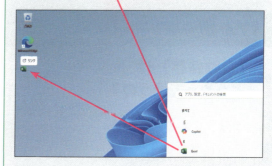

デスクトップにショートカットのアイコンが作成された

次回からはアイコンをダブルクリックしてExcelを起動できる

ショートカットキー　スタートメニューを表示　⊞

020 365 2024 2021 2019 お役立ち度 ★★★

Q Excelを終了するには

A 画面右上の[閉じる]ボタンをクリックします

Excelを終了するには、タイトルバーの右端にある[閉じる]ボタンをクリックします。自動保存が有効でない場合は、保存を確認するメッセージが表示されることがあるので、保存する場合は[保存]、保存しない場合は[保存しない]、終了を取り消す場合は[キャンセル]ボタンをクリックします。

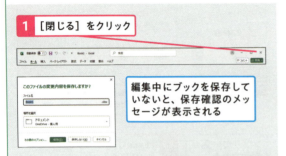

1 [閉じる]をクリック

編集中にブックを保存していないと、保存確認のメッセージが表示される

021 365 2024 2021 2019 お役立ち度 ★★★

Q [自動保存]はどうやって使うの?

A クリックすると機能がオンになります

Excelの画面の左上にある[自動保存]は、OneDriveというインターネット上の保存場所にブックを保存する機能です。[自動保存]をクリックしてブックをアップロードすると、それ以降はブックの変更内容が自動保存されます。

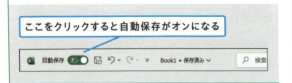

ここをクリックすると自動保存がオンになる

022 365 2024 2021 2019 お役立ち度 ★★★

Q サインインしないと使えないの?

A サインインしたほうがクラウドなどを便利に使えます

OfficeやMicrosoft 365では、インストール時にMicrosoftアカウントでのサインインを求められます。サインインしたままExcelを使用すれば、オンライン上の保存場所である「OneDrive」にファイルを保存できるようになります。ファイルを外出先で閲覧するときや、複数の人で共有するときに大変便利です。また、別のパソコンのOfficeと同じアカウントでサインインすると、設定を同期できる点もメリットです。インストール後にサインアウトしてしまった場合は、画面右上の[サインイン]からサインインしましょう。なお、Microsoft 365はサブスクリプション製品なので、定期的にサインインするように求められます。OneDriveについてはワザ766〜ワザ792を参照してください。

■サインインしていない状態

[サインイン]と表示される

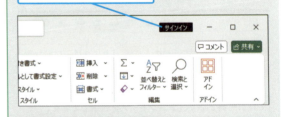

■サインインしている状態

Microsoftアカウントに登録したアイコンが表示される

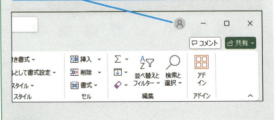

関連 764 「Microsoftアカウント」って何? P.376

023 [365] [2024] [2021] [2019] サンプル
お役立ち度 ★★★

Q Excelの画面から新しいブックを作成するには

A [新規]の画面で[空白のブック]をクリックします

Excelでは編集中のブックを開いたまま、別のブックを開いたり、新規に作成したりできます。ブックの編集中に別のブックを新規に作成するには、[ファイル]タブの[新規]画面で[空白のブック]をクリックします。このほか、[Ctrl]＋[N]キーを押しても、新しい空白のブックを素早く作成できます。

ショートカットキー 新規ブックを作成する [Ctrl]＋[N]

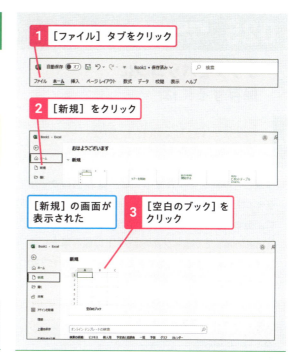

1 [ファイル] タブをクリック
2 [新規] をクリック
[新規]の画面が表示された
3 [空白のブック]をクリック

---

024 [365] [2024] [2021] [2019]
お役立ち度 ★★★

Q パソコンに保存されているブックを開くには

A [ファイルを開く]画面から選択します

パソコンに保存したブックを編集するには、[ファイルを開く]画面を使用して、ファイルの場所と名前を指定して開きます。編集したブックは[上書き保存]を行うことで、元のファイルに保存できます。

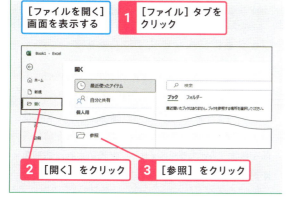

[ファイルを開く]画面を表示する
1 [ファイル] タブをクリック
2 [開く]をクリック
3 [参照]をクリック

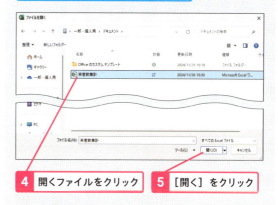

[ファイルを開く]画面が表示された
4 開くファイルをクリック
5 [開く]をクリック

ブックが開いた

ショートカットキー ブックを開く [Ctrl]＋[O]

025 ブックをパソコンに保存するには

365 **2024** **2021** **2019**
お役立ち度 ★★★

Q ブックをパソコンに保存するには

A [名前を付けて保存]から
ファイル名を付けて保存します

作成したブックを保存するには、保存先のフォルダーとファイル名を指定します。後で探しやすいように、分かりやすい名前を付けておきましょう。なお、「OneDrive」というインターネット上の保存場所に直接ブックを保存することもできます。詳しくはワザ770を参照してください。

1 [ファイル]タブをクリック

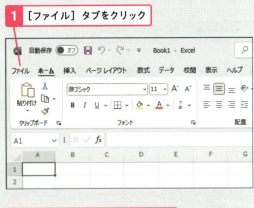

2 [名前を付けて保存]をクリック

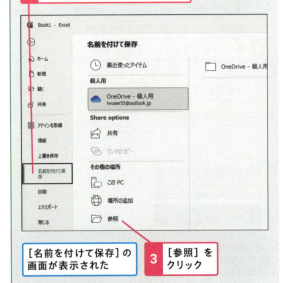

[名前を付けて保存]の画面が表示された

3 [参照]をクリック

[名前を付けて保存]画面が表示された
4 保存先のフォルダーを指定
5 ファイル名を入力
6 [保存]をクリック

指定したフォルダーにブックが保存された

ショートカットキー [名前を付けて保存]画面の表示 `F12`

関連770 ExcelからOneDriveにブックを保存したい　　P.379

関連772 OneDriveから開いたブックを保存するには　　P.379

役立つ豆知識

ブック名に使えない文字はあるの？

半角の「/」（スラッシュ）、「¥」（円記号）、「>」「<」（不等号）、「*」（アスタリスク）、「?」（クエスチョン）、「"」（ダブルクォーテーション）、「|」（縦棒）、「:」（コロン）はブック名に使用できません。これらの記号を含む名前を指定するとエラーメッセージが表示され、名前を変更しないとブックを保存できません。

Excelの画面を便利に使う

Excelを使いこなすためには、画面の構成を理解し、リボンやクイックアクセスツールバーなどの操作方法を覚える必要があります。ここでは、それらの知識やテクニックを紹介します。

026 [365][2024][2021][2019] お役立ち度 ★★

Q Excelの機能はどこから実行するの？

A タブごとに分類されたリボンのボタンをクリックします

Excelで実行できるほとんどの機能は「リボン」のボタンに割り当てられており、ボタンは機能別にタブに分類されています。使いたい機能がリボンのどのタブに含まれるかを覚えておくと、Excelをスムーズに使用できます。

リボンにある［ホーム］や［挿入］などのタブをクリックしてボタンを表示する

027 [365][2024][2021][2019] お役立ち度 ★★

Q 表示されているボタンの機能を確かめるには

A マウスポインターを合わせるとヒントが表示されます

ボタンの機能が分からない場合は、やみくもにクリックせずに、まずボタンにマウスポインターを合わせてみましょう。表示されるポップヒントで、ボタン名と機能の説明を確認できます。

1 機能を調べるボタンにマウスポインターを合わせる

ポップヒントが表示された

◆ポップヒント
ボタンにマウスポインターを合わせると、機能の内容が表示される

028 [365][2024][2021][2019] お役立ち度 ★★

Q スマート検索って何？

A 右クリックでWebからすぐに意味を検索できます

セルの中に分からない用語があるときは、［スマート検索］を利用しましょう。Web上から自動でその用語が検索され、作業ウィンドウに検索結果が表示されます。

関連 027 表示されているボタンの機能を確かめるには　P.53

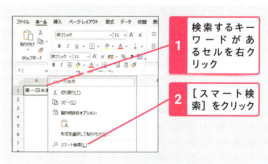

1 検索するキーワードがあるセルを右クリック

2 ［スマート検索］をクリック

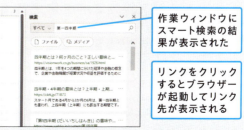

作業ウィンドウにスマート検索の結果が表示された

リンクをクリックするとブラウザーが起動してリンク先が表示される

029 リボンの構成を知りたい

365 | 2024 | 2021 | 2019
お役立ち度 ★★

Q リボンの構成を知りたい

A 9つのタブに主要な機能が分類されています

リボンには、以下の表の［ファイル］タブから［ヘルプ］タブまでの9つのタブが標準で表示されます。このほか、マクロを作成するときに使用する［開発］タブや、ワークシート上で選択した対象に応じて自動的に表示される［コンテキストタブ］もあります。［開発］タブについてはワザ794、［コンテキストタブ］についてはワザ038を参照してください。

■タブの主な機能

タブ	主な機能
ファイル	新規作成や保存、印刷などファイルに関する操作やExcel全体の設定を行う機能がある
ホーム	セルの書式設定やコピー／貼り付け、データの並べ替えなど、基本的な編集をする機能がある
挿入	図形やグラフ、ハイパーリンクなどの要素を挿入するための機能がある
ページレイアウト	用紙サイズや印刷の向きなど、レイアウトを整えるための機能がある
数式	数式を作成する機能や関数の挿入、ワークシートの分析など、計算に関する機能がある
データ	データベース操作や外部データの取り込み、シナリオやゴールシークなどの機能がある
校閲	スペルチェックやコメントの挿入、ワークシートの保護など、文章校正や共有管理の機能がある
表示	ブックの表示方法やワークシートの拡大／縮小表示、ウィンドウの切り替えなどの機能がある
ヘルプ	ヘルプやオンラインの学習コンテンツを表示する

030 ［ファイル］タブで操作できる内容は？

365 | 2024 | 2021 | 2019
お役立ち度 ★★

Q ［ファイル］タブで操作できる内容は？

A Backstageビューでファイルや印刷の操作が行えます

タブをクリックすると通常はリボンが切り替わりますが、［ファイル］タブをクリックした場合はExcelのウィンドウ全体が「Backstageビュー」と呼ばれる画面に切り替わります。Backstageビューでは、ファイルや印刷に関する操作を行えます。

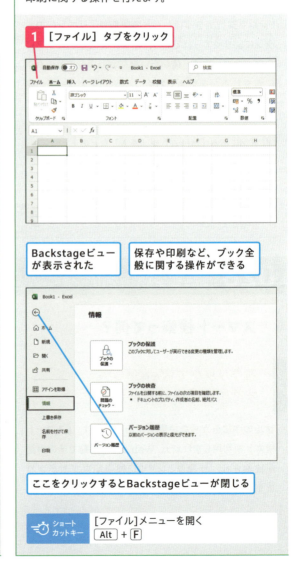

1 ［ファイル］タブをクリック

Backstageビューが表示された

保存や印刷など、ブック全般に関する操作ができる

ここをクリックするとBackstageビューが閉じる

ショートカットキー ［ファイル］メニューを開く　Alt + F

031

365 | 2024 | 2021 | 2019
お役立ち度 ★★☆

Q リボンの表示を小さくして
ワークシートを広く使いたい

A リボンのタブをダブルクリックして
非表示にします

リボンの［ファイル］タブ以外のいずれかのタブをダブルクリックすると、ボタンの部分が非表示になり、画面にタブのみが残ります。ボタンが非表示になった分、作業領域が広くなるので、大きな表をチェックするときなど、ワークシートを広く使いたいときに便利です。そのような状態でボタンを使用するには、タブをクリックしてボタンを一時的に表示するか、タブをダブルクリックしてボタンが完全に表示される状態に戻します。

ショートカットキー　リボンの表示を切り替える
Ctrl + F1

032

365 | 2024 | 2021 | 2019
お役立ち度 ★★★

Q リボンの設定画面を素早く
表示するには

A タブを右クリックして設定画面を
直接表示します

以下の手順で［リボンのユーザー設定］画面を表示すると、タブごと、ボタンごとの表示／非表示の設定や、独自のグループの作成など、リボンに関する詳細な設定を行えます。

１　［ホーム］タブを右クリック

２　［リボンのユーザー設定］をクリック

［Excelのオプション］画面の［リボンのユーザー設定］が表示された

033 [365][2024][2021][2019] お役立ち度 ★★★

Q いつもあるボタンが見当たらない

A 画面が小さい場合は折り畳まれます

リボン上のボタンの構成は、画面のサイズによって変わります。画面のサイズを小さくすると、ボタンが折り畳まれてグループ名だけが表示されることがあります。その場合、グループ名をクリックすると、ボタンが表示されます。

034 [365][2024][2021][2019] お役立ち度 ★★☆ サンプル

Q リアルタイムプレビューって何?

A 設定結果が一時的に表示され、確認できます

[フォント]や[塗りつぶしの色]など、一覧の選択肢にマウスポインターを合わせると、選択範囲のセルにその設定結果が表示されます。事前に結果を確認してから設定できるので便利です。

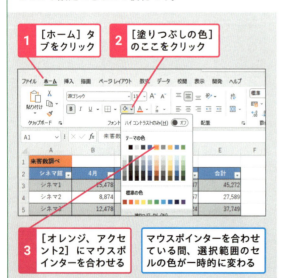

1 [ホーム]タブをクリック
2 [塗りつぶしの色]のここをクリック
3 [オレンジ、アクセント2]にマウスポインターを合わせる

マウスポインターを合わせている間、選択範囲のセルの色が一時的に変わる

035 [365][2024][2021][2019] お役立ち度 ★★★

Q 右クリックすると表示されるメニューは何?

A 操作を素早く行うためのショートカットメニューです

Excelの画面上を右クリックすると、「ショートカットメニュー」が表示され、クリックした場所に応じた操作項目を素早く実行できます。

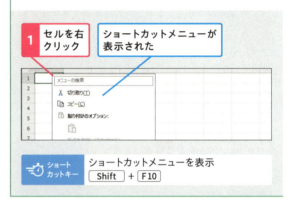

1 セルを右クリック
ショートカットメニューが表示された

ショートカットキー：ショートカットメニューを表示 Shift + F10

036 [365][2024][2021][2019] お役立ち度 ★★★

Q 右クリックすると表示されるツールバーは何?

A よく使う機能が集められたミニツールバーです

セルを右クリックしたときに表示されるミニツールバーを利用すると、フォントや色、文字配置、表示形式などを手早く設定できます。

1 セルを右クリック
ミニツールバーが表示された
書式を簡単に設定できる

037 [365][2024][2021][2019] お役立ち度 ★★☆

Q 機能ごとの設定画面を表示するには

A グループ右下のアイコンをクリックします

セルの設定や印刷の設定など、詳細な設定を行いたいときは、設定用の画面を使用します。リボンのグループの右下にあるアイコンをクリックすると、そのグループに関する詳細設定を行うための画面を表示できます。設定画面は、以下の手順のような独立した画面で表示される場合と、Excelの画面の端に「作業ウィンドウ」形式で表示される場合があります。

詳細設定を行う画面を表示する
ここでは［配置］グループの設定画面を表示する

1 ［配置］の［配置の設定］をクリック

［セルの書式設定］画面が表示された

文字の配置など［配置］グループに対応した内容を設定できる

038 [365][2024][2021][2019] お役立ち度 ★★★ サンプル

Q ときどきリボンに別のタブが表示される！

A 「コンテキストタブ」と呼ばれる特殊なタブです

リボンのタブの構成は、ワークシート上で選択したものに応じて変化する場合があります。例えばグラフを選択すると、グラフの操作に関するボタンが集められた［グラフのデザイン］［書式］という2つのタブが表示されます。選択対象に応じて表示されるタブを「コンテキスト」タブと呼びます。

なお、Excelのバージョンによってはコンテキストタブがグループ化される場合があります。例えば［グラフのデザイン］タブと［書式］タブは［グラフツール］にグループ化されることがあります。本書の画面のタブと表示が異なっても、基本的な機能は同じなので、適宜読み替えて操作してください。

操作対象をクリックすると、コンテキストタブが表示される
◆コンテキストタブ

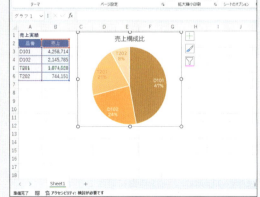

バージョンによってはタブがグループ化されて表示される

関連 045 クイックアクセスツールバーにリボンのボタンを登録したい　P.60

039 365 2024 2021 2019　サンプル
お役立ち度 ★★★

Q　セル範囲を選択すると表示されるボタンは何？

A　素早くデータ分析するための[クイック分析]機能です

データが入力されたセル範囲を選択すると、[クイック分析]ボタンが表示されます。これをクリックして表示されるメニューから、条件付き書式の設定やグラフの作成など、データ分析に便利な操作を素早く実行できます。

セル範囲を選択しておく

1 [クイック分析]をクリック

クイック分析ツールが表示された

040 365 2024 2021 2019
お役立ち度 ★★★

Q　画面左上に並ぶボタンは何？

A　よく使う機能を登録するクイックアクセスツールバーです

画面左上に「クイックアクセスツールバー」が表示されます。ここにはボタンを自由に登録できるので、よく使う機能を登録すれば、Excelの使い勝手が上がります。

◆クイックアクセスツールバー

よく使うボタンを自由に追加できる

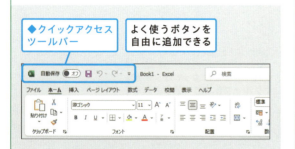

041 365 2024 2021 2019
お役立ち度 ★★★

Q　ショートカットキーでリボンやメニューを操作したい

A　[Alt]キーを1回押すとショートカットキーを確認できます

[Alt]キーを押すとリボンの機能を使用するためのショートカットキーを確認できます。例えば[Alt]キーの次に[H]キーを押すと、[ホーム]タブの機能を選択できます。

[Alt]キーを押すとショートカットキーが表示される

042 365 2024 2021 2019
お役立ち度 ★★★

Q　クイックアクセスツールバーの位置を変えたい

A　リボンの上か下を選んで表示できます

クイックアクセスツールバーは、リボンの上か下のどちらかに表示できます。ワークシートを少しでも広く表示したい場合は上に表示、ボタンをたくさん配置したい場合は下に表示というように、使い勝手に合わせて位置を変えるとよいでしょう。

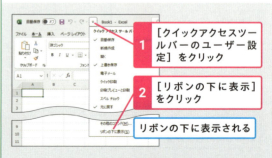

1 [クイックアクセスツールバーのユーザー設定]をクリック

2 [リボンの下に表示]をクリック

リボンの下に表示される

043

365 | 2024 | 2021 | 2019
お役立ち度 ★★☆

Q クイックアクセスツールバーが消えてしまった

A タブを右クリックして設定画面から再表示できます

クイックアクセスツールバーが見当たらない場合、Excel 2024では以下の手順で表示します。Microsoft 365とExcel 2021/2019では、リボンのいずれかのタブを右クリックして［クイックアクセスツールバーを表示する］をクリックすれば表示できます。クイックアクセスツールバーにボタンを配置する方法は、ワザ044、ワザ045、ワザ048を参照してください。

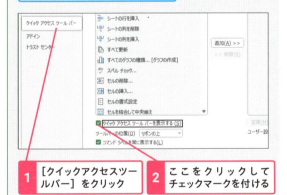

3 ［OK］をクリック

クイックアクセスツールバーが表示された

044

365 | 2024 | 2021 | 2019
お役立ち度 ★★★

Q ［ファイル］タブのボタンを登録したい

A ［クイックアクセスツールバーのユーザー設定］から登録します

頻繁に利用する機能をクイックアクセスツールバーにボタンとして登録しておくと、いつでもワンクリックで実行できるので便利です。［新規作成］［開く］［印刷プレビューと印刷］といったファイルや印刷関連の機能は、［クイックアクセスツールバーのユーザー設定］のメニューから簡単に追加できます。

1 ここをクリック

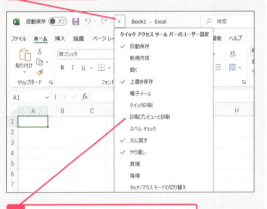

2 ［印刷プレビューと印刷］をクリック

［印刷プレビューと印刷］が追加された

同様の手順で［クイック印刷］も追加できる

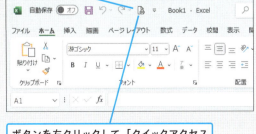

ボタンを右クリックして［クイックアクセスツールバーから削除］をクリックすると、クイックアクセスツールバーから削除できる

045 クイックアクセスツールバーにリボンのボタンを登録したい

365 / 2024 / 2021 / 2019
お役立ち度 ★★★

Q クイックアクセスツールバーにリボンのボタンを登録したい

A 登録したいボタンを右クリックして登録できます

リボンのボタンを右クリックして、[クイックアクセスツールバーに追加]をクリックすると、クイックアクセスツールバーにボタンを表示できます。リボンのタブを切り替える手間が省け、いつでも使用できるので便利です。また、階層の深い位置にある機能も、クイックアクセスツールバーに登録しておけば、ワンクリックで実行できるので効率的です。
なお、クイックアクセスツールバーが非表示の状態でこの手順を実行すると、自動的にクイックアクセスツールバーが表示され、ボタンが登録されます。

[ホーム]タブを表示しておく

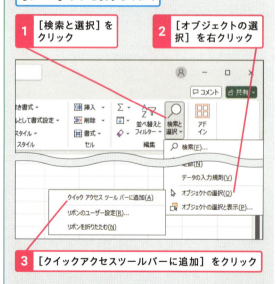

3 [クイックアクセスツールバーに追加]をクリック

[オブジェクトの選択]が追加された

046 Excel全体の設定を変更するには

365 / 2024 / 2021 / 2019
お役立ち度 ★★★

動画で見る

Q Excel全体の設定を変更するには

A [ファイル]タブから[オプション]を選択します

Excelの全体的な設定は、[Excelのオプション]画面で行います。以下の手順で操作すると[Excelのオプション]画面を表示できます。

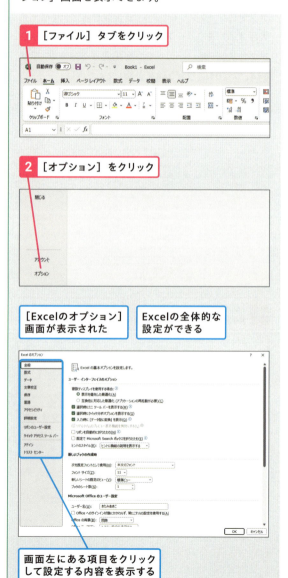

047

365 2024 2021 2019
お役立ち度 ★★★

Q リボンに好きなボタンを追加したい

A ［リボンのユーザー設定］から自由に追加できます

自分の使い勝手に合わせてリボンにボタンを追加できます。それにはまず、リボンのいずれかのタブに新しいグループを作成し、作成したグループにボタンを追加します。以下の例では、［ホーム］タブに［印刷］グループを作成して、［クイック印刷］ボタンを追加しています。なお、［Excelのオプション］画面の右下にある［リセット］ボタンを使用すると、リボンを既定の状態に戻せます。

ワザ046を参考に［Excelのオプション］画面を表示しておく

1 ［リボンのユーザー設定］をクリック
2 ［ホーム］をクリック

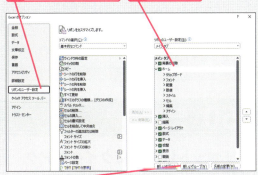

3 ［新しいグループ］をクリック

［ホーム］タブに［新しいグループ］が追加された

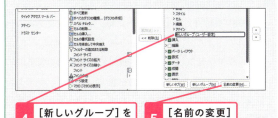

4 ［新しいグループ］をクリック
5 ［名前の変更］をクリック

［名前の変更］画面が表示された

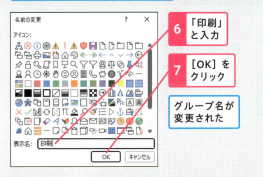

6 「印刷」と入力
7 ［OK］をクリック

グループ名が変更された

8 ここをクリックして［基本的なコマンド］を選択
9 ［クイック印刷］をクリック

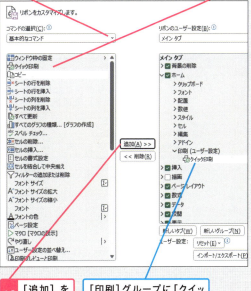

10 ［追加］をクリック

［印刷］グループに［クイック印刷］が追加された

11 ［OK］をクリック

［ホーム］タブの［印刷］グループに［クイック印刷］が表示された

関連 048 以前のバージョンにあった機能がリボンにない！ P.62

048 [365] [2024] [2021] [2019] お役立ち度 ★★★

Q 以前のバージョンにあった機能がリボンにない！

A クイックアクセスツールバーに登録すれば使えます

以前のバージョンにあった機能がリボンに見当たらない場合は、[Excelのオプション] 画面で、[リボンにないコマンド] の中を探してみましょう。ここに目的の機能があれば、リボンやクイックアクセスツールバーに登録して実行することができます。

> ここではクイックアクセスツールバーにボタンを登録する

> ワザ046を参考に [Excelのオプション] 画面を表示しておく

1. [クイックアクセスツールバー] をクリック
2. [ここをクリックして [リボンにないコマンド] を選択

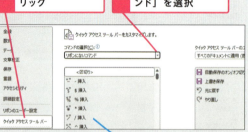

> リボンにないボタンが一覧で表示される

3. 追加するボタンをクリック
4. [追加] をクリック

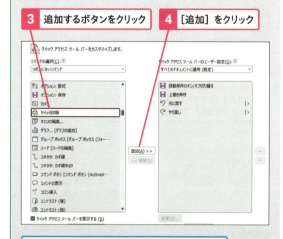

> [OK] をクリックするとボタンが追加される

049 [365] [2024] [2021] [2019] お役立ち度 ★★☆

Q リボンやクイックアクセスツールバーをリセットするには

A [Excelのオプション] 画面で [リセット] を実行します

[Excelのオプション] 画面の [リボンのユーザー設定] または [クイックアクセスツールバー] にある [リセット] を使用すると、リボンやクイックアクセスツールバーを既定の設定に戻せます。

> [Excelのオプション] の [クイックアクセスツールバー] を表示しておく

1. [リセット] をクリック
2. [すべてのユーザー設定をリセット] をクリック

> リボンとクイックアクセスツールバーの設定がリセットされる

050 [365] [2024] [2021] [2019] お役立ち度 ★★☆

Q リセットしたのにクイックアクセスツールバーが消えない

A [リセット] はボタンを既定の状態に戻す機能です

ワザ049で紹介した [リセット] は、クイックアクセスツールバー上のボタンを既定の状態に戻す機能です。クイックアクセスツールバー自体は表示されたままになります。不要ならワザ043を参考に [クイックアクセスツールバーを表示する] のチェックマークをはずす、または [クイックアクセスツールバーを非表示にする] をクリックして非表示にします。

051 〔365〕〔2024〕〔2021〕〔2019〕
お役立ち度 ★★☆

Q 画面の表示倍率を
マウスで変更するには

A 画面右下のズームスライダーで
調整します

ズームスライダーのつまみを左右にドラッグすると、10%から400%の範囲で画面の表示倍率を変更できます。

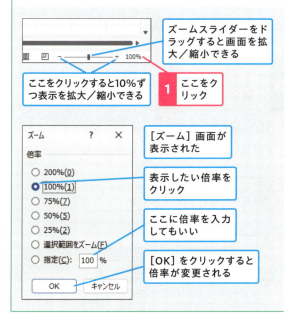

052 〔365〕〔2024〕〔2021〕〔2019〕
お役立ち度 ★★★

Q ヘルプを表示する方法は？

A ［ヘルプ］をクリックするか、
F1 キーを押します

［ヘルプ］をクリックするか F1 キーを押すと、ヘルプ画面でキーワードを入力したり、目次をたどったりして、分からないことを調べることができます。

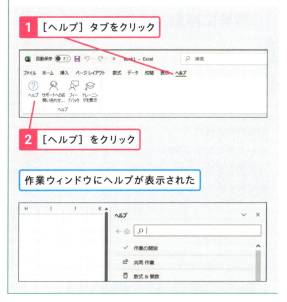

053 〔365〕〔2024〕〔2021〕〔2019〕
お役立ち度 ★★☆

Q やりたいことに最適な機能を
探したい

A ［Microsoft Search］で
検索してみましょう

Excelの画面上部に「Microsoft Search」（Excel 2019では「操作アシスト」）と呼ばれる入力欄があります。実行したい機能に関するキーワードを入力すると、機能の候補やヘルプの一覧が表示されます。一覧から直接機能を実行したり、ヘルプを調べたりと、多目的に利用できます。

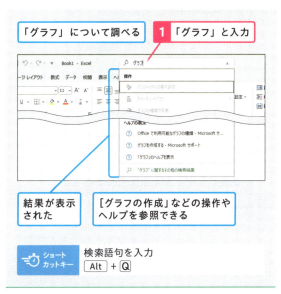

ショートカットキー　検索語句を入力　Alt + Q

第2章 データ入力効率化のワザ

セルを移動する

Excelでデータを入力するには、まず、データを入力するためのセルを選択します。セルを効率よく移動できれば、入力の効率がグンとアップします。

054　365 2024 2021 2019　お役立ち度 ★★★　サンプル

Q 表の先頭や末尾へ簡単に移動するには

A Ctrl キーと方向キーを押すと移動できます

連続してデータが入力されているセル範囲の中で、その先頭や末尾にアクティブセルを移動するには、Ctrl キーを押しながら方向キーを押します。アクティブセルの枠をダブルクリックしても、範囲の端のセルに移動できます。大きな表の操作に便利です。

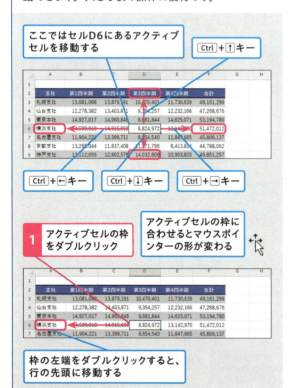

055　365 2024 2021 2019　お役立ち度 ★★★　サンプル

Q セルA1に素早く移動したい

A Ctrl + Home キーですぐにセルA1に戻ります

Ctrl + Home キーを押すと、アクティブセルがセルA1に移動します。

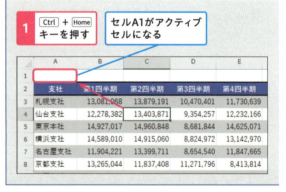

056　365 2024 2021 2019　お役立ち度 ★★☆

Q Ctrl + Home キーでセルA1に移動できないのはなぜ？

A ウィンドウ枠が固定されていないか確認します

ウィンドウ枠が固定されている場合、Ctrl + Home キーを押すと、アクティブセルはウィンドウ枠の左上端に移動します。ウィンドウ枠の固定については、ワザ727を参照してください。

057

365 | 2024 | 2021 | 2019　サンプル
お役立ち度 ★★★

Q 行の先頭に移動したい

A [Home]キーを押すと同じ行のA列に移動します

[Home]キーを押すと、アクティブセルが同じ行の先頭のセルに移動します。[Ctrl]+[←]キーではデータの入力範囲内における行頭への移動になりますが、[Home]キーの場合、データの有無とは無関係に行頭に移動します。

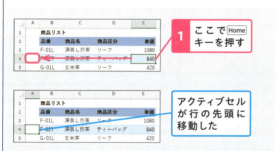

1 ここで[Home]キーを押す

アクティブセルが行の先頭に移動した

058

365 | 2024 | 2021 | 2019　サンプル
お役立ち度 ★★★

Q 表の右下端に移動するには

A [Ctrl]+[End]キーを押すとその表の右下端に移動します

[Ctrl]+[End]キーを押すと、ワークシートで使用されているセルのうち、末尾のセルに移動します。表が1つだけ入力されている場合、[Ctrl]+[End]キーで表の右下端に素早く移動できます。

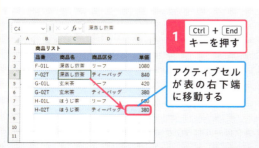

1 [Ctrl]+[End]キーを押す

アクティブセルが表の右下端に移動する

059

365 | 2024 | 2021 | 2019　サンプル
お役立ち度 ★★★

Q 画面単位で大きく移動するには

A [Page Down]キーや[Page Up]キーで1画面分移動できます

[Page Down]キーを押すと、ワークシートが上にスクロールして次の画面が表示され、同時にアクティブセルも次の画面に移動します。[Page Up]キーを押すと、同様にアクティブセルは前の画面に移動します。これらのキー操作は、縦長の表を移動する場合に便利です。表が横長の場合は[Alt]+[Page Down]キーで右画面に、[Alt]+[Page Up]キーで左画面に移動するので、併せて覚えておきましょう。

ここでは行番号1から18までが表示されている

1 [Page Down]キーを押す

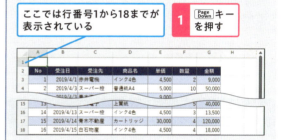

行番号18からの表示に切り替わった

アクティブセルが次の画面の先頭に移動した

■ ワークシートの移動に利用できるショートカットキー

キー	動作
[Ctrl]+[↑][↓][←][→]	データ範囲またはワークシートの端の列・行に移動する
[Ctrl]+[Home]	ワークシートの先頭に移動する
[Ctrl]+[End]	データが入力されている範囲の右下隅のセルに移動する
[Page Down]	1画面下にスクロールする
[Page Up]	1画面上にスクロールする
[Alt]+[Page Down]	1画面右にスクロールする
[Alt]+[Page Up]	1画面左にスクロールする

060 365 2024 2021 2019 サンプル
お役立ち度 ★★★

特定のセルに一発で移動するには

Q

A 「名前ボックス」に移動先のセル番号を入力します

「名前ボックス」を使えば、セル番号を直接指定してアクティブセルを移動できます。離れたセルに移動したいときに便利です。

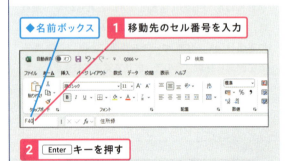

1 移動先のセル番号を入力
2 Enter キーを押す

061 365 2024 2021 2019 サンプル
お役立ち度 ★★

アクティブセルを見失ってしまった!

Q

A 「名前ボックス」で確認して Ctrl + Back space キーで移動できます

画面をスクロールしているうちにアクティブセルを見失ったら、名前ボックスでセル番号を確認します。Ctrl + Back space キーを押せば、アクティブセルの位置に移動します。

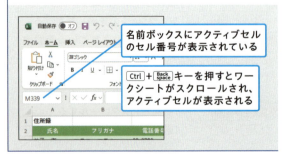

名前ボックスにアクティブセルのセル番号が表示されている

Ctrl + Back space キーを押すとワークシートがスクロールされ、アクティブセルが表示される

062 365 2024 2021 2019 サンプル
お役立ち度 ★★

方向キーを押すと選択範囲が広がってしまう

Q

A [選択範囲の拡張] モードを解除します

誤って F8 キーを押すと [選択範囲の拡張] モードになり、セルをクリックしたり、方向キーを押したりすることで選択範囲が広がってしまいます。もう一度 F8 キーを押すと [選択範囲の拡張] モードを解除できます。

ステータスバーに [選択範囲の拡張] と表示されている

1 F8 キーを押す

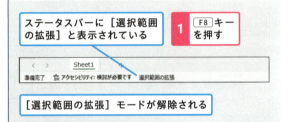

[選択範囲の拡張] モードが解除される

063 365 2024 2021 2019 サンプル
お役立ち度 ★★

方向キーを押すと画面がスクロールしてしまう

Q

A 【Scroll Lock】キーがある場合は押して [ScrollLock] モードを解除します

誤って Scroll Lock キーを押すと [ScrollLock] モードになり、方向キーを押してもアクティブセルが移動せずにワークシートがスクロールしてしまいます。もう一度 Scroll Lock キーを押すと [ScrollLock] モードを解除できます。

ステータスバーに [ScrollLock] と表示されている

1 Scroll Lock キーを押す

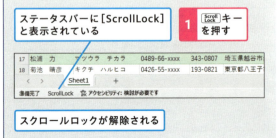

スクロールロックが解除される

064 [365][2024][2021][2019] お役立ち度 ★★

Q Enter キーを押したときに
セルを横に移動できる？

A ［Excelのオプション］で
移動方向を変更できます

セルにデータを入力して Enter キーを押すと、通常はアクティブセルが下方向に移動しますが、以下の手順で移動方向を変更できます。右方向に入力を進めたい場合は、［右］に設定しておくといいでしょう。ただし、［右］に設定すると、ワザ067のようなキー操作ができなくなるので注意しましょう。

［Excelのオプション］画面を表示しておく

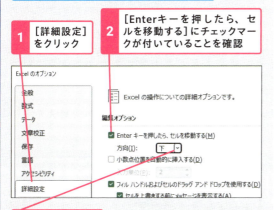

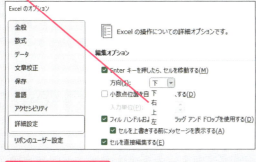

---

065 [365][2024][2021][2019] お役立ち度 ★★ サンプル

Q 入力可能なセルだけを順番に
移動したい

A Tab キーを押すと順番に
入力可能なセルに移動します

請求書など、入力が必要な場所が決まっている表の場合、数式を誤って編集しないように、［シートの保護］が設定されていることがあります。そのようなワークシートでは、あらかじめ指定された特定のセルにしかデータを入力できません。任意のセルを選択して Tab キーを押すと、アクティブセルが入力可能なセルに移動します。Tab キーで次々と入力可能なセルを移動できるので、入力作業が効率的に進みます。また、入力可能なセルを探すときにも便利です。なお、［シートの保護］についてはワザ746を参照してください。

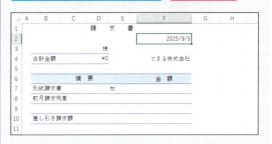

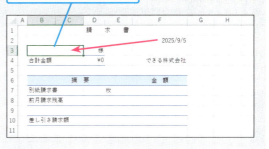

関連 746	ワークシート全体を変更されないようにロックしたい	P.367
関連 747	ワークシートの保護を解除するには？	P.367

066 【365】【2024】【2021】【2019】 サンプル
お役立ち度 ★★

Q データを入力する範囲を指定する方法は？

A 範囲を選択しておくと、その範囲内で移動して入力できます

あらかじめセル範囲を選択しておくと、その範囲内でアクティブセルを移動しながら入力できます。行方向にZ型に入力したいときは[Tab]キーで、列方向に逆N字型に入力したいときは[Enter]キーでアクティブセルを移動します。誤って方向キーを押すと選択範囲が解除されてしまうので注意しましょう。

■選択した範囲内で行ごとに移動する場合

入力したいセル範囲を選択しておく

1　[Tab]キーでセルを移動

■選択した範囲内で列ごとに移動する場合

入力したいセル範囲を選択しておく

1　[Enter]キーでセルを移動

067 【365】【2024】【2021】【2019】 サンプル
お役立ち度 ★★★

Q 効率よく移動しながら表を入力したい

A [Tab]キーで横方向に、[Enter]キーで縦方向に移動しましょう

表のような連続するセル範囲にデータを入力する場合は、[Tab]キーと[Enter]キーを利用すると便利です。データを入力したら[Tab]キーで右隣のセルに移動します。1行分の入力が終わったら[Enter]キーを押すと、アクティブセルが次行の先頭のセルに移動します。[Tab]キーの代わりに[→]キーを使って右に移動すると、[Enter]キーを押しても次行の先頭のセルに移動できないので注意しましょう。

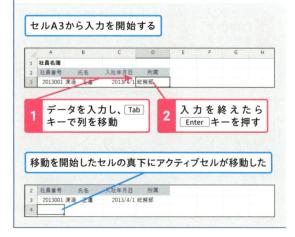

セルA3から入力を開始する

1　データを入力し、[Tab]キーで列を移動

2　入力を終えたら[Enter]キーを押す

移動を開始したセルの真下にアクティブセルが移動した

068 【365】【2024】【2021】【2019】
お役立ち度 ★★★

Q 入力中にセル内でカーソルを移動するには

A [F2]キーを押して[編集]モードに切り替えます

Excelには、新しいデータを入力するときの[入力]モードと既存のデータを修正するときの[編集]モードがあります。[入力]モードと[編集]モードでは、方向キーを押したときの動作が異なります。[入力]モー

ドでデータを修正しようとして[←]キーを押しても、セル内でカーソルが移動せずにアクティブセルが移動してしまいます。また、数式の入力中は参照セルが移動します。[F2]キーを押して[入力]モードから[編集]モードに切り替えると、方向キーを押したときにカーソルがセル内で移動するようになります。

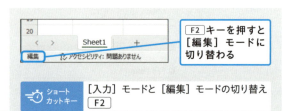

[F2]キーを押すと[編集]モードに切り替わる

ショートカットキー　[入力]モードと[編集]モードの切り替え　[F2]

データを入力する

グラフの作成でも、データベースの構築でも、セルにデータを入力するところから操作が始まります。ここでは、データ入力のテクニックを紹介します。

069 [365] [2024] [2021] [2019] サンプル
お役立ち度 ★★

Q 同じデータを複数のセルに一括で入力したい

A 複数のセルを選択しておいて Ctrl + Enter キーで確定します

あらかじめセルを選択をしておき、データを入力して Ctrl + Enter キーを押すと、選択したすべてのセルに同じデータを入力できます。この方法は、離れたセルを選択している場合にも有効です。

1. 入力するセル範囲をドラッグして選択
2. データを入力
3. Ctrl + Enter キーを押す

セル範囲に一括で入力できた

💡 役立つ豆知識
確定済みのデータも利用できる

操作2の後、誤って Enter キーで確定してしまった場合は、選択し直してから F2 キーで[編集]モードに切り替え、そのまま Ctrl + Enter キーを押せば、一括して同じデータを入力できます。

070 [365] [2024] [2021] [2019] サンプル
お役立ち度 ★★

Q 確定済みのデータをほかのセルにも一括入力したい

A Ctrl + R キーで右に、Ctrl + D キーで下に一括でコピーできます

Ctrl + R ／ D キーは、隣接するセルにデータや書式をコピーするショートカットキーです。セル範囲を選択して Ctrl + R キーを押すと右方向に、Ctrl + D キーを押すと下方向に、先頭のセルのデータを入力できます。右方向は「Right」の「R」、下方向は「Down」の「D」と覚えましょう。

■ 右方向に一括入力する場合

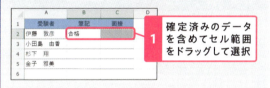

1. 確定済みのデータを含めてセル範囲をドラッグして選択
2. Ctrl + R キーを押す

同じデータが行方向に入力された

■ 下方向に一括入力する場合

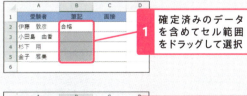

1. 確定済みのデータを含めてセル範囲をドラッグして選択
2. Ctrl + D キーを押す

同じデータが列方向に入力された

071 ［365］［2024］［2021］［2019］ お役立ち度 ★★

Q 文字と数値の入力方法を簡単に切り替えられる？

A ［半角/全角］キーを押すと入力モードが切り替わります

数値や数式は［半角英数］の入力モードで入力します。［半角/全角］キーを押すと、入力モードの［ひらがな］と［半角英数］を交互に切り替えることができます。

- 入力モードが［ひらがな］のときは［あ］と表示される
- ［半角/全角］キーを押すごとに入力モードが切り替わる
- 入力モードが［半角英数］のときは［A］と表示される

072 ［365］［2024］［2021］［2019］ お役立ち度 ★★ サンプル

Q 入力済みのセルの一部を修正したい

A セルを選択してダブルクリックか［F2］キーを押します

セルをダブルクリックするか［F2］キーを押すと［編集］モードになり、セルの内部にカーソルが表示され、データを部分的に修正できます。セルを選択してそのまま入力すると、データが上書きされてしまうので注意してください。

1. 修正するセルをダブルクリック
2. カーソルが表示され、［編集］モードになった
3. データを修正して［Enter］キーを押す

073 ［365］［2024］［2021］［2019］ お役立ち度 ★★ サンプル

Q 入力済みの漢字を再変換するには

A 選択して［変換］キーを押すと再変換できます

セルを確定してから漢字の変換ミスに気が付いた場合、漢字を選択して［変換］キーを押せば、変換候補が表示され、再変換することが可能です。

- セルをダブルクリックして［編集］モードにしておく
1. 再変換する漢字をドラッグして選択
2. ［変換］キーを押す
- 変換候補が表示された

074 ［365］［2024］［2021］［2019］ お役立ち度 ★★ サンプル

Q すぐ上のセルと同じデータを素早く入力したい

A ［Ctrl］+［D］キーを押すとすぐ上のデータを入力できます

セルを選択して［Ctrl］+［D］キーを押すと、選択したセルに上のセルと同じデータを入力できます。

1. セルC5をクリックして選択
2. ［Ctrl］+［D］キーを押す
- 上のセルと同じデータが入力された

075 [365][2024][2021][2019] サンプル
お役立ち度 ★★★

Q ワークシートが保護されていてデータを入力できない！

A [校閲] タブから [シート保護の解除] を実行します

ワークシートが保護され、なおかつセルがロックされている場合、そのセルに入力しようとしても、データを入力できません。どうしてもデータを入力したい場合は、ワークシートの保護を解除しましょう。パスワードが設定されている場合は入力する必要があります。

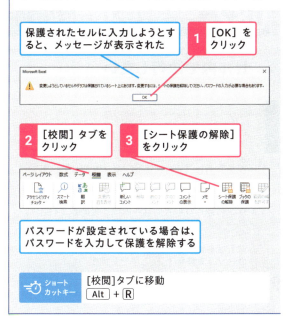

ショートカットキー： [校閲]タブに移動 Alt + R

076 [365][2024][2021][2019]
お役立ち度 ★★★

Q セルを編集できない！

A セルが直接編集できない設定になっていないか確認します

新しいセルには入力できるのに、セルをダブルクリックしたり、F2 キーを押して [編集] モードにしてもセル内にカーソルが表示されない場合は、セルが編集できない設定になっています。以下の手順で操作すると、セルの中でデータや数式を編集できるようになります。

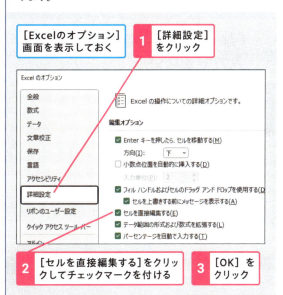

077 [365][2024][2021][2019] サンプル
お役立ち度 ★★

Q 「@100」と入力するにはどうすればいいの？

A 先頭に「'」を付けて入力するとエラーを回避できます

単価記号としてよく使われる「@」（アットマーク）は関数と認識されるため、「@100」のようなデータを入力するとエラーになります。この場合、「'@100」のように先頭に「'」（シングルクォーテーション）を付けて入力すれば、セルに「@100」と表示できます。または、ワザ091を参考に表示形式を [文字列] に変更してから、「@100」と入力してもいいでしょう。「@nifty」のように「@」で始まる文字列も、同様の方法で入力できます。

078 365 2024 2021 2019 お役立ち度 ★★

Q テンキーで数字が入力できない

A Numlockキーを押してナムロック機能をオンにします

テンキーは、ナムロック機能がオンのときは数字キー、オフのときは方向キーとして動作します。テンキーで数字を入力できないときは、Numlockキーを押して、ナムロック機能をオンにしましょう。

079 365 2024 2021 2019 お役立ち度 ★★

Q 「/」を1文字目に入力できない

A セルをダブルクリックして[編集]モードで入力します

「/」（スラッシュ）には、リボンをショートカットキーで操作する機能が割り当てられているため、セルの1文字目に入力できません。ワザ072を参考に、セルをダブルクリックして[編集]モードにした後、/キーを押して入力しましょう。

080 365 2024 2021 2019 お役立ち度 ★★

Q 小文字で入力したいのに大文字になってしまう

A CapsLockキーを押してキャップスロックをオフにします

キャップスロックがオフの状態では、キーをそのまま押すと小文字、Shiftキーを押しながら押すと大文字が入力されます。オンのときはその反対です。キャップスロックのオン／オフは、Shift+CapsLockキーを押すことで切り替えられます。

081 365 2024 2021 2019 お役立ち度 ★★

Q セル内でカーソルを移動するには

A [編集]モードにしてから←→キーで移動できます

セルを選択してF2キーを押すと[編集]モードになります。その状態で←→キーを押すと、カーソルを1文字ずつ移動できます。またHomeキーでセルの先頭に、Endキーで末尾に移動できます。

082 365 2024 2021 2019 お役立ち度 ★★ サンプル

Q セル内で改行したい

A Alt+Enterキーを押すとセル内に改行を入れられます

データを入力し、Alt+Enterキーを押すと、カーソルが次の行に移動し、セル内で改行できます。初期設定では、行数に合わせてセルの高さが調整されます。

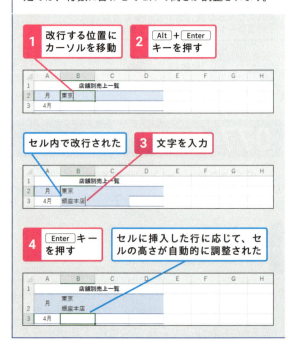

083

365 | 2024 | 2021 | 2019 サンプル
お役立ち度 ★★★

Q セル内の2行目以降が表示されていない

A 行の高さを調整すると2行目以降を表示できます

複数行のデータが入力されているはずなのに、セル内にすべての行が表示されない場合は、行の高さが適切でない可能性があります。そのようなときは以下の手順で［行の高さの自動調整］を実行すると、データの行数に合わせて行の高さが広がり、セル内にデータがすべて表示されます。あるいは、そのセルの行番号の下の境界線をダブルクリックしても、同様に行の高さが広がりセル内にデータが表示されます。なお、結合しているセルは［行の高さの自動調整］やダブルクリックによる自動調整はできないので、手動で高さを調整しましょう。

●セルにデータが2行入力されているが、2行目が表示されていない

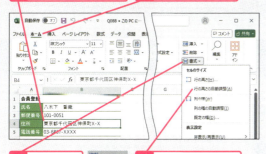

1 高さを調整するセルをクリックして選択
2 ［ホーム］タブをクリック
3 ［書式］をクリック
4 ［行の高さの自動調整］をクリック

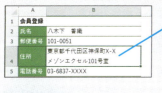

セル内の行数に合わせて行の高さが調整された

ショートカットキー：［ホーム］タブに移動 Alt + H

084

365 | 2024 | 2021 | 2019 サンプル
お役立ち度 ★★☆

Q セルに2行入力したのに数式バーに1行しか表示されない

A 数式バーを広げると複数の行を表示できます

セルに複数行のデータを入力しても、数式バーには1行分しか表示されません。数式バーを広げて複数の行が表示されるようにするには、▼ボタンをクリックします。展開後に表示される▲ボタンをクリックすると、1行分の表示に戻せます。なお、数式バーの下の境界線をドラッグしても、数式バーの高さを調整できます。

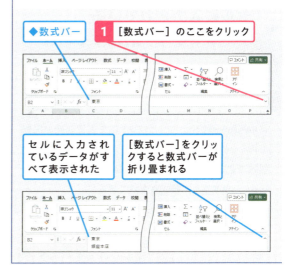

◆数式バー
1 ［数式バー］のここをクリック

セルに入力されているデータがすべて表示された
［数式バー］をクリックすると数式バーが折り畳まれる

ステップアップ

1文字目の「@」は関数の入力を表す

Excelではセルの1文字目に入力した「@」を、関数の入力の始まりと見なします。例えば、セルに「@SUM(A1:A5)」と入力すると、「=SUM(A1:A5)」と同様の結果になります。これはもともと、LOTUS 1-2-3という表計算ソフトで関数の前に「@」を付けていたことに由来します。LOTUS 1-2-3と互換性を保つために、Excelでも「@」を関数の始まりとしたのです。セルに「@」で始まるデータを入力したいときは、ワザ077を参考に入力してください。

085 　365 ／2024／2021／2019　お役立ち度 ★★

Q 入力後にセルを移動せずに
確定したい

A Ctrl + Enter キーを押すと
セルを移動せずに確定できます

セルにデータを入力して Ctrl + Enter キーを押すと、セルを移動せずに入力を確定できます。入力に続けて書式設定したいときなどに便利です。

086 　365 ／2024／2021／2019　お役立ち度 ★★　サンプル

Q セルに入力されている
データを手早く削除するには

A フィルハンドルを選択範囲の内側に
ドラッグします

セル範囲を選択し、フィルハンドルを選択範囲の内側にドラッグすると、マウス操作だけでデータを素早く削除できます。Ctrl キーを押しながらフィルハンドルをドラッグすると、書式も削除できます。

削除するセル範囲を選択しておく

◆ フィルハンドル　　1 フィルハンドルをドラッグ

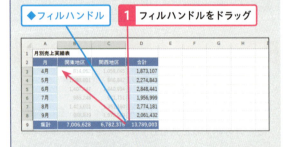

データが削除された

087 　365 ／2024／2021／2019　お役立ち度 ★★　サンプル

Q 入力済みのセルを
新しい状態のセルに戻すには

A ［すべてクリア］を実行すると
データと書式を削除できます

セルを選択して Delete キーを押すと、中のデータは削除されますが、塗りつぶしの色や罫線などの書式は残ります。データも書式も完全に削除して、新しい状態のセルに戻すには［クリア］という機能を使用します。

新しい状態に戻すセルを選択しておく

1 ［ホーム］タブをクリック　　2 ［クリア］をクリック

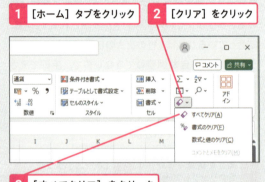

3 ［すべてクリア］をクリック

088 　365 ／2024／2021／2019　お役立ち度 ★★

Q Backspace キーと Delete キーの
違いって何?

A 削除する対象が
それぞれ異なります

セル内にカーソルがある状態の場合、Backspace キーを押すとカーソルの前の文字が削除され、Delete キーを押すとカーソルの後ろの文字が削除されます。また、複数のセルを選択した状態の場合、Backspace キーを押すと選択範囲のうちのアクティブセルのデータのみが削除され、Delete キーを押すと選択範囲すべてのセルのデータが削除されます。

数値や日付を入力する

Excelでは、文字、数値、日付など、入力したデータの種類を区別して扱います。ここでは、数値と日付のデータ入力の疑問を解決します。

089 [365] [2024] [2021] [2019] お役立ち度 ★★ サンプル

Q 数値が「####」と表示されてしまう

A 境界線をダブルクリックして列の幅を広げます

数値が「####」と表示されるのは、列の幅が狭すぎてデータをすべて表示できないためです。試しにセルの幅を広げてみましょう。数値が正しく表示されます。なお、列の幅を変更したくない場合は、フォントサイズを小さくする、表示形式を設定して表示するけた数を少なくする、などの対処方法が考えられます。

列の幅を広げる

① 列の境界線にマウスポインターを合わせる

	A	B	C	D	E
1	売上実績表				
2	部門	渋谷店	台場店	合計	
3	衣料品	7,213,000	6,780,640	#######	
4	皮革品	2,948,240	2,844,100	5,792,340	
5	日用品	644,420	592,480	1,236,900	
6					

マウスポインターの形が変わった ← → ② そのままダブルクリック

列の幅が広がって正しく表示された

	A	B	C	D	E
1	売上実績表				
2	部門	渋谷店	台場店	合計	
3	衣料品	7,213,000	6,780,640	13,993,640	
4	皮革品	2,948,240	2,844,100	5,792,340	
5	日用品	644,420	592,480	1,236,900	
6					

090 [365] [2024] [2021] [2019] お役立ち度 ★★★ サンプル

Q 数値が「4.E+04」のように表示されてしまう

A 列の幅を広げるか表示形式を調整します

入力した数値が「1.75E+08」などの指数で表示される原因は、多くの場合、列の幅が狭いためです。列の幅を広げれば、入力した数値が表示されます。
列の幅を広げても指数のままの場合は、指数の表示形式が設定されていると考えられます。ワザ037を参考に[セルの書式設定]画面を表示し、[表示形式]タブの[分類]欄で[数値]や[通貨]などの表示形式を設定しましょう。

セルB4の数値が「1.75E+08」と指数で表示されてしまっている / 指数のセルの幅を広げる

① 列の境界線にマウスポインターを合わせる

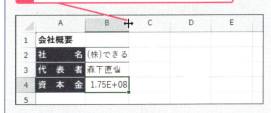

マウスポインターの形が変わった ← → ② そのままダブルクリック

列の幅が広がって数値が正しく表示された

	A	B	C	D	E
1	会社概要				
2	社 名	(株)できる			
3	代 表 者	森下直也			
4	資 本 金	175000000			
5					

091 〔365〕〔2024〕〔2021〕〔2019〕 サンプル
お役立ち度 ★★★

Q データを入力した通りに
セルに表示したい

A 表示形式を［文字列］にすると、
入力した内容が表示されます

Excelでは入力したデータが勝手に数値や日付と判断されて、入力したときとは異なるデータに変更されることがあります。入力した通りにセルに表示するには、先頭に「'」（シングルクォーテーション）を付けて、データを文字列として入力します。
もしくは、以下の手順で先にセルの表示形式を［文字列］に変更してからデータを入力します。データを入力してから［文字列］に変更しても、入力したときのデータに戻らないので気を付けましょう。

セルA3～A6にデータを入力する

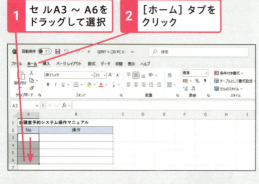

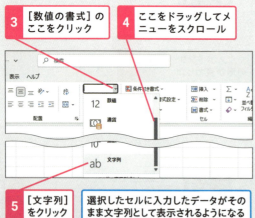

092 〔365〕〔2024〕〔2021〕〔2019〕
お役立ち度 ★★☆

Q 「1-1」と入力したいのに
「1月1日」と表示される

A セルの書式を［文字列］に
設定してから入力します

「1-1」と入力すると日付と解釈されるため、セルに「1月1日」と表示されます。「1-1」のまま表示させるには、先頭に「'」（シングルクォーテーション）を付けて「'1-1」のように入力します。または、ワザ091を参考にセルの表示形式を［文字列］にしてから、「1-1」と入力すると「1-1」のまま表示できます。

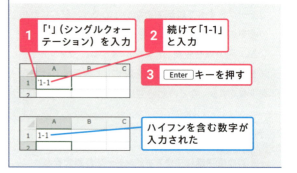

093 〔365〕〔2024〕〔2021〕〔2019〕
お役立ち度 ★★☆

Q 「0318」を入力すると
「318」と表示されてしまう

A 先頭に「'」を付けると
文字列として入力できます

数値の先頭に付けた「0」は、確定時に消えてしまうため、「0318」と入力してもセルには「318」と表示されます。先頭の「0」を表示するには、「'0318」のように「'」（シングルクォーテーション）を付けて入力しましょう。または、ワザ091を参考にセルの表示形式を［文字列］にしてから、「0318」と入力すると「0318」のまま表示できます。
なお、計算に使用する数値の先頭に「0」を付ける方法は、ワザ222を参照してください。

094 365 2024 2021 2019 お役立ち度 ★★☆

Q 「(1)」と入力したいのに「-1」と表示される

A ( )付きの数値は先頭に「'」を付ける必要があります

かっこ付きの数値は負数と解釈されるため、「(1)」と入力すると「-1」と表示されます。「(1)」のまま表示させるには、先頭に「'」(シングルクォーテーション)を付けて「'(1)」のように入力します。または、ワザ091を参考にセルの表示形式を[文字列]にしてから、「(1)」と入力します。

095 365 2024 2021 2019 お役立ち度 ★★☆

Q 16けた以上の数値は入力できないの?

A 表示形式を[文字列]にすると入力できます

数値の有効けた数は15けたです。16けた以上の数値の16番目以降の数字は「0」に置き換えられます。ワザ091を参考に表示形式を[文字列]にすれば、16けた以上の数字を文字列として入力できます。

096 365 2024 2021 2019 お役立ち度 ★★★

Q 入力した数値が日付に変わってしまう

A 表示形式を[標準]にすると日付が数値に戻ります

日付データを Delete キーで削除したセルは、新しいセルのように見えても、日付の表示形式の設定が残っています。このようなセルに数値を入力すると、数値が日付として表示されてしまいます。ワザ218を参考に表示形式を[標準]に戻しましょう。

097 365 2024 2021 2019 お役立ち度 ★★☆

Q 分数を入力したい

A 「0 1/2」のように入力すると分数の「2分の1」として利用できます

「1/2」と入力すると「1月2日」と表示されます。前に「0」と半角の空白を付けて「0 1/2」と入力すれば、分数の「1/2」として入力され、「0.5」の数値として計算に利用できます。同様に、「1 1/2」と入力すると、「1.5」の数値として利用できます。

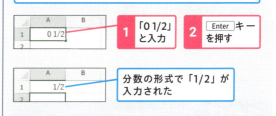

0の後に半角の空白を入力し、続けて分数を入力する

1 「0 1/2」と入力　2 Enter キーを押す

分数の形式で「1/2」が入力された

098 365 2024 2021 2019 お役立ち度 ★★☆

Q 数値を「0001」のように4けたで入力したい

A [文字列]またはユーザー定義の表示形式で入力します

「0001」のように数値の先頭に「0」を付けて4けたで入力する方法は、2通りあります。1つは、ワザ091を参考にセルに[文字列]の表示形式を設定しておく方法です。設定後「0001」と入力すると、入力したまま「0001」と表示できます。その際、セルにエラーインジケーターが表示されますが、ワザ382を参考に非表示にすればよいでしょう。
もう1つは、ワザ222を参考にセルに「0000」というユーザー定義の表示形式を設定しておく方法です。その場合、セルに「1」と入力するだけで、自動的に「0001」と表示できます。

099 〔365〕〔2024〕〔2021〕〔2019〕 お役立ち度 ★★☆

Q 「℃」や「㎡」などの記号を入力するには

A 「たんい」や記号の読みを入力して変換します

記号は「たんい」と入力して変換できます。また、「ど」や「へいほうめーとる」などの読みを入力しても変換できます。なお、記号はほかのパソコンで正しく表示されない場合があるので、使用には注意してください。

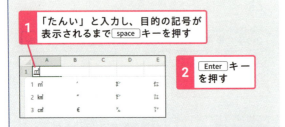

1 「たんい」と入力し、目的の記号が表示されるまで [space] キーを押す

2 [Enter] キーを押す

100 〔365〕〔2024〕〔2021〕〔2019〕 お役立ち度 ★★☆

Q 小数点以下の数値が勝手に四捨五入されてしまう

A 列の幅を広げて小数点以下も表示しましょう

セルの幅が狭いと、小数点以下の数値がその幅に合わせて四捨五入されます。四捨五入せずに全体を表示するには、ワザ089を参考に列の幅を広げましょう。列の幅が十分広い場合は、ワザ219を参考に小数点以下の表示けた数を増やしましょう。

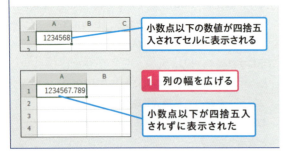

小数点以下の数値が四捨五入されてセルに表示される

1 列の幅を広げる

小数点以下が四捨五入されずに表示された

101 〔365〕〔2024〕〔2021〕〔2019〕 お役立ち度 ★★☆

Q 小数点をいちいち入力しなくて済むようにできる?

A ［詳細設定］で小数点を自動挿入するけたを指定します

小数データを大量に入力するときは、以下のように設定すると、「123」「302」と入力するだけで「1.23」「3.02」のように特定のけたに小数点を自動挿入できます。なお、小数点を付けて数値を入力すると、この設定は無視されます。すべての小数データを入力し終えたら、設定を元に戻しておきましょう。

［Excelのオプション］画面を表示しておく

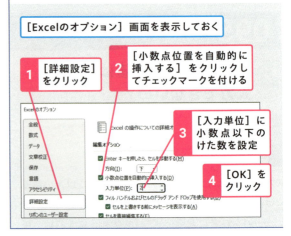

1 ［詳細設定］をクリック

2 ［小数点位置を自動的に挿入する］をクリックしてチェックマークを付ける

3 ［入力単位］に小数点以下のけた数を設定

4 ［OK］をクリック

102 〔365〕〔2024〕〔2021〕〔2019〕 お役立ち度 ★★★

Q 小数点以下の数字がセルに表示されない

A セルの幅を広げるか小数点以下の表示けた数を増やします

小数点以下の数字が表示されないときは、セルの幅が狭すぎて、表示が省略されている可能性があります。まずは、列の幅を調整しましょう。
列の幅が十分広いにもかかわらず、数字が正しく表示されない場合は、ワザ219を参考に、小数点以下の表示けた数を増やしましょう。

103 平方根（√）やシグマ（Σ）を使った数式を入力するには

365 / 2024 / 2021 / 2019
お役立ち度 ★★

Q 平方根（√）やシグマ（Σ）を使った数式を入力するには

A 数式ツールを使うと［数式］タブから数学の記号を入力できます

数式ツールを使用すると、「√」や「Σ」のような数学記号を使った数式や、分数など数学特有の構造を持つ数式を入力できます。いずれの場合も、作成した数式の結果をExcelで求めることはできません。

1 ［挿入］タブをクリック
2 ［記号と特殊文字］をクリック
3 ［数式］をクリック

表示された枠の中に直接数式を入力する

［数式］（Excel 2019の場合は［デザイン］）タブを利用すると、分数などの複雑な数式も入力できる

4 ［積分］をクリック
5 ここをクリック

数式が薄い灰色のときは、カーソルの位置に数式を入力できる

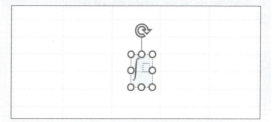

6 ←キーを押す

点線の枠が灰色のときは、点線枠の中に数式を入力できる

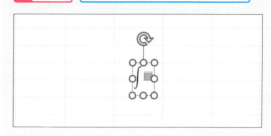

7 同様に［数式］から記号や数式を入力

セルをクリックすると、数式の編集を終了できる

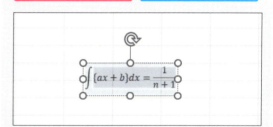

$$\int (ax+b)dx = \frac{1}{n+1}$$

関連 104 手書きで複雑な数式を入力できないの？ P.80

🎯 ステップアップ

［文字列］と「'」（シングルクォーテーション）を使い分けよう

データを入力した通りにセルに表示させる方法は、ワザ091で紹介したように、先頭に「'」（シングルクォーテーション）を付けて入力する方法と、あらかじめ［文字列］の表示形式を設定してから入力する方法の2通りあります。データを1つ入力するだけなら、「'」を付ける方法が簡単です。一方、住所録の「番地」欄に何行にもわたって番地を入力する場合は、番地のセル範囲にまとめて［文字列］を設定する方が効率的です。状況に応じて使い分けましょう。

■ 入力したデータが変換される例

入力データ	表示結果	説明
1/2	1月2日	日付と判断される
1-2	1月2日	日付と判断される
(12)	-12	負数と判断される
0012	12	数値と判断される
1E-2	1.00E-02	指数と判断される

104 〔365〕〔2024〕〔2021〕〔2019〕 お役立ち度 ★★☆

Q 手書きで複雑な数式を入力できないの？

A ［インク数式］を使うと手書きの数式を入力できます

［インク数式］を利用すると、手書きで数式を入力できます。入力した数式は、数式ツールを使用して修正できます。数式ツールで一から数式を入力するよりもだんぜん簡単です。

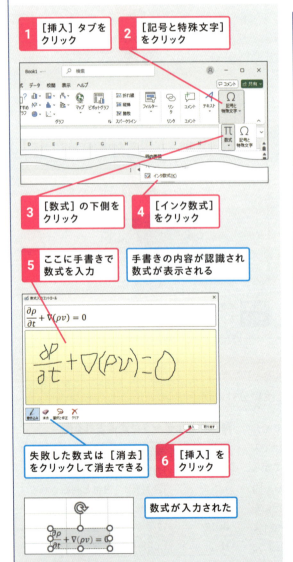

1 ［挿入］タブをクリック
2 ［記号と特殊文字］をクリック
3 ［数式］の下側をクリック
4 ［インク数式］をクリック
5 ここに手書きで数式を入力
　手書きの内容が認識され数式が表示される
　失敗した数式は［消去］をクリックして消去できる
6 ［挿入］をクリック
　数式が入力された

105 〔365〕〔2024〕〔2021〕〔2019〕 お役立ち度 ★★☆

Q 和暦のつもりで入力したのに西暦に変更されてしまう

A 「令和」や「R」などの元号を付けて入力しましょう

和暦のつもりで「7/5/10」と入力しても、西暦の「2007/5/10」が入力されます。和暦の年を入力したい場合は、「令和7年5月10日」や「R7/5/10」のように元号を付けて入力しましょう。

106 〔365〕〔2024〕〔2021〕〔2019〕 お役立ち度 ★★☆

Q 現在の日付や時刻を素早く入力したい

A Ctrl＋;キーで日付、Ctrl＋:キーで時刻を入力できます

現在の日付はCtrl＋;キー、現在の時刻はCtrl＋:キーで入力できます。データは入力時点のもので、時間がたっても変わりません。自動的に最新の日付と時刻に更新されるようにするには、TODAY関数やNOW関数を使用しましょう。なお、日付と時刻を同じセルに入力するには、「2025/4/25 12:36」のように日付と時刻に半角の空白を挟みます。

107 〔365〕〔2024〕〔2021〕〔2019〕 お役立ち度 ★★☆

Q 時刻をAM／PMで入力するには

A 「1:23 PM」のように時刻の後にAM／PMを入力します

「1:23」と入力すると午前1時23分と解釈されます。12時間制で「午後1時23分」という時刻データを入力したい場合は、「1:23 PM」のように時刻の後に半角の空白を挟み、「AM」または「PM」を入力します。

連続するデータを効率的に入力する

Excelの便利な機能の1つに、ドラッグ操作で連続データを自動入力できる点が挙げられます。ここでは、連続データの入力に関するワザを紹介します。

108 [365] [2024] [2021] [2019] お役立ち度 ★★★ サンプル

Q 連続するデータを簡単に入力する方法はある？

A 「オートフィル」を使うと連続データを作成できます

Excelには、1件目のデータを入力するだけで、隣接するセルに連続するデータを自動作成する「オートフィル」という機能が用意されています。オートフィルを利用するには、データを入力したセルを選択し、右下のフィルハンドルを上下左右のいずれかの方向にドラッグします。この方法で連続データを作成できるのは、日付データ、または、「第1」「1人」のように文字列と数字を組み合わせたデータです。

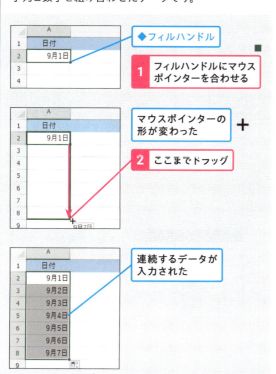

109 [365] [2024] [2021] [2019] お役立ち度 ★★★ サンプル

Q 「1、2、3……」のような数値の連続データを入力したい

A ［オートフィルオプション］から［連続データ］を選択します

数値を入力したセルのフィルハンドルをドラッグすると、連続データは作成されずに、数値がコピーされます。以下の手順のように［オートフィルオプション］ボタンを使用すると、コピーされた数値を連続データに変更できます。また、ワザ110を参考に、セルに「1」と「2」を入力して、それを基にオートフィルを実行しても、数値の連続データを作成できます。

このほか、数値を入力したセルのフィルハンドルを、Ctrlキーを押しながらドラッグしても、数値の連続データを作成できます。なお、日付データや文字列と数字を組み合わせたデータの場合、Ctrlキーを押しながらフィルハンドルをドラッグするとセルのコピーになります。

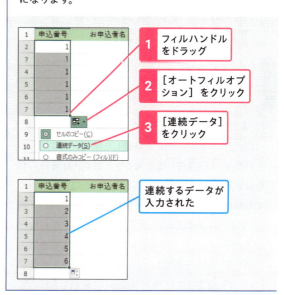

110 10飛びの数を連続して入力したい

Q 10飛びの数を連続して入力したい

A 最初の2件のデータを入力してからオートフィルを実行します

ワザ109の方法では、1つずつ増加する数値しか作成できません。「10、20、30……」や「2、4、6……」のように自由な増分で連続データを作成したい場合は、最初の2件のデータを入力してそれらのセルを選択し、オートフィルを実行します。

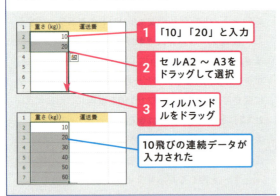

1 「10」「20」と入力
2 セルA2～A3をドラッグして選択
3 フィルハンドルをドラッグ

10飛びの連続データが入力された

111 月単位や年単位で日付の連続データを入力するには

Q 月単位や年単位で日付の連続データを入力するには

A [オートフィルオプション]で単位を選択します

日付でオートフィルを利用すると、1日ずつ増加する日付データが作成されます。オートフィル実行後に表示される[オートフィルオプション]ボタンをクリックし、「月単位」や「年単位」など増加の単位を選択すると「毎月10日」や「毎年の誕生日」などのデータを作成できます。

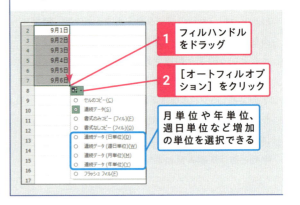

1 フィルハンドルをドラッグ
2 [オートフィルオプション]をクリック

月単位や年単位、週日単位など増加の単位を選択できる

112 月曜日から日曜日までを簡単に入力するには

Q 月曜日から日曜日までを簡単に入力するには

A フィルハンドルをドラッグすると連続データとして作成できます

「月曜日」と入力してフィルハンドルをドラッグすると、「火曜日、水曜日……」と連続した曜日データが入力されます。「日曜日」まで来ると、また「月曜日」から繰り返し入力されます。ほかの曜日から入力を始めても同様です。曜日のほか、「1月、2月……12月」「第1四半期……第4四半期」「子、丑、寅……亥」などの連続データも入力できます。オートフィルで連続入力できるデータを確認したいときは、ワザ116を参考に[ユーザー設定リスト]画面を表示して確認しましょう。

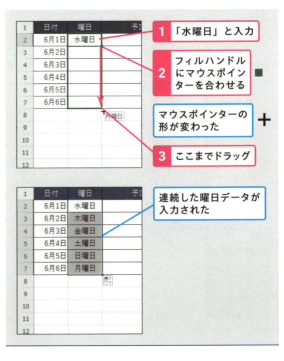

1 「水曜日」と入力
2 フィルハンドルにマウスポインターを合わせる

マウスポインターの形が変わった

3 ここまでドラッグ

連続した曜日データが入力された

113 ｜「1」から「100」まで簡単に連続データを入力するには

365 / 2024 / 2021 / 2019　サンプル　お役立ち度 ★★★

A ［フィル］を使って増分値や停止値を指定できます

大量の連続データをオートフィルのドラッグ操作で作成するのは大変です。［フィル］の機能を使えば、セルに初期値を入力しておき、増分値や停止値を指定するだけで簡単に連続データを作成できます。

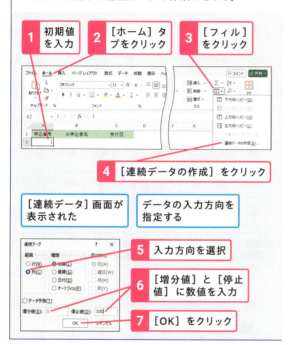

1. 初期値を入力
2. ［ホーム］タブをクリック
3. ［フィル］をクリック
4. ［連続データの作成］をクリック
   - ［連続データ］画面が表示された
   - データの入力方向を指定する
5. 入力方向を選択
6. ［増分値］と［停止値］に数値を入力
7. ［OK］をクリック

114 ｜月末だけを連続して入力できないの？

365 / 2024 / 2021 / 2019　サンプル　お役立ち度 ★★

A ［月単位］を選択すると続く月の末日を作成できます

1件目の月末日を入力してオートフィルを実行し、［オートフィルオプション］ボタンで「月単位」を選択すると、月末日だけを入力できます。なお、「4/30、5/30……」のように月末日でなく毎月30日を入力したい場合は、先頭2件のデータを入力してセル範囲を選択し、オートフィルを実行します。

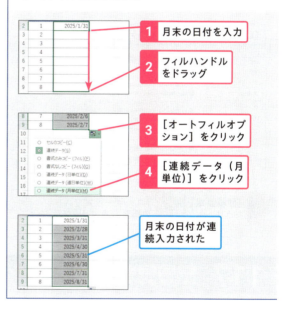

1. 月末の日付を入力
2. フィルハンドルをドラッグ
3. ［オートフィルオプション］をクリック
4. ［連続データ（月単位）］をクリック
   - 月末の日付が連続入力された

115 ｜「Q5」が連続入力できない！

365 / 2024 / 2021 / 2019　お役立ち度 ★★

A 「Q5」以上は「四半期」に含まれないため手で入力します

オートフィルを使用して「Q1」から始まる連続データを作成すると、「Q1」から「Q4」が繰り返し入力され、「Q5」以上は入力できません。Excelでは「Q」は四半期の「Quarter」を表す記号として認識されるため、「Q4」（第4四半期）の次は「Q1」（第1四半期）に戻ります。「Q5」以上を入力したい場合は、「Q5」を手入力し、あらためてフィルハンドルをドラッグしてください。

関連 116　独自の連続データを入力できるようにするには　P.84

116 独自の連続データを入力できるようにするには

365 / 2024 / 2021 / 2019 サンプル
お役立ち度 ★★☆

Q 独自の連続データを入力できるようにするには

A ［ユーザー設定リスト］に並び順を登録できます

部署名や商品名など、独自のデータを連続データとして扱いたい場合は、あらかじめその並び順をユーザー設定リストに登録しておきましょう。登録した並び順はオートフィルによる連続データの入力や並べ替えの基準として利用できます。なお、リストはパソコンに登録されるので、ほかのファイルでも利用できます。

［Excelのオプション］画面を表示しておく

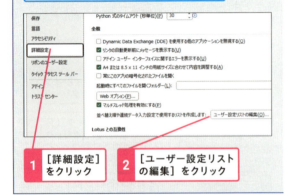

1 ［詳細設定］をクリック
2 ［ユーザー設定リストの編集］をクリック

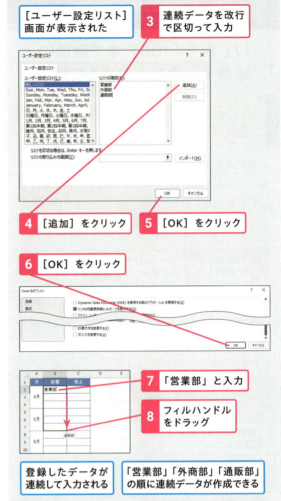

［ユーザー設定リスト］画面が表示された
3 連続データを改行で区切って入力
4 ［追加］をクリック
5 ［OK］をクリック
6 ［OK］をクリック
7 「営業部」と入力
8 フィルハンドルをドラッグ

登録したデータが連続して入力される
「営業部」「外商部」「通販部」の順に連続データが作成できる

117 オートフィルをもっと素早く実行したい

365 / 2024 / 2021 / 2019 サンプル
お役立ち度 ★★★

Q オートフィルをもっと素早く実行したい

A フィルハンドルをダブルクリックしましょう

隣接する列にすでにデータが入力されている場合、フィルハンドルをダブルクリックするだけで、隣接する列のデータ数と同じ数の連続データを素早く作成できます。1列に入力されているデータ数が多い場合、下までドラッグするのが面倒ですが、その手間が省けるので便利です。

1 フィルハンドルをダブルクリック

連続データが入力された

面倒なデータ入力を効率化する

Excelには、データ入力の負担を軽減するための機能が豊富に用意されています。ここでは、「データを簡単に、なおかつ正確に入力する」ワザを紹介しましょう。

118　365 2024 2021 2019　サンプル
お役立ち度 ★★★

Q 同じ文字を何度も入力するのが面倒

A [Alt]+[↓]キーで同じ列の入力内容を選択できます

セルに文字を入力するとき、同じ列に同じ文字があれば、このワザで紹介する2つの方法で入力の手間を省けます。[Alt]+[↓]キーを押せば、同じ列内の連続したセル範囲に入力されている文字データのリストが表示され、選択するだけで入力ができます。また、セルに途中まで文字を入力すると、列内の連続したセル範囲のデータの中から、先頭がその文字と一致するものが入力候補として表示され、[Enter]キーを押すと確定します。この機能を「オートコンプリート」と呼びます。

■ リストを利用する場合

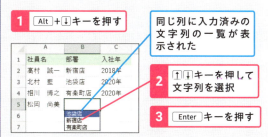

■ オートコンプリートを利用する場合

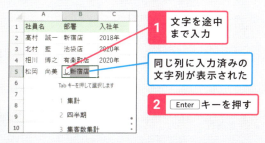

119　365 2024 2021 2019
お役立ち度 ★★

Q オートコンプリートの機能をオフにしたい

A オプションの[詳細設定]で無効にします

同じ列に同じデータを入力する頻度が低い場合、オートコンプリートの機能はそれほど便利とは言えません。オートコンプリートによって表示された入力候補を消去するには、[Delete]キーを押すか、そのまま残りの文字を入力します。オートコンプリートの機能をオフにするには、以下の手順で[オートコンプリートを使用する]をオフにします。

[Excelのオプション]画面を表示しておく

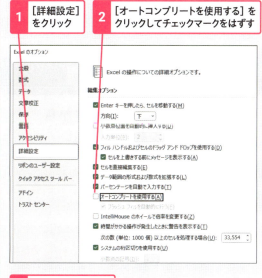

3 [OK]をクリック

関連 118　同じ文字を何度も入力するのが面倒　P.85

120 ★★★ サンプル

Q 入力するデータをリストから選べるようにするには？

A ［データの入力規則］で［リスト］を選択します

セルに入力するデータを一覧リストの選択肢から選べるようにするには、［データの入力規則］画面で選択肢を設定します。選択肢は、「データ1,データ2,データ3,……」のように、「,」（半角カンマ）で区切って指定します。

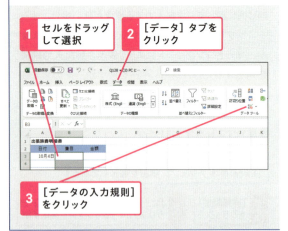

1 セルをドラッグして選択
2 ［データ］タブをクリック
3 ［データの入力規則］をクリック

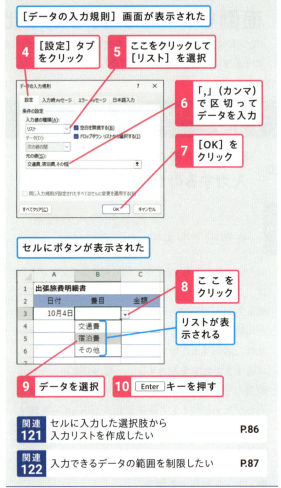

［データの入力規則］画面が表示された

4 ［設定］タブをクリック
5 ここをクリックして［リスト］を選択
6 「,」（カンマ）で区切ってデータを入力
7 ［OK］をクリック

セルにボタンが表示された

8 ここをクリック
リストが表示される
9 データを選択
10 Enter キーを押す

| 関連 121 | セルに入力した選択肢から入力リストを作成したい | P.86 |
| 関連 122 | 入力できるデータの範囲を制限したい | P.87 |

121 ★★★ サンプル

Q セルに入力した選択肢から入力リストを作成したい

A ［元の値］に選択肢を入力した範囲を指定します

入力リストの設定方法には、ワザ120のほかに、セルに入力したデータを使用する方法もあります。あらかじめ落ち着いて入力できるので、選択肢の数が多い場合などに便利です。設定後に選択肢を変更したいときも、セルの値を修正するだけで簡単に変更できます。選択肢のセルを見せたくない場合は、列ごと非表示にするといいでしょう。

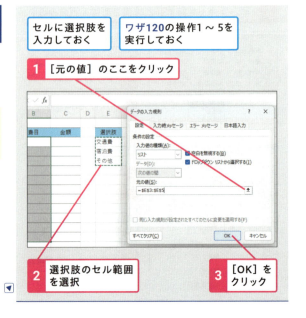

セルに選択肢を入力しておく
ワザ120の操作1〜5を実行しておく

1 ［元の値］のここをクリック
2 選択肢のセル範囲を選択
3 ［OK］をクリック

122

Q 入力できるデータの範囲を制限したい

A ［データの入力規則］でデータの種類と条件を制限できます

［データの入力規則］画面で入力可能なデータの種類と条件を設定しておくと、それ以外のデータを入力できなくなります。

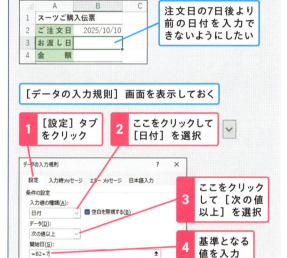

123

Q 入力エラー時に分かりやすいメッセージを表示させたい

A ［エラーメッセージ］の内容を変更できます

ワザ122で設定した入力規則に違反するデータが入力されたときに、オリジナルのエラーメッセージを表示させることができます。メッセージを表示することでどのようなデータを入力したらいいのか、ほかの人に伝わりやすくなります。

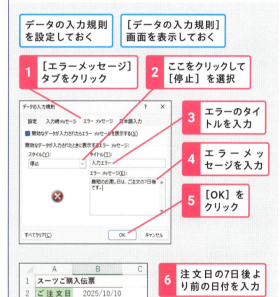

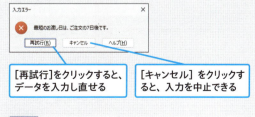

関連 122 入力できるデータの範囲を制限したい　P.87

124 セル内の姓と名を別々のセルに分割したい

365 / 2024 / 2021 / 2019　サンプル　お役立ち度 ★★★

Q セル内の姓と名を別々のセルに分割したい

A ［区切り位置指定ウィザード］で区切り文字などを指定できます

姓と名の間に空白が入力されている場合、［区切り位置指定ウィザード］を使って姓と名を分割できます。人によって姓と名の文字数が異なりますが、［区切り文字］として［スペース］を指定すれば、空白を境に姓と名が正しく分割されます。元の氏名データを残さずに姓と名を分割する場合は、以下のように操作しましょう。元の氏名データを残したい場合は、操作7で［完了］でなく［次へ］ボタンをクリックし、次の画面の［表示先］欄に「姓」の入力先となる先頭のセルを指定しましょう。

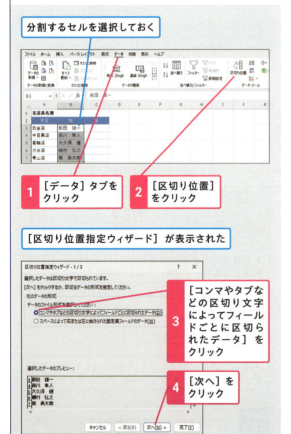

分割するセルを選択しておく

1 ［データ］タブをクリック
2 ［区切り位置］をクリック

［区切り位置指定ウィザード］が表示された

3 ［コンマやタブなどの区切り文字によってフィールドごとに区切られたデータ］をクリック
4 ［次へ］をクリック

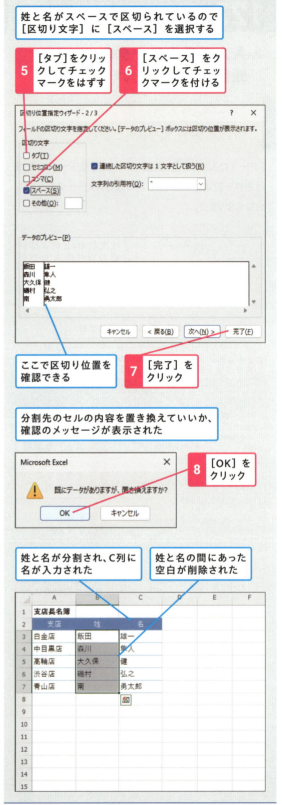

姓と名がスペースで区切られているので［区切り文字］に［スペース］を選択する

5 ［タブ］をクリックしてチェックマークをはずす
6 ［スペース］をクリックしてチェックマークを付ける

ここで区切り位置を確認できる

7 ［完了］をクリック

分割先のセルの内容を置き換えていいか、確認のメッセージが表示された

8 ［OK］をクリック

姓と名が分割され、C列に名が入力された

姓と名の間にあった空白が削除された

125 セル内の氏名から姓だけを取り出したい

A ［オートフィルオプション］の［フラッシュフィル］を使います

［フラッシュフィル］を使用すると、先頭のセルに入力したデータの規則性に基づいて以降のセルにデータを自動入力できます。隣の列のデータを空白の位置で分割したり、隣2列のデータを連結したりしたいときに便利です。

［スタッフ名］列から姓を取り出す

1. 姓を入力
2. フィルハンドルにマウスポインターを合わせる
3. ここまでドラッグ

マウスポインターの形が変わった

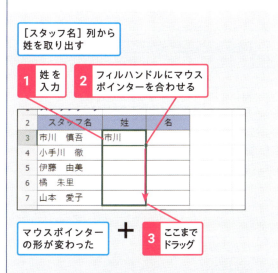

4. ［オートフィルオプション］をクリック
5. ［フラッシュフィル］をクリック

姓だけを取り出せた

同様に［スタッフ名］列から名を取り出せる

126 もっと簡単にフラッシュフィルを使いたい

A 先頭のセルにデータを入力して Ctrl + E キーを押します

ショートカットキーを利用すると、フラッシュフィルを手早く実行できます。思い通りのデータが入力できなかった場合は、実行後に表示される［フラッシュフィルオプション］ボタンからフラッシュフィルを取り消します。

1. 姓を入力
2. Ctrl + E キーを押す

セルB4～B7の範囲に［スタッフ名］列から姓が取り出される

127 セルごとに入力モードを自動的に切り替えたい

A [データの入力規則]でIMEの入力モードを設定できます

住所録のようにさまざまな種類のデータを入力する表では、頻繁に入力モードの切り替えが必要になり面倒です。例えば、[氏名]の列は[ひらがな]で、[郵便番号]の列は[オフ]でというようにあらかじめ表の列ごとに入力モードを設定しておくと、入力時に入力モードが自動的に切り替わり、効率良く入力できます。

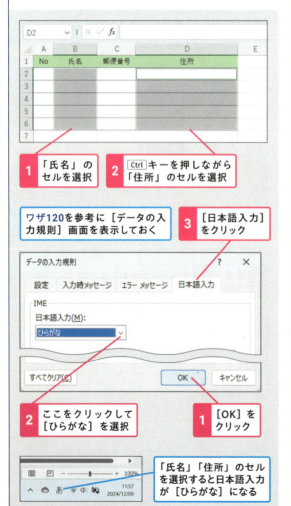

128 郵便番号から住所を素早く入力できる？

A 最初の変換候補は半角、次の候補として住所が表示されます

入力モードを[ひらがな]にし、「１５３－００４２」と入力して space キーで変換すると、郵便番号に該当する住所を簡単に入力できます。

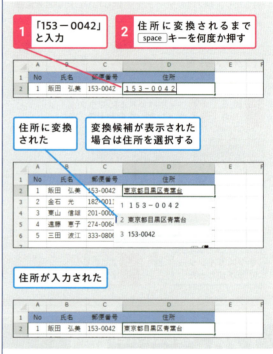

役立つ豆知識

住所から郵便番号を表示する

上記の方法で住所を入力した場合、PHONETIC関数を使用して住所のセルから郵便番号を取り出せます。郵便番号欄のセルに「=PHONETIC(D2)」と入力すると全角の「１５３－００４２」、「=ASC(PHONETIC(D2))」と入力すると半角の「153-0042」を取り出せます。郵便番号を二重に入力しなくても済むので便利です。

129 ふりがなを表示したい

Q ふりがなを表示したい

A ［ふりがなの表示/非表示］で表示できます

セルを選択して以下のように操作すると、セルにふりがなを表示できます。表示されるふりがなは、キーボードからセルにデータを入力したときの変換前の読みになります。したがって、Wordやメールなど、ほかのアプリで入力したデータをExcelにコピーした場合は、ふりがなが表示されません。その場合は、ワザ130の方法でふりがなを入力できます。

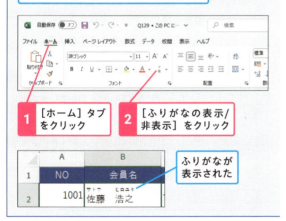

130 ふりがなを修正するには

Q ふりがなを修正するには

A ［ふりがなの編集］からふりがなの文字を修正します

人名などを違う読みで入力した場合、表示されるふりがなもその読みの内容になります。以下の手順でふりがなを編集できる状態にして、ふりがなを修正しましょう。

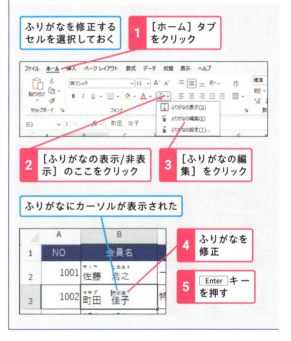

131 ふりがなの書式や配置は変更できる？

Q ふりがなの書式や配置は変更できる？

A ［ふりがなの設定］で［ひらがな］［中央揃え］などを設定できます

［ふりがなの表示/非表示］の右側のボタンをクリックして［ふりがなの設定］画面を表示すると、選択したセルのふりがなの文字の種類や配置、フォントを設定できます。

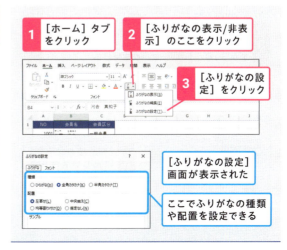

入力ミスを減らす

Excelには入力ミスを自動修正する機能が用意されています。ここでは、そうした機能の利用方法や、意図しない自動修正をオフにする方法などを紹介します。

132 [365/2024/2021/2019] お役立ち度 ★★★

Q 間違えて入力したスペルが自動で修正されるようにしたい

A オートコレクトに正しいスペルを登録します

いつも同じ単語で入力をミスしてしまうときは、[オートコレクト]に間違ったスペルと正しいスペルを登録しておくといいでしょう。「オートコレクト」とは、特定の単語や入力ミスと思われる文字列を自動的に修正する機能です。登録後、スペルを間違えて入力しても、自動的に正しいスペルに変換されるようになります。

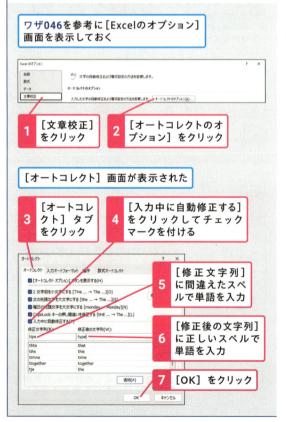

133 [365/2024/2021/2019] お役立ち度 ★★ サンプル

Q スペルミスがないかどうか調べられる?

A [スペルチェック]機能で修正候補を表示できます

「スペルチェック」の機能を使うと、辞書に登録されていない単語がワークシートに含まれていた場合、[スペルチェック]画面が表示され、[修正候補]から正しい単語を選択して修正できます。単語が辞書に登録されていない固有名詞などでは、スペルミスをしていなくても、スペルチェックに引っかかることがありますが、その場合は[無視]ボタンをクリックしましょう。

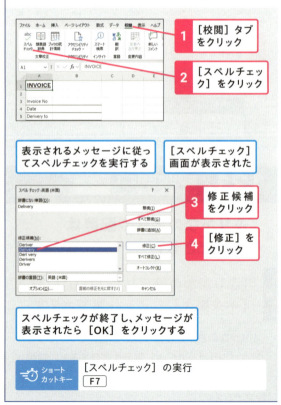

134 [365][2024][2021][2019] お役立ち度 ★★★

Q 先頭の小文字が勝手に大文字に変わってしまう

A オートコレクトの設定を変更して小文字のままにできます

セルに英単語を入力するときに、文の先頭の英小文字が自動的に大文字に変換されることがあります。これは、英文の先頭文字を自動で大文字に修正するように、既定でオートコレクトの機能が設定されているためです。ワザ132を参考に[オートコレクト]画面を表示し、[文の先頭文字を大文字にする]のチェックマークをはずすことにより、英語の先頭文字を大文字にする機能をオフにできます。

1 単語を入力して[space]キーを押す

先頭の文字が大文字に自動変換されてしまう

[オートコレクト]画面を表示しておく

2 [オートコレクト]タブをクリック

3 [文の先頭文字を大文字にする]をクリックしてチェックマークをはずす

4 [OK]をクリック

135 [365][2024][2021][2019] お役立ち度 ★★★ サンプル

Q 「(c)」と入力したいのに「©」に変換されてしまう

A オートコレクトの機能を一時的にオフにします

「(c)」や「(r)」と入力すると「©」や「®」に変換されてしまうのは、オートコレクトで自動修正する項目リストにこれらのデータが登録されているためです。「(c)」や「(r)」とそのまま入力したい場合は、オートコレクトの機能を一時的にオフにしてから入力を行いましょう。「i」と入力したいのに大文字の「I」に変換されて困るという場合も、同様の操作で対処できます。

1 「(C)」と入力して[Enter]キーを押す

「©」に自動変換されてしまう

[オートコレクト]画面を表示しておく

2 [オートコレクト]タブをクリック

3 [入力中に自動修正する]をクリックしてチェックマークをはずす

4 [OK]をクリック

第3章 セルとワークシートの強力編集ワザ

セル選択の便利ワザ

Excelでは、「セルを選択する」という操作を頻繁に行います。ここでは、セルの選択方法に関するテクニックを紹介しましょう。

136 [365][2024][2021][2019] サンプル
お役立ち度 ★★

Q 離れたセルを同時に選択できる？

A Ctrlキーを押しながらクリックまたはドラッグで選択できます

離れたセル範囲を選択するには、最初のセルを選択した後、Ctrlキーを押しながら離れたセル範囲を選択します。Ctrlキーを押したままにしないと、前に選択したセル範囲の選択が解除されるので注意しましょう。

1 セルA2〜A6をドラッグして選択

2 Ctrlキーを押しながらセルC2〜C6をドラッグして選択

離れたセル範囲が同時に選択できる

137 [365][2024][2021][2019] サンプル
お役立ち度 ★★★

Q 広いセル範囲を正確に選択するには

A Shiftキーを押しながら範囲の最後のセルをクリックします

スクロールを伴うような広大なセル範囲をドラッグで選択する場合、表の終わりに近づくと自動的にドラッグのスピードが落ちます。しかし、うっかり表の終点を見過ごしてしまうこともあるでしょう。広大なセル範囲を選択するときは、始点をクリックしたあと、スクロールバーでスクロールしながら落ち着いて終点を探し、Shiftキーを押しながらクリックすれば、確実に選択できます。

1 セル範囲の最初のセルをクリック

2 Shiftキーを押しながらセル範囲の最後のセルをクリック

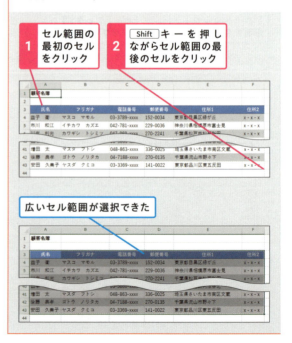

広いセル範囲が選択できた

138

お役立ち度 ★★★ [365][2024][2021][2019] サンプル

Q ワークシート上のすべての
セルを選択するには

A [全セル選択] ボタンですべての
セルを選択できます

行番号と列番号が交差する場所を [全セル選択] ボタンと呼び、ここをクリックするとワークシートにあるすべてのセルを選択できます。ワークシート全体のフォントを変えたいときなどに便利です。

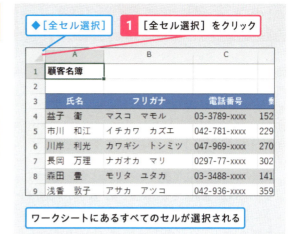

◆ [全セル選択]

1 [全セル選択] をクリック

ワークシートにあるすべてのセルが選択される

139

お役立ち度 ★★ [365][2024][2021][2019] サンプル

Q 数値が入力されたセルだけを
選択したい

A [検索と選択] の [選択オプション]
で条件を指定します

表内の見出しや数式は残して、数値データだけを削除したいときなどは、数値が入力されているセルだけを選択できると便利です。以下の手順で [選択オプション] 画面を表示し、[定数] をクリックして [数値] だけにチェックマークを付ければ、数式や文字列を除いた数値データのセルのみを選択できます。なお、以下の手順のようにあらかじめセル範囲を選択しておくと、指定したセル範囲内の数値データが選択されます。最初にセルを1つだけ選択していた場合は、ワークシート全体が対象になります。

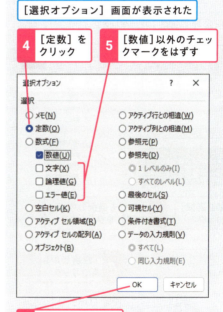

[選択オプション] 画面が表示された

4 [定数] をクリック

5 [数値] 以外のチェックマークをはずす

6 [OK] をクリック

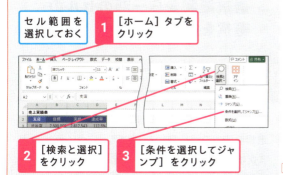

セル範囲を選択しておく

1 [ホーム] タブをクリック

2 [検索と選択] をクリック

3 [条件を選択してジャンプ] をクリック

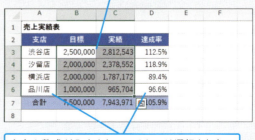

数値が入力されているセルだけが選択された

文字や数式が入力されているセルは選択されない

140

365 2024 2021 2019　サンプル
お役立ち度 ★★★

Q 空白のセルだけを選択したい

A [条件を指定してジャンプ]で[空白セル]を指定します

空白のセルに一括して書式を設定するときに、該当するセルだけを選択できると便利です。以下の手順のように[選択オプション]画面を表示して、[空白セル]を選択しましょう。[OK]ボタンをクリックすれば、空白セルのみが選択されます。

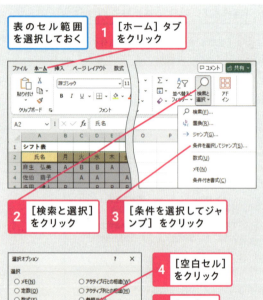

141

365 2024 2021 2019　サンプル
お役立ち度 ★★★

Q 表全体を簡単に選択する方法はないの？

A 表内のセルをクリックしてから Ctrl + Shift + : キーを押します

表内のセルをクリックした後、Ctrl + Shift + : キー（文字キー）、または Ctrl + ✱ キー（テンキー）を押すと、表全体を選択できます。このショートカットキーは、連続したデータ範囲を選択するものです。表内に空行や空列があると表全体が選択されないので、注意してください。また、表に隣接する行や列に1つでもデータの入力されたセルがあると、その行や列を含めたセル範囲が選択されるので気を付けましょう。

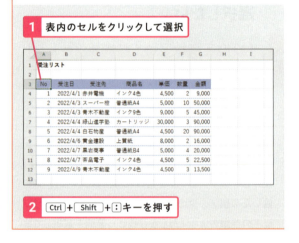

142

365 2024 2021 2019　サンプル
お役立ち度 ★★★

Q 選択範囲から一部のセルの選択を解除したい

A Ctrl + クリックで一部のセルの選択を解除できます

複数のセルを選択したあとで Ctrl キーを押しながら選択範囲内のセルをクリックすると、クリックしたセルだけ選択を解除できます。列全体を選択したあとで先頭のセルだけ解除したいときなどに便利です。

143 [365] [2024] [2021] [2019] お役立ち度 ★★★ サンプル

Q 行や列全体を選択するには

A 表の外側にある行番号や列番号をクリックします

行番号をクリックすると、行全体を選択できます。行番号の上をドラッグすれば、複数の行を選択することもできます。列番号の場合も同様です。

■ 行全体を選択する場合

■ 列全体を選択する場合

144 [365] [2024] [2021] [2019] お役立ち度 ★★ サンプル

Q ハイパーリンクが設定されたセルが選択できない！

A マウスポインターが十字型になるまでボタンを長押しします

ハイパーリンクが設定されたセルは、マウスポインターが十字の形になるまでマウスの左ボタンを長押しすると選択できます。

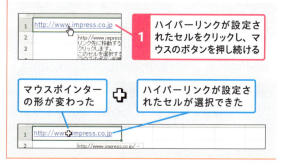

🔼 ステップアップ

セル範囲に名前を付けて選択する

事前にワザ353を参考にセル範囲に名前を付けておきます。名前ボックスに名前を入力して[Enter]キーを押すと、その名前のセル範囲を瞬時に選択できます。この方法は、別のワークシートが表示されている場合にも使えます。

145 [365] [2024] [2021] [2019] お役立ち度 ★★ サンプル

Q 選択範囲を広げたり狭めたりするには

A [Shift]+方向キーで選択範囲を拡大・縮小できます

[Shift]キーを押しながら方向キーを押すと、現在の選択範囲を方向キーの方向に広げたり、狭めたりすることができます。

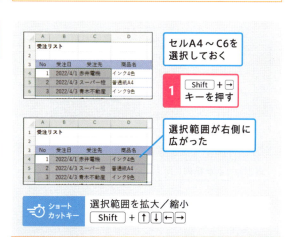

移動とコピーの便利なテクニック

「表を別の場所に移動したい」「書式だけをコピーしたい」など、ここでは、コピーと移動に関するさまざまなワザを覚えましょう。

146　365 2024 2021 2019　サンプル
お役立ち度 ★★

Q 表を近くのセルにササッと移動したい

A セルを選択してドラッグで移動できます

画面上に表示されている範囲に表を移動したいときは、マウス操作で移動するのが簡単です。それには移動する表を選択し、その枠線をドラッグします。ドラッグの最中に移動先が緑色の枠で示されるので、それを目安にするといいでしょう。

コピーする範囲を選択しておく

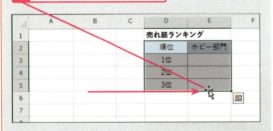

1 ここをクリック　マウスポインターの形が変わった

2 移動したいセルまでドラッグ

選択した表が移動した

関連 148 ドラッグを使わずに落ち着いて移動またはコピーしたい　P.99

147　365 2024 2021 2019　サンプル
お役立ち度 ★★

Q 表を近くのセルにササッとコピーしたい

A セルを Ctrl ＋ドラッグでコピーできます

表を近くのセルに1回だけコピーしたいときは、セルを選択して、Ctrl キーを押しながら枠線部分をドラッグする方法がおすすめです。遠くのセルにコピーする場合や複数回コピーする場合は、ワザ148の方法を使用してください。

コピーする範囲を選択しておく

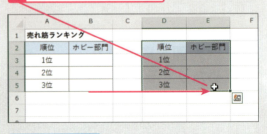

1 Ctrl キーを押しながらここをクリック　マウスポインターの形が変わった

2 移動したいセルまでドラッグ

表がコピーされた

関連 148 ドラッグを使わずに落ち着いて移動またはコピーしたい　P.99

148

Q ドラッグを使わずに落ち着いて移動またはコピーしたい

A 切り取りやコピーと貼り付けを別々に行いましょう

遠くのセルやほかのワークシートに表を移動/コピーするには、切り取り/コピーと貼り付けを別々に行います。切り取り/コピーを実行すると、表が「クリップボード」と呼ばれる記憶場所に保管されます。貼り付けを実行すると、クリップボードから表が取り出されて貼り付けられます。なお、コピーを実行したときにセル範囲が点滅しますが、点滅している間は何度でも繰り返し貼り付けを実行できます。

■リボンを使う場合

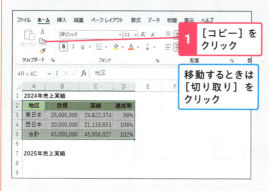

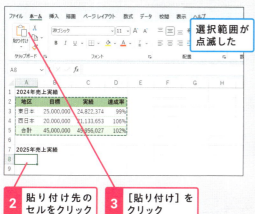

■キーボードを使う場合

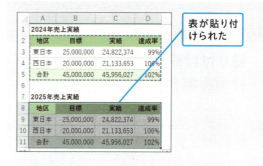

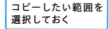

■右クリックメニューを使う場合

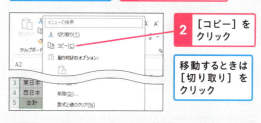

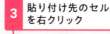

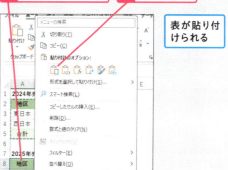

149 貼り付け終えたのにセルの枠の点滅が消えない！

Q 貼り付け終えたのにセルの枠の点滅が消えない！

A Escキーを押すとコピーモードを解除できます

セルをコピーするとコピーモードになり、選択範囲が点滅します。点滅している間は連続して貼り付け操作が行えるという意味になります。Escキーを押すとコピーモードが解除され、点滅が消えます。

Escキーを押すと、選択範囲の点滅を解除できる

150 元の列の幅のまま表をコピーできる？

Q 元の列の幅のまま表をコピーできる？

A 貼り付けオプションで［元の列幅を保持］を選択します

表を丸ごとコピーして貼り付けたときに、列の幅が変わってしまい不便に感じることがあります。元の列の幅をコピー先の表にも反映させたいときは、以下の手順のように操作しましょう。

1 ［貼り付けのオプション］をクリック
表をコピーして貼り付けておく
2 ［元の列幅を保持］をクリック
貼り付けた表がコピー元と同じ列の幅に設定される

151 数式ではなく計算結果をコピーしたい

Q 数式ではなく計算結果をコピーしたい

A ［貼り付けのオプション］で［値］として貼り付けます

数式が入力されたセルをコピーして貼り付け操作を行うと、数式そのものがコピーされます。しかし、計算結果を固定しておきたいときなど、数式ではなくセルに表示されている値そのものをコピーしたい場合があります。コピーを実行した後、以下のように操作すると、表示されている値のみを貼り付けられます。

セルD3～D6の計算結果の値をセルH3～H6にコピーする
セルD3～D6をコピーしておく

1 貼り付けるセルを右クリック

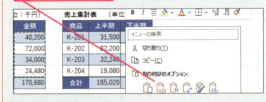

2 ［値］をクリック

値のみが貼り付けられた

関連 148 ドラッグを使わずに落ち着いて移動またはコピーしたい　P.99

152 [365][2024][2021][2019] サンプル お役立ち度 ★★

Q 表の縦と横を入れ替えたい

A ［貼り付けのオプション］で
［行／列の入れ替え］を使用します

表の作成後に縦位置と横位置を入れ替えるには、まず、表全体をコピーし、別の場所に貼り付けます。このとき、［貼り付けのオプション］で［行／列の入れ替え］を使用して貼り付けを行うことがポイントです。後は元の表を削除して、入れ替えを行った表を元の場所に移動すればいいでしょう。

1 貼り付けるセルを右クリック

2 ［行／列の入れ替え］をクリック

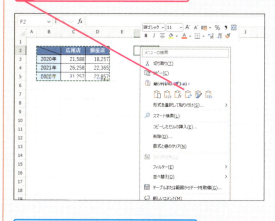

行と列が入れ替わって貼り付けられた

153 [365][2024][2021][2019] サンプル お役立ち度 ★★

Q 書式だけをコピーするには

A ［書式のコピー／貼り付け］で
書式のみコピーできます

［書式のコピー／貼り付け］ボタンを使用すると、罫線や色、フォントなど、セルの書式だけをまとめて別のセルにコピーできます。

書式が設定されたセルを選択しておく

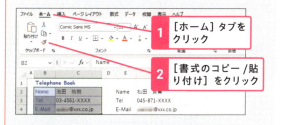

1 ［ホーム］タブをクリック

2 ［書式のコピー／貼り付け］をクリック

マウスポインターの形が変わった

3 書式を貼り付けるセルをドラッグ

書式がコピーされた

154 [365][2024][2021][2019] お役立ち度 ★★

Q 繰り返し書式をコピーできる？

A ［書式のコピー／貼り付け］ボタン
をダブルクリックします

［書式のコピー／貼り付け］ボタン（ ）をダブルクリックすると、連続して貼り付け操作を行えます。解除するには、もう一度［書式のコピー／貼り付け］ボタン（ ）をクリックしましょう。

155 列幅が異なる表を同じシートに並べたい

365 2024 2021 2019 サンプル
お役立ち度 ★★

Q 列幅が異なる表を同じシートに並べたい

A 表を図として貼り付けるとバランスよく配置できます

通常、セルをコピー/貼り付けするとセルとして貼り付けられますが、以下の手順で操作すると、画像として貼り付けることができます。別々のワークシートに作成した複数の表を1ページに印刷したいときに、画像として貼り付けて並べれば、列の幅が異なる表でもバランスよく配置できます。このワザのように[リンクされた図]を選ぶと、貼り付けた画像がコピー元の表とリンクします。画像そのものは編集できませんが、元の表のデータを変更すると、画像に反映されます。

表をコピーしておく

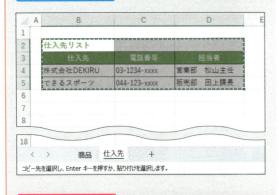

1 貼り付けるセルを右クリック

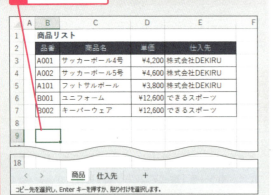

2 [形式を選択して貼り付け]のここをクリック

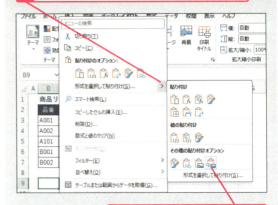

3 [リンクされた図]をクリック

セルが画像として貼り付けられた

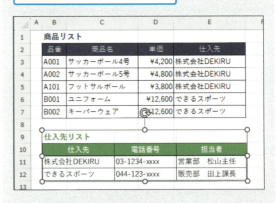

コピー元のデータや書式を編集すると、貼り付けられた表にも変更が反映される

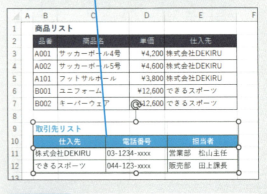

ショートカットキー　選択範囲をコピー　Ctrl + C

関連 755　Excelの表をWordに貼り付けたい　P.371

156

365 2024 2021 2019 サンプル
お役立ち度 ★★

Q コピーできるデータを
ストックして使うには

A ［クリップボード］作業ウィンドウ
でコピーの履歴から選べます

表に入力されたデータを、別のワークシートにある形の異なる表にコピーしたいとき、ワークシートを切り替えてデータを1つずつコピーして貼り付けるのは面倒です。Officeの［クリップボード］を使用すると、24個までのデータを保管できます。コピー元のワークシートでコピー作業をまとめて行い、貼り付け先のワークシートに切り替えて貼り付けを繰り返せば、データを効率よくコピーできます。

1 ［ホーム］タブをクリック
2 ［クリップボード］のここをクリック

［クリップボード］作業ウィンドウが表示された

3 セルのデータを複数コピー

コピーするとクリップボードにデータが追加される

4 貼り付けるセルをクリック

5 貼り付けるデータをクリック

クリップボードにあるデータが貼り付けられる

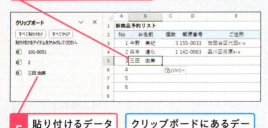

157

365 2024 2021 2019
お役立ち度 ★★

Q クリップボードのデータを
消す方法は？

A ［クリックボード］作業ウィンドウで
［すべてクリア］をクリックします

［クリップボード］作業ウィンドウの［すべてクリア］ボタンをクリックすると、クリップボードに保管されているデータをすべて消去できます。

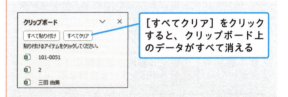

［すべてクリア］をクリックすると、クリップボード上のデータがすべて消える

158

365 2024 2021 2019 サンプル
お役立ち度 ★★★

Q 列を丸ごとほかの列の間に
移動／コピーするには

A 列の境界線を Shift キーを
押しながらドラッグします

列をほかの列の間に移動する場合は、選択した列の境界線にマウスポインターを合わせて、 Shift キーを押しながらドラッグします。コピーの場合は Ctrl キーも同時に押して操作しましょう。

1 列番号をクリック
2 列の境界線にマウスポインターを合わせる

マウスポインターの形が変わった

3 Shift キーを押しながら移動先の列の境界線までドラッグ

コピーする場合は Ctrl + Shift キーを押しながらドラッグする

移動先に太線が表示される

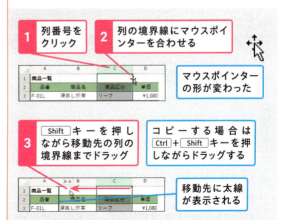

移動とコピーの便利なテクニック　できる　103

159 セル同士を入れ替えたい

A Shift キーを押しながらセルの境界をドラッグします

セルやセル範囲を選択してその境界線にマウスポインターを合わせ、Shift キーを押しながらドラッグすると、セルをほかのセルの間に挿入できます。ドラッグ中、挿入先に太い線が表示されるので、それを目安にするといいでしょう。

160 コピー元とコピー先で常に同じデータを表示できる？

A [リンク貼り付け] を選択するとコピー元を参照できます

同じ値を2つのセルに表示したいときは、一方のセルにデータや数式を入力し、もう一方からこのセルを参照しましょう。そうすればデータや数式を入力するときも編集するときも1個所で済みます。セルを参照するには「=セル番号」を入力しましょう。また、以下の手順のように操作すると、自動的に「=セル番号」が入力され、コピー元のセルを参照できます。

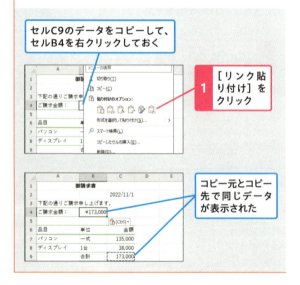

161 「貼り付けプレビュー」って何？

A 貼り付け後の結果を一時的に表示できます

Excelでは、[貼り付け] ボタン下部のメニューやショートカットメニューにマウスポインターを合わせると、「貼り付けプレビュー」の機能が働き、貼り付け後の結果がワークシート上に表示されます。イメージを確認してから貼り付けを実行できるので便利です。

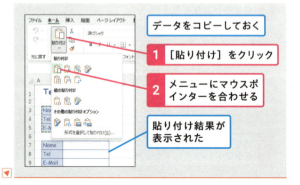

セルの挿入と削除のワザ

セルを挿入したら新しいセルの書式をどうするか、データを削除したときに空の行や列をどう削除するかなど、ここでは、セルの挿入や削除に関するテクニックを紹介します。

162 365 2024 2021 2019 お役立ち度 ★★ サンプル

Q 表にセルを追加で挿入したい

A ［セルの挿入］で選択したセルを下や右にずらして挿入できます

セルを挿入するときに［下方向にシフト］を指定すると、選択範囲にあった元のデータを下の行にずらして移動できます。右にずらして挿入も可能です。

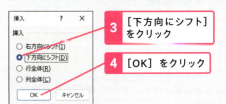

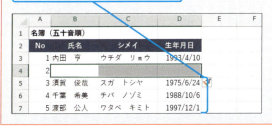

163 365 2024 2021 2019 お役立ち度 ★★ サンプル

Q データをセルごと削除するには

A ［セルの削除］で削除し、下や左のセルを移動して埋められます

セルを削除するときに［上方向にシフト］を指定すると、選択範囲のデータがセルごと削除され、下にあるセルが上にずれて削除した場所が埋められます。右にあるセルで埋めることもできます。

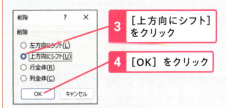

164 [365/2024/2021/2019] サンプル
お役立ち度 ★★★

Q 表に行や列を挿入したい

A 行や列を選択して [挿入] を
クリックします

行や列を選択して [挿入] ボタンをクリックすると、選択した行の上側もしくは選択した列の左側に新しい行や列が挿入されます。行番号または列番号を右クリックして表示されるショートカットメニューから、行や列を挿入することもできます。

■ 右クリックを使う場合

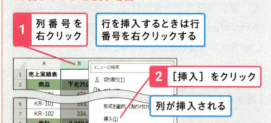

■ [ホーム] タブを使う場合

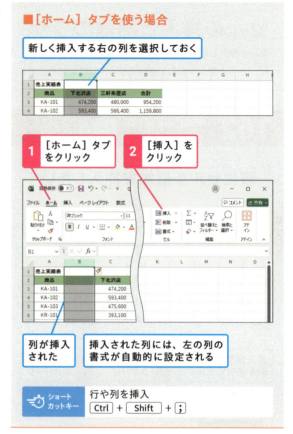

ショートカットキー　行や列を挿入
Ctrl + Shift + ;

165 [365/2024/2021/2019] サンプル
お役立ち度 ★★☆

Q 書式を引き継がずに
行や列を挿入できる?

A [挿入オプション] で
書式をクリアして挿入します

上下左右の書式を引き継がず、新しい行や列を挿入するには、行や列を挿入した後で [挿入オプション] ボタンを利用して書式をクリアします。

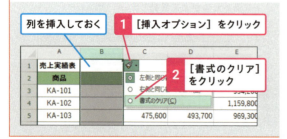

166 [365/2024/2021/2019] サンプル
お役立ち度 ★★☆

Q 下の行と同じ書式の行を
挿入するには

A [下と同じ書式を適用] を
選択して書式をそろえます

挿入された行には、すぐ上の行の書式が引き継がれます。下の行と同じ書式にするには [挿入オプション] ボタンで書式を変更します。

167 複数の行や列を一度に挿入したい

A 複数の行や列を選択すると、同じ数を挿入できます

挿入したい位置の行または列を先頭に複数の行または列を選択し、挿入の操作を行えば、選択した行や列の数だけ挿入することができます。

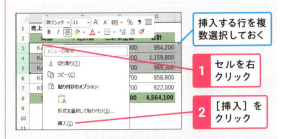

- 挿入する行を複数選択しておく
- 1 セルを右クリック
- 2 ［挿入］をクリック

168 行や列を削除するには

A 行や列を選択して［削除］をクリックします

あらかじめ行や列を選択してから削除操作を行うと、行や列を削除できます。

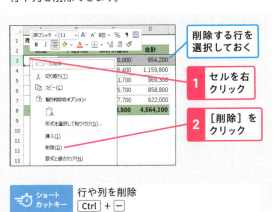

- 削除する行を選択しておく
- 1 セルを右クリック
- 2 ［削除］をクリック

ショートカットキー　行や列を削除　Ctrl + −

169 表の一部を削除したら別の表が崩れた！

A シフトする方向によって表が崩れることがあります

1つのワークシートに複数の表がある場合、一方の表の一部を削除することで、もう一方の表のレイアウトが崩れることがあります。表の配置によっては、セルの削除ではなく行の削除を行うなど、状況に応じて削除する対象を使い分けるようにしましょう。

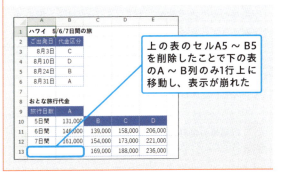

上の表のセルA5 ～ B5を削除したことで下の表のA ～ B列のみ1行上に移動し、表示が崩れた

170 ［クリア］と［削除］は何が違うの？

A 隣接するセルが移動するかどうかが違います

［ホーム］タブの［編集］グループにある［クリア］ボタンは、セルに設定されている書式や入力されている値を消去する、いわば消しゴムのようなものです。セルという器の中身や表面を消し去るだけなので、器そのものは残ります。これに対し、［削除］はセルそのものを取り去る、ハサミのようなものと考えてください。切り取った後には穴が空き、隣接するセルが移動してその穴を埋める仕組みになっています。［削除］を実行すると、セルを詰める方向を指定する選択肢が表示されるのはそのためです。

セルの幅や高さの調整

表を体裁よく作成するポイントは、セルの大きさとデータ量のバランスを上手に取ることです。ここでは、セルの幅や高さを調整する方法を身に付けましょう。

171 お役立ち度 ★★ 〔365/2024/2021/2019〕 サンプル

Q 行の高さや列の幅を変更したい

A 行番号や列番号の境界をドラッグして変更できます

行番号の下の境界線を、上下にドラッグすると行の高さを変えられます。ドラッグ中はポップヒントにセルの高さが数値で表示されるので、参考にするといいでしょう。同様に、列番号の右の境界線をドラッグすると列の幅を変えられます。

1 行番号の境界線にマウスポインターを合わせる / マウスポインターの形が変わった

2 ここまでドラッグ / 列の幅を変更する場合は、列番号の境界線をドラッグする

高さ: 37.50 (50 ピクセル)

行の高さがポップヒントで表示される / ドラッグに合わせてポップヒントの数値が変わる

行の高さが変わった

172 お役立ち度 ★★★ 〔365/2024/2021/2019〕 サンプル

Q 複数の行の高さや列の幅をそろえるには

A 複数の行や列を選択して境界をドラッグします

複数の列を選択して、そのうちのいずれかの列番号の右の境界線をドラッグすると、選択したすべての列の幅がそろいます。行の高さについても同様です。

幅をそろえる複数の列を選択しておく

1 列番号の境界線にマウスポインターを合わせる / マウスポインターの形が変わった

2 ここまでドラッグ / ドラッグに合わせてポップヒントの数値が変わる

幅: 6.88 (60 ピクセル)

選択していたすべての列の幅がそろった

行の高さをそろえるときは、複数の行を選択していずれかの行番号の境界線をドラッグする

173 [365] [2024] [2021] [2019]　お役立ち度 ★★

Q 行の高さや列の幅の単位は何？

A 行はポイント、列は半角の文字数が基準になっています

Excelでは行の高さはポイント、列の幅はセルに入力できる半角の文字数で表されます。なおページレイアウトビューでは、行の高さや列の幅がセンチメートルの単位で表示されます。

174 [365] [2024] [2021] [2019]　お役立ち度 ★★　サンプル

Q 行の高さや列の幅を数値で指定したい

A [セルの高さ][セルの幅]画面を使うと数値で指定できます

[セルの高さ]画面や[セルの幅]画面を使用すると、行の高さや列の幅を数値で指定できます。セルのサイズを正確に指定したいときに利用しましょう。

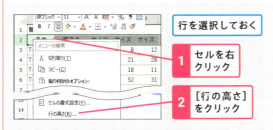

行を選択しておく
1 セルを右クリック
2 [行の高さ]をクリック

[行の高さ]画面が表示された

3 行の高さの数値を入力
4 [OK]をクリック

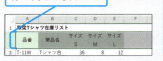

行の高さが変わった

列の幅を数値で指定するときは、列を選択して同様に操作する

175 [365] [2024] [2021] [2019]　お役立ち度 ★★　サンプル

Q 行の高さや列の幅をセンチメートル単位で指定できる？

A ページレイアウトビューに変更してルーラーを目安にします

表示モードをページレイアウトビューに変更すると、行番号と列番号の隣にセンチメートル単位のルーラーが表示されるので、ルーラーを目安にして、行や列のサイズを変更できます。ドラッグ中に表示されるポップヒントのサイズもセンチメートル単位になります。また、ワザ174で解説した[セルの高さ]画面や[セルの幅]画面で指定する数値もセンチメートル単位になります。ただし、Excel内部で単位換算が行われるため、画面で整数のサイズを指定しても、設定値に端数が付く場合があります。

1 [表示]タブをクリック

2 [ページレイアウト]をクリック

ページレイアウトビューが表示された

3 列番号の境界線を左右にドラッグ

サイズがセンチメートル単位で表示される

行の高さを変更するときは、行番号の境界線を上下にドラッグする

◆ページレイアウトビュー

ショートカットキー： [表示]タブに移動 Alt + W

176 お役立ち度 ★★★

Q セルの内容に合わせて列の幅を自動調整するには

A 列の境界線をダブルクリックしてそろえます

列の幅を列内の最も文字数の多いセルの幅に合わせるには、列番号の境界線をダブルクリックします。複数の列を選択して実行した場合は、それぞれ最適な列の幅になります。行についても同様です。

1 列番号の境界線にマウスポインターを合わせる

マウスポインターの形が変わった ＋ **2** そのままダブルクリック

セルの文字数に合わせて列の幅が変更された

行の高さを調整するときは、行の境界線をダブルクリックする

---

177 お役立ち度 ★★

Q ダブルクリックしても列の幅が調整されない！

A 結合されているセルは無視されます

行番号や列番号の境界線をダブルクリックすると、結合していないセルに入力された文字量を基準にサイズが調整されるので結合されているセルは無視されます。

---

178 お役立ち度 ★★

Q 表のタイトル以外の内容に合わせて列の幅を調整したい

A 範囲を選択してから[列の幅の自動調整]を使います

長いタイトルが入力されている列の境界線をダブルクリックすると、タイトルの長さに合わせて列の幅が変更されてしまいます。表に入力されているデータに合わせて列の幅を調整したい場合は、以下の手順で表のセル範囲のみを基準に列の幅を調整しましょう。

1 タイトルを含めずに表をドラッグして選択

2 [ホーム]タブをクリック　**3** [書式]をクリック

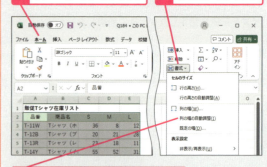

4 [列の幅の自動調整]をクリック

タイトル以外のセルの文字列に合わせて列の幅が調整された

179 行や列を一時的に非表示にしたい

Q 行や列を一時的に非表示にしたい

A ［非表示/再表示］メニューから非表示にします

表の一部の項目だけを印刷したいときや計算過程のセルを見せたくないときは、このワザの方法で操作して、不要な行や列を非表示にします。なお、行や列を再表示する方法はワザ180を参考にしてください。

■右クリックの操作

1. 非表示にする列番号Bを右クリック
2. ［非表示］をクリック

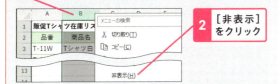

■リボンの操作

非表示にする列番号Bを選択しておく

1. ［ホーム］タブをクリック
2. ［書式］をクリック
3. ［非表示/再表示］にマウスポインターを合わせる
4. ［列を表示しない］をクリック

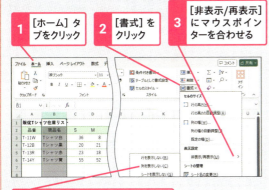

列番号Bが非表示になった

ショートカットキー 選択した行を非表示にする　Ctrl + 9

---

180 非表示にした行や列を再表示したい

Q 非表示にした行や列を再表示したい

A ［行の再表示］／［列の再表示］をクリックします

非表示の列を含むように両隣の列を選択し、以下の手順で操作すれば、非表示にした列を再表示できます。列番号Aが非表示になっている場合は、あらかじめ列番号Bから［全セル選択］ボタンに向かって左にドラッグしておくとうまくいきます。行についても同様です。

■右クリックの操作

1. 隠れた列を挟む列同士をドラッグして選択
2. 列番号を右クリック
3. ［再表示］をクリック

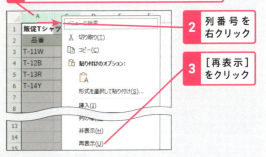

■リボンの操作

ここでは非表示にした列番号Bを表示する

1. 隠れた列を挟む列同士をドラッグして選択
2. ［ホーム］タブをクリック
3. ［書式］をクリック

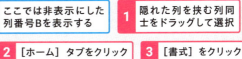

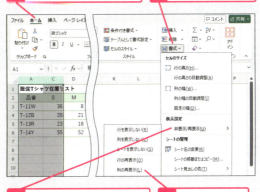

4. ［非表示/再表示］にマウスポインターを合わせる
5. ［列の再表示］をクリック

ワークシートの操作

Excelでは、セルと同じくらいワークシートの扱いも重要です。ここでは、ワークシートそのものに関する操作を見ていきましょう。

181 365 2024 2021 2019 サンプル
お役立ち度 ★★

Q 新しいワークシートを挿入するには

A [新しいシート]をクリックして追加します

シート見出しの右横にある[新しいシート]ボタンをクリックすると、現在前面に表示されているワークシートの右に新しいワークシートを追加できます。新しいワークシートには「Sheet1」のような名前が自動的に付けられるので、適宜変更しましょう。

1 [新しいシート]をクリック

ワークシートが追加された

ショートカットキー　新しいワークシートを挿入
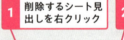
Shift + F11

役立つ豆知識
新しいシートを左に追加するには

キーボードを操作しているときは、Shiftキーを押しながらF11キーを押すと、現在前面に表示されているワークシートの左に新しいワークシートを素早く追加できます。マウスを操作しているときは、[新しいシート]ボタンでいったん右側に追加してからワザ189を参考に左に移動するのが早いでしょう。

182 365 2024 2021 2019 サンプル
お役立ち度 ★★

Q ワークシートを削除するには

A シート見出しを右クリックして削除します

データが入力されているワークシートを削除しようとすると、確認のメッセージが表示されます。削除してもいいワークシートかどうか、もう一度確認し、削除しても構わないときは[削除]ボタンをクリックします。削除したくない場合には、[キャンセル]ボタンを選択しましょう。

1 削除するシート見出しを右クリック
2 [削除]をクリック

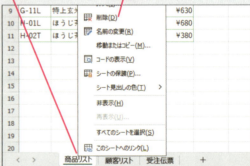

削除するワークシートにデータがある場合はメッセージが表示される

3 [削除]をクリック

注意 削除したワークシートは元に戻せません。

183 一部のシート見出しが隠れてしまった！

Q 一部のシート見出しが隠れてしまった！

A シート見出しの左端をクリックしてスクロールします

ワークシートの数が多いと、シート見出しがスクロールして隠れてしまう場合があります。以下の手順で操作して、隠れているシート見出しを表示させましょう。なお、ワークシートが非表示に設定されている場合もシート見出しが表示されませんが、その場合はワザ186を参考に再表示しましょう。

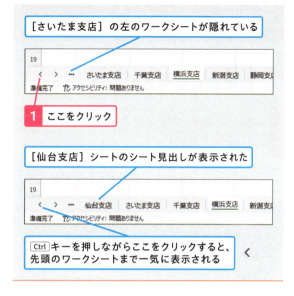

［さいたま支店］の左のワークシートが隠れている

1 ここをクリック

［仙台支店］シートのシート見出しが表示された

Ctrl キーを押しながらここをクリックすると、先頭のワークシートまで一気に表示される

184 ワークシートの表示を効率よく切り替えたい

Q ワークシートの表示を効率よく切り替えたい

A 各種ボタンや［シートの選択］画面を使います

隠れているシート見出しがある場合に左右に  が表示されます。▶や◀のクリックでは隠れていたシート見出しがスクロールするだけですが、…を使うとスクロールに加えて隠れていたワークシートを前面に表示できます。このほか、シート見出しの一覧から、前面に表示するワークシートを指定する方法もあります。

■ ボタンを使用する場合

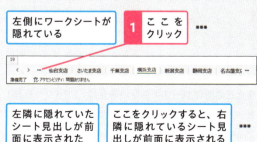

左側にワークシートが隠れている

1 ここをクリック

左隣に隠れていたシート見出しが前面に表示された

ここをクリックすると、右隣に隠れているシート見出しが前面に表示される

■ シート見出しの一覧から切り替える場合

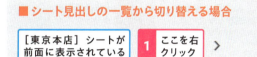

［東京本店］シートが前面に表示されている

1 ここを右クリック

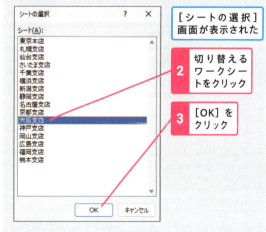

［シートの選択］画面が表示された

2 切り替えるワークシートをクリック

3 ［OK］をクリック

［大阪支店］シートが前面に表示された

185 特定のワークシートを非表示にできる?

365 / 2024 / 2021 / 2019 サンプル
お役立ち度 ★★☆

Q 特定のワークシートを非表示にできる?

A シートを右クリックして[非表示]を選択します

使用頻度の低いワークシートや変更されたくないワークシートなど、特定のワークシートを非表示にしたいことがあります。以下のように操作すると、特定のワークシートを非表示にできます。なお、ワークシートを再表示されたくないときは、ワザ754を参考にブックを保護しましょう。

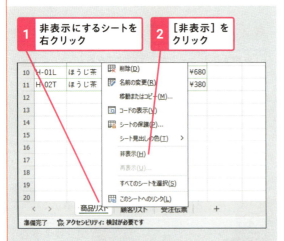

| 関連 746 | ワークシート全体を変更されないようにロックしたい | P.367 |
| 関連 754 | ワークシートの構成を変更されたくないときは | P.370 |

186 非表示のワークシートを再表示するには

365 / 2024 / 2021 / 2019 サンプル
お役立ち度 ★★☆

Q 非表示のワークシートを再表示するには

A 表示されているシートを右クリックして[再表示]を選択します

ワザ185の要領で非表示にしたワークシートを再表示するには、以下のように操作します。

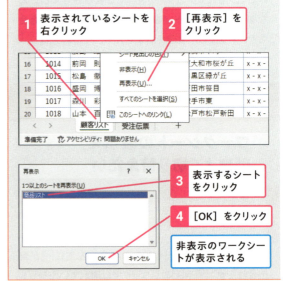

187 ワークシートの操作ができない!

365 / 2024 / 2021 / 2019
お役立ち度 ★★☆

Q ワークシートの操作ができない!

A ブックが保護されていないか確認します

ワークシートの移動、コピー、新規作成、名前の変更などの操作が一切できない場合は、[ブックの保護]という機能が設定されている可能性があります。ワザ754を参考に[ブックの保護]を解除すれば、それらの操作ができるようになります。なお、解除の際にパスワードを要求される場合は、パスワードを入力しないと解除できません。

188 [365][2024][2021][2019] お役立ち度 ★★★ サンプル

Q 複数のワークシートを まとめて操作したい

A [Shift]キーを押しながら末尾の シートをクリックして選択します

ワークシートをグループ化すると、最前面のワークシートで行った入力などの操作が、各ワークシートに反映されます。連続するシート見出しは[Shift]キー、離れたシート見出しは[Ctrl]キーを押しながらクリックすればグループ化できます。グループ化されたワークシートはシート見出しの色で区別できます。

1 [4月]シートをクリック　2 [Shift]キーを押しながら[6月]シートをクリック

[4月]から[6月]シートまでがグループ化された

189 [365][2024][2021][2019] お役立ち度 ★★ サンプル

Q ワークシートの順序を 入れ替えたい

A シート見出しをドラッグして移動できます

シート見出しをドラッグすると、見出しの上に▼の記号が表示されます。移動したい位置までシート見出しをドラッグすると、ワークシートを移動できます。

1 シート見出しをクリック　2 ここまでドラッグ

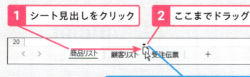

マウスポインターの形が変わり、移動先に▼が表示される

190 [365][2024][2021][2019] お役立ち度 ★★ サンプル

Q ワークシートのグループ化を 解除するには

A [シートのグループ解除]を クリックします

ワークシートのグループ化を解除するには、シート見出しを右クリックして[シートのグループ解除]を選択するか、グループ化されていないシート見出しをクリックします。

1 シート見出しを右クリック　2 [シートのグループ解除]をクリック

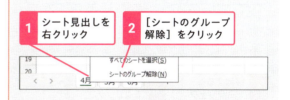

191 [365][2024][2021][2019] お役立ち度 ★★ サンプル

Q ワークシートをブック内で コピーして使いたい

A [Ctrl]キーを押しながら シート見出しをドラッグします

[Ctrl]キーを押しながらシート見出しをドラッグすると、ワークシートをコピーできます。

1 シート見出しをクリック　2 [Ctrl]キーを押しながらここまでドラッグ

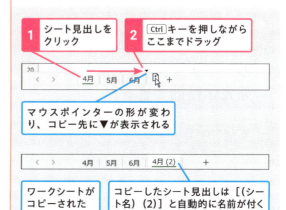

マウスポインターの形が変わり、コピー先に▼が表示される

ワークシートがコピーされた　コピーしたシート見出しは[(シート名)(2)]と自動的に名前が付く

192 [365] [2024] [2021] [2019] サンプル
お役立ち度 ★★★

Q ワークシートをほかのブックに
コピーまたは移動するには

A シートを右クリックして [移動または
はコピー] を実行します

あらかじめコピー先／移動先のブックを開いてから、[移動またはコピー] を実行します。

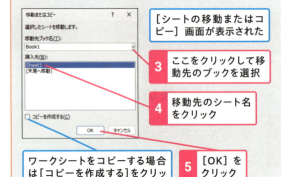

193 [365] [2024] [2021] [2019]
お役立ち度 ★★☆

Q ワークシートをまとめてコピー
または移動できる?

A グループ化してから
コピー／移動します

ワザ188を参考にワークシートをグループ化して、コピー／移動操作を行うと、複数まとめてコピー／移動できます。

194 [365] [2024] [2021] [2019] サンプル
お役立ち度 ★★★

Q シート名を分かりやすく
変更したい

A シート見出しを
ダブルクリックして変更します

シート見出しをダブルクリックすると、シート名が編集可能な状態になります。シート名を変更して [Enter] キーを押せばシート名が確定します。シート名に使用できる文字数は最大31文字です。シート名に「/ \ ? *：[ ]」などの記号を使用することはできません。

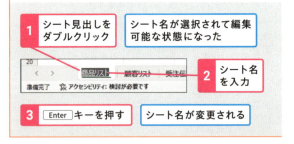

195 [365] [2024] [2021] [2019] サンプル
お役立ち度 ★★☆

Q シート見出しを分かりやすく
区別するには

A シート見出しに色を付けて
分類できます

シート見出しには、色を付けられます。ワークシートを種類別に分けたいときなど、見ためではっきりと区別できるので便利です。

検索と置換のテクニック

大量のデータが入力されているワークシートでは、目的のデータを探すのは大変です。[検索と置換]を使いこなして、効率よく作業しましょう。

196 お役立ち度 ★★★ 〈365/2024/2021/2019〉 サンプル

Q 特定のデータが入力されたセルを探したい

A [検索と置換]の[検索]機能を使います

[検索と置換]画面に検索キーワードを入力し、[次を検索]ボタンをクリックすると該当セルが初期設定では行ごとに順番に検索されます。あらかじめセル範囲を選択していた場合は、選択範囲内が検索されます。セル範囲を選択していなかった場合は、ワークシート全体が検索対象となります。

1 [ホーム]タブをクリック
2 [検索と選択]をクリック

3 [検索]をクリック

[検索と置換]画面の[検索]タブが表示された

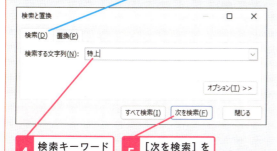

4 検索キーワードを入力
5 [次を検索]をクリック

該当するデータのセルが選択された

続けて同じキーワードで検索する

6 [次を検索]をクリック

次に該当するデータのセルが選択された

検索を終了するときは[閉じる]をクリックする

ショートカットキー [検索と置換]画面を表示 Ctrl + F

197 ブック全体で特定のデータが入力されたセルを探したい

365 / 2024 / 2021 / 2019　サンプル
お役立ち度 ★★★

Q

A 検索場所を［オプション］で［ブック］に指定します

通常の検索では、現在表示しているワークシートが検索対象になります。ブック全体を検索対象とするには、ワザ196を参考に［検索と置換］画面を表示し、［オプション］ボタンをクリックして［検索場所］を［ブック］に変更します。次回、別の検索を行うときも［検索場所］は［ブック］になるので、必要に応じて設定し直しましょう。Excelをいったん終了すると、［検索場所］は［シート］に戻ります。

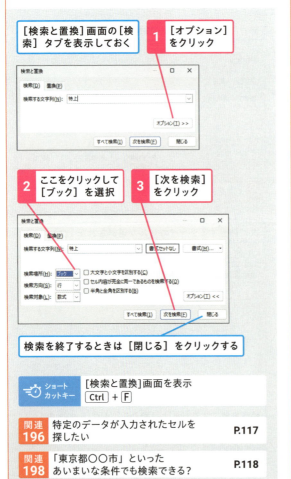

1　［オプション］をクリック

［検索と置換］画面の［検索］タブを表示しておく

2　ここをクリックして［ブック］を選択

3　［次を検索］をクリック

検索を終了するときは［閉じる］をクリックする

ショートカットキー　［検索と置換］画面を表示　Ctrl + F

| 関連 196 | 特定のデータが入力されたセルを探したい | P.117 |
| 関連 198 | 「東京都○○市」といったあいまいな条件でも検索できる？ | P.118 |

---

198 「東京都○○市」といったあいまいな条件でも検索できる？

365 / 2024 / 2021 / 2019　サンプル
お役立ち度 ★★

Q

A 「*」（アスタリスク）をワイルドカードとして使います

ワイルドカードを使用すると、文字列の一部だけを指定したあいまいな条件で検索できます。ワイルドカードとは、任意の文字を表す特別な文字です。「*」（半角アスタリスク）は0文字以上の任意の文字列、「?」（半角クエスチョン）は任意の1文字の代わりとなります。例えば検索する文字列として「東京都*市」を指定すると、2文字の「稲城」市や3文字の「八王子」市がすべて検索対象になります。また、「東京都??市」を指定すると2文字の市だけが検索対象になります。なお、これらのキーワードでは東京都の市名以外に「東京都新宿区市谷」のように「市」を含む住所も検索されることを念頭に置いて使用してください。

「東京都〜市」というデータを検索したい

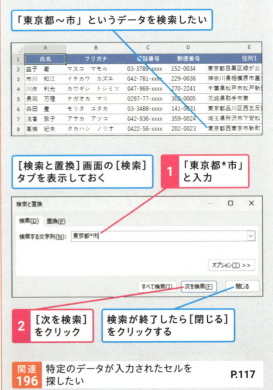

［検索と置換］画面の［検索］タブを表示しておく

1　「東京都*市」と入力

2　［次を検索］をクリック

検索が終了したら［閉じる］をクリックする

| 関連 196 | 特定のデータが入力されたセルを探したい | P.117 |

199 [365] [2024] [2021] [2019]
お役立ち度 ★★☆

Q 同じ条件で続けて検索するには

A [Shift]+[F4]キーで次々と検索できます

前回と同じ条件で検索する場合、[検索と置換]画面を表示しなくても、[Shift]+[F4]キーを押すと、次々とセルを検索できます。

200 [365] [2024] [2021] [2019]
お役立ち度 ★★☆

Q 「*」や「?」を検索するには

A 記号の前に「~」を付けて検索します

「*」（半角アスタリスク）や「?」（半角クエスチョン）を含んだ文字列を探すには、記号の前に「~」（半角チルダ）を付けて「~*」のように入力して検索します。一般的なキーボードでは、[Shift]キーを押しながらキーボード上部の「へ」と表記されたキーを押すと、「~」を入力できます。

201 [365] [2024] [2021] [2019]
お役立ち度 ★★☆

Q あるはずのデータが見つからない

A 検索の[オプション]で検索条件を確認します

大文字と小文字や全角と半角を区別する設定で検索したり、完全一致の条件で検索したりすると、目的のデータが見つからない場合があります。ワザ197を参考に、[検索と置換]画面で[オプション]をクリックし、検索条件を確認しましょう。

202 [365] [2024] [2021] [2019] サンプル
お役立ち度 ★★★

Q 特定の文字を別の文字に置き換えたい

A [置換]で検索する文字と置き換え後の文字を指定します

[検索と置換]画面の[置換]ボタンを使うと、1件ずつ確認しながら文字列を置換できます。[すべて置換]ボタンを使えば、ワークシート内の該当の文字列を一気に置換することも可能です。

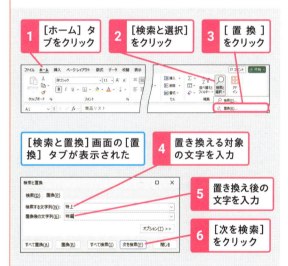

1 [ホーム]タブをクリック
2 [検索と選択]をクリック
3 [置換]をクリック

[検索と置換]画面の[置換]タブが表示された

4 置き換える対象の文字を入力
5 置き換え後の文字を入力
6 [次を検索]をクリック

置換の対象データのセルが選択された

7 [置換]をクリック

置換せずに次の対象セルを検索するには[次を検索]をクリックする

文字が置換された　　次の対象セルが選択された

203 文字列の中にある空白を一括で取り除きたい

Q 文字列の中にある空白を一括で取り除きたい

A スペースを検索して空欄を使って置換します

文字列の中に含まれているスペース（空白文字）を削除するには、［検索と置換］画面で［検索する文字列］にスペースを入力します。［置換後の文字列］に何も入力せずに［すべて置換］ボタンをクリックすると、瞬時に削除できます。

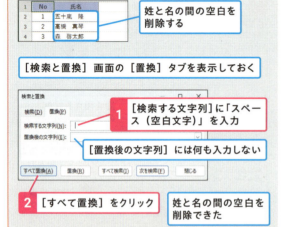

- 姓と名の間の空白を削除する
- ［検索と置換］画面の［置換］タブを表示しておく
- 1 ［検索する文字列］に「スペース（空白文字）」を入力
- ［置換後の文字列］には何も入力しない
- 2 ［すべて置換］をクリック
- 姓と名の間の空白を削除できた

204 文字列中の全角の空白だけを削除したい

Q 文字列中の全角の空白だけを削除したい

A ［オプション］欄で半角と全角を区別する設定にして置換します

［検索と置換］画面の［検索する文字列］に全角のスペース（空白文字）を入力し、［オプション］ボタンをクリックします。［半角と全角を区別する］にチェックマークを付けて［すべて置換］をクリックすると、ワークシート内の文字列から全角のスペースだけを一気に削除できます。半角のスペースはそのまま残ります。

205 すべてのセル内の改行を一度に削除するには

Q すべてのセル内の改行を一度に削除するには

A Ctrl＋Jキーで改行を検索条件に指定します

セル内の改行を検索するには、［検索と置換］画面の［検索する文字列］をクリックして、Ctrl＋Jキーを押します。見ためは変わりませんが、これでセル内改行を指定したことになります。［置換後の文字列］にスペース（空白文字）を入力すれば、セル内の改行をスペースに置換できます。

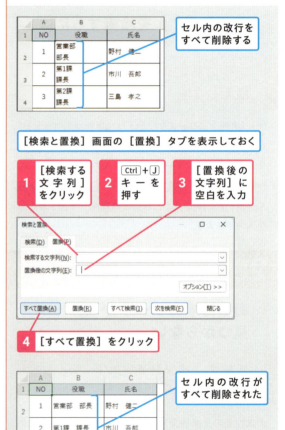

- セル内の改行をすべて削除する
- ［検索と置換］画面の［置換］タブを表示しておく
- 1 ［検索する文字列］をクリック
- 2 Ctrl＋Jキーを押す
- 3 ［置換後の文字列］に空白を入力
- 4 ［すべて置換］をクリック
- セル内の改行がすべて削除された
- ショートカットキー ［検索と置換］画面の［置換］タブを表示 Ctrl＋H

206 ★★★ 365 2024 2021 2019

Q ワークシート内の文字の色を一気に別の色に変更したい

A 置換前の色と置換後の色を指定して置換します

文字を入れ替えるだけでなく、特定の書式を探して置換することもできます。例えば、任意の赤い文字をすべて青色に変更したいという場合は、まず[検索と置換]画面の[置換]タブで[オプション]ボタンをクリックします。次に、[検索する文字列]と[置換後の文字列]でそれぞれ適切な書式を設定し、[すべて置換]ボタンをクリックすれば書式を一括で変更できます。

[検索と置換]画面の[置換]タブを表示しておく
置換したい書式を設定する

1 [オプション]をクリック
2 [書式]をクリック

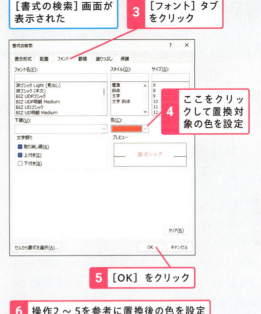

[書式の検索]画面が表示された
3 [フォント]タブをクリック
4 ここをクリックして置換対象の色を設定
5 [OK]をクリック
6 操作2〜5を参考に置換後の色を設定

ここで書式を確認できる
7 [すべて置換]をクリック
検索範囲にある赤色の文字が、すべて青色に変更される

207 ★★★ 365 2024 2021 2019 サンプル

Q ワークシート内の特定のデータのセルに色を付けるには

A 置換前の文字と置換後の色を指定して置換します

置換機能は、特定のデータが入力されたセルに同じ書式を設定したい場合にも役に立ちます。以下の例では、「営業」を含むセルをオレンジ色で塗りつぶしています。置換後の色を設定する方法は、ワザ206を参考にしてください。

[検索と置換]画面の[置換]タブで[オプション]を表示しておく

1 [検索する文字列]に「営業」と入力
2 [書式]をクリックして置換後の色を設定

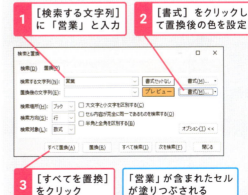

3 [すべてを置換]をクリック
「営業」が含まれたセルが塗りつぶされる

ハイパーリンクで困った

ハイパーリンクは、特定のワークシートにジャンプする目次を作成するなど便利な使い方がある一方で、取り扱いに困ることもあります。ここでは、ハイパーリンクに関する操作を紹介します。

208 セルのクリックで特定のワークシートにジャンプするには

365 / 2024 / 2021 / 2019　お役立ち度 ★★★　サンプル

Q セルのクリックで特定のワークシートにジャンプするには

A [ハイパーリンクの挿入]画面でジャンプ先のセルを指定します

セルにハイパーリンクを挿入すると、そのセルをクリックするだけで、特定のワークシートのセルに移動できます。各ワークシートに自動で移動するワークシート目次を作成したいときなどに重宝します。設定も簡単で、[ハイパーリンクの挿入]画面で、移動先のワークシートとセルを指定するだけです。

なお、ハイパーリンクを設定したセルを選択して同様の手順で画面を開くと、[ハイパーリンクの編集]画面が表示され、リンク先の変更や、ハイパーリンクの解除が行えます。

1 ハイパーリンクを挿入するセルを右クリック

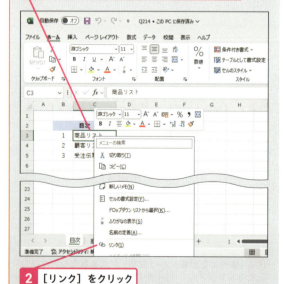

2 [リンク]をクリック

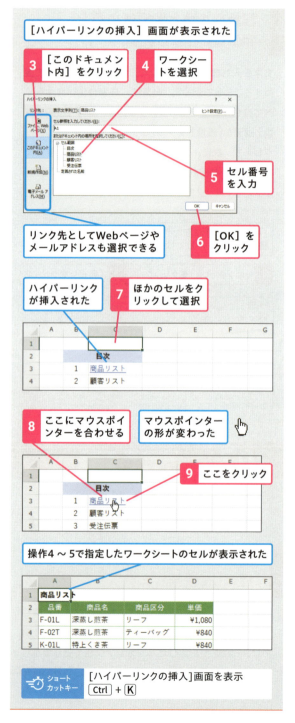

[ハイパーリンクの挿入]画面が表示された

3 [このドキュメント内]をクリック
4 ワークシートを選択
5 セル番号を入力

リンク先としてWebページやメールアドレスも選択できる

6 [OK]をクリック

ハイパーリンクが挿入された
7 ほかのセルをクリックして選択

8 ここにマウスポインターを合わせる
マウスポインターの形が変わった

9 ここをクリック

操作4〜5で指定したワークシートのセルが表示された

ショートカットキー　[ハイパーリンクの挿入]画面を表示　Ctrl + K

209　メールアドレスやURLに勝手にリンクが設定されて困る

Q

A ［オートコレクトオプション］から手動で削除できます

セルにURLやメールアドレスを入力すると、自動的にハイパーリンクが挿入されます。挿入後に表示される［オートコレクトオプション］ボタンから［元に戻す - ハイパーリンク］を選択すれば、ハイパーリンクを削除できます。もしくは、挿入直後に Ctrl + Z キーを押しても、ハイパーリンクを素早く削除できます。前者の方法では罫線や色などセルの書式が削除されますが、後者の方法では削除されません。

1 ハイパーリンクが設定されたセルにマウスポインターを合わせる

［オートコレクトオプション］が表示された

2 ［オートコレクトオプション］をクリック

3 ［元に戻す - ハイパーリンク］をクリック

ハイパーリンクが削除された

210　ハイパーリンクが自動設定されないようにするには

Q

A ［Excelのオプション］から手動で無効にします

ハイパーリンクが自動挿入されないように設定したい場合は、［Excelのオプション］画面から以下のように操作します。または、ハイパーリンクが自動挿入された後で、［オートコレクトオプション］ボタンから［ハイパーリンクを自動的に作成しない］を選択しても同様に設定できます。

［Excelのオプション］画面を表示しておく

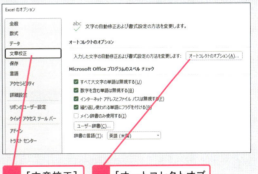

1 ［文章校正］をクリック

2 ［オートコレクトオプション］をクリック

［オートコレクト］画面が表示された

3 ［入力オートフォーマット］タブをクリック

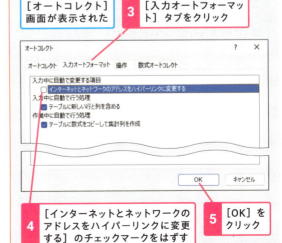

4 ［インターネットとネットワークのアドレスをハイパーリンクに変更する］のチェックマークをはずす

5 ［OK］をクリック

211 ハイパーリンクをまとめて削除したい

Q ハイパーリンクをまとめて削除したい

A [ハイパーリンクのクリア]か[ハイパーリンクの削除]を選択します

「名簿のメールアドレス欄に設定されたハイパーリンクを削除したい」といったときは、メールアドレス欄のすべてのセルを選択して一気に削除できると効率的です。ショートカットメニューから[ハイパーリンクの削除]を実行すると、複数のセルのハイパーリンクを簡単に削除できます。その際、下線や青字など、ハイパーリンクの書式も削除されます。また、セルに色や罫線などの書式が設定されていた場合、それらの書式も削除されます。

ハイパーリンクをまとめて削除する

ハイパーリンクを削除するセル範囲を選択しておく

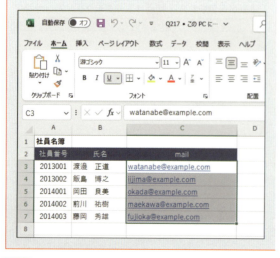

1 セルを右クリック

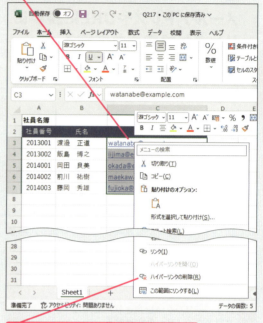

2 [ハイパーリンクの削除]をクリック

ハイパーリンクが削除された

| 関連 208 | セルのクリックで特定のワークシートにジャンプするには | P.122 |
| 関連 209 | メールアドレスやURLに勝手にリンクが設定されて困る | P.123 |

役立つ豆知識

書式を削除したくない場合は

書式を削除せずにハイパーリンクを解除したい場合は、ハイパーリンクを解除するセル範囲を選択し、[ホーム]タブの[クリア]-[ハイパーリンクのクリア]をクリックします。

編集作業の便利ワザ

Excelを利用していると、同じ操作を繰り返したり、一度実行した操作を元に戻したりしたいことがあります。ここでは、そんなときに便利なワザを紹介しましょう。

212 [365][2024][2021][2019] お役立ち度 ★★★

Q 操作を元に戻すには

A ［元に戻す］ボタンをクリックします

クイックアクセスツールバーにある［元に戻す］ボタンを使用すると、操作を実行前の状態に戻せます。複数の操作をまとめて戻したいときは、［元に戻す］ボタンの右にある▼をクリックし、一覧から戻したい操作を選択します。ただし、印刷など一部の操作は元に戻せないので注意しましょう。

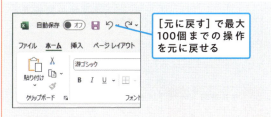

［元に戻す］で最大100個までの操作を元に戻せる

213 [365][2024][2021][2019] お役立ち度 ★★

Q 元に戻した操作をもう一度やり直したい

A ［やり直し］ボタンをクリックします

［元に戻す］ボタンをクリックして操作実行前の状態に戻した後、その操作をやり直し、再度操作実行後の状態にしたいときは、クイックアクセスツールバーにある［やり直し］ボタンをクリックします。

214 [365][2024][2021][2019] お役立ち度 ★★★

Q ［元に戻す］や［やり直し］を素早く実行したい

A Ctrl+Zキーで元に戻せ、Ctrl+Yキーでやり直せます

Deleteキーで削除したデータを元に戻す場合など、キーボードで行った操作を元に戻したいときは、クイックアクセスツールバーの［元に戻す］ボタンを使うよりショートカットキーを使ったほうが断然効率的です。操作を元に戻すには、Ctrlキーを押しながらZキーを押しましょう。また、元に戻した操作をやり直すには、Ctrlキーを押しながらYキーを押しましょう。

215 [365][2024][2021][2019] お役立ち度 ★★

Q 同じ操作を何度も繰り返すには

A 操作後にF4キーを押すと同じ操作を実行できます

セルに色を付ける、フォントを変更するなど、同じ操作を繰り返したいときは、F4キーを押しましょう。リボンやメニューにマウスを移動することなく、効率的に同じ操作を繰り返せます。例えば、セルのフォントを変更した後、「セルを選択してF4キーを押す」という操作を繰り返し行えば、複数のセルに同じフォントを効率よく設定できます。ただし、セルを選択する操作や、セルに文字を入力する操作など、繰り返せない操作もあります。

第4章 表現力を高める書式やスタイルのワザ

データの表示形式を活用する

Excelでは、「表示形式」を設定することにより、同じデータをさまざまな形で表示できます。ここでは、表示形式に関する便利ワザを紹介します。

---

216 365 2024 2021 2019 サンプル
お役立ち度 ★★

Q セルの数値を通貨表示に変更したい

A セルを右クリックして［通貨表示形式］を設定します

表示形式を設定すると、数値をさまざまな形で表示できます。例えば「1234」と入力して、［通貨表示形式］ボタン（🖱）をクリックすると「¥1,234」と表示でき、［桁区切りスタイル］ボタン（,）をクリックすると「1,234」と表示できます。

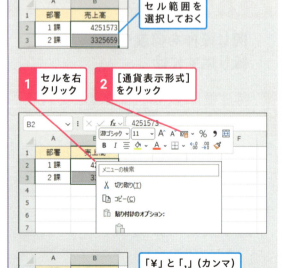

ショートカットキー：表示形式を［通貨表示形式］にする　Ctrl + Shift + $

---

217 365 2024 2021 2019 サンプル
お役立ち度 ★★★

Q セルの数値をパーセント表示にするには

A ［パーセントスタイル］を設定します

［パーセントスタイル］を設定すると、セルの数値を100倍して%記号を追加できます。例えば「0.75」と入力したセルに設定すると、「75%」と表示されます。

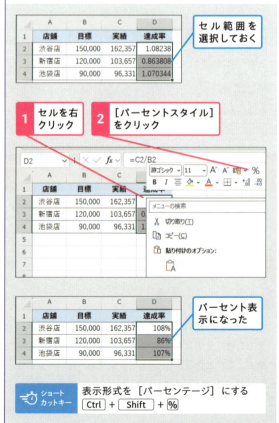

ショートカットキー：表示形式を［パーセンテージ］にする　Ctrl + Shift + %

218 通貨記号やパーセントをはずしたい

Q 通貨記号やパーセントをはずしたい

A ［標準］を設定すると表示形式を解除できます

数値などに設定した表示形式を解除するには、［標準］という表示形式を設定します。例えば「¥1,234」は「1234」に、「75%」は「0.75」になります。なお、日付のセルに［標準］を設定すると、日付がシリアル値という数値に変わるので注意してください。

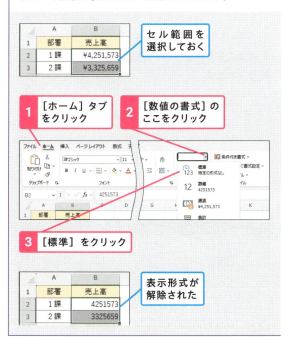

219 小数の表示けた数を指定するには

Q 小数の表示けた数を指定するには

A 右クリックメニューのボタンでけた数を増減できます

［小数点以下の表示桁数を増やす］ボタン（ ）や［小数点以下の表示桁数を減らす］ボタン（ ）を使うと、小数の表示けた数を調整できます。表示上の数値は四捨五入されますが、実際にセルに入力されている値に変化はありません。

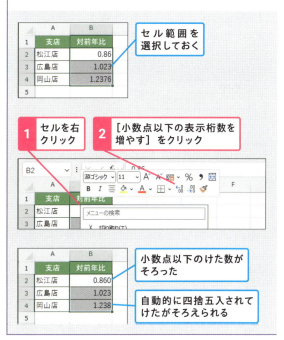

ボタン（ ）をクリックすると、先頭の数値のけた数を基準に小数部のけた数がそろいます。例えば、先頭から順に「1.1」「2.22」「3.333」と入力されたセル範囲を選択して［小数点以下の表示桁数を増やす］ボタン（ ）をクリックすると、先頭の「1.1」を基準に小数部が1けた増え、2けたにそろいます。そのため「3.333」のセルは「増やす」ボタンをクリックしたにもかかわらず1けた減って「3.33」になります。

220 小数の表示けた数をそろえるには？

Q 小数の表示けた数をそろえるには？

A 範囲を選択してからけた数を変更してそろえます

セル範囲を選択して［小数点以下の表示桁数を増やす］ボタン（ ）や［小数点以下の表示桁数を減らす］ボタン（ ）

221 セルの数値を漢数字で表示できる?

A 表示形式で[漢数字]や[大字]を選択します

領収書などで数値の改ざん防止のために、漢数字を使用することがあります。「1234」と入力したセルに[漢数字]の表示形式を設定すると「千二百三十四」、[大字]の表示形式を設定すると「壱千弐百参拾四」と表示できます。なお[セル書式設定]画面を表示する際は、Ctrlキーと文字キーの①キーを押してください。テンキーの①キーでは画面を表示できません。

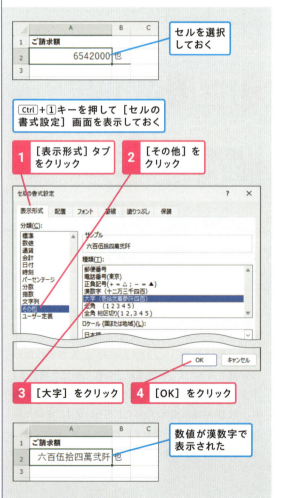

222 先頭に「0」を補って数値を4けたで表示したい

A ユーザー定義に書式記号の「0000」を入力します

「書式記号」と呼ばれる記号を使用すると、独自の表示形式を定義できます。数値1けたを表す書式記号である「0」(ゼロ)を使うと、数値を指定したけた数で表示できます。例えば、「0」を4つ使用して「0000」と定義すると、「1」は「0001」、「12」は「0012」、「123」は「0123」という具合に、先頭に「0」を補って数値が必ず4けたで表示されます。「12345」のような5けた以上の数値の場合は、数値がそのまま「12345」と表示されます。

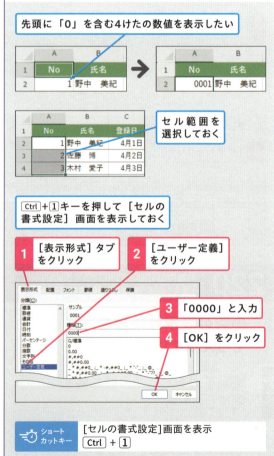

ショートカットキー: [セルの書式設定]画面を表示 Ctrl + 1

223　「918千円」のように下3けたを省略するには

A ユーザー定義に書式記号の「#,##0,」を入力します

数値1けたを表す書式記号の「#」（シャープ）とけた区切りの書式記号「,」（カンマ）を組み合わせて表示形式を「#,##0」と定義すると、「1234」を「1,234」、「1234567」を「1,234,567」という具合に数値を3けた区切りで表示できます。「#」や「,」は数値のけたが少ないときには無視されるので、「12」などの数値はそのまま「12」と表示されます。

また、末尾に「,」を1つ付けて「#,##0,」と定義すれば下3けた、2つ付けて「#,##0,,」と定義すれば下6けたを省略できます。さらに「#,##0,"千円"」と定義すれば、単位も付けられます。例えば、「1234」は「1千円」、「1234567」は「1,235千円」となります。

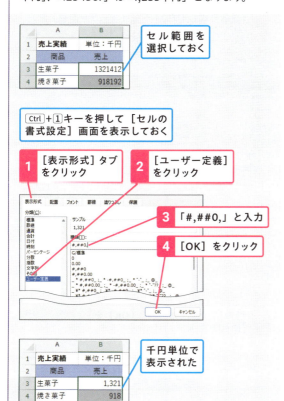

224　数値に単位を付けて表示するには？

A ユーザー定義に「0"単位"」形式で単位を入力します

セルに「10人」と入力すると数値と見なされず、「10」として計算できません。「人」という単位を付けたいときは、「10」と入力して「0"人"」というユーザー定義の表示形式を設定しましょう。そうすれば、セルには「10人」と表示でき、なおかつ、「人」の単位を付けたまま計算にも使用できます。

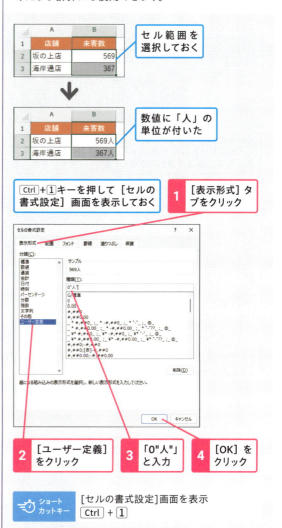

ショートカットキー　[セルの書式設定]画面を表示　Ctrl + 1

225 正数に「+」、負数に「-」を付けたい

Q 正数に「+」、負数に「-」を付けたい

A 正、負、0の順に「;」で区切って表示形式を定義します

通常、符号が付くのは負数だけですが、増減を表す数値では正数にも「+」を付けると分かりやすくなります。「正、負、0」の順に表示形式を「;」(セミコロン)で区切って「+0;-0;0」と設定すると、正数に「+」、負数に「-」の符号を付けられます。

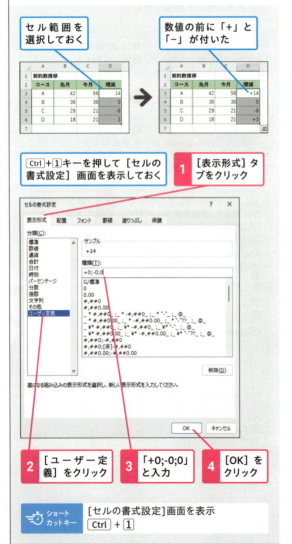

ショートカットキー [セルの書式設定]画面を表示 Ctrl + 1

226 正と負で文字色を変えたい

Q 正と負で文字色を変えたい

A ユーザー定義で色名を半角角カッコで囲んで指定します

ユーザー定義の表示形式では、「[色] 正の表示形式;[色] 負の表示形式;[色] 0の表示形式;[色] 文字列の表示形式」と指定して、セルの値によって文字の色を変更できます。指定できる色名は、黒、白、赤、黄、水、青、紫、緑の8色です。例えば、「[青]0;[赤]-0;[黒]0」と指定すると、正数、負数、0をそれぞれ青、赤、黒で表示できます。また、「[青]#,##0;[赤]-#,##0;[黒]0」と指定すると、数値を3けた区切りにしたうえで正数、負数、0の色を変えられます。

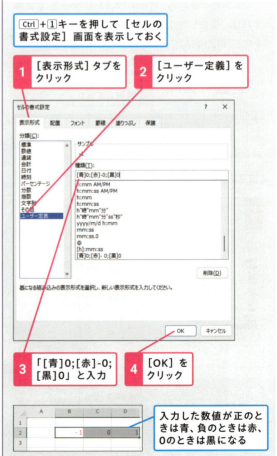

227 ｢〇万〇〇〇〇｣と表示するには

365 | 2024 | 2021 | 2019　サンプル
お役立ち度 ★★☆

Q ｢〇万〇〇〇〇｣と表示するには

A ｢[条件]表示形式1;表示形式2｣の形式で条件を指定します

ユーザー定義の表示形式を利用すれば、｢[条件]表示形式1;表示形式2｣と指定して、条件を満たす場合と満たさない場合とで表示形式を切り替えられます。このワザの例では、条件を2つ指定して、｢1億以上｣｢1万以上｣｢それ以外｣の3通りの表示形式を設定します。

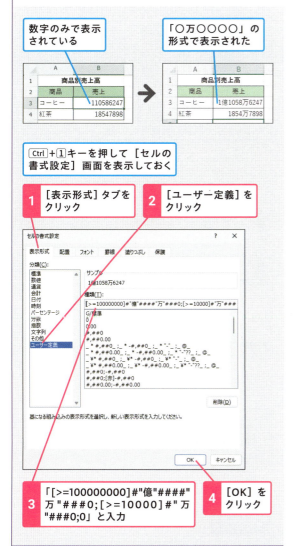

228 日付や時刻を漢字入りで表示するには

365 | 2024 | 2021 | 2019　サンプル
お役立ち度 ★★★

Q 日付や時刻を漢字入りで表示するには

A [セルの書式設定]画面で一覧から表示形式を選択します

表示形式を設定すると、日付や時刻の見た目を変えられます。[ホーム]タブの[表示形式]の一覧からは｢2025/10/3｣｢2025年10月3日｣｢1:12:30｣の形式を選択できますが、より多くの選択肢を表示する場合は[セルの書式設定]画面を使用しましょう。日付の場合、[カレンダーの種類]から[グレゴリオ暦]を選択すると西暦、[和暦]を選択すると｢R7.10.3｣｢令和7年10月3日｣のような和暦の表示形式を設定できます。

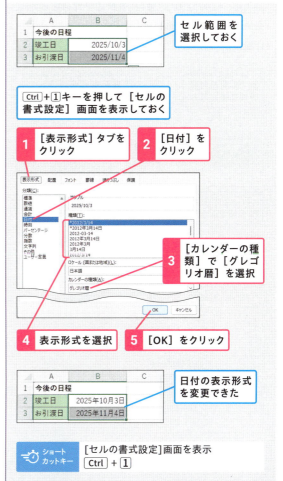

229 ★★★

Q 日付の後に曜日を表示したい

A ユーザー定義で「yyyy/m/d (aaa)」と入力します

「2025/10/3（金）」のように曜日を含めて日付を入力しても、日付データとして認識されないため、オートフィルや計算に活用できません。

曜日を含めて日付の形式を有効にするには、「2025/10/3」のように日付だけを入力し、表示形式の設定で曜日を表示する方がいいでしょう。曜日は「aaa」（月）、「aaaa」（月曜日）、「ddd」（Mon）、「dddd」（Monday）などの書式記号を使って表示できます。例えば、「2025/10/3（金）」の形式でセルに表示したい場合は、表示形式を「yyyy/m/d(aaa)」のように設定しましょう。

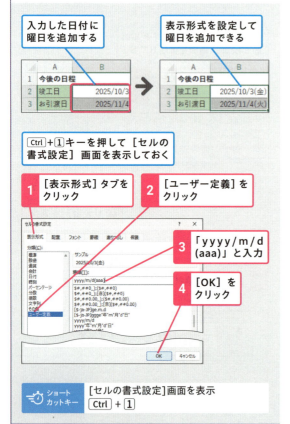

ショートカットキー：[セルの書式設定]画面を表示 Ctrl + 1

230 ★★

Q 月日に0を入れて2けたで表示したい

A ユーザー定義で「mm/dd」と入力します

9月8日を「09/08」と表示するときは、[ユーザー定義]で独自の表示形式を設定しましょう。「mm/dd」と設定すると、9月8日を「09/08」のように2けたで表示できます。

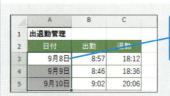

Ctrl + 1 キーを押して[セルの書式設定]画面を表示し、[表示形式]タブ - [分類]で[ユーザー定義]を選択しておく

1 「mm/dd」と入力　2 [OK]をクリック

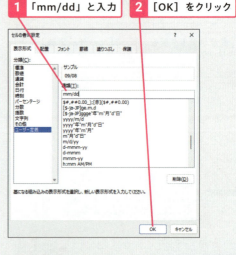

ショートカットキー：[セルの書式設定]画面を表示 Ctrl + 1

231

お役立ち度 ★★★ ［365］［2024］［2021］［2019］ サンプル

Q 令和1年を「令和元年」と表示できる？

A ［和暦］を選ぶと初期設定で「元年」表示になります

日付の表示形式を設定するときに［カレンダーの種類］から［和暦］を選ぶと、［1年を元年と表記する］という設定項目が表示されます。チェックを付けると、和暦の「1年」を「元年」と表示できます。初期設定でチェックが付いています。

セル範囲を選択しておく

Ctrl + 1 キーを押して［セルの書式設定］画面を表示しておく

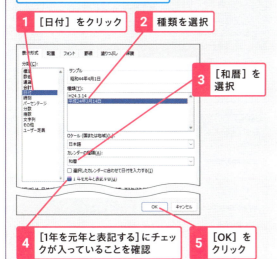

1. ［日付］をクリック
2. 種類を選択
3. ［和暦］を選択
4. ［1年を元年と表記する］にチェックが入っていることを確認
5. ［OK］をクリック

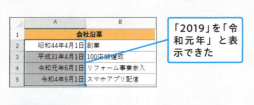
「2019」を「令和元年」と表示できた

 ショートカットキー ［セルの書式設定］画面を表示 Ctrl + 1

232

お役立ち度 ★★ ［365］［2024］［2021］［2019］ サンプル

Q 時間を「分」に換算するには

A 表示形式で時間の記号を「[m]」と設定します

「1時間15分」を「75（分）」「2時間30分」を「150（分）」というように単位をそろえて表示するには、時刻の記号「h」「m」「s」ではなく、「[ ]」でくくった時間の記号「[h]」「[m]」「[s]」を使用して表示形式を設定します。

時間の表示形式を分単位に変更する

Ctrl + 1 キーを押して［セルの書式設定］画面を表示しておく

1. ［表示形式］タブをクリック
2. ［ユーザー定義］をクリック

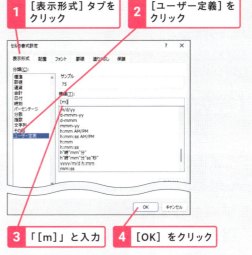

3. 「[m]」と入力
4. ［OK］をクリック

時間が分単位で表示された

関連 230 月日に0を入れて2けたで表示したい　P.132

データの配置を調整する

データに合わせて配置を調整すれば、表の見やすさがグンと上がります。ここでは、データの配置に関するテクニックを紹介します。

233 セル内で1文字分字下げしたい

365 | 2024 | 2021 | 2019
お役立ち度 ★★★

A ［インデントを増やす］ボタンを クリックします

［インデントを増やす］ボタン（ ）を使えば、クリックするごとに文字列を1文字分ずつ右にずらせます。ずらしすぎた場合は［インデントを減らす］ボタン（ ）をクリックしましょう。

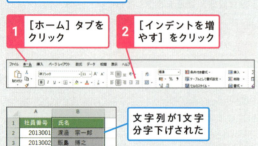

234 データの末尾に空白を挿入するには？

365 | 2024 | 2021 | 2019
お役立ち度 ★★

A 右揃えを適用してから インデントを設定します

セルを選択して［右揃え］ボタン（ ）をクリックすると、データが右揃えになります。さらに［インデントを増やす］ボタン（ ）をクリックすると、データの末尾に1文字分の空白を入れられます。

235 セルに入力した文章の行末をそろえたい

365 | 2024 | 2021 | 2019
お役立ち度 ★★

A ［セルの書式設定］で横位置を ［両端揃え］にします

英単語交じりの長文を入力すると、行に収まらない単語が次の行に送られるため、行末にすき間ができます。［セルの書式設定］画面の［配置］タブを表示して、横位置を［両端揃え］に設定すれば、文字の間隔が調整され、行末がそろいます。

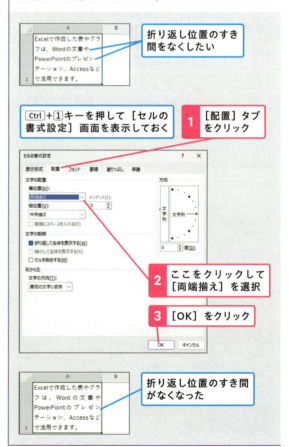

236 ｜ 365 ｜ 2024 ｜ 2021 ｜ 2019 ｜ サンプル
お役立ち度 ★★

Q 表の文字を縦書きにするには

A ［方向］から［縦書き］を選択します

［方向］-［縦書き］をクリックするごとに、縦書きの設定と解除を切り替えられます。

セル範囲を選択しておく

1 ［ホーム］タブをクリック
2 ［方向］をクリック
3 ［縦書き］をクリック

237 ｜ 365 ｜ 2024 ｜ 2021 ｜ 2019 ｜ サンプル
お役立ち度 ★★

Q 2けたの月名を縦書きにするには？

A 2けたの数値を入力したあと [Alt]＋[Enter]キーで改行します

「10月」の「1」と「0」を横に並べて縦書きにするには、「10」と入力し、[Alt]＋[Enter]キーで改行してから次行に「月」と入力します。あとは［中央揃え］を設定して「月」のバランスを整えましょう。

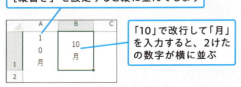

［縦書き］を設定すると縦に並んでしまう

「10」で改行して「月」を入力すると、2けたの数字が横に並ぶ

238 ｜ 365 ｜ 2024 ｜ 2021 ｜ 2019 ｜ サンプル
お役立ち度 ★★★

Q セル内で折り返してすべての文字を表示するには

A ［折り返して全体を表示する］をクリックして変更します

セルの折り返しを有効にすると、セルの幅以上の文字数を入力したときに、自動的に折り返されて文字列全体がセル内に表示されます。折り返せるのは文字列だけで、数値や日付は折り返されずに指数表記や「####」などで表示されます。

セルを選択しておく

1 ［ホーム］タブをクリック
2 ［折り返して全体を表示する］をクリック

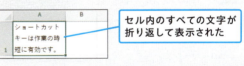

セル内のすべての文字が折り返して表示された

239 ｜ 365 ｜ 2024 ｜ 2021 ｜ 2019
お役立ち度 ★★

Q 折り返したときに行の高さが自動調整されない

A 手動調整した行の高さは自動調整されません

行の高さを手動で変更したセルや結合を設定したセルでは、［折り返して全体を表示する］を設定したときに行の高さが自動調整されません。行番号の下境界線をドラッグ、またはダブルクリックして調整しましょう。

240 [365] [2024] [2021] [2019] サンプル お役立ち度 ★★★

Q セル内に文字を均等に配置したい

A [均等割り付け（インデント）] を設定します

セルに入力した文字を均等に配置するには [均等割り付け] を設定しましょう。その際、[インデント] に「1」を指定すると、文字の前後に1文字分空白が挿入され、文字を見やすく配置できます。

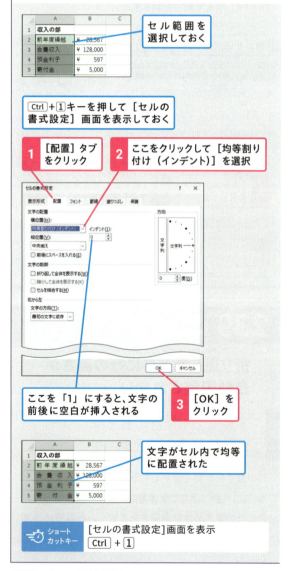

241 [365] [2024] [2021] [2019] お役立ち度 ★★☆

Q セル内に文字を均等に配置できない

A 数値や英単語は均等割り付けできません

数値や英単語、「2025/9/1」のような日付は、均等に割り付けられません。ただし、英文は単語単位で均等割り付けされます。

242 [365] [2024] [2021] [2019] サンプル お役立ち度 ★★☆

Q 下付き文字や上付き文字を入力するには

A 対象になる文字を選択して書式設定で [下付き] を選択します

セルを選択して F2 キーを押し、文字列をドラッグすると、セル内の一部の文字だけを選択できます。その状態で、以下のように操作すると、一部の文字を上付き文字や下付き文字にできます。

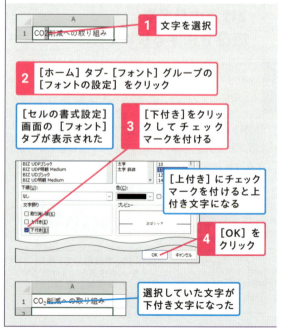

243 ★★★ サンプル

Q 複数のセルを1つにつなげるには

A ［セルを結合して中央揃え］をクリックします

隣接する複数のセルを選択して［セルを結合して中央揃え］ボタンをクリックすると、複数のセルが結合して1つのセルになり、データがセルの中央に配置されます。選択した複数のセルにデータが入力されていた場合、左上隅のセルのデータが結合したセルに入力されます。

- 結合するセル範囲を選択しておく
- 1 ［ホーム］タブをクリック
- 2 ［セルを結合して中央揃え］をクリック
- セルが結合され、文字が中央に配置された

244 ★★★ サンプル

Q セルの結合を解除したい

A もう一度［セルを結合して中央揃え］をクリックします

結合されたセルを選択し、［セルを結合して中央揃え］ボタンをクリックすると、セルの結合を解除できます。

- 結合されたセルを選択しておく
- 1 ［ホーム］タブをクリック
- 2 ［セルを結合して中央揃え］をクリック
- セルの結合が解除される

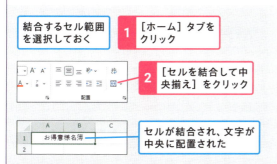

245 ★★ サンプル

Q 複数行のセルを行ごとにまとめて結合したい

A セル範囲を選択してから［横方向に結合］をクリックします

複数行×複数列のセルを選択して［横方向に結合］を設定すると、同じ行のセル同士が結合して、複数行×1列の状態になります。

- 結合するセル範囲を選択しておく
- 1 ［ホーム］タブをクリック
- 2 ［セルを結合して中央揃え］のここをクリック
- 3 ［横方向に結合］をクリック
- セルが行ごとに結合された

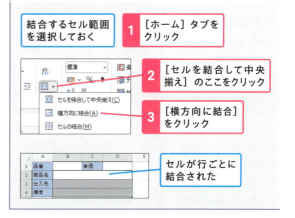

246 ★★ サンプル

Q セルの結合時にデータを中央に配置したくない

A ［セルの結合］を使うと中央揃えになりません

［セルの結合］を使うと、データを中央にそろえずにセルを結合できます。

- 結合するセル範囲を選択しておく
- 1 ［ホーム］タブをクリック
- 2 ［セルを結合して中央揃え］のここをクリック
- 3 ［セルの結合］をクリック

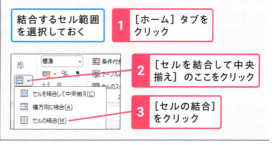

247 セルを結合せずにデータを複数セルの中央に配置したい

365 / 2024 / 2021 / 2019　サンプル　お役立ち度 ★★★

Q セルを結合せずにデータを複数セルの中央に配置したい

A ［選択範囲内で中央］を設定すると見た目だけ変更できます

セルを結合すると、コピーや並べ替えの際にエラーが出ることがあります。結合の代わりに［選択範囲で中央］を使用すると、左右に隣り合う複数のセルの中央にデータを表示できます。見た目は［セルを結合して中央揃え］のようになりますが、実際にはセルは結合されないので、セル結合による編集制限を受けずに済みます。

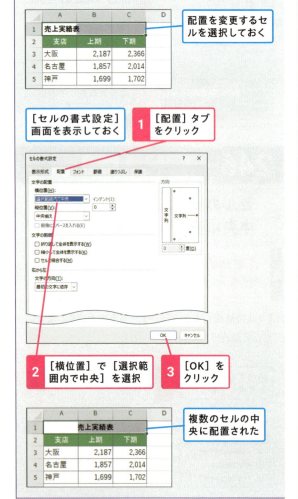

248 文字サイズを縮小してすべてのデータを収めたい

365 / 2024 / 2021 / 2019　サンプル　お役立ち度 ★★

Q 文字サイズを縮小してすべてのデータを収めたい

A ［縮小して全体を表示する］を有効にします

セルに［縮小して全体を表示する］の書式を設定すると、セルの幅以上の文字を入力したときに、自動的に文字のサイズが縮小されて、データ全体がセル内に表示されるようになります。

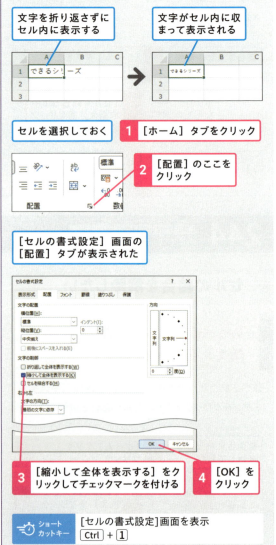

ショートカットキー　［セルの書式設定］画面を表示　Ctrl + 1

セルを装飾する

セルには、フォントや色、罫線など、さまざまな書式を設定できます。セルを装飾することで、表の中で強調したい部分を目立たせたり、全体の見栄えを整えたりすることができます。ここでは、具体的な書式機能について見ていきましょう。

249

Q セルの見栄えを簡単に良くしたい

A [セルのスタイル]で一覧からデザインを選べます

[セルのスタイル]には、フォントやフォントサイズ、色、罫線などがさまざまな組み合わせで登録されています。これを使用すれば、一覧から選択するだけで、セルに凝った書式を素早く設定できます。選択肢にはそれぞれ[良い][悪い][メモ][説明文][タイトル]などの名前が付いていますが、名前の意味通りの使い方をしなくてもかまいません。例えば、説明文を入力したセルに[メモ]を設定しても問題ありません。

書式を設定するセルを選択しておく

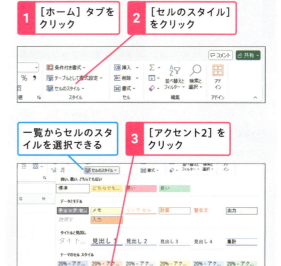

250

Q セルのスタイルを解除するには

A [セルのスタイル]を[標準]に戻します

初期設定のセルには[標準]というセルのスタイルが設定されています。[セルのスタイル]から設定した

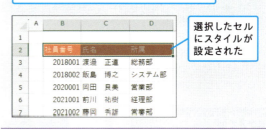

書式や、個別に設定したフォント、色、罫線、配置、表示形式などを解除して初期状態にセルに戻すには、セルを選択して、[セルのスタイル]から[標準]を設定します。

ちなみに、[ホーム]タブの[編集]グループにある[クリア]から[書式のクリア]をクリックしても、[標準]に戻せます。ただし、[書式のクリア]では条件付き書式も解除されるのに対して、[標準]では解除されないという違いがあります。

251 [365] [2024] [2021] [2019] サンプル
お役立ち度 ★★★

Q オリジナルの書式を「スタイル」として登録できる？

A ［新しいセルのスタイル］を選択して保存できます

セルに設定した書式は、以下の手順でブックに登録できます。「セルに設定したフォントと罫線だけを登録する」というように、一部の書式だけを登録することも可能です。登録した書式は、ワザ249で紹介した方法でセルに設定できます。

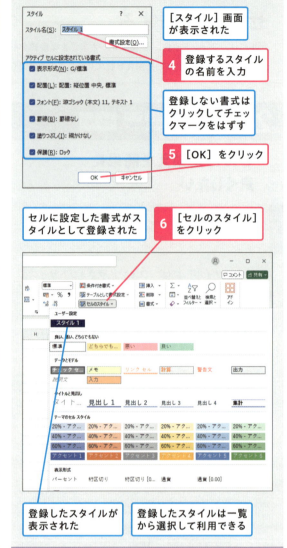

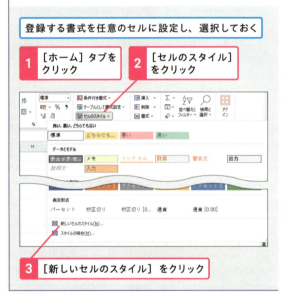

252 [365] [2024] [2021] [2019] サンプル
お役立ち度 ★★★

Q 登録したスタイルを削除するには

A ［セルのスタイル］の一覧から削除します

登録したスタイルが不要になったときは、登録を解除しましょう。スタイルはブックに登録されるので、登録先のブックをあらかじめ開いておき、以下の手順で［セルのスタイル］の一覧から削除します。

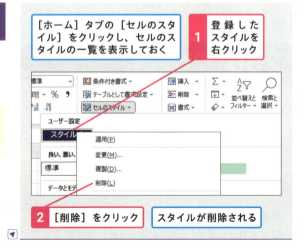

253 [365][2024][2021][2019] サンプル
お役立ち度 ★★★

Q 文字の一部だけ色を変えたい

A セルの中の文字列を選択して色を変更します

セル内のデータが文字列の場合は、一部分を選択して、フォントやフォントサイズ、フォントの色などの書式を設定できます。数値の場合は一部だけ書式を変えることはできません。なお、一部の文字を選択するには、まずセルを選択して F2 キーを押し、次に文字列をドラッグします。

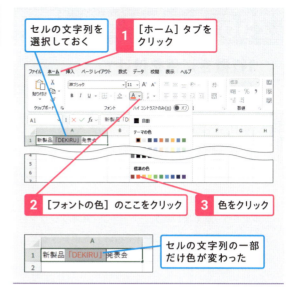

254 [365][2024][2021][2019] サンプル
お役立ち度 ★★

Q フォントに設定したスタイルをすべて解除するには

A ［セルの書式設定］画面で［標準フォント］を選択します

［標準フォント］にチェックマークを付けると、フォント、フォントサイズ、フォントの色、太字や斜体、下線など、文字専用の書式を既定値に戻せます。

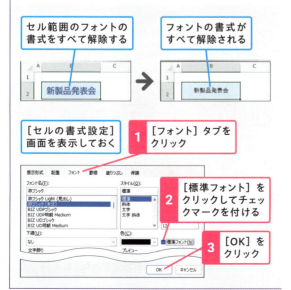

255 [365][2024][2021][2019] サンプル
お役立ち度 ★★★

Q データを残したままあらゆる書式を削除したい

A ［クリア］の一覧から［書式のクリア］を設定します

「書式のクリア」を使用すると、フォントに関する書式だけでなく、罫線や塗りつぶしの色、配置、条件付き書式など、あらゆる書式をクリアできます。

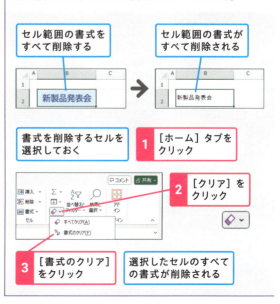

256 〔365〕〔2024〕〔2021〕〔2019〕 サンプル
お役立ち度 ★★★

Q 1行置きに色を付けて見やすくしたい

A 塗りつぶしのパターンを設定してからフィルハンドルを使うと簡単です

あらかじめ1行だけ塗りつぶしの色を設定しておき、その行と塗りつぶしていない行を選択して、フィルハンドルをドラッグしましょう。［オートフィルオプション］ボタンから［書式のみコピー（フィル）］を選択すると、1行置きに色を設定できます。

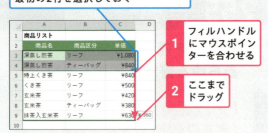

あらかじめ1行だけ色を付けておいて、最初の2行を選択しておく

1 フィルハンドルにマウスポインターを合わせる
2 ここまでドラッグ

選択したデータと書式がコピーされた

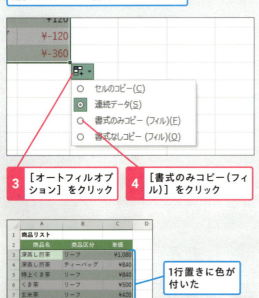

3 ［オートフィルオプション］をクリック
4 ［書式のみコピー（フィル）］をクリック

1行置きに色が付いた

---

257 〔365〕〔2024〕〔2021〕〔2019〕
お役立ち度 ★★☆

Q 隣接したセルの書式が勝手に引き継がれる

A ［Excelのオプション］で設定を無効にできます

新しい行の前にある5行のうち、少なくとも3行に書式が設定されていると、新しく入力したセルにも同じ書式が自動設定されます。［Excelのオプション］画面の［詳細設定］で、この書式の拡張機能を解除できます。

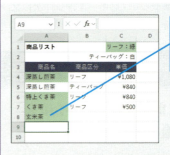

入力したセルに自動的に塗りつぶしの書式が設定された

［ファイル］タブ-［オプション］をクリックして［Excelのオプション］画面を表示しておく

1 ［詳細設定］をクリック

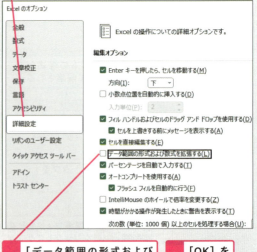

2 ［データ範囲の形式および数式を拡張する］をクリックしてチェックマークをはずす
3 ［OK］をクリック

新しく入力するセルに書式が設定されなくなる

258 365 2024 2021 2019 サンプル
お役立ち度 ★★★

Q 表を簡単に美しく装飾したい

A ［テーブルとして書式設定］で表全体の書式を設定できます

Excelには表全体に適用できるさまざまなデザインが登録されており、［テーブルとして書式設定］の一覧から選ぶだけで簡単に表の書式を設定できます。設定後に見出しのセルに表示されるフィルターボタン（▼）の使い方は、ワザ628を参照してください。フィルターボタン（▼）が必要ない場合は、ワザ629を参考にオートフィルターを解除します。

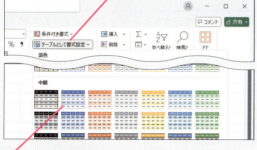

書式を設定する表を選択しておく
1. ［ホーム］タブをクリック
2. ［テーブルとして書式設定］をクリック
3. ［青, テーブルスタイル（中間）2］をクリック

［テーブルとして書式設定］画面が表示された
4. ［OK］をクリック

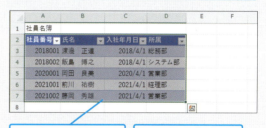

セル範囲がテーブルに変換され、書式が設定された

テーブルに変換すると、フィルターボタンが列見出しに表示される

列見出しと見なされる行がないときは自動で追加される

259 365 2024 2021 2019 サンプル
お役立ち度 ★★

Q 表の先頭列や最終列を目立たせるには

A ［テーブルデザイン］タブから個別に設定します

テーブルの書式を適用した表のセルを選択すると、リボンに［テーブルデザイン］タブが表示されます。ここで［最初の列］と［最後の列］をクリックしてチェックマークを付けると、表の先頭列と最終列に目立つ書式を自動で設定できます。また、［縞模様（行）］や［縞模様（列）］にチェックマークを付けると、1行ごとや1列ごとに交互に違った書式を適用できます。

なお、［集計行］は、新たに表の末尾に集計行を追加する機能で、表の最終行を目立たせる機能ではありません。

1. ［テーブルデザイン］タブをクリック
2. ［最初の列］と［最後の列］をクリックしてチェックマークを付ける

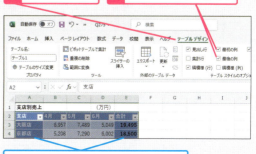

先頭列と最終列のセルの色が変わった

260 「テーマ」って何？

365 | 2024 | 2021 | 2019 | サンプル
お役立ち度 ★★★

A 配色、フォント、効果を組み合わせた書式です

「テーマ」とは配色、フォント、効果（図形の書式）を組み合わせた、ブック全体の基準となる書式です。ブックにはあらかじめ「Office」というテーマが設定されており、テーマを切り替えると、セルや図形に設定されている色、フォント、効果がガラリと変わります。[テーマ]の一覧に表示される選択肢は、Excelのバージョンによって異なります。

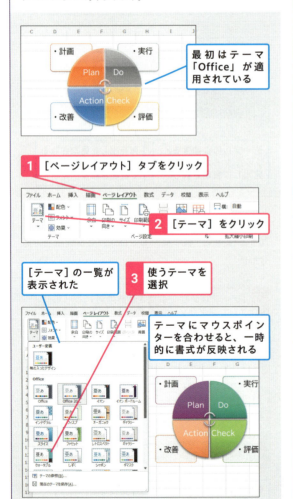

最初はテーマ「Office」が適用されている

1 [ページレイアウト]タブをクリック
2 [テーマ]をクリック
[テーマ]の一覧が表示された
3 使うテーマを選択

テーマにマウスポインターを合わせると、一時的に書式が反映される

261 テーマの色合いだけを変更できる？

365 | 2024 | 2021 | 2019 | サンプル
お役立ち度 ★★☆

A [配色]から好きな色合いを選びます

[ページレイアウト]タブの[テーマ]グループにある[配色]ボタンを使用すると、ブックに適用されているテーマのうち、色合いだけを変更できます。全体としては気に入っているテーマで、色合いだけが好みに合わないというときは、このワザの手順で配色を変更しましょう。同様に、フォントだけを変更したい場合は[テーマ]グループの[フォント]ボタンを使用します。

[テーマ]に設定された[配色]を変更する
1 [ページレイアウト]タブをクリック

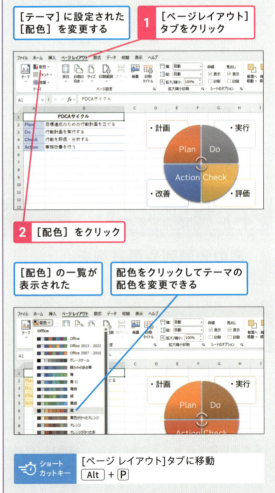

2 [配色]をクリック

[配色]の一覧が表示された
配色をクリックしてテーマの配色を変更できる

ショートカットキー　[ページ レイアウト]タブに移動
Alt + P

262 [365][2024][2021][2019] お役立ち度★★

Q 同じ「Office」テーマなのに配色やフォントが違うのはなぜ？

A Excelのバージョンによって「Office」のデザインが異なります

ブックの標準のテーマは「Office」ですが、「Office」というテーマに登録されている色やフォントはExcelのバージョンによって異なります。そのため、異なるバージョンで作成したブックを開くと、適用されているテーマが「Office」だとしても、セルや図形にいつもと異なる色やフォントが設定されている場合があります。

263 [365][2024][2021][2019] お役立ち度★★★

Q テーマや配色を変えても色が変わらないセルがある

A ［標準の色］から選択した色は変わりません

ブックに適用するテーマや配色を変更すると、［塗りつぶしの色］ボタンや［フォントの色］ボタンのカラーパレットの［テーマの色］が変わります。同時に、既存のセルのうち、［テーマの色］から設定した塗りつぶしやフォントの色も変わります。ただし、［標準の色］や［その他の色］から設定した色は、［テーマ］や［配色］に依存せず、常に同じ色のままです。

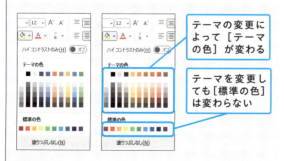

テーマの変更によって［テーマの色］が変わる

テーマを変更しても［標準の色］は変わらない

関連 261 テーマの色合いだけを変更できる？　P.144

264 [365][2024][2021][2019] お役立ち度★★　サンプル

Q オリジナルのテーマを登録するには

A ［現在のテーマを保存］を選択します

［ページレイアウト］タブの［テーマ］グループにある［配色］［フォント］［効果］の各ボタンを使用して、ブック全体の書式を設定した場合、その設定をオリジナルのテーマとして保存できます。テーマを保存するには、保存したいテーマが適用されているブックを開いて、［ページレイアウト］タブの［テーマ］ボタンをクリックし、一覧から［現在のテーマを保存］を実行しましょう。すると、保存したテーマが［テーマ］の一覧に追加され、そこから選ぶだけでほかのブックにそのテーマを適用できます。

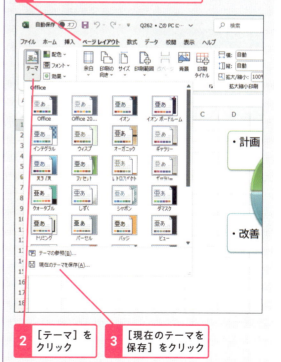

1 ［ページレイアウト］タブをクリック
2 ［テーマ］をクリック
3 ［現在のテーマを保存］をクリック

［現在のテーマを保存］画面が表示されるので、テーマの名前を付けて保存しておく

265 365 2024 2021 2019 サンプル
お役立ち度 ★★★

Q 表に格子罫線を引きたい

A 表を選択して［罫線］から［格子］を選択します

以下のように［罫線］ボタンの▼をクリックして、一覧から［格子］をクリックすると、表全体に格子状の罫線を引けます。格子状の罫線を引くとデータの区切りがはっきりして、表が見やすくなります。

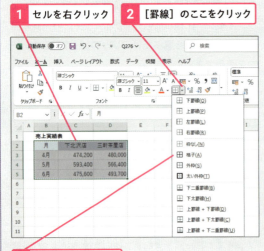

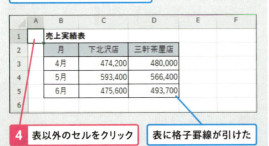

| 関連 266 | 格子の外枠だけを太線にするには | P.146 |

266 365 2024 2021 2019
お役立ち度 ★★★

Q 格子の外枠だけを太線にするには

A 格子罫線を設定してから［太い外枠］を選択します

格子の外枠だけを太線にするときは、まず、ワザ265を参考に表に格子罫線を設定します。続いて、表を選択して［罫線］ボタンの▼をクリックし、一覧から［太い外枠］を選択します。格子、太い外枠の順番で設定するのがポイントです。順番を逆にすると、外枠の太線が解除されてしまうので注意してください。

267 365 2024 2021 2019
お役立ち度 ★★☆

Q セルに斜線を引くには？

A ［セルの書式設定］から設定します

セルに斜線を引くには、ワザ037を参考に［セルの書式設定］画面を表示し、［罫線］タブで設定します。

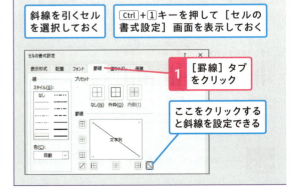

268 〈365〉〈2024〉〈2021〉〈2019〉 サンプル お役立ち度 ★★

Q マウスでドラッグした範囲に罫線を引きたい

A ［罫線の作成］を使うと、マウスでドラッグした通りに罫線を引けます

［罫線の作成］を使用すると、ドラッグした通りに罫線を引けます。セルの枠線上をドラッグすると水平線や垂直線が、単一のセルを対角線上に斜めにドラッグすると斜線が引かれます。セル範囲を斜めにドラッグしたときは、ドラッグした範囲の外枠に罫線が引かれます。また、［罫線グリッドの作成］を使用すれば、ドラッグした範囲に格子罫線を引けます。罫線の作成を終了するときは Esc キーを押しましょう。

表の外枠に罫線を引きたい

1 ［ホーム］タブをクリック
2 ［罫線］のここをクリック
3 ［罫線の作成］をクリック

マウスポインターの形が変わった

［罫線グリッドの作成］をクリックすると、ドラッグした範囲のセルに格子状の罫線を引ける

4 外枠を引くセル範囲をドラッグ

ドラッグした範囲の外枠に罫線が引かれた

269 〈365〉〈2024〉〈2021〉〈2019〉 お役立ち度 ★★

Q 色付きの罫線を引くには

A あらかじめ［線の色］を設定してから罫線を引きます

［線の色］からあらかじめ色を選択しておくと、マウスでドラッグした範囲にその色の罫線を引くことができます。また、［セルの書式設定］画面の［罫線］タブで、色を選択してから罫線を設定しても、色付きの罫線を引けます。罫線を設定してから色を選択しても、設定した罫線の色は変わらないので注意してください。

1 ［ホーム］タブをクリック
2 ［罫線］のここをクリック

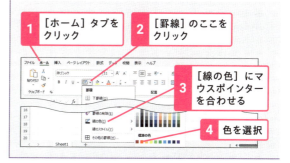

3 ［線の色］にマウスポインターを合わせる
4 色を選択

270 〈365〉〈2024〉〈2021〉〈2019〉 お役立ち度 ★★★

Q セルに引いた罫線を削除したい

A セル範囲を選択してから［枠なし］を適用します

罫線が不要になった場合は削除しましょう。［罫線］ボタンのメニューから［枠なし］をクリックすると、選択したセル範囲から罫線を削除できます。

罫線を消すセル範囲を選択しておく

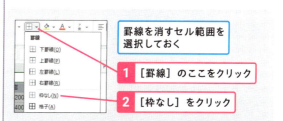

1 ［罫線］のここをクリック
2 ［枠なし］をクリック

271 [365] [2024] [2021] [2019]
お役立ち度 ★★★

Q いろいろな種類の罫線を引くにはどうすればいい？

A ［線のスタイル］の一覧から線の種類を選択します

［罫線］ボタンの一覧の［線のスタイル］であらかじめ線の種類を選択しておくと、マウスでドラッグした範囲にその線で罫線を引けます。また、ワザ267で解説した［セルの書式設定］画面の［罫線］タブで、線の種類を選択してから罫線を設定してもいいでしょう。罫線を設定してから線の種類を選択しても、すでに設定された罫線の線の種類は変わらないので注意してください。

■ドラッグして罫線を引く場合

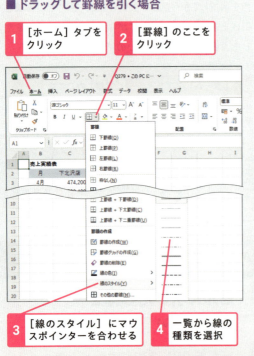

■［セルの書式設定］画面で設定する場合

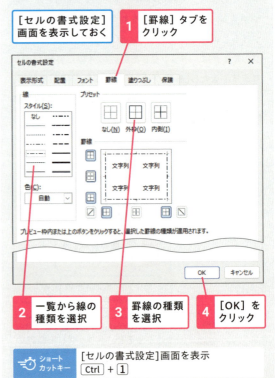

ショートカットキー ［セルの書式設定］画面を表示 Ctrl + 1

ステップアップ

［セルの書式設定］画面で罫線を設定するコツ

［セルの書式設定］画面の［罫線］タブを使用すると、表の外枠の上下左右、内側の縦線と横線、右上がりの斜線、右下がりの斜線の8個所に対して、それぞれ個別に線種を設定できます。このとき、表のどこにどの線種の罫線を引くかをイメージすることが大切です。内側に設定した線は、表の内側のすべての線に適用されます。

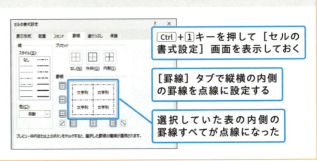

条件付き書式を活用する

「条件付き書式」とは、条件に合致するセルだけに書式を付ける機能です。ここでは、条件付き書式のさまざまな利用法を紹介します。

272 条件付き書式って何？

A 条件に当てはまるセルの書式を変える機能です

条件付き書式を使用すると、指定した条件に当てはまるセルだけに指定した書式を表示できます。「100よ り大きい」「30から60まで」といった具体的な条件を指定したり、「上位3項目」「平均より上」のように特定のセル範囲の中で数値を比較したりと、さまざまな設定が行えます。条件を数式で指定したり、同じセル範囲に複数の条件付き書式を指定することも可能です。

| 関連273 | 値の大小を視覚的に表現するには | P.149 |
| 関連274 | 条件に一致するセルだけ色を変えたい | P.150 |

273 値の大小を視覚的に表現するには

A 条件付き書式の[データバー]「カラースケール」などを使います

[ホーム]タブの[スタイル]グループで[条件付き書式]ボタンをクリックし、一覧から[データバー][カラースケール][アイコンセット]をクリックして、さらにそのデザインを選択すると、横棒グラフや色の変化、アイコンなどの条件付き書式を設定できます。

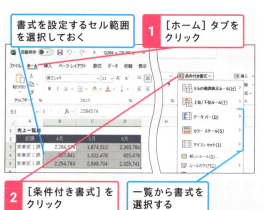

1 書式を設定するセル範囲を選択しておく
1 [ホーム]タブをクリック
2 [条件付き書式]をクリック
一覧から書式を選択する

◆データバー
値の大小を棒グラフのように表示できる

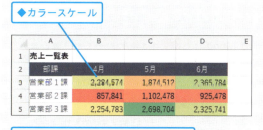

◆カラースケール
値の大小を複数の色分けで表示できる

◆アイコンセット
値の大小を複数のアイコンで区別して表示する

274 条件に一致するセルだけ色を変えたい

A セルの強調表示のルールをダイアログボックスで指定します

以下の手順で条件付き書式を設定すると、セルの値に応じてフォントや罫線、塗りつぶしの色などを変化させることができます。

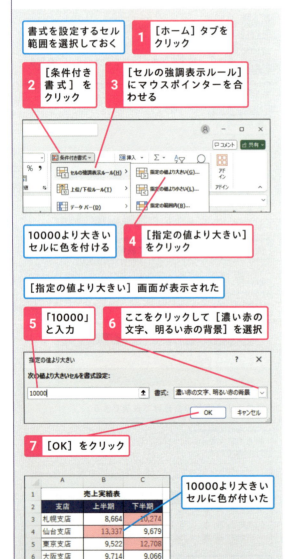

275 トップ3のセルの色を変える方法は？

A ［上位10項目］で上位3項目の書式を設定します

［条件付き書式］の［上位/下位ルール］のメニューには、［上位10項目］［上位10％］［平均より上］などが含まれます。これを利用すると、上位○項目、上位○％、平均より上などの条件でセルの書式を変更できます。項目数やパーセンテージは自由に指定できます。

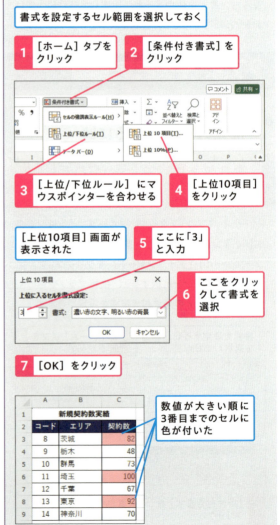

276

お役立ち度 ★★ [365][2024][2021][2019] サンプル

Q 条件付き書式の条件や書式を後から修正するには

A 対象となる範囲を選択して［ルールの管理］から修正します

セルを選択して［条件付き書式ルールの管理］画面を表示し、編集したい条件付き書式を選びます。すると、［書式ルールの編集］画面が表示され、条件や書式を変更することができます。

①修正するセル範囲を選択しておく

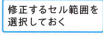

②［ホーム］タブをクリック

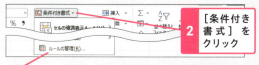

③［ルールの管理］をクリック

④［条件付き書式ルールの管理］画面が表示された

⑤修正するルールをクリック

⑥［ルールの編集］をクリック

⑦［書式ルールの編集］画面が表示された

⑧ここに修正したい条件を入力

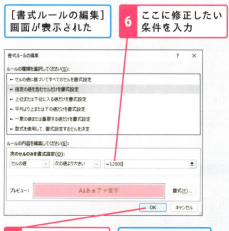

⑨［OK］をクリック　⑩条件が変更される

277

お役立ち度 ★★ [365][2024][2021][2019] サンプル

Q 条件付き書式を解除したい

A 書式を設定した範囲を選択して［ルールのクリア］を適用します

［条件付き書式］の［ルールのクリア］のメニューから［選択したセルからルールをクリア］をクリックすると、あらかじめ選択したセル範囲の条件付き書式が解除されます。［シート全体からルールをクリア］をクリックすれば、ワークシートにあるすべてのセルから条件付き書式が解除されます。

①条件付き書式が設定されたセル範囲を選択しておく

②［ホーム］タブをクリック

③［条件付き書式］をクリック

④［ルールのクリア］にマウスポインターを合わせる

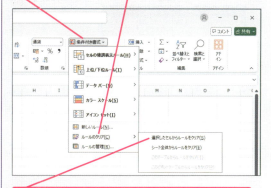

⑤［選択したセルからルールをクリア］をクリック

⑥選択したセル範囲のみ、条件付き書式が解除された

	A	B	C	D	E	F
1	売上実績表					
2	支店	上半期	下半期			
3	札幌支店	8,664	10,274			
4	仙台支店	13,337	9,679			
5	東京支店	9,522	12,708			
6	大阪支店	9,714	9,066			
7	福岡支店	11,237	13,965			
8						

関連 281 複数設定した条件のうち1つだけを解除するには？　P.154

278 条件に一致する行だけ色を変えたい

365 / 2024 / 2021 / 2019　サンプル
お役立ち度 ★★

Q 条件に一致する行だけ色を変えたい

A 列を絶対参照、行を相対参照にした数式で条件を指定します

条件付き書式で、ほかのセルの値を条件としたい場合は、ルールの内容として「=」で始まる数式を入力します。このワザで紹介する例では、列番号Dに判断の基準となるセルがあるので、数式には「=$D3>=20000」のようにセル番号を列固定の複合参照で指定します。列番号の「D」を絶対参照、行番号の「3」を相対参照にしておくことで、どのセルも同じ行のD列の数値を基準に条件が判定されます。

合計が2万以上の行に色を付ける

書式を設定するセル範囲を選択しておく

1 [ホーム] タブをクリック
2 [条件付き書式] をクリック

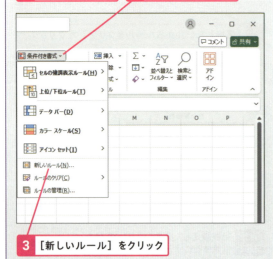

3 [新しいルール] をクリック

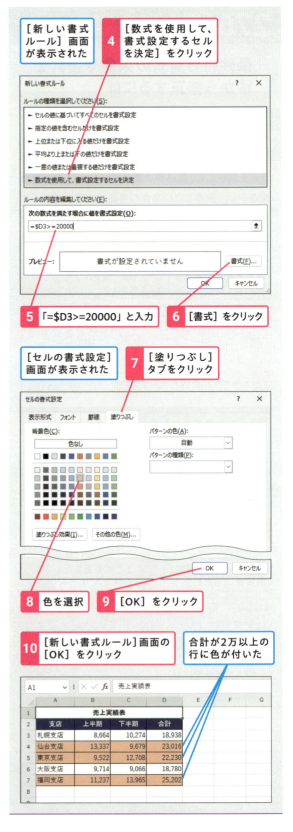

[新しい書式ルール] 画面が表示された

4 [数式を使用して、書式設定するセルを決定] をクリック

5 「=$D3>=20000」と入力
6 [書式] をクリック

[セルの書式設定] 画面が表示された

7 [塗りつぶし] タブをクリック

8 色を選択
9 [OK] をクリック

10 [新しい書式ルール] 画面の [OK] をクリック

合計が2万以上の行に色が付いた

279

365 / 2024 / 2021 / 2019　サンプル
お役立ち度 ★★

Q 行の追加に応じて罫線を自動で追加するには

A OR関数を条件に使ってセルの書式を設定します

名簿のような表では、一人分のデータを追加するたびに罫線を設定するのが面倒です。そんなときは条件付き書式の機能を利用しましょう。ワザ278を参考に［新しい書式ルール］画面を表示し、行内のいずれかのセルにデータが入力されたら罫線を引くように設定します。なお、このワザの手順で入力している「=OR($B2:$D2<>"")」は、「セルB2～D2の少なくとも1つは空ではない」ことを意味する数式です。

新しい行にデータを追加するたびに罫線が自動で引かれるようにする

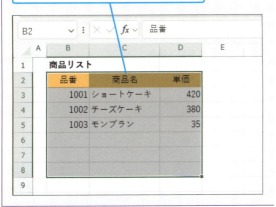

書式を設定するセル範囲を選択しておく

ワザ278を参考に［新しい書式ルール］画面を表示しておく

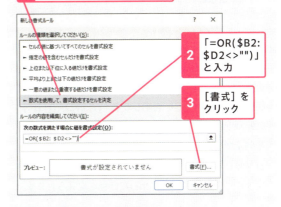

1 ［数式を使用して、書式設定するセルを決定］をクリック
2 「=OR($B2:$D2<>"")」と入力
3 ［書式］をクリック

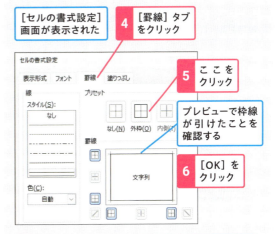

［セルの書式設定］画面が表示された
4 ［罫線］タブをクリック
5 ここをクリック
プレビューで枠線が引けたことを確認する
6 ［OK］をクリック

7 ［新しい書式ルール］画面で［OK］をクリック

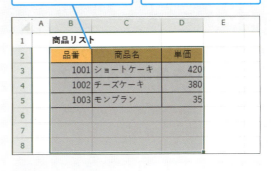

データが入力されているセルに罫線が引かれた
行にデータを追加すると罫線が引かれる

関連 265　表に格子罫線を引きたい　P.146

280 [365] [2024] [2021] [2019] お役立ち度 ★★★ サンプル

Q 表の日付のうち土日だけ色を変えたい

A WEEKDAY関数を条件にして土日の色を設定します

表の日付のうち土日だけ色を変えるには、WEEKDAY関数を使用して曜日を判定します。「WEEKDAY(日付)」の結果が「1」であれば日曜日、「7」であれば土曜日と判定できます。同じセル範囲に「曜日が1である場合は赤」「曜日が7である場合は青」という2つの条件付き書式を設定すれば、土日だけ色を変えられます。

条件を設定するセル範囲を選択しておく
ワザ278を参考に[新しい書式ルール]画面を表示しておく

日曜の書式を設定する

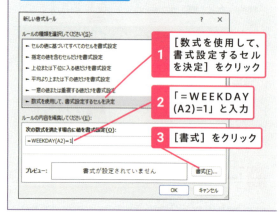

1 [数式を使用して、書式設定するセルを決定]をクリック
2 「=WEEKDAY(A2)=1」と入力
3 [書式]をクリック

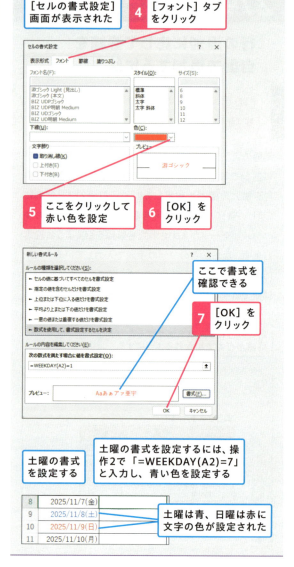

[セルの書式設定]画面が表示された
4 [フォント]タブをクリック
5 ここをクリックして赤い色を設定
6 [OK]をクリック
ここで書式を確認できる
7 [OK]をクリック

土曜の書式を設定する
土曜の書式を設定するには、操作2で「=WEEKDAY(A2)=7」と入力し、青い色を設定する

土曜は青、日曜は赤に文字の色が設定された

---

281 [365] [2024] [2021] [2019] お役立ち度 ★★☆

Q 複数設定した条件のうち1つだけを解除するには?

A [条件付き書式ルールの管理]から対象のルールを削除します

セルを選択して、[ホーム]タブの[条件付き書式]-[ルールの管理]をクリックすると、選択したセルに設定されているすべての条件が[条件付き書式ルールの管理]画面に一覧表示されます。その中から特定の条件だけを削除できます。

ワザ276を参考に[条件付き書式ルールの管理]画面を表示しておく

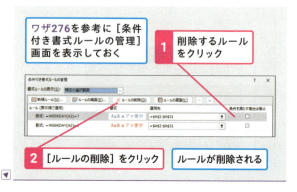

1 削除するルールをクリック
2 [ルールの削除]をクリック
ルールが削除される

282

Q 祝日など日曜日以外の休日も色を変えられる？

A 休日一覧表に日程表の各日付が存在する場合に色を変えます

日程表の祝日に色を付けるには、祝日の一覧表を作成しておき、日程表の各日付が一覧表の中にいくつあるかをCOUNTIF関数でカウントします。1つ以上あれば、その日付が祝日であると判定できます。
ワザ280では日曜日に赤、土曜日に青を設定しましたが、さらに祝日も赤にするには、条件付き書式の設定順が重要です。後から設定した条件付き書式の優先度が高くなるので、祝日の設定を最後に行うと条件が最優先され、祝日と土曜日が重なる場合に優先度の高い祝日の赤い色が適用されます。

ワザ278を参考に[新しい書式ルール]画面を表示しておく

1 [数式を利用して、書式設定するセルを決定]をクリック
2 「=COUNTIF($D$2:$D$4,A2)>=1」と入力
3 [書式]をクリックして書式を設定
4 [OK]をクリック

セルD2～D4に日曜日以外の休日の日付を入力しておく
書式を設定するセル範囲を選択しておく
休日の書式が設定され色が変わった
祝日と土曜日が重なる場合は優先度の高い祝日の赤が適用される

283

Q 複数設定した条件の優先順位を変更するには

A [条件付き書式ルールの管理]から順序を変更します

条件付き書式の優先順位は、後から設定した条件が高くなります。[条件付き書式ルールの管理]画面には、優先順位の高い順に条件が一覧表示されますが、[▼]ボタンや[▲]ボタンを使用して順位を変更できます。

ワザ276を参考に[条件付き書式ルールの管理]画面を表示しておく

1 優先順位を上げる条件をクリック
2 [^]をクリック

関連 281 複数設定した条件のうち1つだけを解除するには？ P.154

第5章 気が利く書類にする印刷のワザ

印刷の基本

印刷した表やグラフは、会議の資料として配布したり、記録として保管したりするなど、さまざまな使い道があります。ここでは、印刷に関する基本的な操作を身に付けましょう。

---

284 [365][2024][2021][2019] サンプル
お役立ち度 ★★★

Q 印刷イメージを確認してから印刷したい

A ［印刷］画面を表示して印刷プレビューを確認しましょう

初めて印刷するときは、印刷前に、印刷プレビューを確認するようにしましょう。印刷プレビューには、実際の印刷イメージが表示されるので、事前に確認しておけば印刷の失敗を防げます。表と用紙のバランスが悪いときは、用紙のサイズや向き、余白の大きさなど調整してから印刷しましょう。

1 ［ファイル］タブをクリック

2 ［印刷］をクリック　　印刷イメージが表示された

3 ［印刷］をクリック　　印刷が行われる

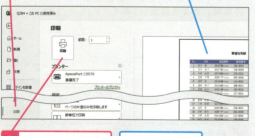

ショートカットキー：［印刷］画面を表示　Ctrl + P

---

285 [365][2024][2021][2019] サンプル
お役立ち度 ★★★

Q セルの文字が欠けて印刷される

A 印刷プレビューで表示を確認してセルの幅や高さを調整します

標準ビューでセルや図形に収まっていた文字が、印刷プレビューで確認すると、セルからはみ出したり、欠けたりすることがあります。その場合は、印刷プレビューを閉じて、セル幅や図形のサイズを調整し、再度印刷プレビューで確認してから印刷しましょう。セルの数値が「####」のように表示された場合には、ワザ089を参考に修正します。実際の印刷物に近いイメージを確認しながら編集できるページレイアウトビューで、セル幅や図形のサイズを調整してもいいでしょう。

印刷する前に、印刷プレビューでデータがきちんと表示されているか確認する

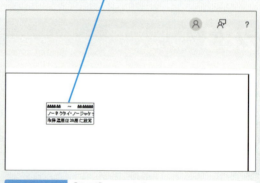

ショートカットキー：［印刷］画面を表示　Ctrl + P

関連089　数値が「####」と表示されてしまう　P.75

286 [365][2024][2021][2019] お役立ち度 ★★

Q 印刷イメージを閉じるには？

A 画面左上の［←］をクリックして元の画面に戻りましょう

印刷イメージを確認後、印刷プレビューを閉じるには、画面左上にある⬅をクリックします。

287 [365][2024][2021][2019] お役立ち度 ★★★ サンプル

Q 印刷イメージが小さくてよく見えない

A 印刷プレビューの右下にある［ページに合わせる］で拡大します

［ページに合わせる］を使用すると、拡大表示とページ全体の表示を切り替えられます。

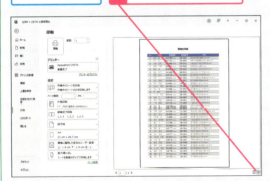

1 ［ページに合わせる］をクリック

印刷プレビューを表示しておく

印刷プレビューが拡大表示された

もう一度［ページに合わせる］をクリックすると拡大表示が元に戻る

288 [365][2024][2021][2019] お役立ち度 ★★ サンプル

Q 設定を変更せずにすぐに印刷するには

A ［クイック印刷］をクイックアクセスツールバーに追加して使います

初期設定のままワークシートを1部印刷したいときに、わざわざ印刷の設定画面を表示するのは面倒です。以下の方法でクイックアクセスツールバーに［クイック印刷］ボタンを表示しておくと、いつでもボタン1つで即座に印刷を実行できます。

1 ［クイックアクセスツールバーのユーザー設定］をクリック

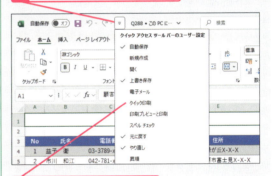

2 ［クイック印刷］をクリック

クイックアクセスツールバーに［クイック印刷］が追加された

3 ［クイック印刷］をクリック

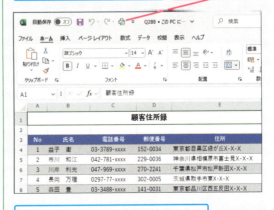

設定されている内容で印刷が実行される

289　365 2024 2021 2019　お役立ち度 ★★

Q 印刷ができない！

A プリンターの接続とドライバーを確認します

印刷できない場合は、まずはワザ290を参考に、[印刷]画面で目的のプリンターが選択されているかどうかを確認しましょう。目的のプリンターが選択されている場合は、次に、プリンターとパソコンが正しく接続されているか、用紙がきちんとセットされているか、インクが切れていないかなど、物理的な要因をチェックしましょう。物理的に問題ない場合は、適切なプリンタードライバーがインストールされていない可能性があります。プリンタードライバーとは、パソコンとプリンターでデータをやり取りするためのプログラムです。使用しているWindowsのバージョンに適した最新のドライバーをプリンターメーカーのWebサイトから入手しましょう。

290　365 2024 2021 2019　お役立ち度 ★★

Q プリンターを選択して印刷したい

A [プリンター]の一覧から接続されているプリンターを選択します

パソコンに複数のプリンターが接続されている場合、以下の手順で操作すると、印刷に使用するプリンターを指定できます。

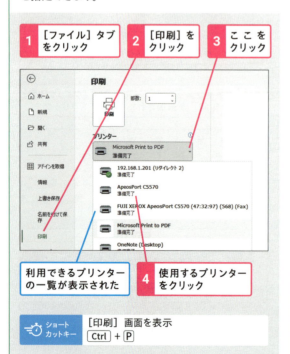

ショートカットキー　[印刷]画面を表示　Ctrl + P

291　365 2024 2021 2019　お役立ち度 ★★★　サンプル

Q 印刷するページ数を指定するには

A [ページ指定]に最初と最後のページ数を入力します

印刷する最初と最後のページ番号を指定すれば、指定した範囲内のページのみを印刷できます。用紙にページ番号を挿入する設定をしているときに、3ページ目から印刷を開始すると、ページ番号も3以降の数字になります。

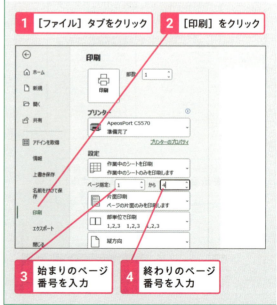

292 365 2024 2021 2019 サンプル
お役立ち度 ★★★

Q すべてのワークシートを まとめて印刷できる？

A [印刷]の[設定]で[ブック全体 を印刷]を選択します

このワザの方法で操作すると、ブック内にあるすべてのワークシートをまとめて印刷できます。ページ番号を設定していた場合、すべてのワークシートの通し番号が各ページに印刷されます。

1 [ファイル]タブをクリック
2 [印刷]をクリック
3 ここをクリック

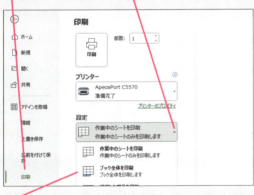

4 [ブック全体を印刷]をクリック

ショートカットキー　[印刷]画面を表示　Ctrl + P

293 365 2024 2021 2019
お役立ち度 ★★☆

Q 用紙の両面に印刷したい

A 対応しているプリンターを選んでから[両面印刷]を選択します

プリンターが両面印刷に対応している場合、印刷プレビューの画面で[両面印刷]を選択すると、ワークシートを用紙の表と裏に印刷できます。2ページ分を1枚の用紙に印刷できるので、用紙の節約になります。

1 [ファイル]タブをクリック
2 [印刷]をクリック
3 ここをクリック

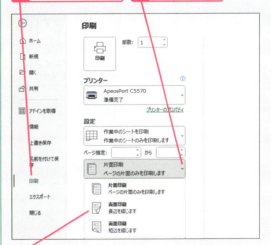

4 [両面印刷]をクリック　両面印刷に設定される

294 365 2024 2021 2019 サンプル
お役立ち度 ★★☆

Q 複数のワークシートを まとめて印刷するには

A シート見出しを選択してグループ化 したまま印刷します

ワザ188を参考にワークシートをグループ化し、その状態で印刷すると、グループ化したワークシートをまとめて印刷できます。ページ番号を設定してあるワークシートには、通しのページ番号が印刷されます。なお、ブック内のすべてのワークシートを印刷する場合は、ワザ292の操作のほうがおすすめです。

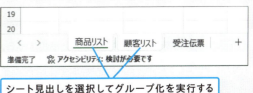

シート見出しを選択してグループ化を実行する

295 ページレイアウトビューって何？

Q ページレイアウトビューって何？

A 印刷イメージを確認しながら直接編集できます

ページレイアウトビューは、入力・編集と印刷イメージの確認を同時に行える表示モードです。画面上に用紙が縦横に並び、用紙の中にセルが表示されるので、常に印刷した状態を確認しながら入力や編集を行えます。用紙の余白も表示され、ヘッダーやフッターを直接編集できるのも、ページレイアウトビューならではのメリットです。

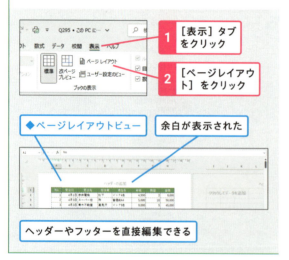

296 改ページプレビューとは

Q 改ページプレビューとは

A 印刷時のページの区切り位置を確認／変更できます

改ページプレビューは、ページの区切り方を指定するための表示モードです。ページの境界線をドラッグすることで、簡単に改ページ位置を変更できます。大きな表の改ページ位置を確認したり、切りのいい位置に改ページ位置をずらしたりしたいときに最適です。表の作成や編集は標準ビューかページレイアウトビューで、改ページの設定は改ページプレビューで、と使い分けるといいでしょう。改ページプレビューの具体的な操作方法は、ワザ318を参照してください。

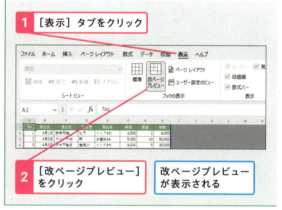

タを表示できます。大きな表のデータをまとめて入力したり、表全体を見渡してデータをチェックしたりするのに便利です。

297 表示モードを標準ビューに戻したい

Q 表示モードを標準ビューに戻したい

A ［表示］タブで［標準］ビューをクリックします

［表示］タブにある［標準］ボタンを使用すると、Excelの標準の表示モードである標準ビューに戻せます。標準表示では画面いっぱいにセルが連続して表示されるので、ページレイアウトビューより多くのデー

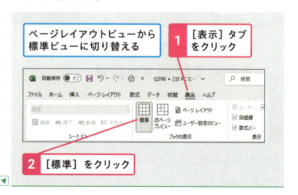

印刷の体裁を設定する

ちょっとした設定の違いで、印刷物の完成度が高まります。ここでは体裁よく印刷するために知っておきたいテクニックを紹介しましょう。

298 ★★★ 365 2024 2021 2019

Q 用紙のサイズや向きを設定するには

A ［印刷の向き］をクリックして縦横を選択します

ワークシートを印刷するときは、印刷内容に合わせて、用紙のサイズや向きを適切に設定しましょう。

ここでは印刷の向きを縦から横に変更する

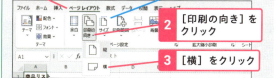

1 ［ページレイアウト］タブをクリック
［サイズ］で用紙のサイズを設定できる
2 ［印刷の向き］をクリック
3 ［横］をクリック

印刷の向きが横に変更される

299 ★★ 365 2024 2021 2019

Q 複数のワークシートにまとめて印刷の設定をしたい

A ワークシートをグループ化するとまとめて設定できます

用紙サイズや印刷の向き、余白などを同じ設定にそろえたいときは、ワザ188を参考に複数のワークシートをグループ化するとまとめて設定できます。なお、操作前の各シートの設定が異なる場合、印刷の状態がふぞろいになることがあるので注意しましょう。

300 ★★★ 365 2024 2021 2019

Q 用紙の中央にバランスよく印刷したい

A ［余白］タブをクリックして［垂直］と［水平］を有効にします

［ページ設定］画面の［余白］タブでは、上下左右の余白サイズや用紙の中央に印刷する設定も行えます。［水平］をオンにすると用紙の幅に対して中央に印刷され、［垂直］をオンにすると用紙の高さに対して中央に印刷されます。また、両方をオンにすると、用紙の幅と高さに対して中央に印刷されます。

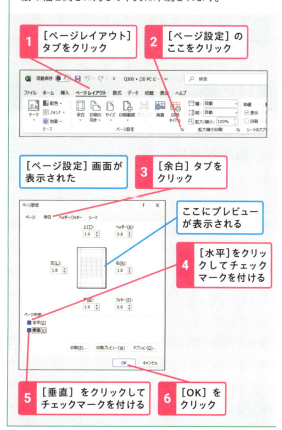

1 ［ページレイアウト］タブをクリック
2 ［ページ設定］のここをクリック
［ページ設定］画面が表示された
3 ［余白］タブをクリック
ここにプレビューが表示される
4 ［水平］をクリックしてチェックマークを付ける
5 ［垂直］をクリックしてチェックマークを付ける
6 ［OK］をクリック

301 [365][2024][2021][2019] お役立ち度 ★★★

Q 空白のページが印刷されてしまう！

A 印刷する必要がない行や列を削除します

作業中に誤って space キーを押してセルに空白文字を入力してしまうと、空白のページが印刷される原因になります。改ページプレビューに切り替えると、空白ページの位置が分かるので、そのページに相当する行や列を削除しましょう。それでも空白ページが印刷される場合は、文字を入力しないまま放置したテキストボックスなど、見えない図形が隠れている可能性があります。ワザ139を参考に[選択オプション]画面を表示し、[オブジェクト]を選択するとワークシート上の全図形が選択されるので、見えない図形を探して削除しましょう。

| 関連139 | 数値が入力されたセルだけを選択したい | P.95 |

302 [365][2024][2021][2019] お役立ち度 ★★☆

Q 印刷したくない列があるときは

A 列を[非表示]にすると印刷対象から除外できます

「住所の列を含めずに氏名と電話番号だけを印刷したい」「計算のための作業用の列が印刷されては困る」というときは、印刷しない列を一時的に非表示にしましょう。列を非表示にするには、列番号を右クリックして、ショートカットメニューから[非表示]を選択します。印刷が済んだらワザ180を参考に列を再表示しておきましょう。

| 関連180 | 非表示にした行や列を再表示したい | P.111 |

303 [365][2024][2021][2019] お役立ち度 ★★★

Q 必要な部分だけ選択して印刷したい

A セル範囲を選択してから[印刷範囲]を設定します

印刷したいセル範囲を[印刷範囲]として設定しておくと、枠線で囲まれ、枠線内だけが印刷されます。ワークシート内の複数の個所を印刷範囲に設定した場合、それぞれが異なるページに印刷されます。

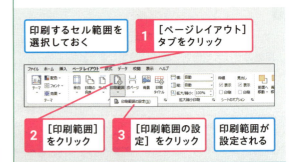

304 [365][2024][2021][2019] お役立ち度 ★★☆

Q 印刷範囲を解除するには

A ワークシートを選択して[印刷範囲のクリア]を選択します

[印刷範囲]の設定を解除するには、次のように操作します。解除すると、ワークシート全体が印刷の対象になります。

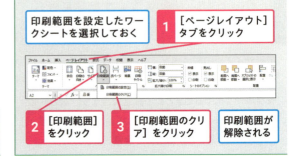

305 [365][2024][2021][2019] サンプル
お役立ち度 ★★★

Q 白黒で印刷したら文字が読めなくなった！

A ［白黒印刷］を使うと色の設定を無視して印刷できます

セルや文字に設定した色によっては、モノクロプリンターで印刷したときに文字が読みにくくなります。ワザ300を参考に［ページ設定］画面を表示し、［白黒印刷］の設定をしておくと、塗りつぶしの設定を無視して文字と線が黒で印刷されるため、モノクロプリンターでも見やすく印刷できます。

［ページ設定］画面を表示しておく

1 ［シート］タブをクリック

2 ［白黒印刷］をクリックしてチェックマークを付ける

3 ［OK］をクリック

306 [365][2024][2021][2019]
お役立ち度 ★★★

Q 特定のセルだけを印刷したくない

A 文字の色を一時的に「白」やセルと同じ色に変更します

印刷したくないセルの文字の色を一時的に「白」に変更してから印刷します。セルに塗りつぶしの色を設定している場合は、それと同じ色を文字に設定します。印刷が終了したら、文字の色を忘れずに元に戻しましょう。

307 [365][2024][2021][2019] サンプル
お役立ち度 ★★★

Q グラフだけを印刷するには

A グラフを選択して印刷を実行します

表を印刷せずにグラフだけを印刷したいときは、［グラフエリア］をクリックして印刷を実行しましょう。印刷する用紙サイズや印刷の向きは、グラフを選択した状態で［ページ設定］画面を表示すると設定できます。

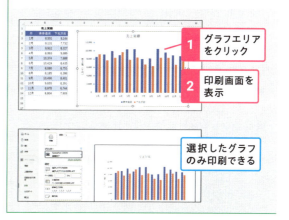

1 グラフエリアをクリック

2 印刷画面を表示

選択したグラフのみ印刷できる

308 [365][2024][2021][2019]
お役立ち度 ★★

Q ほかのワークシートにある表をまとめて印刷するには

A 表をコピーして画像としてリンク貼り付けしましょう

ワザ155を参考に、別々のワークシートに作成した表をそれぞれコピーして新しいワークシートに画像としてリンク貼り付けすれば、別々のワークシートの表を同じ用紙に印刷できます。貼り付けられた表は画像なので、通常の画像と同じ要領で移動やサイズ変更を行えます。複数の表を自由にレイアウトして印刷できるので便利です。また、コピー元の表でデータや書式を変更すると、その変更が自動的に反映されるのもメリットです。

309 印刷すると表が少しだけはみ出してしまう

365 / 2024 / 2021 / 2019　サンプル
お役立ち度 ★★★

Q 印刷すると表が少しだけはみ出してしまう

A 印刷プレビューやページレイアウトビューで余白を調整します

用紙1枚に収めたい表が、わずかに収まらないことがあります。そのような場合は、余白のサイズを調整してみましょう。印刷プレビューやページレイアウトビューを使用すれば、ドラッグするだけで簡単に調整できます。また、[余白] ボタンのメニューから [狭い] を選択して余白サイズを狭くする方法もあります。なお、余白のサイズに余裕がない場合や、余白を変更したくない場合は、ワザ310を参考に縮小印刷を設定するといいでしょう。

■印刷プレビューで設定する場合

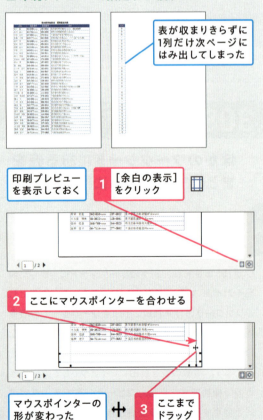

■ページレイアウトビューで設定する場合

余白が縮小して表全体が1ページに収まった

ワザ295を参考にページレイアウトビューで表示しておく

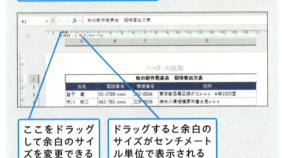

ここをドラッグして余白のサイズを変更できる

ドラッグすると余白のサイズがセンチメートル単位で表示される

■[余白] ボタンを利用する場合

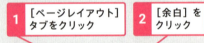

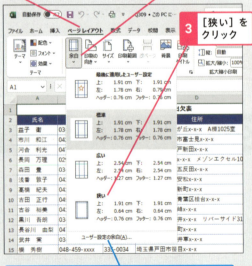

[ユーザー設定の余白] をクリックすると、センチメートル単位の数値で余白を指定できる

余白が狭くなり、はみ出ていた表がページに収まるようになる

大きな表を印刷する

大きな表の印刷では、切りのいい位置でページを区切る、各ページに見出しを付けるなどの工夫が必要です。ここではそのようなときの便利ワザを紹介します。

310 365 2024 2021 2019 お役立ち度 ★★★

Q 大きな表を1ページに収めて印刷したい

A 縦横のページ数をそれぞれ1ページに指定します

複数ページにまたがった大きな表を1枚の用紙に収めて印刷するには、以下のように操作します。横と縦が1ページに収まるように、自動的に縮小印刷が行われます。

ここでは印刷の向きを縦から横に変更する

311 365 2024 2021 2019 お役立ち度 ★★☆

Q 印刷の倍率を指定するには

A 縦横のページ数を[自動]にしてから倍率を数値で入力します

印刷の倍率は、以下のように操作して設定します。「100」より大きい値を設定すると拡大印刷、小さい値を設定すると縮小印刷になります。なお、[横]と[縦]で[自動]を選択しないと倍率を指定できないので注意してください。

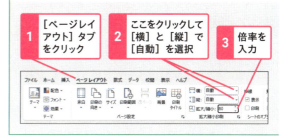

312 365 2024 2021 2019 お役立ち度 ★★★ サンプル

Q A4に合わせて作った表をB5に印刷できる?

A 用紙サイズを選択して縮小印刷します

用紙をB5サイズに変更して、1ページに収まるように縮小印刷の設定を行えば、A4のレイアウトで作った表をB5サイズ1枚に印刷できます。

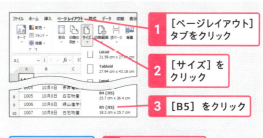

ショートカットキー [ページ レイアウト]タブに移動 Alt + P

B5サイズに合わせて自動的に縮小印刷が設定される

313 幅だけ1ページに収まるように印刷したい

A [横]を1ページ、[縦]を[自動]に設定します

以下のように操作すると、表の幅だけを1ページに収めて縮小印刷できます。縦方向は、行数に応じて改ページされます。横に少しはみ出すだけの縦長の表を印刷するときに便利です。

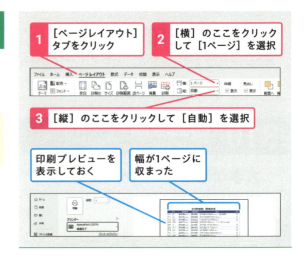

314 特定の位置でページを区切るには

A [ページレイアウト]タブを表示して[改ページ]を挿入します

切りのいい位置でページを区切るには、新しいページの先頭に当たるセルで[改ページ]を挿入します。なお、自動で挿入される改ページは破線で表示されます。

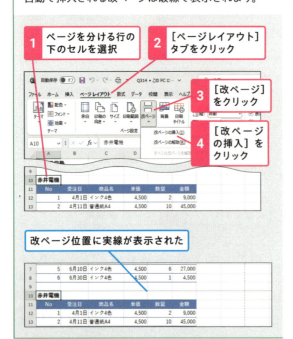

315 改ページを解除するには

A 改ページ線の次のセルを選択して[改ページの解除]を実行します

手動で入れた改ページを解除するには、改ページ線のすぐ次のセルを選択して、[改ページの解除]を実行します。例えば、9行目と10行目の間に水平の改ページが挿入されている場合、セルA10など、10行目のセルを選択して解除します。なお、画面に改ページ線が表示されていない場合は、いったん印刷プレビューを表示すると、ワークシートに戻ったときに改ページ線が表示されます。

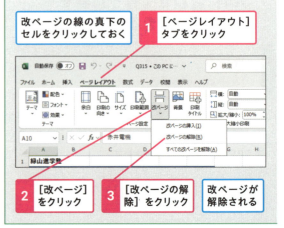

316 [365 2024 2021 2019] サンプル
お役立ち度 ★★☆

Q すべての改ページをまとめて解除するには

A ［すべての改ページを解除］で手動の改ページを解除できます

［すべての改ページを解除］を実行すると、ワークシートに手動で入れた改ページをまとめて解除できます。手動の改ページが解除されると、用紙サイズに応じた位置に自動的に改ページが入ります。

1. ［ページレイアウト］タブをクリック
2. ［改ページ］をクリック
3. ［すべての改ページを解除］をクリック

317 [365 2024 2021 2019]
お役立ち度 ★★☆

Q ［シート］タブの設定ができないのはなぜ？

A 印刷プレビューでは設定変更できません

［ページ設定］画面の表示方法には、印刷プレビューで［ページ設定］をクリックする方法と、ワザ300のように［ページレイアウト］タブから表示する方法があります。前者の方法で表示した場合、［印刷範囲］［タイトル行］［タイトル列］の設定が行えません。これらの設定をする場合は、［ページレイアウト］タブから表示しましょう。

印刷プレビューから［ページ設定］画面を表示すると設定できない

318 [365 2024 2021 2019] サンプル
お役立ち度 ★★★

Q イメージを確認しながら改ページを移動したい

A 改ページプレビューを表示して区切り線をドラッグします

ワザ296を参考に改ページプレビューを表示すると、ページの区切り線をドラッグして改ページの位置を簡単に移動できます。印刷範囲全体の様子を見ながら改ページの位置を決められるので便利です。なお、次ページにはみ出している列や行を前ページに含めた場合は、自動的に縮小印刷の設定が行われます。

ワザ296を参考に改ページプレビューを表示しておく

1. 下方向にスクロール
2. 39行目の下にある改ページの区切り線にマウスポインターを合わせる

マウスポインターの形が変わった

3. 27行目の下までドラッグ

改ページ位置が変更される

大きな表を印刷する

319 お役立ち度 ★★☆ 365 2024 2021 2019

Q 改ページを表す線が表示されない！

A [Excelのオプション]で[詳細設定]を確認します

印刷プレビューの表示後に標準ビューに戻ったときや、ワザ314の要領で改ページを挿入したときに、通常は改ページ線が表示されます。手動で入れた改ページ線は実線、自動で入る改ページ線は破線で区別されます。これらの改ページ線が表示されない場合は、[Excelのオプション]画面で表示の設定を行いましょう。また、改ページプレビューに切り替えると手動は青い太実線、自動は青い太破線で表示され、区別が付きやすくなります。

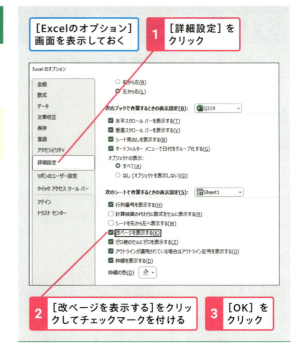

320 お役立ち度 ★★☆ 365 2024 2021 2019 サンプル

Q すべてのページに列見出しを付けて印刷したい

A [ページ設定]画面で[タイトル行]を設定します

縦に長い表を複数ページに渡って印刷するとき、2ページ目以降にも先頭ページと同じ見出しを印刷すると分かりやすくなります。それにはワザ300で解説した[ページ設定]画面で[タイトル行]に見出しとなる行を設定します。表が横長の場合は[タイトル列]を設定するといいでしょう。

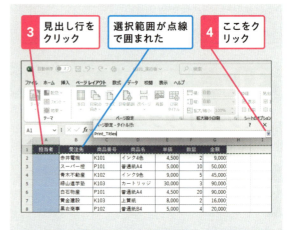

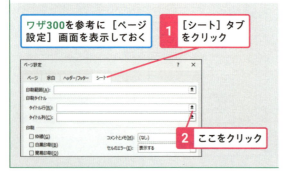

ヘッダーやフッターのカスタマイズ

印刷物をページ番号で管理したり、用紙の余白に自社のロゴを入れたりするなど、ヘッダーとフッターはいろいろな場面で役に立ちます。

321　★★★　365 2024 2021 2019　サンプル

Q ヘッダーやフッターを挿入するには

A ページレイアウトビューから追加します

用紙の上下の余白には、「ヘッダー」や「フッター」と呼ばれる印刷領域があり、それぞれに3つの入力欄が用意されています。ページレイアウトビューでヘッダーやフッターの部分にマウスポインターを合わせると、入力欄が表示されます。そこにデータを入力すると、すべてのページのヘッダーやフッターに印刷されます。

ワザ295を参考にページレイアウトビューを表示しておく

ヘッダーに会社名を直接入力する

1 ここをクリック

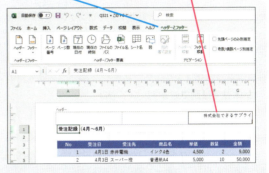

[ヘッダーとフッター]タブが表示された

2 「株式会社できるサプライ」と入力

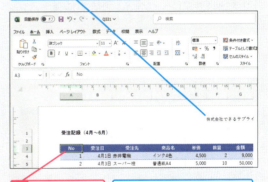

ヘッダーに直接入力できた

3 セルをクリック

ヘッダーの編集が解除された

322　★★　365 2024 2021 2019　サンプル

Q ヘッダーやフッターのフォントを変更したい

A 文字を選択してミニツールバーで変更します

ヘッダーやフッターに入力した文字は、次のように操作して、フォントやフォントサイズ、太字、斜体などの設定を行います。

1 ヘッダーに入力されている文字をドラッグして選択

ミニツールバーが表示された

2 [斜体]をクリック

ヘッダーの文字が斜体に変更される

323 ページ番号や総ページ数を自動でふって印刷するには

365 / 2024 / 2021 / 2019　サンプル　お役立ち度 ★★★

Q ページ番号や総ページ数を自動でふって印刷するには

A ［ヘッダーとフッター］タブで［ページ番号］を追加します

ページレイアウトビューでヘッダーやフッターの領域をクリックすると、リボンに［ヘッダーとフッター］タブが追加されます。［ページ番号］ボタンや［ページ数］ボタンを使用すると、ページ番号や総ページ数を自由な体裁で印刷できます。以下では、ヘッダーにページ番号を挿入しています。ちなみに、操作3の次に「/」を入力して、［ページ数］ボタンをクリックし、続いて「ページ」と入力すると、「1/5ページ」という体裁でページ番号と総ページ数を印刷できます。

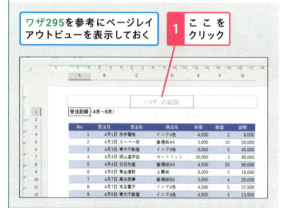

ワザ295を参考にページレイアウトビューを表示しておく

1 ここをクリック

リボンに［ヘッダーとフッター］タブが追加された

2 ［ヘッダーとフッター］タブをクリック

3 ［ページ番号］をクリック

ヘッダーにページ番号が挿入された

4 ヘッダー以外のセルをクリック

ヘッダーにページ番号が表示された

フッターを選択すれば同様の操作でページ番号を挿入できる

324 先頭のページ番号を指定して印刷するには

365 / 2024 / 2021 / 2019　サンプル　お役立ち度 ★★☆

Q 先頭のページ番号を指定して印刷するには

A ［ページ設定］画面で［先頭ページ番号］を指定します

通常、先頭のページ番号は「1」から開始されます。［ページ設定］画面の［ページ］タブで、［先頭ページ番号］に最初のページ番号を入力すると、そのページ番号から印刷されるようになります。

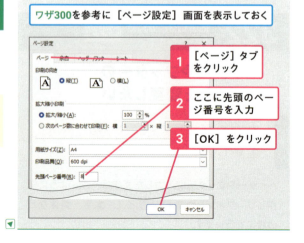

ワザ300を参考に［ページ設定］画面を表示しておく

1 ［ページ］タブをクリック

2 ここに先頭のページ番号を入力

3 ［OK］をクリック

325 ファイル名やシート名も印刷したい

Q ファイル名やシート名も印刷したい

A ［ヘッダーとフッター］タブの各種ボタンから追加できます

ワザ323を参考に［ヘッダーとフッター］タブを表示しておき、［ファイル名］［シート名］［現在の日付］などのボタンを使えば、ヘッダーやフッターの自由な位置に指定した項目を印刷できます。また、［ヘッダー］ボタンや［フッター］ボタンには、ファイル名やシート名、作成者、ページ番号などを組み合わせた選択肢が用意されており、選ぶだけで複数の項目をまとめて設定できます。

■［ヘッダーとフッター］タブの各ボタンで設定する場合

■［ヘッダー］ボタンから設定する場合

表示されたメニューからヘッダーに挿入したい項目を選択する

326 偶数ページと奇数ページで異なるヘッダーやフッターを挿入できる？

Q 偶数ページと奇数ページで異なるヘッダーやフッターを挿入できる？

A ［奇数/偶数ページ別指定］から挿入できます

以下のように操作すると、偶数ページと奇数ページとで異なるヘッダーやフッターを挿入できます。ページ番号を偶数ページでは用紙の左に、奇数ページでは用紙の右に印刷したいときなどに便利です。

ワザ295を参考にページレイアウトビューを表示しておく

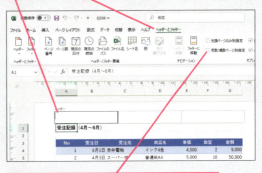

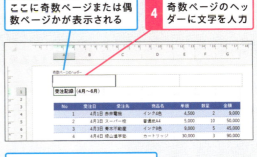

次のページを表示すると、偶数ページのヘッダーを編集できる

関連 295 ページレイアウトビューって何？　P.160

327 ヘッダーに画像を挿入するには

365 / 2024 / 2021 / 2019　サンプル
お役立ち度 ★★★

Q ヘッダーに画像を挿入するには

A ［図］からパソコンに保存された画像を挿入します

ヘッダー、またはフッターに画像を挿入すると、すべてのページの同じ位置にその画像を印刷できます。自社のロゴマークを全ページに印刷したいときなどに便利です。

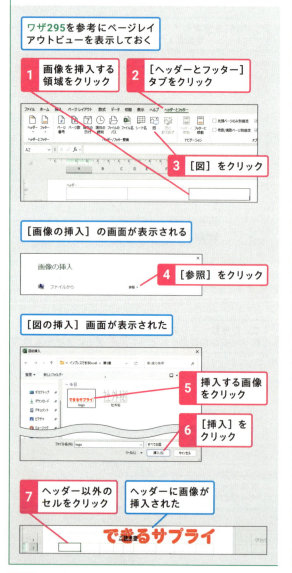

328 ヘッダーに挿入した画像の大きさを変えたい

365 / 2024 / 2021 / 2019　サンプル
お役立ち度 ★★☆

Q ヘッダーに挿入した画像の大きさを変えたい

A ドラッグ操作はできませんので倍率を数字で指定します

ワザ327の方法でヘッダーやフッターに挿入した画像は、ドラッグ操作でサイズを変更できません。画像のサイズを変更するには、［図の書式設定］画面で表示倍率を設定しましょう。

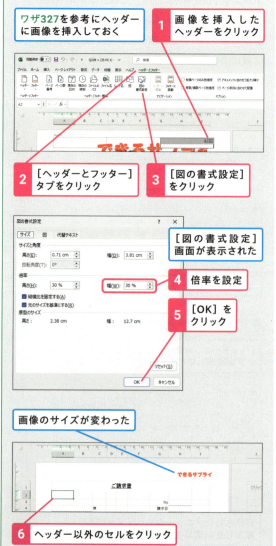

329 365 2024 2021 2019 サンプル
お役立ち度 ★★

Q 「社外秘」などの透かしを入れて印刷するには

A 透かしの画像をヘッダーに挿入します

「社外秘」などの透かしを入れたいときは、画像編集ソフトなどで透かし用の文字を作成し、画像ファイルとして保存します。その画像をヘッダーに挿入すると、表の背景に透かしを印刷できます。

> ワザ327を参考に透かしを入れる領域をクリックして［画像の挿入］画面を表示しておく

1 ［参照］をクリック

2 挿入する図をクリック　**3** ［挿入］をクリック

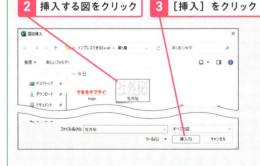

透かしが入った

330 365 2024 2021 2019 サンプル
お役立ち度 ★★

Q ヘッダーに挿入した画像の位置を調整するには

A 「&[図]」の前で改行して位置を調整します

ヘッダーに画像を挿入すると、画像は用紙の上寄りに配置されます。画像を挿入したヘッダーを選択し、「&[図]」という文字の前で改行を行うと、改行した分だけ画像を下へ移動できます。以下の例では「社外秘」の画像を挿入していますが、同様の手順で背景に写真を印刷することもできます。

> ワザ327を参考にヘッダーに画像を挿入しておく

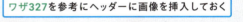

1 画像を挿入したヘッダーをクリック　**2** 「&[図]」の前をクリック

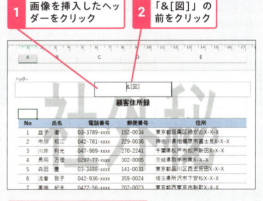

3 Enter キーを何度か押す

改行が挿入されて「&[図]」が下に移動する

4 セルをクリック　改行した分だけ画像が下に移動して表示された

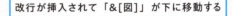
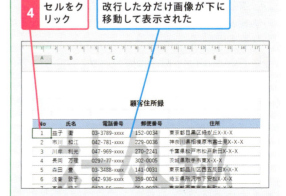

データ以外を印刷する

印刷の対象になるのはセルに入力したデータだけではありません。ここではコメントや枠線、グラフなどの印刷に関する便利ワザを紹介しましょう。

331 セルに挿入したコメントも印刷したい

365 / 2024 / 2021 / 2019　お役立ち度 ★★☆　サンプル

A ［シートの末尾］を選択すると、末尾のページにまとめて印刷できます

［ページ設定］画面の［コメントとメモ］欄で［シートの末尾］を選択すると、セルに挿入したコメントやメモを末尾のページに一覧印刷できます。また、［コメントとメモ］欄で［画面表示イメージ］を選択すると、画面に表示したメモ（Excel 2019ではコメント）を画面表示どおりに印刷できます。

ワザ300を参考に［ページ設定］画面を表示しておく

1. ［シート］タブをクリック
2. ここをクリックして［シートの末尾］を選択

印刷を行うと、末尾のページにコメントとメモが印刷される

332 罫線を引いていないセルに枠線を印刷するには

365 / 2024 / 2021 / 2019　お役立ち度 ★★★

A ［ページレイアウト］タブで枠線の［印刷］を有効にします

［枠線］の印刷を有効にすると、セルA1から最後のデータのセルまでの長方形の範囲に枠線を印刷できます。データの追加／削除時にも自動で入力範囲に合わせて枠線を印刷できるので便利です。

1. ［ページレイアウト］タブをクリック

2. ［枠線］の［印刷］をクリックしてチェックマークを付ける

333 行番号や列番号を印刷できる？

365 / 2024 / 2021 / 2019　お役立ち度 ★★☆

A ［ページレイアウト］タブで見出しの［印刷］をオンにします

［見出し］の印刷を有効にすると、行番号と列番号を付けてワークシートを印刷できます。さらに、ワザ393を参考にセルに数式を表示して印刷すれば、印刷物上で分かりやすく数式のチェックを行えます。

1. ［ページレイアウト］タブをクリック

2. ［見出し］の［印刷］をクリックしてチェックマークを付ける

334 [365/2024/2021/2019] サンプル
お役立ち度 ★★☆

Q 図形やグラフを印刷したくない

A [オブジェクトを印刷する]のチェックマークをはずします

図形やグラフを印刷したくないときは、以下のように作業ウィンドウや画面を表示し、[オブジェクトを印刷する]の設定をオフにします。

図形を選択しておく

1. [描画ツール]の[書式]タブをクリック
2. [サイズ]のここをクリック

[図形の書式設定]作業ウィンドウが表示された

3. [プロパティ]をクリック
4. [オブジェクトを印刷する]をクリックしてチェックマークをはずす
5. [閉じる]をクリック

選択した図形だけ印刷されなくなった

関連 307 グラフだけを印刷するには　P.163

---

335 [365/2024/2021/2019] サンプル
お役立ち度 ★★★

Q エラー表示が印刷されて格好悪い！

A [セルのエラー]で[＜空白＞]を選択します

印刷する表に「#NAME?」や「#VALUE!」などのエラー値が含まれると見栄えがよくありません。エラーが出ないように数式を修正するのが基本の対処方法ですが、手っ取り早く対処したい場合は、ワザ300を参考に[ページ設定]画面を表示し、[シート]タブにある[セルのエラー]で[＜空白＞]を選択すると、エラー値が印刷されなくなります。選択肢には、[＜空白＞]のほかに[--]などもあるので、好みや状況に応じて使い分けてください。

ワザ300を参考に[ページ設定]画面を表示しておく

1. [シート]タブをクリック
2. ここをクリックして＜空白＞を選択
3. [OK]をクリック

空白のほかにも、[--] [#N/A]を選択できる

エラー値が印刷されなくなる

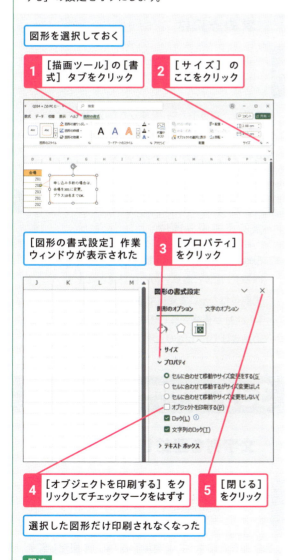

第6章 データをまとめる関数・集計のワザ

数式の基本

集計表の数式作成のコツは、セルを上手に参照することです。セルを参照する方式は単純に指定する方法のほか、相対参照や絶対参照などがあります。ここでは、さまざまな参照方法と数式の作成に関する基本を解説します。

336 [365][2024][2021][2019] お役立ち度 ★★★ サンプル

Q セルを使って計算するには？

A セルを選択してから「=」で入力を始めます

「=」に続けてセル番号と演算子を入力すると、セルの値で計算できます。セル番号でセルの値を参照することを「セル参照」と言います。セルの値を変更すると、計算結果も変わります。

- セルB3とC3を掛け合わせて売上金額を求めたい
- 1 計算結果を表示するセルをクリックして選択
- 2 「=」と入力
- 3 セルB3をクリック

- 4 「*」と入力
- 5 セルC3をクリック
- 「B3*C3」と入力された
- Enter キーを押すと計算される

337 [365][2024][2021][2019] お役立ち度 ★★★

Q 四則演算にはどんな演算子を使うの？

A 半角記号の「+」「-」「*」「/」を使います

加算は「+」、減算は「-」、乗算は「*」、除算は「/」を使用します。

338 [365][2024][2021][2019] お役立ち度 ★★☆

Q 2の3乗のようなべき乗を求めるには

A 演算子「^」を数字と数字の間に入力して使います

べき乗は、演算子「^」を使って「=2^3」のように入力して求めます。「^」は^キー（ひらがなの「へ」が書かれたキー）を押して入力します。

役立つ豆知識

演算子の優先順位

Excelでは、通常の計算と同様に「べき乗」「乗算と除算」「加算と減算」の順に計算されます。この優先順位はかっこで変更できます。例えば「=1+2*3」は「2*3」が優先されて結果は「7」になり、「=(1+2)*3」の結果は「9」になります。

339 [365][2024][2021][2019] お役立ち度 ★★☆

Q 文字列を連結したい

A セルを指定して「&」でつなげます

文字列を連結するには演算子の「&」を使用します。例えば、セルA1に「佐藤」と入力されているときに、「=A1 & "様"」と記述すると「佐藤様」になります。

340 [365/2024/2021/2019] サンプル お役立ち度 ★★★

Q オートSUMはどこから実行するの？

A [数式] タブか [ホーム] タブからボタンを押して実行します

オートSUMとは、自動的にSUM関数の数式を入力して合計値を求める機能です。合計対象のセル範囲も自動的に認識されます。[オートSUM] ボタンは[ホーム] タブと [数式] タブの両方にあり、どちらを使用してもかまいません。

■[数式] タブの場合

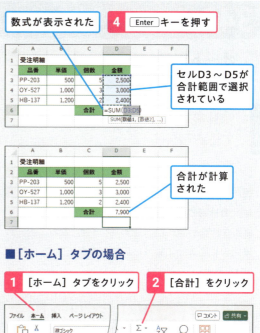

■[ホーム] タブの場合

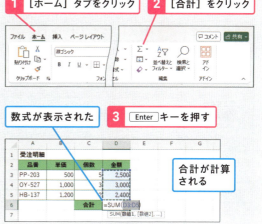

341 [365/2024/2021/2019] サンプル お役立ち度 ★★

Q オートSUMを素早く実行したい

A [Alt] + [Shift] + [=] のショートカットキーが便利です

合計を素早く求めたいときは、[オートSUM] ボタンの代わりにショートカットキーを利用しましょう。合計欄のセルを選択して、[Alt]キーと[Shift]キーを押しながら[=]キーを押すと、選択したセルにSUM関数が入力されます。[Enter]キーを押すと、合計が即座に表示されます。

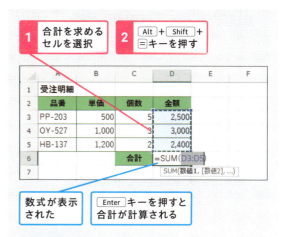

342 オートSUMで間違ったセル範囲が選択された！

365 / 2024 / 2021 / 2019　サンプル
お役立ち度 ★★☆

Q

A 合計範囲のセル範囲をドラッグして修正します

［オートSUM］を実行したときに、合計対象のセル範囲が間違って選択されることがあります。そんなときは、合計対象のセル範囲をドラッグすると、数式が修正されて合計が正しく求められます。なお、数式の確定後に間違いに気付いた場合の修正方法は、ワザ351を参照してください。

1. セルF3をクリック
2. ［数式］タブの［オートSUM］をクリック

セルB3〜E3が選択された／セルB3を選択からはずす

3. セルC3〜E3をドラッグして選択／数式が修正された

4. Enter キーを押す／セル範囲が修正され、セルC3〜E3の合計が求められた

---

343 離れたセルの合計を求めるには

365 / 2024 / 2021 / 2019　サンプル
お役立ち度 ★★★

Q

A Ctrl キーを押しながら2番目以降のセルをクリックします

［オートSUM］では、離れたセルやセル範囲の合計も求められます。まず、［オートSUM］ボタンをクリックして、1番目のセルまたはセル範囲を指定します。続いて、2番目以降のセルやセル範囲を Ctrl キーを押しながら選択し、最後に Enter キーを押して確定しましょう。

セルC3とセルE3を合計する

1. セルF3をクリックして選択
2. ［数式］タブの［オートSUM］をクリック

セルB3〜E3のセル範囲が自動的に選択された／セルをクリックして、合計するセルを選択し直す

3. セルC3をクリックして選択
4. Ctrl キーを押しながらセルE3をクリックして選択

選択したセルが「,」（カンマ）で区切られて表示された

5. Enter キーを押す

離れたセルC3とセルE3の合計が求められた

344

365 | 2024 | 2021 | 2019
お役立ち度 ★★★　サンプル

Q 縦横の合計を一括で求めたい

A セル範囲をまとめて選択してから[オートSUM]を実行します

右端列と下端行に合計欄がある表では、合計対象のセル範囲と合計値を入力するセル範囲をまとめて選択して[オートSUM]を実行します。すると縦横計を一括して求められます。

345

365 | 2024 | 2021 | 2019
お役立ち度 ★★　サンプル

Q 小計と総計を求めるには？

A 小計と総計を求めるセルを別々に選択します

小計と総計を求めるセルをそれぞれ別々に選択して[オートSUM]を実行すると、小計と総計を自動的に計算できます。最後の小計欄と総計欄をまとめて選択せずに、Ctrlキーを押しながらセルをクリックして、別々に選択するのがポイントです。

346

365 | 2024 | 2021 | 2019
お役立ち度 ★★

Q 平均やデータの個数を簡単に求められる？

A [オートSUM]のメニューから計算方法を選択します

[オートSUM]ボタンの⌄をクリックして計算方法を選択すると、合計だけでなく平均やデータの個数を求めることもできます。

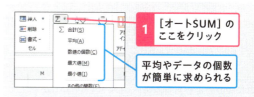

■[オートSUM]ボタンの項目と関数の対応

項目	関数
合計	SUM（サム）
平均	AVERAGE（アベレージ）
数値の個数	COUNT（カウント）
最大値	MAX（マックス）
最小値	MIN（ミニマム）

347 数式をコピーするには？

365 / 2024 / 2021 / 2019　サンプル
お役立ち度 ★★

A オートフィルでコピーすると参照先も自動的に変化します

オートフィルを使用すると、隣接するセルに数式を簡単にコピーできます。数式中のセル番号は、コピー先に応じて自動的に変化します。このワザの例では、3行目の前年比を求める「=C3/B3」という数式を1つ下のセルにコピーしたので、コピー先では数式の行番号が1つ増えて「=C4/B4」に変わり、正しく4行目の前年比が求められます。数式のコピー元の位置を基準にセル参照が変わることを「相対参照」と言います。

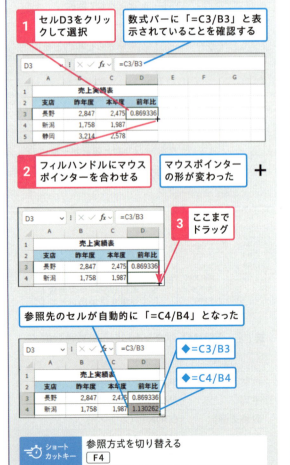

ショートカットキー　参照方式を切り替える　F4

348 コピーしてもセルの参照先が変わらないようにしたい

365 / 2024 / 2021 / 2019　サンプル
お役立ち度 ★★★

A 絶対参照を使って常に同じセルが参照されるようにします

「$B$7」のように、セル番号に「$」（ドル）を付けて入力すると、数式をコピーしても参照先が固定されて変わらなくなります。参照先を固定するセル参照を「絶対参照」と呼びます。セルを絶対参照にするには、セル番号を入力した後でF4キーを押しましょう。

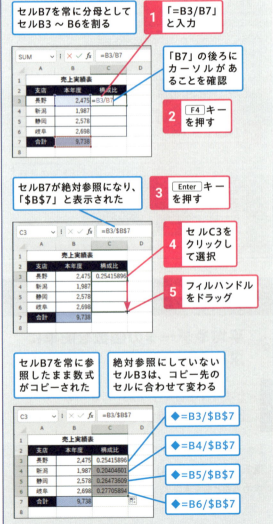

349

お役立ち度 ★★★ 365 2024 2021 2019 サンプル

Q 行か列の参照だけを固定できる?

A F4キーを押して複合参照を設定します

F4キーを繰り返し押すことで、「行と列」「行のみ」「列のみ」「どちらも解除」の順で参照方法を切り替えられます。数式をコピーするとき、行は固定して列方向だけ相対的に変化させるときは、F4キーを2回押して「A$1」の形でセル番号を入力します。列は固定して、行方向だけ相対的に変化させるときは、F4キーを3回押して「$A1」の形でセル番号を入力しましょう。相対参照と絶対参照を組み合わせたセル参照を「複合参照」と言います。

■参照方法の切り替え

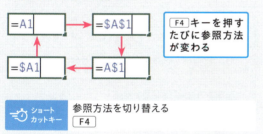

ショートカットキー: 参照方法を切り替える　F4

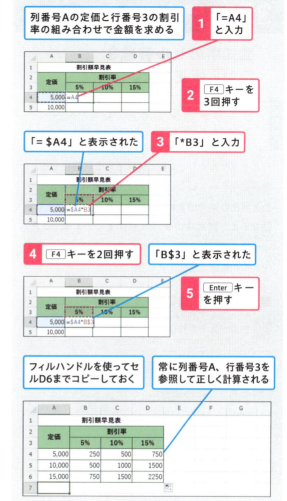

350

お役立ち度 ★★☆ 365 2024 2021 2019 サンプル

Q 計算結果を簡単に確認するには

A ステータスバーに合計、平均、データの個数が表示されます

数値が入力されたセル範囲を選択すると、選択した範囲の合計、平均、データの個数がステータスバーに表示されます。検算に利用しましょう。なお、ステータスバーを右クリックして、表示されたメニュー項目をクリックし、チェックマークを付ければ最大値や最小値なども表示できます。

351 ｜ 365 2024 2021 2019 ｜ サンプル
お役立ち度 ★★★

Q 数式中のセル番号を後から修正したい

A セルをダブルクリックして参照先を表示しながら編集します

セルをダブルクリックして編集できる状態にすると、数式に使われているセルが数式中のセル番号の文字色と同色の枠で囲まれます。この枠をドラッグして移動すると、数式中の参照先を変更できます。また、この枠の四隅にあるハンドルをドラッグすると、数式中のセル範囲を変更できます。

■ 数式中の参照先を変更する場合

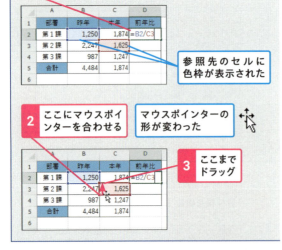

■ 数式中のセル範囲を変更する場合

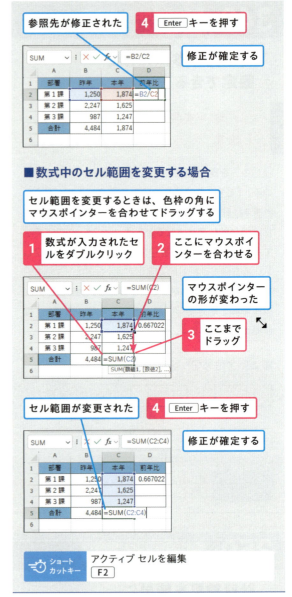

ショートカットキー：アクティブ セルを編集 `F2`

352 ｜ 365 2024 2021 2019 ｜ サンプル
お役立ち度 ★★☆

Q 数式を入力したセルに書式が勝手に付いた！

A ［ホーム］タブの［数値の書式］で表示形式を［標準］に戻します

通貨スタイルやけた区切りスタイルなど、参照先のセルの表示形式が、数式を入力したセルに引き継がれることがあります。表示形式が引き継がれては困るときは、ワザ218を参考にして表示形式を［標準］に戻しましょう。

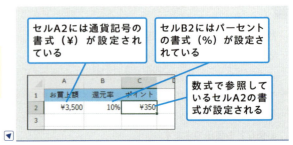

353 [365] [2024] [2021] [2019] お役立ち度 ★★ サンプル

Q セルに分かりやすい名前を設定したい

A [数式] タブの [名前の定義] を使用します

売り上げデータが入力されているセル範囲を選択して「部署別売上」などの名前を付けておくと、「=SUM(部署別売上)」という数式で売り上げの合計を計算できます。セル範囲に名前を付けるには、[新しい名前] 画面で名前を指定し、ブック全体で使用するか、そのワークシートだけで使用するかを選択します。
または、セルを選択して [名前ボックス] に名前を入力しても名前を設定できます。その場合、名前の適用範囲はブックになります。

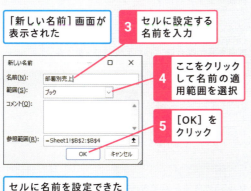

ショートカットキー　[数式]タブに移動　Alt + M

354 [365] [2024] [2021] [2019] お役立ち度 ★★

Q 名前の範囲って何？

A シート名を付けずに名前を使用できる範囲です

ワザ353の [新しい名前] 画面の [範囲] 欄では、名前の適用範囲として [ブック] かシート名を選べます。[ブック] を選んだ場合、「部署別売上」という名前はブック全体で使用できます。シート名を選んだ場合はそのワークシートでしか使用できません。別のワークシートから参照する場合は「シート名!部署別売上」のようにシート名を付ける必要があります。

355 [365] [2024] [2021] [2019] お役立ち度 ★★ サンプル

Q セル範囲に付けた名前を数式で利用するには？

A 数式を入力したあと F3 キーを押して名前の一覧から選択します

セルに「=SUM(部署別売上)」と入力すると、「部署別売上」という名前のセル範囲の合計を求めることができます。「=SUM(」と入力したあと F3 キーを押し、表示される一覧から名前をクリックすると、「部署別売上」を入力できます。キーボードから直接「部署別売上」と入力してもかまいません。

ショートカットキー　[名前の貼り付け] 画面を表示　F3

356 数式で使っている名前の参照範囲に後からデータを追加したい

365 / 2024 / 2021 / 2019　サンプル　お役立ち度 ★★☆

Q 数式で使っている名前の参照範囲に後からデータを追加したい

A ［名前の管理］画面を表示して名前の参照範囲を設定し直します

ワザ353のように名前を設定したセル範囲に新しいデータを追加したときは、数式はそのままにしておき、名前の参照範囲を設定し直しましょう。名前の参照範囲を変更すると、その名前を使用した数式の結果も自動的に変更されます。以下の例では、セルB2～B4に付けた「部署別売上」という名前の参照範囲をセルB2～B5に修正しています。修正後、「=SUM(部署別売上)」の結果に自動的にセルB5の値が加算されます。

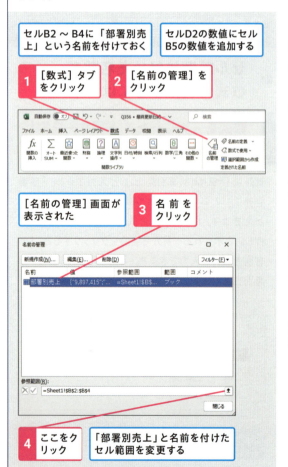

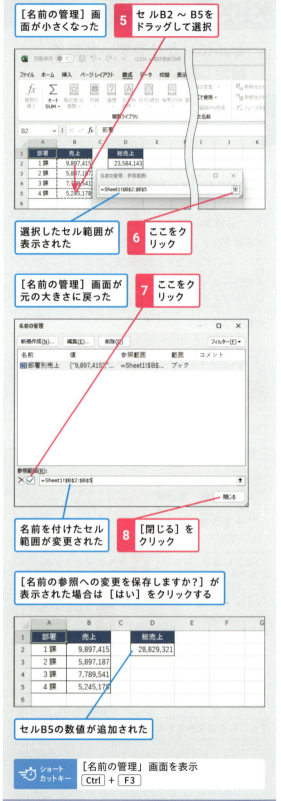

ショートカットキー　［名前の管理］画面を表示　Ctrl + F3

357 登録した名前を削除するには

A ［名前の管理］で一覧から選択して削除します

使用しなくなった名前は、以下のように操作して削除します。行や列を削除するなどして名前を付けたセル範囲が削除された場合でも、ブックに名前は残ってしまうので忘れずに削除しましょう。数式で使用している名前を削除すると数式にエラーが生じるので、必要な名前を誤って削除しないように慎重に操作してください。

1 ［数式］タブをクリック
2 ［名前の管理］をクリック

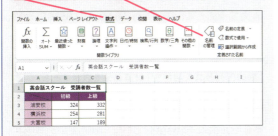

3 削除する名前をクリック
4 ［削除］をクリック
5 ［名前（削除する名前）を削除しますか？］と表示されたら［OK］をクリック
6 ［閉じる］をクリック

名前が削除される

ショートカットキー ［名前の管理］画面を表示 Ctrl + F3

358 数式を入力したらセル番号の代わりにテーブル名が入力された

A テーブルのセルは構造化参照で入力されます

数式を入力する際にテーブル内のセルをクリックまたはドラッグすると、セル番号の代わりに「構造化参照」が入力されます。例えば「売上表」という名前が付いたテーブルの「金額」列をドラッグすると、「売上表[金額]」という構造化参照が入力されます。「=SUM(E2:E6)」のような数式では、表の行数が増減したときにセル番号を修正する手間がかかります。一方「=SUM(売上表[金額])」ではセル範囲を列名で指定しているので、行数の増減時に数式を修正する必要がないのがメリットです。なお、テーブル内のセルに数式を入力する場合、構造化参照の先頭のテーブル名は省略されます。

テーブルに「売上表」というテーブル名を付けておく

1 セルG2をクリック
2 「=SUM(」と入力
3 セルE2～E6をドラッグ

「売上表[金額]」が入力された

■構造化参照の指定例

指定例	説明
売上表	「売上表」テーブルのデータのセル範囲を指す（セルA2～E6）
売上表[金額]	「売上表」テーブルの「金額」列のセル範囲を指す（セルE2～E6）
[@単価]	現在行の「単価」列のセルを指す。例えば数式をセルE2に入力した場合、「[@単価]」はセルE2と同じ行であるセルC2を指す

359 [365] [2024] [2021] [2019] お役立ち度 ★★

Q 配列数式って何？

A 縦横に並べた値のセットを
まとめて計算する数式です

配列とは、縦や横に並んだ値のセットのことです。また、配列数式とは、配列内の値をまとめて処理する数式のことです。Excelでは、セルに並べて入力した複数の値を配列として計算に利用できます。例えば、「200, 50, 100」という3つの値を持つ配列と「4, 8, 2」という3つの値を持つ配列を掛け合わせると、同じ位置にある値同士で掛け算が行われ、計算結果として「800, 400, 200」という配列が得られます。

> 配列同士を掛け算すると、1つの掛け算の式で
> 配列内のすべての数値同士で掛け算が行われる

配列1		配列2		結果
200	×	4	=	800
50		8		400
100		2		200

配列数式が威力を発揮するのは、関数と組み合わせるときです。例えば、上記の配列の掛け算をSUM関数の引数として指定すると、「800, 400, 200」の合計である「1400」という結果が得られます。通常なら別途作業用のセルに「200×4」「50×8」「100×2」を求める数式を入力し、その結果をSUM関数の引数として指定しなければなりません。しかし、配列数式を使えば、1つの数式でスマートに計算できるのです。

> SUM関数の引数に配列の掛け算を指定すると、
> 配列の要素同士の掛け算と、その結果の合計
> を一気に計算できる

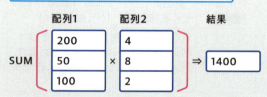

360 [365] [2024] [2021] [2019] お役立ち度 ★★★ サンプル

Q 動的配列数式って何？

A 必要なセルに結果が
自動表示される配列数式です

Microsoft 365とExcel 2024/2021では、配列を返す数式をセルに入力すると、返される配列と同じサイズのセル範囲に自動で同じ数式が入力されます。このように1つのセルに入力した数式が自動拡張することを「スピル」、そのような数式を「動的配列数式」と呼びます。

以下の例では、セルB3～B5の単価とセルC3～C5の個数をそれぞれ掛け合わせて商品ごとの金額を計算しています。「=B3:B5*C3:C5」という配列数式を入力することで、「B3*C3」「B4*C4」「B5*C5」の3つの計算が行われます。

> 動的配列数式を利用 | 計算結果を表示する
> して「単価×個数」 | 先頭のセルD3を選
> を一気に計算する | 択しておく

1 セルD3に「=B3:B5*C3:C5」と入力 **2** Enter キーを押す

> 計算結果が自動的に | 動的配列数式が入力された
> 下のセルまで広がった | セル範囲が青枠で囲まれた

361 ゴーストって何？

A スピル機能により補完入力されたセルのことです

動的配列数式を直接入力したセルの数式は、数式バーに通常通り表示されます。一方、スピル機能により補完入力されたセルは「ゴースト」と呼ばれ、その数式は数式バーに淡色で表示されます。ゴーストのセルに入力すると、動的配列数式がエラーとなり、先頭のセルに「#スピル!」が表示されます。

1 セルD3をクリック / 数式が表示された

2 セルD4をクリック / グレーの文字で数式が表示された

3 セルD4に「要確認」と入力 / エラーが表示された

362 動的配列数式の範囲を数式で指定したい

A スピル範囲演算子の「#」を先頭のセルに付けて使います

動的配列数式のセル範囲を別の数式から参照するときは、先頭のセル番号にスピル範囲演算子の「#」を付けて入力します。例えば、セルD3〜D5に動的配列数式が入力されている場合、セルD3〜D5は「D3#」で表せます。数式を入力するときにセルD3〜D5をドラッグすると、「D3#」を自動入力できます。

セルD3〜D5には動的配列数式が入力されている / セルD3〜D5の合計を求める

1 セルD6に「=SUM(」と入力

2 セルD3〜D5をドラッグして選択 / 「D3#」が入力された

3 「)」を入力 4 Enterキーを押す

計算結果が表示された

363 365/2024/2021/2019 お役立ち度 ★★★

Q 動的配列数式を編集するには

A 数式が入力されている先頭のセルを編集します

動的配列数式は、ゴーストのセルでは編集できません。数式を修正したいときは、先頭のセルを選択して修正します。修正後、[Enter]キーを押すと、ゴーストのセルの数式も修正されます。

364 365/2024/2021/2019 お役立ち度 ★★ サンプル

Q 数式にいつの間にか「@」が付いてしまった！

A Excel 2019などでスピルを停止させる演算子です

Excel 2019などのスピル機能が使えないバージョンで作成したブックをMicrosoft 365やExcel 2024/2021で開いたときに、数式中に「@」が表示されることがあります。この「@」は「暗黙的なインターセクション演算子」と呼ばれ、スピルの実行を停止させるための働きをします。スピル非対応のExcelで作成した数式が、スピル対応のExcelで勝手にスピルしてしまうことを防ぐために、スピルの可能性がある数式に自動で「@」が付く仕組みになっており、そのままにしておいて差し支えありません。

① セルE2をクリック ② 数式を確認

`=@INDEX(B2:B6,D2)`

数式の先頭に「@」が表示された

365 365/2024/2021/2019 お役立ち度 ★★ サンプル

Q スピルを利用する関数にはどんなものがあるの？

A FILTER関数やSORT関数など数種類があります

Microsoft 365とExcel 2024/2021には、スピル機能を利用するFILTER関数やSORT関数などの関数が複数用意されています。例えばFILTER関数は、表から条件に合うデータを抽出する関数です。先頭のセルにFILTER関数を入力するだけで、抽出結果の行数・列数分のセル範囲に数式がスピルされます。抽出条件を変えると、新たな抽出結果の範囲に数式がスピルし直されます。スピル機能を存分に利用する関数と言えます。

■動的配列数式を使う関数

SORT	範囲または配列の内容を並べ替える
SORTBY	範囲または配列の内容を、対応する範囲または配列の値に基づいて並べ替える
FILTER	定義した条件に基づいてデータの範囲をフィルター処理する
UNIQUE	一覧または範囲内の一意の値の一覧を返す

366 365/2024/2021/2019 お役立ち度 ★★ サンプル

Q スピルは従来の関数では使えないの？

A 一部の関数では自動的にスピルする場合があります

RANK関数やVLOOKUP関数など一部の関数では、従来単一のセルを指定していた引数にセル範囲を指定することで、自動的にスピルする場合があります。

関連 365 スピルを利用する関数にはどんなものがあるの？　P.188

367 従来版で配列数式を入力するには

365 / 2024 / 2021 / 2019　サンプル

Q 従来版で配列数式を入力するには

A 数式を入力して Ctrl + Shift + Enter キーで確定します

Excel 2019には動的配列数式の機能がありません。Excel 2019で配列数式を入力する場合、またはExcel 2019と共有するブックで配列数式を入力する場合は、あらかじめ結果を入力するセル範囲を選択して数式を入力し、Ctrl + Shift + Enter キーを押します。すると自動的に数式全体が「{ }」で囲まれ、配列数式として入力されます。手動で「{ }」を入力しても配列数式にはならないので注意してください。

以下の例では、セルB3 ～ B5の単価とセルC3 ～ C5計算結果として3つの値が得られるので、事前に3つ分のセル範囲を選択しておく必要があります。

① 配列数式を利用して「単価×個数」を一気に計算する
② 配列数式の計算により3つの値が得られるので、3個分のセル範囲を選択しておく

1. セルD3 ～ D5をドラッグして選択
2. 「=B3:B5*C3:C5」と入力

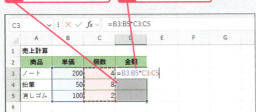

3. Ctrl + Shift + Enter キーを押す

数式が「{ }」で囲まれ配列数式として入力された
「単価×個数」の計算結果が表示された

368 配列数式を修正するには

365 / 2024 / 2021 / 2019

Q 配列数式を修正するには

A 修正後に Ctrl + Shift + Enter キーを押します

従来版の配列数式を修正したいときは、そのうちのいずれか1つのセルを選択して数式を修正します。修正後、Ctrl + Shift + Enter キーを押すと、同じ配列数式が入力されていたすべてのセルで、数式が修正されます。

369 配列数式が削除できない！

365 / 2024 / 2021 / 2019　サンプル

Q 配列数式が削除できない！

A 配列数式が入力されたすべてのセルを選択して削除します

複数のセルにまとめて入力した配列数式から、1つのセルの数式だけを削除することはできません。配列数式を削除したい場合は、配列数式が入力されたすべてのセルを選択して Delete キーを押します。

1. セルD3をクリックして選択
2. Delete キーを押す

「配列の一部を変更できません。」というメッセージが表示された

3. [OK] をクリック

4. 配列数式が入力されたセル範囲をドラッグして選択
5. Delete キーを押す

配列数式が削除される

ワークシート間で計算する

Excelには、複数のワークシートに配置された表から集計表を作成する機能が用意されています。ここでは、そのような集計を行うときのコツを紹介します。

370 [365][2024][2021][2019] サンプル お役立ち度 ★★★

Q ほかのワークシートのセルを参照したい

A 数式入力中に別のシートをクリックして参照します

数式の入力中に、ほかのワークシートに切り替えてセルをクリックすると、そのセル参照を数式に入力できます。ほかのワークシートのセルは「シート名!セル番号」という形式で表されます。なお、リンク貼り付けを実行しても、ほかのワークシートのセルを参照できます。

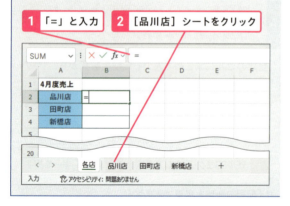

1 「=」と入力
2 ［品川店］シートをクリック

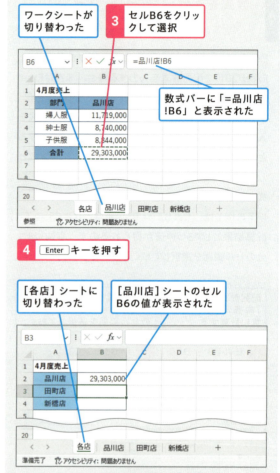

ワークシートが切り替わった

3 セルB6をクリックして選択

数式バーに「=品川店!B6」と表示された

4 Enter キーを押す

［各店］シートに切り替わった

［品川店］シートのセルB6の値が表示された

371 [365][2024][2021][2019] お役立ち度 ★★

Q 移動によってワークシートが集計の対象からはずれた！

A 集計に3-D参照が使われていないか確認します

ワークシートの移動時に集計の対象からはずれてしまう場合は、集計に3-D参照が使われていることが考えられます。3-D参照では、指定した2つのワークシートに挟まれたすべてのワークシート上のセルが計算の対象になります。例えば、「=SUM（品川店:新橋店!B3）」のような数式で3-D参照を行っている状態で、［品川店］シートと［新橋店］シートの間にあるワークシートをその外側に移動すると、移動したワークシート上の数値が、計算対象からはずれます。3-D参照については、ワザ372で解説しています。

| 関連 372 | 複数のワークシート上にある同じセルを合計するには | P.191 |

372

複数のワークシート上にある同じセルを合計するには

A 数式の参照先にワークシートを選択して3-D参照にします

異なるワークシート上の同じセル番号のデータ同士は、3-D参照を使用して集計できます。以下の例では、[品川店]シートから[新橋店]シートまでのすべてのセルB3の数値を合計しています。

数式を入力するセルを選択しておく

1 [ホーム]タブの[合計]をクリック

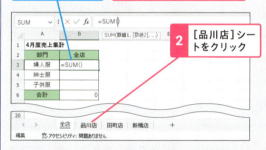

2 [品川店]シートをクリック

ワークシートが切り替わった

3 セルB3をクリックして選択

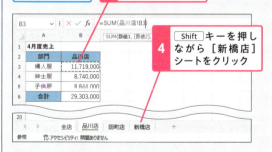

4 Shiftキーを押しながら[新橋店]シートをクリック

数式バーに「=SUM('品川店:新橋店'!B3)」と入力されたことを確認する

5 Enterキーを押す

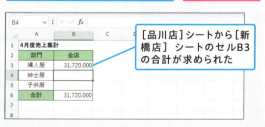

[品川店]シートから[新橋店]シートのセルB3の合計が求められた

373

複数のワークシート上にある同じレイアウトの表を集計するには

A すべてのワークシートを選択して表全体を3-D集計します

異なるワークシート上の同じ位置にある同じレイアウトの表では、一度に表全体を3-D集計できます。数式を確定するときに、Ctrlキーを押しながらEnterキーを押すことがポイントです。

1 セルB3〜B5をドラッグして選択

2 [ホーム]タブの[合計]をクリック

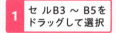

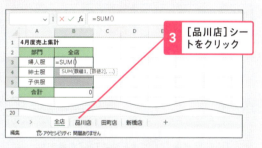

3 [品川店]シートをクリック

ワークシートが切り替わった

4 セルB3をクリックして選択

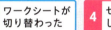

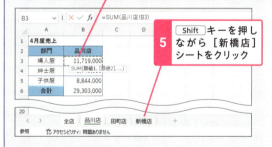

5 Shiftキーを押しながら[新橋店]シートをクリック

6 Ctrl + Enter キーを押す

表が集計された

374

365 / 2024 / 2021 / 2019　サンプル
お役立ち度 ★★★

Q レイアウトの異なる表を1つの表にまとめられる？

A ［データ］タブの［統合］機能を使います

［統合］の機能を使うと、位置や見出しの項目が異なる複数の表のデータを統合できます。元の表から列見出しや行見出しのすべての項目が漏れなく列挙され、各表の同じ項目同士が自動的に集計されます。集計方法は、合計のほか、データの個数や平均などを指定できます。

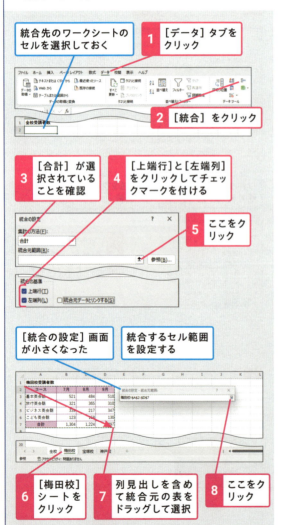

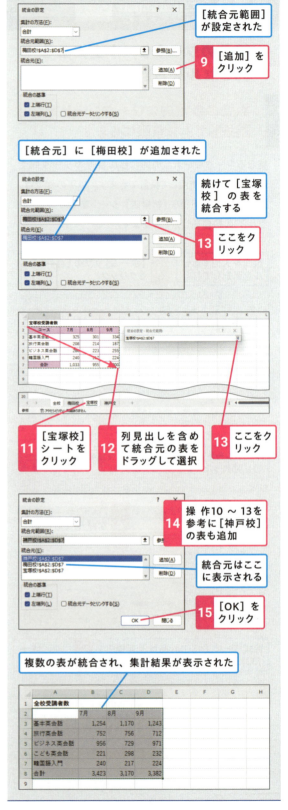

375 統合先のデータを最新の状態に保つには

A [統合の設定] 画面で統合元データとリンクします

ワザ374のように複数の表を統合するときに [統合元データとリンクする] を設定しておくと、統合先の集計表にアウトラインが作成されます。折り畳まれたセルには、統合元のセルの値が表示されます。その値は統合元にリンクしており、統合元のデータを変更すると、即座に集計表が更新されます。

ワザ374を参考に [統合の設定] 画面を表示しておく

1 ここをクリックしてチェックマークを付ける
2 [OK] をクリック

統合先シートにアウトラインが設定された

13 ここをクリック

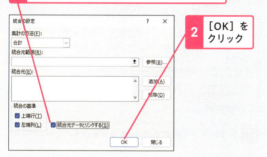

統合元のデータが表示された

376 特定の項目だけを統合するには

A 列見出しと行見出しに項目名を入力しておきます

特定の項目だけを指定した順序で統合したい場合は、あらかじめ列見出しと行見出しに項目名を入力した表を作成しておくと、入力した項目名を基準に統合できます。その場合、元の表の合計を統合すると結果が合わなくなるので、別途SUM関数で計算しましょう。

見出しを入力した表を作成し、統合する範囲を選択して、ワザ374と同様に [統合] を実行する

	A	B	C	D	E
1	全校受講者数				
2	コース	7月	8月	9月	
3	基本英会話				
4	旅行英会話				
5	ビジネス英会話				
6	合計				

見出しに入力した項目名を基準に統合が行われた

	A	B	C	D	E
1	全校受講者数				
2	コース	7月	8月	9月	
3	基本英会話	1,254	1,170	1,243	
4	旅行英会話	752	756	712	
5	ビジネス英会話	956	729	971	
6	合計	=SUM(B3:B5)			

1 セルB6に「=SUM(B3:B5)」と入力

統合した項目の合計を求められた

セルC6とD6にも数式をコピーしておく

	A	B	C	D	E
1	全校受講者数				
2	コース	7月	8月	9月	
3	基本英会話	1,254	1,170	1,243	
4	旅行英会話	752	756	712	
5	ビジネス英会話	956	729	971	
6	合計	2,962	2,655	2,926	

377 ほかのブックのセルを参照したい

Q ほかのブックのセルを参照したい

A 数式入力中にブックを切り替えて参照します

数式の入力中に、ほかのブックに切り替えてセルをクリックすると、そのセル参照を数式に入力できます。ほかのブックのセルは「[ブック名] ワークシート名!セル番号」で表されます。なお、ワザ160を参考にリンク貼り付けを実行しても、ほかのブックのセルを参照できます。

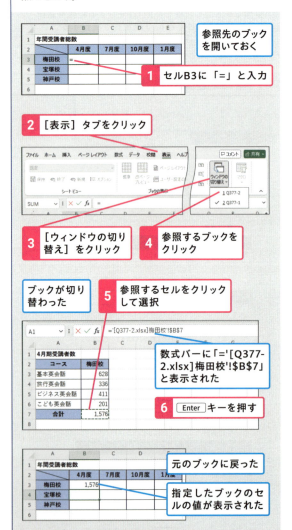

378 ブックを開いたら「リンクの自動更新が無効にされました」と表示された！

Q ブックを開いたら「リンクの自動更新が無効にされました」と表示された！

A [コンテンツの有効化]をクリックします

参照先のブックが閉じている状態で、そのブックを参照する別のブックを開くと、セキュリティ保護のためリンクの自動更新が無効になります。以下のように操作すると自動更新が有効になり、開いたブックに参照先のデータを反映できます。

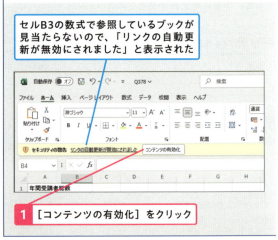

🚀 ステップアップ

ブック間のリンクのメリットとデメリット

リンクを利用すると、データを1つのブックで一元管理できます。複数のブックに同じデータを入力する手間が省け、修正漏れによるデータの不整合を防止できる点がメリットです。

ただし、リンク先のブックを削除したり、保存場所やブック名を変えたりすると、正しく参照できません。どのブックにリンクしているのか、どこに保存しているのか、管理し続けるのは案外大変で、管理の煩わしさによるデメリットのほうが大きくなりかねません。メリットとデメリットを理解して、リンクを使うかどうかを検討しましょう。

エラーに対処する

誤った数式を実行すると、セルに「#NAME?」などのエラー値が表示されることがあります。ここでは、エラー値が表示されたり、思い通りの計算結果が得られなかったりした場合に発生する「困った」を解決していきましょう。

379 お役立ち度 ★★★ 365 2024 2021 2019 サンプル

Q 「#」で始まる記号は何？

A エラーの種類を表す「エラー値」の先頭に付く記号です

数式の結果を正しく表示できない場合、セルに「#」で始まる記号が表示されます。この記号は発生したエラーの種類を示すもので、「エラー値」と呼ばれます。エラー値の意味を理解し、エラーの対処に役立てましょう。

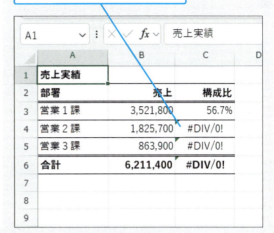

計算結果にエラーがあると、「#」で始まる文字列が表示される

■エラー値とその原因

エラー値	エラーの原因
#VALUE!	四則演算の対象となるセルに文字列が入力されている 数値を指定すべき引数に文字列を入力した場合など、関数の引数に間違ったデータを指定している
#DIV/0!	数式で、0による除算が行われている
#NAME?	関数名が間違っている 定義されていない名前を使っている 数式中の文字列を「"」（ダブルクォーテーション）で囲み忘れている セル範囲の参照に「:」（コロン）を入力し忘れている
#N/A	VLOOKUP関数などの検索関数で、検索範囲に検索値が見つからない 配列数式が入力されているセルの数が、配列数式が返す結果の数より多い
#REF!	数式で参照しているセルが削除されている
#NUM!	数式の計算結果がExcelで処理できる数値の範囲を超えている 引数に数値を指定する関数に不適切な値を使っている
#NULL!	「B3:B6 C3:C6」のように空白文字を挟んで指定した2つのセル範囲に共通部分がない
####	セル幅より長い数値、日付、時刻が入力されている 数式で求めた日付や時刻が負の数値になっている
#CALC!	動的配列数式の結果が空の配列となる
#SPILL!	スピル機能により自動補完されるセルに、別のデータが入力されている

関連 380 エラーの原因を探すには　P.196

380

365 | 2024 | 2021 | 2019
お役立ち度 ★★★
サンプル

Q　エラーの原因を探すには

A　緑のマークをクリックしてエラーチェックオプションを確認します

数式にエラーがあると、セルの左上に「エラーインジケーター」と呼ばれる緑のマークが表示されます。セルを選択し、[エラーチェックオプション]ボタンをクリックすると、メニューが表示され、そのメニューからヘルプを参照したり、計算の過程を表示したりしてエラーの原因を探ることができます。

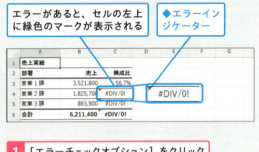

1　[エラーチェックオプション]をクリック

エラーに関するメニューが表示されるので、目的の項目をクリックする

381

365 | 2024 | 2021 | 2019
お役立ち度 ★★

Q　エラーのセルを検索するには

A　[数式]タブの[エラーチェック]ボタンを使います

[数式]タブの[エラーチェック]ボタンをクリックすると、[エラーチェック]画面が表示され、ワークシート上のエラーのセルを順に検索できます。巨大な表の中のエラーを探したいときに便利です。

382

365 | 2024 | 2021 | 2019
お役立ち度 ★★★
サンプル

Q　数式が正しいのに緑色のマークが付いた！

A　間違いがなければそのままでかまいません

エラーインジケーターは、エラーが発生したセルだけではなく、間違いの可能性がある数式のセルにも表示されます。エラーインジケーターが表示されたときは、間違いの有無を確認し、間違いがあれば修正しましょう。数式に間違いがないときは、エラーインジケーターをそのまま表示しておいても特に差し支えありません。ワークシートの印刷時にも、エラーインジケーターは印刷されません。しかし、気になるようなら、以下の手順で操作するとエラーインジケーターを非表示にできます。

計算結果が正しいのに緑色のマーク（エラーインジケーター）が表示された

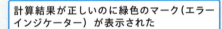

1　エラーを確認するセルをドラッグ

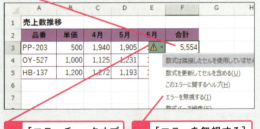

2　[エラーチェックオプション]をクリック

3　[エラーを無視する]をクリック

エラーインジケーターが消える

ショートカットキー　[エラーチェック]ボタンの内容を表示
Alt + Shift + F10

383 [365/2024/2021/2019] お役立ち度 ★★★

Q 無視したエラーを
もう一度確認したい

A [Excelのオプション] で [無視したエラーのリセット] を行います

ワザ382の操作でエラーインジケーターを非表示にしたあとで、エラーの内容を再確認する場合は、[Excelのオプション] 画面の [数式] で [無視したエラーのリセット] ボタンをクリックすると再表示できます。

---

384 [365/2024/2021/2019] サンプル お役立ち度 ★★☆

Q 手軽に数式を検証する方法はある?

A 検証する部分を選択すると計算結果が表示されます

数式を部分的に選択すると、その計算結果が表示されます。数式を手軽に検証できるので便利です。Excel 2019では、部分的に選択した後、F9キーを押すと計算結果を確認できます。確認が済んだら、Escキーを押すと元の数式に戻せます。

① 数式が入力されたセルを選択しておく
① 数式を検証する部分をドラッグして選択
→ 7384900
→ =SUM(D3:D5)/SUM(C3:C5)

	A	B	C	D	E
1	PJ205プリンター　小売状況				
2	販売店	小売価格	販売数	売上金額	
3	Aデパート	¥35,000	26	¥910,000	
4	B電気	¥28,900	97	¥2,803,300	
5	Cカメラ	¥26,800	137	¥3,671,600	
6					
7		平均小売価格		D5)/SUM(	

計算結果が表示された
検証を解除して元の状態に戻す
② Escキーを押す

---

385 [365/2024/2021/2019] サンプル お役立ち度 ★★☆

Q 複雑な数式の計算過程を調べるには

A [数式の検証] を利用して数式を1段階ずつ計算します

以下のように操作して [数式の検証] を利用すると、計算の過程を、1段階ずつ順を追って確認できます。数式の結果が思い通りにならない場合などに利用すると便利です。なお、エラーが発生したセルでは、[エラーチェックオプション] ボタンの一覧にある [計算の過程を表示] をクリックしても、数式の検証を行えます。

数式の入力されたセルを選択しておく

① [数式] タブをクリック
② [数式の検証] をクリック

[数式の検証] 画面が表示された
ここに数式が表示される

参照セル(R): Sheet1!$D$7
検証(V): SUM(D3:D5)/SUM(C3:C5)

③ [検証] をクリック
下線部分の計算が検証される

計算結果が表示された
続けて [検証] をクリックすると現在の下線部分が計算される

参照セル(R): Sheet1!$D$7
検証(V): 7384900/SUM(C3:C5)

検証が終わったら [閉じる] をクリックする

386

[365] [2024] [2021] [2019] サンプル
お役立ち度 ★★★

Q 計算に関わっているセルを
ひと目で確認したい

A 数式が入力されたセルを選択して
[参照元のトレース]を実行します

数式が入力されたセルを選択して[参照元のトレース]を実行すると、トレース矢印が表示され、数式に関連するセルを視覚でチェックできます。数式が入力されているセルには矢先が表示され、数式で使用されているセルには丸い印が表示されます。目的通りのセルを使用して計算が行われているかどうかをひと目で検証できるので便利です。

1 数式が入力されているセルE4を選択

2 [数式] タブをクリック

3 [参照元のトレース] をクリック

トレース矢印が表示された

セルE4の数式がセルC4とセルD4を参照していることが分かる

4 再度 [参照元のトレース] をクリック

間接的に参照しているセルにトレース矢印が表示された

トレース矢印を非表示にするには、[数式]タブの[トレース矢印の削除]をクリックする

387

[365] [2024] [2021] [2019] サンプル
お役立ち度 ★★★

Q 特定のセルから影響を受ける
セルを調べられる?

A データが入力されたセルを選択して
[参照先のトレース]を実行します

[参照先のトレース]を実行すると、指定したセルを使って計算しているセルを調べられます。複数回実行すれば、階層的にトレース矢印が追加され、計算の流れを追うことができます。意図した通りの流れになっているか調べたいときや、データを削除した場合にどのセルに影響があるかを調べたいときなどに役に立ちます。

1 消費税が入力されているセルE1を選択

2 [数式] タブをクリック

3 [参照先のトレース] をクリック

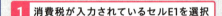

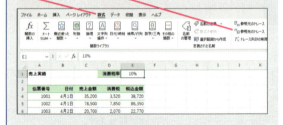

トレース矢印が表示された

セルE1の消費税を使って計算しているセルが分かる

4 再度 [参照先のトレース] をクリック

間接的に参照しているセルにトレース矢印が表示された

388 [365][2024][2021][2019] お役立ち度 ★★★

Q 循環参照のエラーが表示されたときは？

A メッセージを閉じてから数式を修正します

循環参照のエラーは、セルに入力した数式がそのセル自身を直接、または、間接的に参照したことによるエラーです。循環参照を含む数式を入力すると、警告のメッセージが表示されるので、[OK]ボタンをクリックしてメッセージを閉じ、数式を修正しましょう。

[OK]をクリックしてメッセージを閉じ、数式を修正する

389 [365][2024][2021][2019] お役立ち度 ★★

Q 数値が入力されているのに計算結果がおかしい

A 表示形式が[文字列]になっていないか確認します

表示形式として[文字列]を設定したセルに、文字列として入力された数値は、四則演算などの単純な計算では、基本的に数値と見なされて正しく計算されます。しかし、複雑な数式では意図する結果は得られません。例えば、文字列として入力された数値をSUM関数で合計すると結果は「0」に、AVERAGE関数で平均を計算すると結果はエラー値になることがあります。数値の計算結果がおかしいときは、その数値が文字列として入力されていないかどうか、確認してみましょう。

関連 390 文字列として入力された数字を数値データに変換したい P.199

390 [365][2024][2021][2019] お役立ち度 ★★ サンプル

Q 文字列として入力された数字を数値データに変換したい

A エラーチェックオプションで表示されるメニューをクリックします

ほかのソフトウェアからコピーした数値が、文字列としてセルに貼り付けられてしまうことがあります。文字列のままではSUM関数などで計算しても、正しい結果になりません。そのようなときは、文字列データを数値に変換しましょう。そうすれば正しく計算できるようになります。

合計が正しく計算できない｜①数値に変換するセル範囲をドラッグして選択

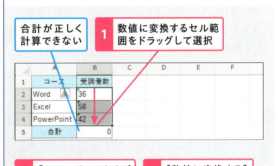

②[エラーチェックオプション]をクリック｜③[数値に変換する]をクリック

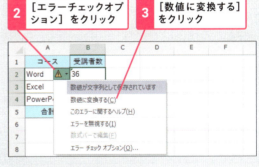

セル範囲の数字が数値データに変換された｜正しい合計が表示された

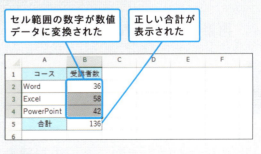

関連 380 エラーの原因を探すには P.196

391 | 365 | 2024 | 2021 | 2019 | サンプル
お役立ち度 ★★★

Q データを変更したとき計算結果の更新に時間が掛かるときは

A ［計算方法の設定］で計算方法を［手動］に設定します

Excelでは、セルのデータを変更するたびに、開いているブックの数式が自動的に計算し直されます。この機能を「再計算」と言います。多くの数式が入力されている場合、データを変更するたびに再計算が行われ、非常に時間が掛かります。これを解決するには、計算方法を［手動］に変更して、データを入力しても再計算が行われないようにしましょう。すべてのデータを変更した後で F9 キーを押すと、データを一括して再計算できます。

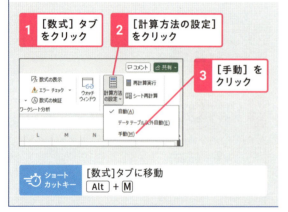

1. ［数式］タブをクリック
2. ［計算方法の設定］をクリック
3. ［手動］をクリック

ショートカットキー ［数式］タブに移動 Alt + M

---

392 | 365 | 2024 | 2021 | 2019
お役立ち度 ★★★

Q 再計算が行われないときは

A F9 キーを押して再計算を実行しましょう

データを変更しても再計算が行われない場合は、そのブックの計算方法が［手動］に設定されています。F9 キーを押して手動で再計算するか、ワザ391を参考に、計算方法を［自動］に切り替えましょう。

---

393 | 365 | 2024 | 2021 | 2019 | サンプル
お役立ち度 ★★

Q セルに計算結果ではなく数式を表示したい

A ［数式］タブをクリックして［数式の表示］を実行します

［数式の表示］を実行すると、列の幅が自動で広がり、数式を入力したセルに計算結果ではなく数式自体が表示されます。表に入力したすべての数式をまとめてチェックできるので便利です。数式を表示した状態のままで、数式の修正もできます。［数式の表示］を終了すると列の幅は元に戻り、計算結果の表示に戻ります。［数式の表示］の実行中に数式を修正した場合は、修正後の計算結果が表示されます。

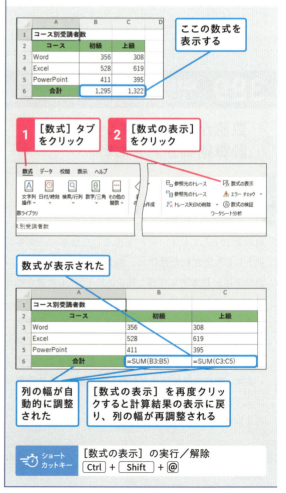

ここの数式を表示する

1. ［数式］タブをクリック
2. ［数式の表示］をクリック

数式が表示された

列の幅が自動的に調整された

［数式の表示］を再度クリックすると計算結果の表示に戻り、列の幅が再調整される

ショートカットキー ［数式の表示］の実行／解除 Ctrl + Shift + @

394 表示形式を設定した数値の計算結果が合わないときは

A ROUND関数を使って端数を処理します

表示形式を設定して小数点以下を非表示にしても、実際に入力されている数値で計算されます。したがって、小数点以下の表示けた数を減らした場合、計算結果が見ための結果と合わないことがあります。金額計算のように正確さが求められる計算では、数値を整数化する目的で安易に小数点表示のけた下げをせず、ワザ412で解説する「ROUND関数」などを使ってきちんと端数を処理しましょう。なお、ROUND関数を使うのが面倒な場合など、どうしても表示されている数値の通りに計算したい場合は［Excelのオプション］画面の［詳細設定］タブで、［表示桁数で計算する］にチェックマークを付けることで対応できます。

金額を0.97倍して割引額を求め、合計値を算出する

セルB2〜B4を選択しておく
1 ［ホーム］タブをクリック

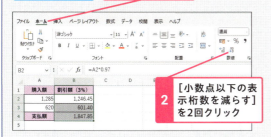

2 ［小数点以下の表示桁数を減らす］を2回クリック

合計値の計算が合わなくなる

ROUND関数などを使って端数を処理をしてから計算し直す

395 「1.2-1.1」の計算結果は0.1にならない？

A 2進法で小数を正確に表現できないため、誤差が生じます

Excelに「1.2-1.1」を計算させると、その結果は「0.1」と正しく表示されます。ところが、そのセルを選択して［小数点以下の表示桁数を増やす］ボタン（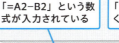）を繰り返しクリックすると、「0.0999……」という表示に変わります。これは、パソコンの世界で用いられる2進法で、小数を正確に表現できないことによる誤差です。IF関数で比較したときに想定外の結果を招くこともあるので注意してください。

「=A2-B2」という数式が入力されている

「=IF(C2=D2,"正しい","正しくない")」と入力されている

［ホーム］タブの［小数点以下の表示桁数を増やす］をクリックしてけたを上げていくと誤差が生じる

396 大きい数値の計算にも誤差が生じるの？

A 16けた以上の計算で誤差が生じることがあります

Excelでは、小数の計算のほかに、大きい数値の計算でも誤差が生じることがあります。これは、Excelの有効けた数が15けたであるためです。この制限のため、16けた以上の計算をExcelで正確に行うことはできません。また、この誤差を防ぐこともできません。

第7章 説得力を高める関数・数式の応用ワザ

関数を入力する

関数の使い方を覚えると、Excelを一層便利に使えるようになります。ここでは、関数の用途や使い道を詳しく紹介します。また、Excel 2024から追加された新しい関数も紹介します。

---

397 [365] [2024] [2021] [2019] お役立ち度 ★★★ サンプル

Q 関数とは

A 複雑な計算を1つの数式で記述する仕組みです

関数とは、面倒な計算や複雑な計算を1つの数式で簡潔に記述できるように登録された計算の仕組みです。例えば、1行目のB列からU列までのセルの数値20個の合計を求めるとき、

=B1+C1+D1+E1+……+T1+U1

上記のように20個のセル番号を入力するのは大変です。ところがSUM関数を使えば、下記の数式で済みます。

=SUM(B1:U1)

関数の基本的な構文は次の通りです。

=関数式(引数1, 引数2, …)

引数（ひきすう）とは、関数の計算に使用するデータです。関数によって、指定すべき引数の内容や数は異なります。

普通に計算すると	関数を使うと
=B3+C3+D3	=SUM(B3:D3)

---

398 [365] [2024] お役立ち度 ★★☆ サンプル

Q 新しく追加された関数はあるの？

A Excelのバージョンごとに新しく追加されています

Microsoft 365では不定期に、Excelではバージョンが上がるごとに新関数が追加され、複雑な計算や処理が簡単に行えるようになっています。最近の傾向としては、新関数はまずMicrosoft 365に追加され、Excelのバージョンが上がるタイミングで新バージョンのExcelにも追加されます。

新関数は、追加される以前のバージョンのExcelでは使用できません。新関数を使用したブックを古いバージョンで開いて再計算すると、セルに「#NAME?」エラーが表示されます。同じブックを複数のバージョンで使用する場合は注意しましょう。

■Excel 2024で追加された主な関数

関数	参照ワザ
グループバイ GROUPBY	433
ピボットバイ PIVOTBY	434
ラムダ LAMBDA	435
テキストビフォー TEXTBEFORE	464
テキストアフター TEXTAFTER	464
テキストスプリット TEXTSPLIT	467

399 365 2024 2021 2019 お役立ち度 ★★

Q 新しい関数と互換性関数の
どちらを使えばいいの？

A 旧バージョンと共有する場合は
互換性関数を使いましょう

Excelの新しいバージョンに、従来の関数の機能を進化させた新関数が追加されることがあります。新関数の基になった従来の関数は、下位バージョンとの互換性を維持するために「互換性関数」として新しいバージョンにも残されています。新関数は以前のバージョンでは使用できないので、以前のバージョンと共通で使用するブックの場合は互換性関数を使いましょう。新しいバージョンのみで使用するブックでは、新関数を使用するといいでしょう。

400 365 2024 2021 2019 お役立ち度 ★★ サンプル

Q 数式バーにすべての数式を
表示するには

A ［数式バー］ボタンを
クリックして広げます

複数行に渡る長い数式を入力したときは、数式バーを広げましょう。［数式バー］ボタン（⌄）をクリックするごとに、数式バーが広がった状態と1行の状態を切り替えられます。

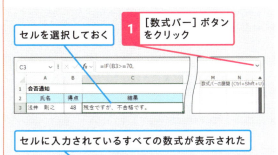

401 365 2024 2021 2019 お役立ち度 ★★★ サンプル

Q 関数の入力時に「#NAME?」
と表示された！

A 関数名などにスペルミスがないか
確認します

関数を入力したセルに「#NAME?」と表示される場合は、関数名にスペルミスがないか、また、下位のバージョンのExcelでは使用できない関数を使用していないか確認しましょう。

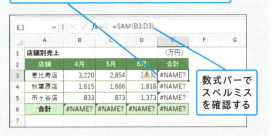

🎵 ステップアップ

ブックを開いたときに再計算される関数とは？

NOW（ナウ）、TODAY（トゥデイ）、RAND（ランド）、INDIRECT（インダイレクト）の各関数は、ブックを開いたときに自動的に再計算が行われます。このような関数を「自動再計算関数」と呼びます。自動再計算関数を入力したブックは、開いただけで再計算されるので、変更を加えたつもりがなくても、ブックを閉じるときに「変更内容を保存しますか？」という保存確認のメッセージが表示されることがあります。

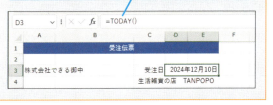

402 関数はどうやって入力するの？

Q 関数はどうやって入力するの？

A 数式バーの左側または［数式］タブの［関数の挿入］機能を使います

関数は直接セルに手入力するほか、専用の画面で入力できます。Excelでは、専用の画面を表示する方法が複数用意されています。以下の手順のほか、［数式］タブの［関数の挿入］ボタンをクリックしても、［関数の挿入］画面を表示できます。

1 ［関数の挿入］画面を表示する

- セルB3～D3の合計を求める
- 合計を求めるときはSUM関数を使う
- 関数を入力するセルを選択しておく
- **1** ［関数の挿入］をクリック

2 関数の分類から目的の関数を選択する

- ［関数の挿入］画面が表示された
- **1** ここをクリック
- 関数の分類が表示される
- **2** ［数学/三角］をクリック
- 選択した分類の関数が一覧表示された

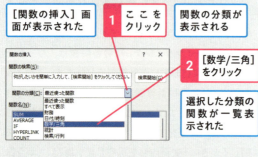

- **3** ここを下にドラッグしてスクロール
- **4** ［SUM］をクリック
- **5** ［OK］をクリック

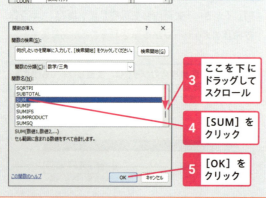

3 引数を設定する

- ［関数の引数］画面が表示された
- 引数を指定する
- **1** ここをクリック

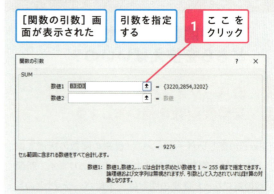

- ［関数の引数］画面が最小化された
- **2** 引数に指定する範囲をドラッグして選択
- **3** ここをクリック

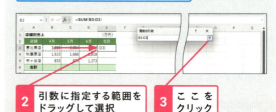

- 選択したセル範囲が引数に設定された
- さらに合計するセル範囲を指定する場合は、手順3の操作1～3を参考に指定する
- **4** ［OK］をクリック

4 関数が入力された

- SUM関数が入力され、セルB3～D3の合計が表示された
- 入力された関数が表示される

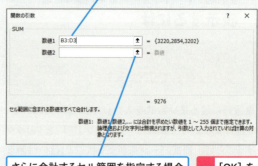

403 365 2024 2021 2019 サンプル
お役立ち度 ★★

Q どの関数を使ったらいいか分からない

A [関数の挿入]画面でキーワードから関数を探せます

どの関数を使ったらいいか分からないときは、まず数式バーの[関数の挿入]ボタン（f_x）をクリックします。[関数の挿入]画面が表示されるので、キーワードを入力して関数を検索します。

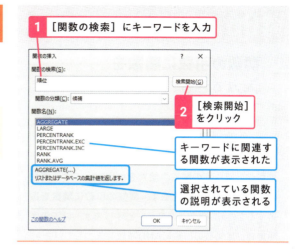

1 [関数の検索]にキーワードを入力
2 [検索開始]をクリック
キーワードに関連する関数が表示された
選択されている関数の説明が表示される

404 365 2024 2021 2019 サンプル
お役立ち度 ★★★

Q もっと手早く関数を入力したい

A [数式]タブにある個別の関数のボタンを使います

[数式]タブの[関数ライブラリ]グループに、[論理][文字列操作][日付/時刻]など、関数の分類がボタンとして用意されています。これらのボタンを使うと、ワザ402を参考に引数を指定するだけで関数を即座に入力できます。

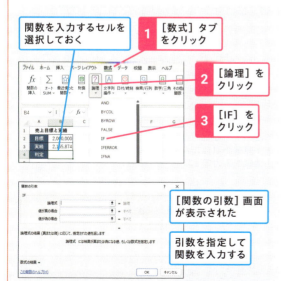

関数を入力するセルを選択しておく
1 [数式]タブをクリック
2 [論理]をクリック
3 [IF]をクリック
[関数の引数]画面が表示された
引数を指定して関数を入力する

405 365 2024 2021 2019 サンプル
お役立ち度 ★★

Q 関数を直接入力したい

A セルを選択して「=」に続けて入力します

入力モードを[半角英数]にして、「=」に続けて関数の先頭文字を入力すると、入力した文字で始まる関数が一覧表示されます。一覧から関数を選択して、自動表示される関数の構文を見ながら引数を入力すれば、関数を簡単に入力できます。

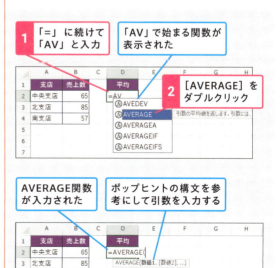

1 「=」に続けて「AV」と入力
「AV」で始まる関数が表示された
2 [AVERAGE]をダブルクリック
AVERAGE関数が入力された
ポップヒントの構文を参考にして引数を入力する

406 関数の引数に関数を入力できる?

365 2024 2021 2019 サンプル
お役立ち度 ★★

Q 関数の引数に関数を入力できる?

A 「関数のネスト」で関数を引数として指定できます

関数の計算に別の関数の結果を使用するには、関数の引数に関数を指定します。関数の引数に関数を指定することを「関数のネスト」と呼びます。以下の手順では、IF関数の引数にAND関数を入力しています。AND関数はワザ402で解説した［関数の挿入］画面を使って入力していますが、IF関数の引数欄に直接AND関数を手入力してもかまいません。

もし［性別］が「女」かつ［年齢］が40以上であれば「発送」、そうでなければ「―」と表示する

1 引数に関数を指定する

| IF関数の［関数の引数］画面を表示しておく | IF関数の引数にAND関数を入力する |

1 関数を入力する引数の入力ボックスをクリック

2 ネストする関数を指定する

1 ここをクリック　2 ［その他の関数］をクリック

3 関数を入力する

［関数の挿入］画面が表示された

1 ここをクリックして［論理］を選択

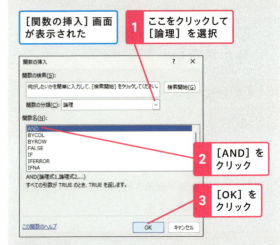

2 ［AND］をクリック

3 ［OK］をクリック

AND関数の［関数の引数］画面が表示された

4 引数をそれぞれ入力

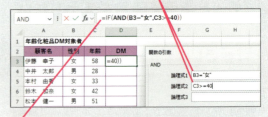

5 ［IF］をクリック

4 関数の入力を終了する

IF関数の［関数の引数］画面が表示された

引数にAND関数が入力されたことを確認する

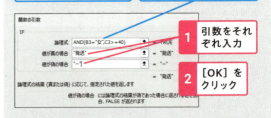

1 引数をそれぞれ入力

2 ［OK］をクリック

IF関数の引数にAND関数を入力できた

結果が表示された

数値の計算をする

関数を利用すれば、面倒な数値の計算も簡単に行えるほか、データの個数を数えたり、条件を満たすデータのみを計算したりすることができます。ここでは、数値計算に関する疑問を解決しましょう。

407 365 2024 2021 2019 お役立ち度 ★★★ サンプル

Q データの個数を数えるには？

A COUNT関数やCOUNTA関数を使います

データの個数を数える関数で、ぜひ覚えておきたいのが「COUNT（カウント）関数」と「COUNTA（カウントエー）関数」の2つです。COUNT関数は数値データを数えるのに対し、COUNTA関数は空白でないセルを数えます。以下の例のように、申請金額を払っている人の数を計算するときは数値データのセルを数えるCOUNT関数を使いますが、申請リストに登録されている全体の人数を求めるには、COUNTA関数を使います。

COUNT(値1, 値2, … 値255)
指定した範囲にある数値の個数を求める

COUNTA(値1, 値2, … 値255)
指定した範囲にある空白以外のセルの個数を求める

申請金額を払った人数と総人数を求める

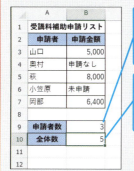

◆=COUNT(B3:B7)
セルB3～B7で数値が入力されているセルの数が求められる

◆=COUNTA(B3:B7)
セルB3～B7で空白ではないセルの数が求められる

408 365 2024 2021 2019 お役立ち度 ★★★ サンプル

Q 平均値、最大値、最小値を求めるには

A AVERAGE、MAX、MINなどの関数があります

数値の平均を求めるには「AVERAGE（アベレージ）関数」、最大値を求めるには「MAX（マックス）関数」、最小値を求めるには「MIN（ミニマム）関数」を使用します。以下の例では、売上高のデータから平均値と最大値、最小値を求めています。

AVERAGE(数値1, 数値2, … 数値255)
指定した範囲にある数値の平均を求める

MAX(数値1, 数値2, … 数値255)
指定した範囲にある数値の最大値を求める

MIN(数値1, 数値2, … 数値255)
指定した範囲にある数値の最小値を求める

平均値、最大値、最小値を求める

◆=AVERAGE(B3:B7)
セルB3～B7の平均を求める

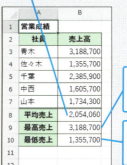

◆=MAX(B3:B7)
セルB3～B7の最大値を求める

◆=MIN(B3:B7)
セルB3～B7の最小値を求める

409 データの増減に自動的に対応して合計するには

A 引数に「列番号:列番号」のように指定します

SUM関数やCOUNTA関数でデータを集計するときに、データの増減に対応できるようにするには、引数に「A:A」のように「列番号:列番号」と指定します。なお、以下の例で受注件数を求めるときにCOUNTA関数の結果から1を引いているのは、セルA1に入力された見出しをカウントから除外するためです。

SUM(値1, 値2, … 値255)
指定した範囲にある数値の個数を求める

COUNTA(値1, 値2, … 値255)
指定した範囲にある空白以外のセルの個数を求める

表にある受注件数の合計と総受注金額を求める

◆=COUNTA(A:A)-1

	A	B	C	D	E	F	G
1	受注番号	受注金額		受注件数	受注金額		
2	JP1001	19,901		4	96,878		
3	JP1002	70,714					
4	JP1003	6,263					
5	JP1004						

◆=SUM(B:B)

1 受注番号を入力 **2** Tab キーを押す

受注件数が自動的に計算し直され、「4」になった

	A	B	C	D	E	F	G
1	受注番号	受注金額		受注件数	受注金額		
2	JP1001	19,901		4	127,485		
3	JP1002	70,714					
4	JP1003	6,263					
5	JP1004	30,607					
6							

3 受注金額を入力 **4** Enter キーを押す

総受注金額が自動的に計算し直され、「127,485」になった

---

410 累計を求めたい

A 合計範囲の始点を絶対参照、終点を相対参照で指定します

SUM関数は、指定した範囲内の合計値を求める関数ですが、引数にひと工夫すれば、数式をコピーして簡単に累計値を求められます。例えば、以下の例のように、売上数の累計を計算する場合、セルC2に「=SUM($B$2:B2)」と入力しましょう。このとき、開始セルのB2を絶対参照にすることがポイントです。この数式を、累計を求めたいセルC5までコピーすると、引数に指定したセル範囲が「$B$2:B3」「$B$2:B4」……と変化していきます。開始セルはそのままに、終了セルの行番号が変わっていくため、売上数の累計が正しく求められます。

SUM関数を使って売上数の累計を求める

1 セルC2をクリックして選択

セルB2を絶対参照にして、セルB2からセルB2〜B5までの合計を求める

2 「=SUM($B$2:B2)」と入力

3 Enter キーを押す

4 セルC2をクリックして選択

5 フィルハンドルにマウスポインターを合わせる

マウスポインターの形が変わった

6 セルC5までドラッグ

累計が求められた

◆=SUM($B$2:B2)
◆=SUM($B$2:B3)
◆=SUM($B$2:B4)

411

365 | 2024 | 2021 | 2019　サンプル
お役立ち度 ★★★

Q 順位を求めるには

A RANK.EQ関数で昇順・降順にした場合の順位が求められます

数値のセルの範囲の中で、個々の数値が何番目の順位に当たるのかを求めるには、RANK.EQ（ランク・イコール）関数を使います。以下の例のように、数値の大きい順に順位付けするなら、3番目の引数は省略できます。

RANK.EQ(数値, 範囲, 順序)
指定した数値が範囲の中で何番目に当たるかを求める。順序に0を指定するか省略すると大きい順、1を指定すると小さい順になる

得票数の順位を求める

1 セルC3をクリックして選択

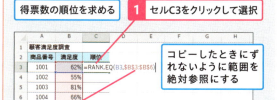

コピーしたときにずれないように範囲を絶対参照にする

2 「=RANK.EQ(B3,$B$3:$B$6)」と入力

3 Enter キーを押す

4 セルC3をクリックして選択

5 フィルハンドルにマウスポインターを合わせる

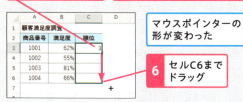

マウスポインターの形が変わった

6 セルC6までドラッグ

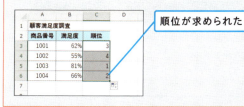

順位が求められた

412

365 | 2024 | 2021 | 2019　サンプル
お役立ち度 ★★★

Q 数値を指定したけたで四捨五入したい

A ROUND関数で四捨五入するけた数を引数で指定します

数値を四捨五入したいときは、「ROUND（ラウンド）関数」を使用します。四捨五入するけたは、引数[けた数]で決まります。小数点以下を四捨五入したい場合は、四捨五入後の数値の小数部のけた数を指定します。例えば[数値]が「123.456」の場合、[けた数]を「0」とすると結果は整数の「123」、「2」とすると結果は「123.46」となります。また、[けた数]に負の数を指定すると、整数部分が四捨五入されます。例えば、「100円未満の端数を除きたい」というようなときは、[けた数]に「-2」を指定します。

ROUND(数値, けた数)
指定した数値を指定したけた数で四捨五入する

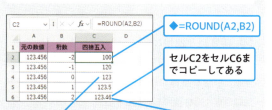

◆=ROUND(A2,B2)

セルC2をセルC6までコピーしてある

けた数に「0」と入力すると、整数になるように四捨五入される

けた数に「2」と入力すると、小数点以下が2けたになるように四捨五入される

■[けた数]の指定方法（[数値]に「1234.5678」を指定した場合）

けた数	関数の結果	端数処理するけた
-2	1200	百の位より下
-1	1230	十の位より下
0	1234	一の位より下
1	1234.5	小数点第1位より下
2	1234.56	小数点第2位より下

413 数値を指定したけたで切り上げたい

Q 数値を指定したけたで切り上げたい

A ROUNDUP関数で切り上げするけた数を指定します

数値の切り上げには「ROUNDUP（ラウンドアップ）関数」を使用します。切り上げを行うけたは、引数［けた数］で指定します。例えば、「0」を指定すると数値を整数に切り上げます。その他の指定方法はワザ412を参照してください。

ROUNDUP(数値, けた数)
指定した数値を指定したけた数で切り上げる

◆=ROUNDUP(A2,B2)
セルA2をセルB2で指定したけた数「-2」で切り上げている

	A	B	C	D	E	F
1	元の数値	桁数	切り上げ			
2	123.456	-2	200			
3	123.456	-1	130			
4	123.456	0	124			
5	123.456	1	123.5			
6	123.456	2	123.46			
7						

414 数値を指定したけたで切り下げたい

Q 数値を指定したけたで切り下げたい

A ROUNDDOWN関数で切り下げするけた数を指定します

数値の切り下げには「ROUNDDOWN（ラウンドダウン）関数」を使用します。切り下げを行うけたは、引数［けた数］で指定します。例えば、「0」を指定すると数値を整数に切り下げます。その他の指定方法はワザ412を参照してください。

ROUNDDOWN(数値, けた数)
指定した数値を指定したけた数で切り下げる

◆=ROUNDDOWN(A2,B2)
セルA2をセルB2で指定したけた数「-2」で切り捨てている

	A	B	C	D	E	F
1	元の数値	桁数	切り捨て			
2	123.456	-2	100			
3	123.456	-1	120			
4	123.456	0	123			
5	123.456	1	123.4			
6	123.456	2	123.45			
7						

415 税込価格から本体価格を求めるには？

Q 税込価格から本体価格を求めるには？

A 税込価格を「1＋消費税率」で割り算します

税込価格を「1＋消費税率」で割れば、本体価格が求められます。「消費税の端数は切り捨て」というルールの場合、税込価格から本体価格を逆算するときに発生する端数は、ROUNDUP関数で切り上げます。

ROUNDUP(数値, けた数)
指定した数値を指定したけた数で切り上げる

◆=ROUNDUP(B2/(1+C2),0)
セルB2の税込価格から消費税を割り戻して1円未満を切り上げている

	A	B	C	D
1	商品名	税込価格	消費税	本体価格
2	苺ケーキM	¥3,800	8%	¥3,519
3	苺ケーキL	¥4,600	8%	¥4,260
4	キャンドル	¥220	10%	¥200
5	ケーキサーバー	¥1,200	10%	¥1,091
6				

416

Q 本体価格から税込価格を求めるには？

A 本体価格に「1+消費税率」を掛けて算出します

本体価格に「1+消費税率」を掛けると、税込価格が求められます。一般的に消費税の小数点以下の端数は切り捨てることが多いので、手順ではROUNDDOWN関数を使用して小数点以下を切り捨てました。

ROUNDDOWN(数値, けた数)
指定した数値を指定したけた数で切り下げる

◆=ROUNDDOWN(B2*(1+C2),0)
セルB2の本体価格に消費税を追加して1円未満を切り捨てている

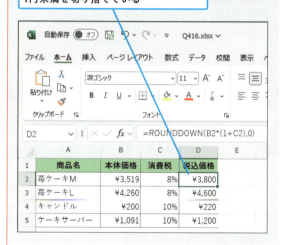

役立つ豆知識

消費税だけを求めるには

消費税込みの価格ではなく、消費税そのものの金額を求めるには、本体価格に消費税率を掛けて、端数を切り捨てます。手順の表の場合、「=ROUNDDOWN(B2*C2,0)」という数式で求められます。

417

Q 500円単位で切り上げや切り捨てをするには

A CEILING.MATH関数やFLOOR.MATH関数を使います

商品の単価を500円単位などの切りのよい数値に切り上げ／切り下げたいことがあります。「15,280」を「15,500」、「15,760」を「16,000」という具合に500円単位で切り上げるには、「CEILING.MATH（シーリング・マス）関数」を使います。また、「15,280」を「15,000」、「15,760」を「15,500」という具合に500円単位で切り下げるには、「FLOOR.MATH（フロア・マス）関数」を使用します。

2つの関数の使い方は同じです。引数［数値］に単価、［基準値］に「500」を指定します。引数［モード］は引数［数値］が負数の場合に関係するもので、正数の場合は省略してかまいません。

CEILING.MATH(数値, 基準値, モード)
指定した数値を、基準値の倍数になるように切り上げる。モードは省略可能

FLOOR.MATH(数値, 基準値, モード)
指定した数値を、基準値の倍数になるように切り捨てる。モードは省略可能

◆=CEILING.MATH(A3,500)
セルA3を500の倍数になるよう切り上げている

◆=FLOOR.MATH(A3,500)
セルA3を500の倍数になるよう切り捨てている

418 条件に一致するデータを数えたい

Q 条件に一致するデータを数えたい

A COUNTIF関数で条件を指定してカウントします

「COUNTIF（カウントイフ）関数」は、指定されたセル範囲内で、条件を満たすデータが入力されているセルを数える関数です。引数「検索条件」は、条件が数値の場合は直接指定し、文字列の場合は「"」（ダブルクォーテーション）で囲んで指定します。例えば「100」と指定すると「100」が入力されたセルを、「"関東"」と指定すると「関東」が入力されたセルをカウントできます。

COUNTIF(範囲, 検索条件)
指定した範囲から検索条件を満たすデータの数を求める

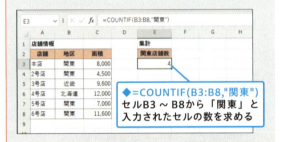

◆=COUNTIF(B3:B8,"関東")
セルB3～B8から「関東」と入力されたセルの数を求める

419 「○以上」の条件を満たすデータを数えるには

Q 「○以上」の条件を満たすデータを数えるには

A 条件に「>=」という比較演算子を使用します

COUNTIF関数では、「店舗面積が1万㎡以上の店舗の数」のように、数値の範囲を条件としてデータを数えることもできます。その場合、引数［検索条件］には、「以上」を表す比較演算子「>=」と条件の数値の「10000」を「">=10000"」のように、「"」（ダブルクォーテーション）で囲んで指定します。

COUNTIF(範囲, 検索条件)
指定した範囲から検索条件を満たすデータの数を求める

面積が1万㎡以上の店舗の数を求める

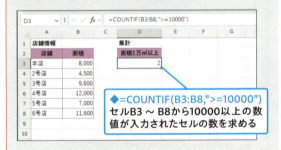

◆=COUNTIF(B3:B8,">=10000")
セルB3～B8から10000以上の数値が入力されたセルの数を求める

420 セルに入力した値を条件として利用したい

Q セルに入力した値を条件として利用したい

A 比較演算子を「"」で囲んでセル番号と連結します

COUNTIFやSUMIFなどの関数の条件指定でセルの内容を参照する場合は、比較演算子のみを「"」（ダブルクォーテーション）で囲み、セル番号を「&」（アンパサンド）で結合します。例えば、「10000以上」は「">=10000"」で表せますが、「10000」がセルE2に入力されている場合は「">="& E2」のように表します。

◆=COUNTIF(B3:B8,">="& E2)
セルB3～B8にセルE2以上の数値が入力されているセルの数を求められる

セルE2に入力された条件（10000㎡）以上の店舗の数を求める

421 [365][2024][2021][2019] お役立ち度★★ サンプル

Q 「○以上△未満」の条件を満たすデータを数えたい

A COUNTIFS関数に比較演算子を組み合わせて使います

「5000以上10000以下」という条件でカウントするには、複数の条件を指定できる「COUNTIFS（カウントイフ・エス）関数」を使用します。引数［検索条件1］に「">=5000"」、［検索条件2］に「"<10000"」を指定します。

COUNTIFS(範囲1, 検索条件1, 範囲1, 検索条件1, …)

範囲と検索条件の組を複数指定して、複数の条件に一致するセルの個数を求める

セルE2とE3に入力された条件（面積が5000㎡以上、10000㎡未満）を満たす店舗の数を求める

◆=COUNTIFS(B3:B8,">="&E2,B3:B8,"<"&E3)

---

422 [365][2024][2021][2019] お役立ち度★★★

Q 「東京都」または「埼玉県」という条件でデータを数えたい

A 2つのCOUNTIF関数で別々にカウントして合計します

「都道府県」列から「東京都」または「埼玉県」のデータをカウントするには、2つのCOUNTIF関数を使います。1つめのCOUNTIF関数で「東京都」のデータ数を求め、もう1つのCOUNTIF関数で「埼玉県」のデータ数を求めて合計すれば「東京都または埼玉県」のデータ数になります。

---

423 [365][2024][2021][2019] お役立ち度★★★

Q 「○○」を含むという条件を指定するには？

A 「?」や「*」などのワイルドカードを使います

COUNTIFやSUMIFなどの関数の条件指定には、0文字以上の任意の文字列を表す「*」（アスタリスク）や、任意の1文字を表す「?」（クエスチョン）などのワイルドカードを使えます。例えばCOUNTIF関数の引数［検索条件］に「"東京都*区"」と指定すると、「東京都で始まり区で終わる」データがカウントされます。

■ ワイルドカードの使用例

使用例	意味（該当例）
川	「川」を含む文字列（川　川岸　川遊び　河川　ナイル川　香川県）
川*	「川」で始まる文字列（川　川岸　川遊び）
川?	「川」で始まる2文字の文字列（川岸）
*川	「川」で終わる文字列（河川　ナイル川）
???川	「川」で終わる4文字の文字列（ナイル川）

関連 418　条件に一致するデータを数えたい　P.212

---

424 [365][2024][2021][2019] お役立ち度★★

Q 「○○ではない」という条件を指定するには

A 比較演算子「<>」を使います

COUNTIFやSUMIFなどの関数で、「○○ではない」という条件を指定するには、比較演算子「<>」を使用します。例えば「<>"東京都"」と指定すると、「東京都」以外のデータが検索されます。

425 条件を満たすデータの合計を求めたい

A SUMIF関数で条件と合計範囲を指定します

条件を満たすデータを合計するには「SUMIF（サムイフ）関数」を使用します。セル範囲を指定する引数が2つありますが、1番目の引数が条件検索用で、3番目の引数が合計計算用です。

SUMIF(範囲, 検索条件, 合計範囲)

指定した範囲から検索条件を満たすデータを探し、検索されたデータに対応する合計範囲にあるデータを合計する

関東地区の店舗の売上高だけを合計する

◆=SUMIF(B3:B8,"関東",C3:C8)
セルB3～B8から「関東」を検索して、セルC3～C8から関東の売上高だけを合計する

426 複数の条件を満たすデータを合計したい

A SUMIFS関数で検索条件と検索範囲を複数指定します

複数の条件を満たすデータを合計するには、「SUMIFS（サムイフ・エス）関数」を使用して、検索条件と検索範囲の組を複数指定します。

SUMIFS(合計範囲, 範囲1, 検索条件1, 範囲2, 検索条件2, …)

範囲と検索条件の組を複数指定して、複数の条件を満たすデータを探し、検索されたデータに対応する合計範囲にあるデータを合計する

関東にあり駐車場を持つ店舗の売上高の合計を求める

◆=SUMIFS(D3:D8,B3:B8,"関東",C3:C8,"有")
セルB3～B8に「関東」かつ、セルC3～C8に「有」と入力されている列番号Dのセルの数値を合計する

427 条件を満たすデータの平均値を求めるには

A AVERAGEIF関数で条件と対象範囲を指定します

条件を満たすデータの平均を求めるには、「AVERAGEIF（アベレージイフ）関数」を使います。セル範囲を指定する引数が2つあり、1番目の引数で条件を指定し、3番目の引数で平均を計算する対象となるセルを指定します。

AVERAGEIF(範囲, 検索条件, 平均範囲)

指定した範囲から検索条件を満たすデータを探し、検索されたデータに対応する平均範囲にあるデータの平均を求める

関東地区の店舗の売上高の平均を求める

◆=AVERAGEIF(B3:B8,"関東",C3:C8)
セルB3～B8で「関東」と入力されている行の売上高の平均を求める

428 条件を満たすデータの最大値や最小値を求めるには?

A MAXIFS関数、MINIFS関数を使用します

MAXIFS(マックスイフ・エス)関数やMINIFS(ミニイフ・エス)関数を使用すると、条件を満たすデータの最大値や最小値を簡単に求められます。いずれの関数も複数組の条件を指定できますが、条件が1組だけの場合は引数[範囲2]以降の引数を省略します。

MAXIFS(最大範囲, 範囲1, 条件1, 範囲2, 条件2, …)
範囲から条件を満たすデータを検索し、検索されたデータに対応する最大範囲の中から最大値を求める

MINIFS(最大範囲, 範囲1, 条件1, 範囲2, 条件2, …)
範囲から条件を満たすデータを検索し、検索されたデータに対応する最小範囲の中から最小値を求める

◆=MAXIFS(C3:C8,B3:B8,"関東")
セルB3〜B8が「関東」の条件を満たす中で、最大の数値を求められる

◆=MINIFS(C3:C8,B3:B8,"関東")
セルB3〜B8が「関東」の条件を満たす中で、最小の数値を求められる

関連 472 複数の条件を段階的に組み合わせるには? P.234

429 別表で条件を指定してデータの合計を求めるには

A データベース形式の表を対象にDSUM関数を使います

「DSUM(ディー・サム)関数」は、データベース形式の表から条件を満たす行を探し、指定された列の合計を求める関数です。条件は別表に入力しておきます。DSUM関数を使うメリットは、条件を別の表で指定でき、別表の作り方によって条件を柔軟に変更できる点です。このワザの例では、[性別]が「男」かつ[年齢]が「40以上」という条件をセルA11〜B12に入力しています。なお、条件表の先頭行(ここではセルA11〜B11)には、データベースと同じ項目名を入力する必要があります。

DSUM(データベース, フィールド, 条件範囲)
データベースから条件範囲を満たす行を探し、フィールド列にある数値を合計する

男性で40歳以上の購入額の合計を求める

=DSUM(A1:E8, E1, A11:B12)
- データベース: 条件を満たすデータを検索する範囲
- フィールド: 合計する列の見出し
- 条件範囲: 条件を入力したセル範囲

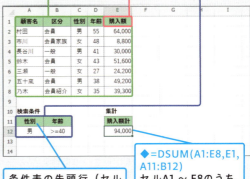

◆=DSUM(A1:E8,E1,A11:B12)
セルA1〜E8のうち、セルA11〜B12の条件を満たすデータをセルE1の列から合計する

条件表の先頭行(セルA11〜B11)は、データを検索する範囲にある先頭行と同じ項目名にする

430 別表で条件を指定してデータ数や平均を求められる?

A DCOUNT、DAVERAGEなどのデータベース関数を使います

データベース形式の表から別表で指定した条件に合うデータを探して計算する「データベース関数」には、DSUM関数のほかに以下の関数があります。いずれの関数の引数も、DSUM関数と同じ[データベース][フィールド][条件範囲]です。

関数	機能
DAVERAGE（ディーアベレージ）	条件に合うデータの平均を求める
DCOUNT（ディーカウント）	条件に合うデータから数値の個数を求める
DCOUNTA（ディーカウントエー）	条件に合うデータからデータの個数を求める
DMAX（ディーマックス）	条件に合うデータの最大値を求める
DMIN（ディーミニマム）	条件に合うデータの最小値を求める

◆=DCOUNT(A1:E8,E1,A11:B12)
セルA1～E8のうち、セルA11～B12の条件を満たすデータを列番号Eからカウントする

◆=DAVERAGE(A1:E8,E1,A11:B12)
セルA1～E8のうち、セルA11～B12の条件を満たすデータの購入額の平均を求める

[年齢]が「40以上」かつ「50未満」に該当するデータの人数と平均購入額が分かる

431 別表で完全一致の条件を指定したい

A 条件を「="=○○"」と指定すると「○○」のみが対象になります

DSUM関数などのデータベース関数では、別表に文字列の条件を入力するときに注意が必要です。例えば、単純に「会員」と指定すると、条件は「会員で始まる」という意味になり、「会員」だけでなく「会員家族」や「会員紹介」なども合計の対象に含まれます。「会員」に完全一致するデータだけを合計したい場合は、別表のセルに「="=会員"」と入力します。セルには「=会員」と表示されます。なお、「会員」「非会員」しか含まれない列の条件は、単純に「会員」「非会員」としてもかまいません。

432 別表で複雑な条件を指定したい

A AND条件とOR条件を組み合わせます

DSUM関数などのデータベース関数では、条件を同じ行に入力すると「かつ」を意味するAND条件、異なる行に入力すると「または」を意味するOR条件になります。複数行複数列の条件を入力すれば、AND条件とOR条件が組み合わされた条件になります。

◆OR条件
[区分]が「会員」または「会員家族」である

◆OR条件+AND条件
[区分]が「会員」または「会員家族」かつ、年齢が「40」以上「50」未満である

433 関数1つで商品別に一括集計したい

Q 関数1つで商品別に一括集計したい

A GROUPBY関数を使うとグループ集計が可能です

Microsoft 365では、GROUPBY（グループバイ）関数1つでグループ集計が簡単に行えます。商品をグループ化して売上金額を集計するには、引数［行フィールド］に商品のセル範囲、［値］に売上金額のセル範囲、［関数］に「SUM」を指定します。セルにGROUPBY関数を入力すると、数式がスピルして全商品の集計結果が一気に表示されます。

GROUPBY(行フィールド, 値, 関数)

行フィールドをグループ化して、指定した関数の計算方法で値を集計する

※省略可能な引数の記載を省略しています。

商品ごとに一括で集計する

=GROUPBY(B3:B10, D3:D10, SUM)
- 行フィールド：グループ化する項目
- 値：集計項目
- 関数：集計方法

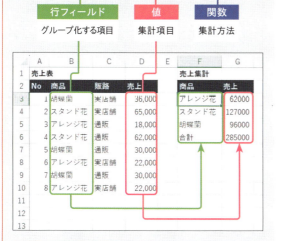

セルF3にGROUPBY関数を入力すると、セルG6までスピルして集計結果が表示される

関連 434 関数1つでクロス集計したい　P.217

434 関数1つでクロス集計したい

Q 関数1つでクロス集計したい

A PIVOTBY関数で行見出し、列見出しを設定して計算できます

Microsoft 365でPIVOTBY（ピボットバイ）関数を使用すると、縦横に見出しを並べたクロス集計を行えます。引数に行見出しの項目、列見出しの項目、集計する項目、集計に使う関数の4つを指定するだけで、数式がスピルして集計表が一気に作成されます。

PIVOTBY(行フィールド, 列フィールド, 値, 関数)

行フィールドと列フィールドをグループ化して縦横に並べ、指定した関数の計算方法で値を集計する

※省略可能な引数の記載を省略しています。

商品を縦軸、販路を横軸に配置して売り上げをクロス集計する

=PIVOTBY(B3:B10, C3:C10, D3:D10, SUM)
- 行フィールド：行見出しの項目
- 列フィールド：列見出しの項目
- 値：集計項目
- 関数：集計方法

セルF2にPIVOTBY関数を入力すると、セルI6までスピルしてクロス集計表が作成される

関連 433 関数1つで商品別に一括集計したい　P.217

435 よく使う計算を関数として登録するには

365 / 2024 / 2021 / 2019　サンプル　お役立ち度 ★★★

Q よく使う計算を関数として登録するには

A LAMBDA関数を使うと独自の関数を作れます

LAMBDA（ラムダ）関数を使うと、ブックに独自の関数を定義できます。LAMBDA関数は2種類の引数を持ちます。1つめの「変数」には、定義する関数の引数名を指定します。2つめの「計算式」には、戻り値を求めるための式を指定します。LAMBDA関数の式に関数名を付けて登録すると、登録した関数を一般の関数と同様に使えるようになります。

なお、関数の登録を解除したいときは、ワザ357を参考に名前を削除してください。

LAMBDA(変数1, 変数2,…, 計算式)
変数を使用した計算式を関数として定義する

税抜価格と消費税率から税込価格を求めるZEIKOMI関数を作りたい

1 ［数式］タブをクリック
2 ［名前の定義］をクリック

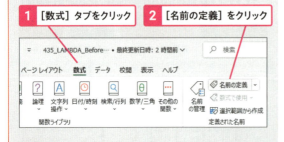

3 「ZEIKOMI」と入力
4 「=LAMBDA(税抜,税率,税抜*(1+税率))」と入力
5 ［OK］をクリック

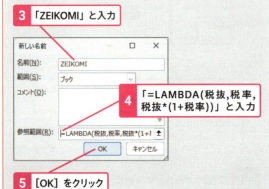

「税抜」「税率」という引数を持つ、「ZEIKOMI」という名前の関数が登録された

定義した関数を使用する

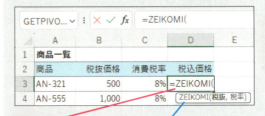

6 「=ZEIKOMI(」と入力

ZEIKOMI関数の書式が表示された

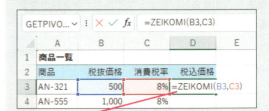

7 続けて「B3,C3)」と入力
8 Enter キーを押す

税込価格が計算された

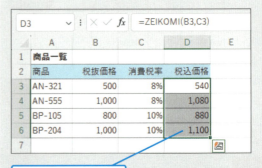

数式をD6までコピーする

日付や時刻を計算する

日付や時刻を計算しようとすると、いろいろな問題に直面します。これは、Excelが日付や時刻に通し番号による数値を割り当てているためです。ここでは、日付や時刻の計算に関する疑問を解決しましょう。

436　365 2024 2021 2019　お役立ち度 ★★★

Q　シリアル値って何？

A　Excelが日付や時刻に割り当てる数値のことです

Excelなどのアプリが日付と時刻に割り当てる数値のことを「シリアル値」と言います。日付のシリアル値は、「1900/1/1」の「1」から始まる整数の通し番号になっており、例えば「2025/8/12」のシリアル値は「45881」になります。便宜上、シリアル値の「0」には「1900/1/0」が当てられています。また、時刻のシリアル値は24時間を「1」と見なした小数で表します。「6:00」なら「0.25」「18:00」なら「0.75」になります。日付と時刻を一緒に表すこともでき、「2025/8/12 18:00」のシリアル値は「45881.75」になります。

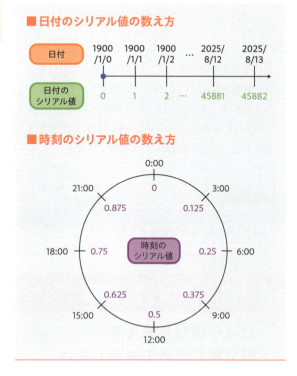

437　365 2024 2021 2019　お役立ち度 ★★★　サンプル

Q　現在の日付と時刻を表示したい

A　TODAY関数とNOW関数を使います

現在の日付は「TODAY（トゥデイ）関数」、現在の日付を含めた時刻は「NOW（ナウ）関数」で求められます。ブックを開き直すと、開いた日付や時刻が表示し直されるので便利です。ただし、日付を固定しておきたいときは、関数を使わずに日付を入力しましょう。

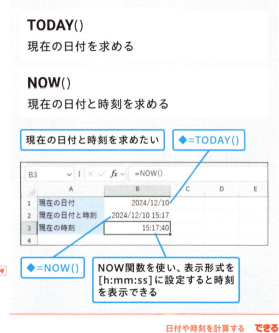

438 日付を求めたのに数値が表示された！

Q 日付を求めたのに数値が表示された！

A 計算結果のセルの表示形式を[日付]に設定します

日付を求める数式を入力したのに、セルに日付ではなく数値が表示されてしまうことがあります。表示される数値は、求めた日付に対応するシリアル値です。ワザ228を参考に、セルに[日付]の表示形式を設定すれば、シリアル値を日付に変更できます。

[日付]の表示形式に変更する

439 日数を求めたのに日付が表示されたときは

Q 日数を求めたのに日付が表示されたときは

A 計算結果のセルの表示形式を[標準]に戻します

Excelでは計算結果に元のセルの表示形式が継承されるため、日付同士の引き算をして日数を求めたときに、数値ではなく日付が表示されてしまうことがあります。ワザ218を参考に、セルに[標準]の表示形式を設定すれば、正しい日数を表示できます。

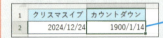

[標準]の表示形式に変更する

440 日付や時刻を年月日、時分秒に分けて表示したい

Q 日付や時刻を年月日、時分秒に分けて表示したい

A YEAR、MONTH、DAYなどの関数を使います

日付や時刻を分解するには、「YEAR（イヤー）関数」「MONTH（マンス）関数」「DAY（デイ）関数」「HOUR（アワー）関数」「MINUTE（ミニッツ）関数」「SECOND（セカンド）関数」を使います。

YEAR(シリアル値)
日付から年の部分を求める

MONTH(シリアル値)
日付から月の部分を求める

DAY(シリアル値)
日付から日の部分を求める

HOUR(シリアル値)
時刻から時の部分を求める

MINUTE(シリアル値)
時刻から分の部分を求める

SECOND(シリアル値)
時刻から秒の部分を求める

年月日と時刻から特定の要素だけをそれぞれ取り出す

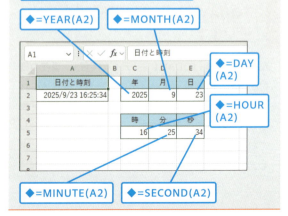

441 別々のセルにある日付や時刻を結合したい

A DATE関数やTIME関数を使います

年、月、日や時、分、秒の数値が別々のセルに入力されている場合、それらを日付として計算に利用するには、それらの数値から日付や時刻を結合する必要があります。年、月、日の数値から日付を合成するには「DATE（デイト）関数」、時、分、秒の数値から時刻を合成するには「TIME（タイム）関数」を使用します。「DATE（年，月，日）+TIME（時，分，秒）」のように、日付と時刻を合計することで、日付と時刻を一緒にしたデータも作成できます。必要に応じて、日付や時刻の表示形式を設定しましょう。

DATE(年, 月, 日)
指定した年月日から日付を求める

TIME(時, 分, 秒)
指定した時分秒から日付を求める

別々のセルにある数値を結合して日付データを求める

◆=DATE(A2,B2,C2)+TIME(D2,E2,F2)
表示形式を[yyyy/m/d h:mm:ss]に設定する

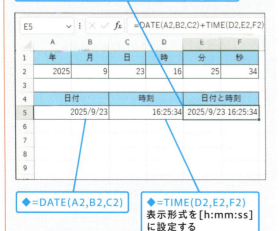

◆=DATE(A2,B2,C2)

◆=TIME(D2,E2,F2)
表示形式を[h:mm:ss]に設定する

442 月末の日付を求めるには

A EOMONTH関数で「〇カ月前」「〇カ月後」の月末日を表示できます

指定した日付から「〇カ月前」や「〇カ月後」の月末日を求めるには、「EOMONTH（エンド・オブ・マンス）関数」を使います。右の例では、A列に入力された「基準日」と、B列に入力された「〇カ月後」の数値から、C列に「〇カ月後の月末日」を求めています。月前については「－〇カ月後」と指定しています。なお、EOMONTH関数はシリアル値を求める関数なので、ワザ228を参考に、計算結果が日付になるように表示形式を設定しておきましょう。

EOMONTH(開始日, 月)
開始日から、指定した月後、月前の月末を求める

セルA2の日付を基準に、1カ月前や1カ月後などの月末を求める

◆=EOMONTH(A2,B2)

	A	B	C	D
1	基準日	月後	月末日	
2	2025/11/18	-1	2025/10/31	
3	2025/11/18	0	2025/11/30	
4	2025/11/18	1	2025/12/31	
5	2025/11/18	2	2026/01/31	
6	2025/11/18	3	2026/02/28	

1 セルC2をセルC3～C6までコピー

セルA2～A6の日付を基準に、セルB2～B6で指定した月の月末が求められた

443 日付を表す数字の並びから日付データを作成したい

A MID関数で数値を取り出してDATE関数の引数を指定します

2025年8月6日という日付が「20250806」という8けたの数値で入力されているときに、これを日付データに変換するには、まず「MID（ミッド）関数」を使用して8けたの数値から「年」「月」「日」を求めます。例えばセルA2の数値から「年」を求めるには、「MID(A2,1,4)」として、1文字目から4文字分を取り出します。それらの数値をDATE関数の引数に指定すれば、日付データに変換できます。

MID(文字列, 開始位置, 文字数)
文字列の開始位置から指定した文字数分取り出す

DATE(年, 月, 日)
指定した年月日から日付を求める

セルA2の数値を年月日に分けて、DATE関数で日付データに変換する

◆ =DATE(MID(A2,1,4),MID(A2,5,2),MID(A2,7,2))

セルA2の数値の先頭4文字を「年」、5文字目から2文字を「月」、7文字目から2文字を「日」として取り出し、日付を作成する

---

444 日付の隣のセルに曜日を自動表示できる？

A TEXT関数を使って表示形式を変更できます

日付と曜日を別々のセルに表示したい場合、「TEXT（テキスト）関数」を使用すると、日付データを入力するだけで曜日を自動表示できます。オートフィルを利用して、日付のセルと曜日のセルをコピーすれば、簡単に日付と曜日の連続データを入力できます。

TEXT(数値, 表示形式)
数値を指定した表示形式の文字列に変換する

セルA2の日付から曜日を求める

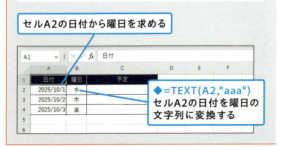

◆ =TEXT(A2,"aaa")
セルA2の日付を曜日の文字列に変換する

---

445 日付を文字列と組み合わせると数値に変わってしまう

A 日付の書式をTEXT関数で指定します

日付を入力したセルと文字列を連結して表示したいとき、そのまま連結すると日付のシリアル値が表示されてしまいます。「TEXT関数」で日付の書式を指定して、文字列と連結するようにしましょう。

セルA1の文字列とセルB1の日付を連結する

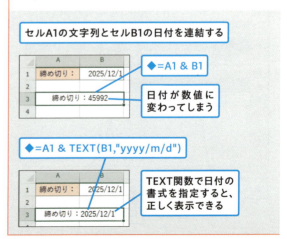

◆ =A1 & B1
日付が数値に変わってしまう

◆ =A1 & TEXT(B1,"yyyy/m/d")
TEXT関数で日付の書式を指定すると、正しく表示できる

446 金曜日を定休日として翌営業日を求めたい

Q 金曜日を定休日として翌営業日を求めたい

A WORKDAY.INTL関数を使うと休日を自由に設定できます

休日の曜日を自由に指定して翌営業日を求めるには、「WORKDAY.INTL（ワークデイ・インターナショナル）関数」を使用します。3番目の引数［週末］には、定休日の曜日を下表の数値で指定します。もしくは、平日を0、休日を1として月曜日から日曜日までを7文字で指定することもできます。例えば「"0001001"」を指定すると、木曜日と日曜日が定休日となります。

WORKDAY.INTL(開始日, 日数, 週末, 祭日)
週末と祭日を除いた日数前、後の日付を求める

基準日を基に、金曜日と祭日を除いて翌営業日を求める

◆=WORKDAY.INTL($D$1,B4,16,$G$4:$G$5)

1 セルD4をセルD5～D7までコピー

セルD1の日付を基準に、金曜とセルG4～G5の日付を除いた営業日が求められた

■引数［週末］の設定値

値	週末	値	週末
1	土曜日と日曜日	11	日曜日
2	日曜日と月曜日	12	月曜日
3	月曜日と火曜日	13	火曜日
4	火曜日と水曜日	14	水曜日
5	水曜日と木曜日	15	木曜日
6	木曜日と金曜日	16	金曜日
7	金曜日と土曜日	17	土曜日

447 金曜日を定休日として営業日数を求めたい

Q 金曜日を定休日として営業日数を求めたい

A NETWORKDAYS.INTL関数で定休日を設定できます

NETWORKDAYS関数では、土日は一律に休日として扱われます。土日以外の曜日を定休日としたいときは、「NETWORKDAYS.INTL（ネットワークデイズ・インターナショナル）関数」を使用します。3番目の引数［週末］の指定方法は、ワザ446のWORKDAY.INTL関数と同じです。定休日の曜日を表の数値で指定するか、平日を0、休日を1として月曜日から日曜日までを7文字で「"0001001"」のように指定してください。

NETWORKDAYS.INTL(開始日, 日数, 週末, 祭日)
開始日と終了日の間の日数を、週末と祭日を除いて求める

金曜と祝日を除いて、開始日から終了日までの営業日数を求める

◆=NETWORKDAYS.INTL(B3,C3,16,$G$3:$G$4)

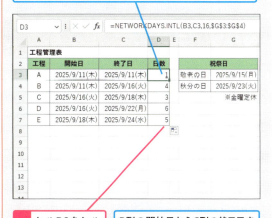

1 セルD3をセルD4～D7までコピー

B列の開始日からC列の終了日までの日数を、金曜とセルG3～G4の日付を除いて求められた

関連 446 金曜日を定休日として翌営業日を求めたい　P.223

448 翌月10日を求めるには？

A EOMONTH関数で前月末を求めて「10」を足します

特定の日付を基準に「翌月10日」を算出するには、EOMONTH関数の引数［開始日］に基準日を指定し、引数［月］に「0」を指定して、基準日の「今月末」の日付を求めます。求めた日付に「10」を加えれば、「翌月10日」の日付になります。引数［月］を「-1」に変えれば「今月10日」、「1」に変えれば「翌々月10日」が求められます。

EOMONTH(開始日, 月)
開始日から数えて指定した月の月末を求める

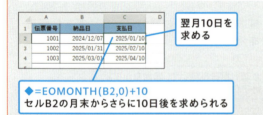

◆=EOMONTH(B2,0)+10
セルB2の月末からさらに10日後を求められる

449 数式に日付や時刻を直接入力するには

A 「"」（ダブルクォーテーション）で囲んで入力します

日付や時刻を数式内に直接入力するには、「"」（ダブルクォーテーション）で囲んで、「="2025/9/1"-1」のように入力します。ただし、IF関数などで比較演算子を使って日付や時刻の比較をする場合は、「A1>="2025/9/1"」とすると正しく判定できません。DATE関数を使って「A1>=DATE(2025,9,1)」のように式を立ててください。

450 生年月日から年齢を求めたい

A DATEDIF関数で［単位］を"Y"に指定します

「DATEDIF（デイト・ディフ）関数」は、引数［開始日］と［終了日］に指定した2つの日付の期間を計算する関数です。期間の単位は引数［単位］で指定します。引数［開始日］に生年月日、［終了日］に本日の日付、［単位］に「"Y"」を指定すると、簡単に満年齢を求めることができます。なお、「"M"」で満月数、「"D"」で満日数を求められます。

DATEDIF(開始日, 終了日, 単位)
開始日から終了日までの期間を表示する

	A	B	C	D
1	生年月日	本日	年齢	
2	1975/5/13	2024/12/12	49	
3	1987/7/19	2024/12/12	37	
4	2000/10/26	2024/12/12	24	

生年月日から年齢を求める

◆=DATEDIF(A2,B2,"Y")
セルA2とB2の年月日の差から年齢を求められる

451 DATEDIF関数が一覧に表示されない

A セルを選択してDATEDIF関数を直接入力します

DATEDIF関数は、もともと別の表計算ソフトにあった関数をExcelに搭載したものです。そのような経緯があるため、DATEDIF関数は［関数の挿入］画面や［数式］タブの［関数ライブラリ］のボタンに登録されていません。DATEDIF関数は、直接セルに手入力してください。

452 時間の合計を正しく表示するには？

A 表示形式をブラケット「[ ]」で囲んで表記します

勤務時間の合計を求めたときに、正しい結果が表示されないことがあります。以下の例では、合計が「24:45」になるはずなのに、「0:45」と表示されています。これは、「時刻は24時を過ぎると0時に戻る」という性質によるものです。「[h]」のようにブラケットで囲んだ表示形式を使用すると、24以上の時間をそのまま表示できます。

時間を合計して労働時間を求める

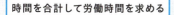

◆=SUM(B2:B4)

時間の合計を求めたら、表示がおかしくなった

[セルの書式設定]画面を表示しておく

1 [表示形式]タブをクリック
2 [ユーザー定義]をクリック

設定結果はここで確認できる

3 「[h]:mm」と入力
4 [OK]をクリック

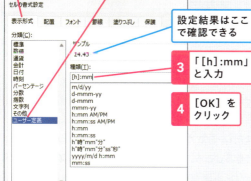

時間の合計が正しく表示された

453 「5:30」を「5.5」時間として正しく時給を計算したい

A シリアル値に24を掛けて計算します

時給と勤務時間を掛けて給与を求めるとき、勤務時間が「5:30」の表示形式だと、おかしな計算結果になります。これは、計算に「5:30」のシリアル値である「0.2291666……」が使われるためです。正しく給与を求めるには、「時:分」単位の「5:30」を「時間」単位の「5.5」に換算する必要があります。時刻のシリアル値は24時間を1と見なした小数なので、シリアル値に24を掛ければ、「5:30」を数値の「5.5」に換算できます。それを時給に掛け合わせれば、正しい給与を求められます。

時給と勤務時間から給与を計算する

	A	B	C
1	時給	¥1,000	
2	勤務時間	5:30	
3	給与	229.166667	

◆=B1*B2

正しい給与が求められない

正しい給与を計算し直す

「時:分」を24倍して「時間」単位に換算してから時給に掛け合わせて給与を求める

	A	B	C
1	時給	¥1,000	
2	勤務時間	5:30	
3	給与	=B1*B2*24	

1 「=B1*B2*24」と入力
2 Enter キーを押す

	A	B	C
1	時給	¥1,000	
2	勤務時間	5:30	
3	給与	5500	

正しい給与が表示された

関連 436 シリアル値って何？ P.219
関連 452 時間の合計を正しく表示するには？ P.225

454 勤務時間を早朝、通常、残業に分けて計算するには

A MIN関数とMAX関数を使います

出社から退社までの在社時間を早朝勤務、通常勤務、残業の3種類に分けて計算したいことがあります。単純に考えると早朝勤務は「始業時刻−出社時刻」ですが、遅刻した場合に計算が合わなくなります。正しく計算するには、MIN関数を使用して出社時刻と始業時刻の早いほうの時刻を求め、始業時刻から引きます。また、残業の場合は早退のケースを考慮し、MAX関数を使用して退社時刻と終業時刻の遅いほうの時刻を求め、そこから終業時刻を引きます。同様の考え方で、通常勤務も求めます。

MIN(数値1, 数値2, … 数値255)
指定した範囲にある数値の最小値を求める

始業時刻をセルF1の「9:00」、終業時刻をセルF2の「18:00」とする → 早朝勤務時間を求める

① セルD4に「=$F$1-MIN(B4,$F$1)」と入力

早朝勤務時間が求められた / 通常勤務時間を求める

② セルE4に「=MIN(C4,$F$2)-MAX(B4,$F$1)」と入力

MAX(数値1, 数値2, … 数値255)
指定した範囲にある数値の最大値を求める

通常勤務時間が求められた / 残業時間を求める

③ セルF4に「=MAX(C4,$F$2)-$F$2」と入力

残業時間が求められた

455 時間の表示が「####」になった！

A 標準では負の時刻は表示されません

時間の減算では、差がプラスになる場合は計算結果が表示されますが、マイナスになる場合は「####」と表示されます。結果がマイナスになる場合でも計算結果が表示されるようにするには、[Excelのオプション]画面の[詳細設定]で[1904年から計算する]をクリックしてチェックマークを付けます。
ただし、通常では「1900年1月1日」がシリアル値の「1」になるところ、この設定を行うと「1904年1月1日」がシリアル値「0」となります。そのため、設定前に入力されていた日付が4年分ずれた日付に変わってしまうので注意しましょう。このオプションはブック単位で設定できるので、試しに新しいブックで設定してみるといいでしょう。

文字列を操作する

文字の種類や書式を統一する、特定の文字を取り出すなど、Excelには文字を操作する関数も数多く用意されています。ここでは、文字列操作に関する関数を紹介します。

456

Q 半角を全角に、大文字を小文字にできる？

A JIS、LOWERなどの文字列を統一する関数を使います

住所録などで複数の人間がデータを入力したときは、住所に含まれる英数字やカタカナに、全角文字と半角文字、大文字と小文字が混在することがあります。見ためがふぞろいであるばかりか、文字の検索に支障が出る場合もあります。以下を参考にして文字列を変換しましょう。

JIS(文字列)
半角文字を全角文字にする

ASC(文字列)
全角文字を半角文字にする

UPPER(文字列)
英字の小文字を大文字にする

LOWER(文字列)
英字の大文字を小文字にする

PROPER(文字列)
英単語の1文字目を大文字に、2文字目以降を小文字にする

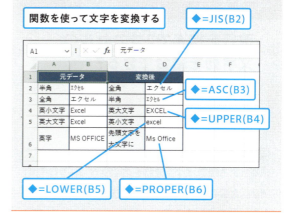

関数を使って文字を変換する

457

Q ふりがなを表示させたい

A PHONETIC関数で入力した時の「読み」を表示できます

「PHONETIC（フォネティック）関数」は、引数に指定したセルのふりがなを取り出す関数です。取り出されるふりがなは、セルに入力したときの「読み」なので、間違ったふりがなが取り出された場合は、ワザ130を参考に元のセルのふりがなを修正しましょう。

PHONETIC(範囲)
指定した範囲のふりがなを取り出す

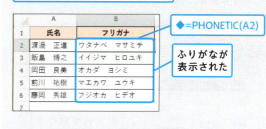

関数を使ってふりがなを表示する

458 [365] [2024] [2021] [2019] お役立ち度★★★

Q ひらがなとカタカナを統一したい

A PHONETIC関数で全角カタカナに統一できます

ひらがなや全角のカタカナ、半角のカタカナが混在する列からPHONETIC関数でふりがなを表示すると、各データを全角カタカナに統一できます。ワザ131を参考に元のセルのふりがなの書式を変更すれば、元のデータをひらがなや半角カタカナに統一することも可能です。

459 [365] [2024] [2021] [2019] お役立ち度★★☆ サンプル

Q 改行を挟んで2つのセルの文字列を結合できる？

A CHAR関数で改行を追加して連結できます

「CHAR（キャラクター）関数」は、文字コードから文字を求める関数です。改行を表す文字コードは「10」です。文字の間に「CHAR(10)」を連結すると、連結した位置で改行できます。なお、改行を挟んだ文字列を実際に2行に表示するには、ワザ238を参考に折り返しの設定を行いましょう。

CHAR(文字列**)**
文字コードを表す数値を指定し、対応する文字に変換する

改行を挟んで役職と氏名を連結する ／ 折り返しの設定をしておく

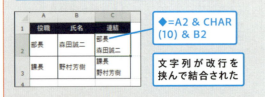

◆=A2 & CHAR(10) & B2

文字列が改行を挟んで結合された

460 [365] [2024] [2021] [2019] お役立ち度★★★ サンプル

Q 文字列から一部の文字を取り出したい

A LEFT関数やRIGHT関数を使います

文字列から一部の文字を取り出す関数には、先頭から取り出す「LEFT（レフト）関数」、指定した位置から取り出す「MID（ミッド）関数」、末尾から取り出す「RIGHT（ライト）関数」があります。

LEFT(文字列, 文字数**)**
文字列の左端から指定した文字数分取り出す

MID(文字列, 開始位置, 文字数**)**
文字列の開始位置から指定した文字数分取り出す

RIGHT(文字列, 文字数**)**
文字列の右端から指定した文字数分取り出す

商品コードを品番と色番号、サイズに分解する

◆=LEFT(A2,4)　◆=MID(A2,5,3)

◆=RIGHT(A2,1)

商品コードが先頭から4文字、3文字、1文字に分解された

💡 ステップアップ

元のセルで文字の種類を統一するには

半角と全角、大文字と小文字などは関数を使用して統一できますが、統一したデータは関数を入力した別のセルに表示されます。元のセルの値を統一したいときは、関数を入力したセルをコピーし、ワザ151を参考に、元のセルに値を貼り付けます。

461 文字列の文字数を調べるには？

A LEN関数で文字数を数えることができます

文字列の文字数は、「LEN（レン）関数」で簡単に求められます。LEN関数では、全角文字と半角文字の区別をせずに文字数を数えます。なお、空白文字も1文字として数えられます。

LEN(文字列)
文字列の文字数を求める

関数を使って文字数を求める ◆=LEN(A2)
文字数が表示された

462 文字列の前後から空白を取り除くには

A TRIM関数で前後の空白文字を取り除けます

ほかのソフトウェアからコピーしたデータには、前後に余分な空白文字が含まれることがあります。「TRIM（トリム）関数」を使用すれば、前後の空白文字を取り除けます。文字列の間にある空白文字は、先頭の1つを残して取り除かれます。

TRIM(文字列)
文字列の前後から空白文字を削除する

文字数の前後にある空白文字を削除する ◆=TRIM(A2)
文字列の間にある空白は1文字残る

463 セル内の改行や文字列中の空白を取り除くには

A SUBSTITUTE関数で空白を置換して取り除けます

「SUBSTITUTE（サブスティチュート）関数」は、文字列の中の特定の文字列を別の文字列に置換する関数です。Excelの置換機能と違って、元のデータを残したまま、新しいセルに置換結果の文字列を表示します。3番目の引数に「""」を指定すると、特定の文字列を削除できます。文字列から空白文字を削除するには2番目の引数に「" "」を指定し、改行を取り除くには2番目の引数に改行を表す「CHAR(10)」を指定します。

SUBSTITUTE(文字列, 検索文字列, 置換文字列, 数値)

文字列の中から検索文字列を探して、置換文字列に置き換える。何番目に見つけた文字列を置換するかを数値で指定する

SUBSTITUTE関数でデータを置き換える

◆=SUBSTITUTE(A2,"株式会社","(株)")
セルA2の「株式会社」を「(株)」に置換できる

◆=SUBSTITUTE(A3," ","")
セルA3の空白文字を削除できる

◆=SUBSTITUTE(A4,CHAR(10),"")
セルA4の改行文字「CHAR(10)」を削除できる

464 特定の文字を境に前後の文字列を取り出すには

A TEXTBEFORE関数とTEXTAFTER関数を使います

氏名を空白文字の前後で分割したいときなど、特定の区切り文字の前後から文字列を取り出したいことがあります。Excel 2024とMicrosoft 365では、TEXTBEFORE（テキストビフォー）関数で区切り文字の前から、TEXTAFTER（テキストアフター）関数で区切り文字の後ろから文字列を取り出せます。

TEXTBEFORE(文字列, 区切り文字)
文字列から区切り文字の前の文字列を取り出す

※省略可能な引数の記載を省略しています。

TEXTAFTER(文字列, 区切り文字)
文字列から区切り文字の後ろの文字列を取り出す

※省略可能な引数の記載を省略しています。

セルA2の氏名の、空白文字の前から姓、後ろから名を取り出す

◆TEXTBEFORE(A2," ")
セルA2から空白の前の文字列を取り出す

◆TEXTAFTER(A2," ")
セルA2から空白の後ろの文字列を取り出す

セルB2～C2をセルB4～C4までコピーしておく

関連 467 特定の文字を境に文字列を複数のセルに分割する　P.231

---

465 氏名の姓と名を別々のセルに分けられる？

A LEFT関数とFIND関数を組み合わせて使います

どのバージョンでも使える関数で氏名から姓と名を取り出すには、「FIND（ファインド）関数」で氏名の中の空白文字の位置を求めます。例えば「東　今日子」の場合は空白文字が2文字目なので「2」が求められます。LEFT関数で氏名の先頭から「2-1」文字を取り出せば姓、MID関数で氏名の「2+1」文字目から多めの文字数を指定して取り出せば名が求められます。

FIND(検索文字列, 文字列, 開始位置)
検索文字列中の文字列が開始位置から何番目にあるかを求める

セルA2の氏名の、空白文字の1文字前までの文字列を取り出す

1 セルB2に「=LEFT(A2,FIND(" ",A2)-1)」と入力

2 Tab キーを押す

氏の部分が取り出せた

セルA2の氏名の、空白文字の1文字後からの文字列を取り出す

3 セルC2に「=MID(A2,FIND(" ",A2)+1,LEN(A2))」と入力

4 Enter キーを押す

姓と名が別々に取り出せた

466 住所を都道府県と市町村に分けるには

Q 住所を都道府県と市町村に分けるには

A IF関数を使って4文字目が「県」かどうかを判断します

都道府県名は、すべて3～4文字で構成されています。そこで、4文字目が「県」かどうかを判断して都道府県名を取り出す処理を行います。

セルA2の文字列の4文字目が「県」であれば左から4文字取り出し、「県」でなければ3文字取り出す

1. セルB2に「=IF(MID(A2,4,1)="県",LEFT(A2,4),LEFT(A2,3))」と入力
2. Tabキーを押す
3. セルC2に「=SUBSTITUTE(A2,B2,"")」と入力
4. Enterキーを押す

都道府県が取り出せた

セルA2の文字列からセルB2の文字列を探し、削除して表示する

市町村が取り出せた

セルB2～C2をセルB5～C5までコピーしておく

---

467 特定の文字を境に文字列を複数のセルに分割する

Q 特定の文字を境に文字列を複数のセルに分割する

A TEXTSPLIT関数で区切り文字を指定します

TEXTSPLIT（テキストスプリット）関数を使用すると、文字列をスペースやハイフンなどの区切り文字で区切って複数のセルに分割することができます。区切り文字を1つ含む文字列は2つに分割され、2つ含む文字列は3つに分割されます。数式は自動でスピルするので、分割された複数の文字列は複数のセルに一気に表示されます。

ハイフンを境に商品コードを分割する

1. 「=TEXTSPLIT(A2,"-")」と入力
2. Enterキーを押す

セルB2の数式がセルD2までスピルして商品コードが3つのセルに分割された

セルB3～B5にセルB2の数式をコピーすると各行の商品コードが分割される

TEXTSPLIT(文字列, 区切り文字)
区切り文字を境に文字列を分割する

※省略可能な引数の記載を省略しています。

条件分岐を行う

Excelには、条件を判断して複数の処理を使い分けられる関数があります。また、この条件と処理はそれぞれ複数を組み合わせることも可能です。ここでは、条件分岐に関する疑問を解決しましょう。

468 365 2024 2021 2019 お役立ち度 ★★★

Q 比較演算子って何？

A 2つの値を比較するときに使う記号です

「比較演算子」は、2つの値を比較するときに使う記号です。例えば、半角の「>」と「=」を組み合わせた「>=」という演算子は「以上」を表し、「A1>=100」は「セルA1の値が100以上である」という条件を表します。右の表を参考に、比較演算子を使いこなしましょう。

■比較演算子の入力例と意味

入力例	意味
A1=100	セルA1の値が100に等しい
A1<>100	セルA1の値が100に等しくない
A1>=100	セルA1の値が100以上である
A1<=100	セルA1の値が100以下である
A1>100	セルA1の値が100より大きい
A1<100	セルA1の値が100より小さい

関連 419 「○以上」の条件を満たすデータを数えるには　P.212

469 365 2024 2021 2019 お役立ち度 ★★★ サンプル

Q 条件によって表示する文字を変えるには

A IF関数で条件分岐の処理を作ります

「IF（イフ）関数」を使用すると、条件を満たす場合と満たさない場合とで、表示する内容を切り替えられます。1番目の引数［論理式］には、比較演算子を使った条件式などを指定します。例えば「セルB2の数値が10万以上」という条件は、比較演算子「>=」を使用して「B2>=100000」と表せます。2番目の引数に「ゴールド」、3番目の引数に「一般」と指定すれば、IF関数の結果はセルB2が10万以上なら「ゴールド」、それ以外なら「一般」と表示できます。

IF(論理式, 真の場合, 偽の場合)
論理式を満たす場合は真の場合、満たさない場合は偽の場合を返す

■IF関数の使用例

=IF（ B2>=100000, "ゴールド", "一般" ）
　　　論理式　　　論理式が成り　論理式が成り立
　　　　　　　　　立つ場合（真）たない場合（偽）

■条件式の例

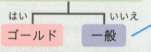

条件を満たす場合と満たさない場合で異なる結果を得られる

■IF関数の使用結果

セルB2が100000以上という条件を満たす場合は［ゴールド］、満たさない場合は［一般］と表示される

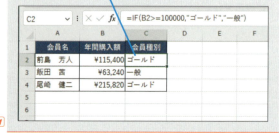

470 複数の条件を組み合わせて判定したい

Q 複数の条件を組み合わせて判定したい

A 引数にAND関数やOR関数を入力します

IF関数で複数の条件を同時に判定するには、引数［論理式］に「AND（アンド）関数」か「OR（オア）関数」を指定します。AND関数では「AかつB」のような条件を指定でき、AとBが両方成立する場合に「AかつB」が成立すると見なされます。また、OR関数は「AまたはB」のような条件を指定でき、AとBの少なくとも一方が成立する場合に「AまたはB」が成立すると見なされます。

■ 条件Aと条件Bを組み合わせる場合の判定結果

条件 A	条件 B	AND 関数の判定結果	OR 関数の判定結果
TRUE	TRUE	TRUE	TRUE
TRUE	FALSE	FALSE	TRUE
FALSE	TRUE	FALSE	TRUE
FALSE	FALSE	FALSE	FALSE

AND(論理式1, 論理式2, … 論理式255)
論理式をすべて満たす場合は真（TRUE）、満たさない場合は偽（FALSE）を返す

OR(論理式1, 論理式2, … 論理式255)
論理式のいずれかを満たす場合は真（TRUE）、満たさない場合は偽（FALSE）を返す

年間購入額と登録年数の条件を設定する

◆ =IF(AND(B2>=100000,C2>=5),"ゴールド","一般")
年間購入額が10万円以上かつ登録年数が5年以上の場合は「ゴールド」、そうでなければ「一般」と表示する

◆ =IF(OR(B2>=100000,C2>=5),"ゴールド","一般")
年間購入額が10万円以上または登録年数が5年以上の場合は「ゴールド」、どちらの条件も満たしていない場合は「一般」と表示する

471 複数の条件を1つの関数で段階的に組み合わせたい

Q 複数の条件を1つの関数で段階的に組み合わせたい

A IFS関数で複数時の条件による場合分けを実行します

IFS（イフ・エス）関数を使用すると、複数の条件による場合分けを1つの式で実行できます。引数に論理式と値のペアを複数指定して、「論理式1が成立する場合は値1、論理式2が成立する場合は値2、…」という場合分けを行います。どの論理式も成立しない場合の値を指定したい場合は、引数の最後に「TRUE」と値のペアを指定してください。

IFS(論理式1, 値1, 論理式2, 値2, …)
先頭の論理式から順に判定していき、最初に結果が真（TRUE）となる論理式に対応する値を返す

IFS関数を使うと複数の条件を並べて記述できる

◆ =IFS(B2>=200000,"ゴールド",B2>=100000,"シルバー",TRUE,"一般")
セルB2が20万以上なら「ゴールド」、10万以上なら「シルバー」、どの論理式も成立しない場合に「一般」と表示する

472 複数の条件を段階的に組み合わせるには？

365 / 2024 / 2021 / 2019　サンプル
お役立ち度 ★★★

Q 複数の条件を段階的に組み合わせるには？

A IF関数をネストして引数に別のIF関数を指定します

IF関数の引数［真の場合］または［偽の場合］に別のIF関数を指定すると、条件を段階的に判定して、判定結果に応じて表示する値を3通りに振り分けられます。以下の例は、セルB2の年間購入額に応じて会員種別を3通りに振り分けています。1つ目のIF関数でセルB2が20万以上」という条件を判定し、成り立つ場合は「ゴールド」と表示します。成り立たない場合は2つ目のIF関数で「セルB2が10万以上」という条件を判定し、成り立つ場合は「シルバー」、成り立たない場合は「一般」と表示します。なお、Excel 2019以降では、ワザ471のIFS関数を使用する方法もあります。

■IF関数をネストした使用例

=IF(B2>=200000,"ゴールド",IF(B2>=100000,"シルバー","一般"))

■条件式の例

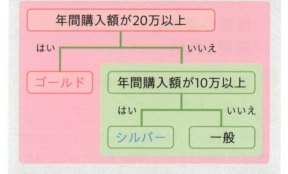

■IF関数をネストした使用結果

セルB2が20万以上なら「ゴールド」、そうでない場合に、さらに10万以上なら「シルバー」、10万よりも下の場合に「一般」と表示する

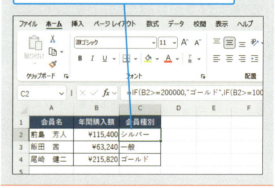

473 特定の値を条件に複数の結果に振り分けられる？

365 / 2024 / 2021 / 2019　サンプル
お役立ち度 ★★★

Q 特定の値を条件に複数の結果に振り分けられる？

A SWITCH関数で複数の条件と処理をまとめることができます

SWITCH関数を使用すると、「セルの値が値1なら○、値2なら△、…それ以外なら□」のような場合分けを行えます。右の例では、「ゴールド会員は5%還元、シルバー会員は3%還元、そのほかは0%」という具合に、会員種別に応じてポイント還元率の値を求めています。

SWITCH(式, 値1, 結果1, 値2, 結果2, … 既定の結果)

式と値が一致するかどうかを順に調べ、最初に一致した値に対応する結果を返す。一致する値がない場合は既定の値が返される

SWITCH関数を使うと式と値が一致するかどうかを順に調べられる

◆=SWITCH(B2,"ゴールド",5%,"シルバー",3%,0%)
セルB2がゴールドなら「5%」、シルバーなら「3%」、どちらにも当てはまらない場合に「0%」と表示する

474 複数の条件を簡潔に指定するには

Q 複数の条件を簡潔に指定するには

A OR関数の引数に中かっこで囲んだ複数の条件を指定します

OR関数を使用して「セルA1の値が10、または、セルA2の値が20、または、セルA3の値が30」という条件式を立てると「OR(A1=10,A2=20,A3=30)」となりますが、「セルA1の値が10または20または30」という条件式の場合は、より簡潔に指定する方法があります。セルA1と比較する値をカンマで区切って中かっこで囲み、「OR(A1={10,20,30})」と指定します。以下の例では、セルB2の値が「東京都」または「千葉県」または「埼玉県」である場合に「送付」と表示しています。

◆=IF(OR(B2={"東京都","千葉県","埼玉県"}),"送付","")

	A	B	C	D	E	F
1	会員名	都道府県	DM送付			
2	伊藤 秀行	東京都	送付			
3	佐伯 真澄	大阪府				
4	江川 美紀	千葉県	送付			
5	神田 博美	埼玉県	送付			
6	元原 浩二	鹿児島県				

都道府県が「東京都」または「千葉県」または「埼玉県」の場合は「送付」と表示する

475 関数のエラーを表示したくない

Q 関数のエラーを表示したくない

A IFERROR関数でエラーの場合の表示を指定できます

セルの値を数式で利用すると、入力されているデータや値によって、エラーになることがあります。「IFERROR（イフエラー）関数」を使用すると、数式がエラーになる場合にエラー値の代わりに「***」のような文字を表示できます。

	A	B	C	D
1	支店	前年度	今年度	前年比
2	水戸	12,457	16,745	134.4%
3	新潟	0	8,847	#DIV/0!
4	前橋	23,254	19,674	84.6%
5	甲府	12,574	未集計	#VALUE!

◆=C2/B2
計算対象が0や文字だとエラーになる

IFERROR(計算式, エラーの場合の値)
論理式が正しく計算できる場合は計算結果、できない場合はエラーの場合の値を表示する

「C2/B2」の結果がエラーであれば「***」を表示し、そうでなければ計算結果を表示する

◆=IFERROR(C2/B2,"***")

	A	B	C	D
1	支店	前年度	今年度	前年比
2	水戸	12,457	16,745	134.4%
3	新潟	0	8,847	***

エラーの代わりに「***」が表示された

476 すべてのセルに数値が入力されている場合だけ計算を行うには

Q すべてのセルに数値が入力されている場合だけ計算を行うには

A COUNT関数をIF関数の引数にして計算します

未入力のセルを使用して掛け算を行うと、そのセルは「0」として計算されるため、結果は「0」になります。未入力のときは計算されないようにするには、「COUNT（カウント）関数」でデータ数を数え、データがすべてそろっている場合だけ計算を行います。この例では、単価と数量のデータが2つそろっている場合だけ、金額を求めています。

COUNT(値1, 値2, … 値255)
指定した範囲にある数値の個数を求める

◆=IF(COUNT(C2:D2)=2,C2*D2,"")

	A	B	C	D	E
1	No	品番	単価	数量	金額
2	1	A102	300	2	600
3	2	G214	100	5	500
4	3	R101	200		

単価と数量が入力されていない場合は計算が行われない

データを検索する

データを検索する関数を使いこなすには、範囲の指定や検索方法、エラーの回避などちょっとしたコツが必要です。ここでは、データの検索に関する疑問を解決しましょう。

477 品番を手掛かりに商品リストから商品名を取り出したい

365 / 2024 / 2021 / 2019　サンプル
お役立ち度 ★★★

Q 品番を手掛かりに商品リストから商品名を取り出したい

A XLOOKUP関数で検索値を使って取り出します

XLOOKUP(エックスルックアップ)関数を使うと、[検索値]を基に表の検索と値の取り出しを行えます。検索する範囲は引数[検索範囲]、値を取り出す範囲は引数[戻り範囲]で指定します。ここでは品番を検索値として商品リストから商品名を取り出します。

XLOOKUP(検索値, 検索範囲, 戻り範囲, 見つからない場合, 一致モード)

検索範囲から検索値を検索して見つかった戻り値を取り出す。見つからない場合に表示する値を指定できる。一致モードを「0」にするか省略すると、完全一致の検索になる

=**XLOOKUP**(A2, A7:A10, B7:B10)

- 検索値: 検索する値を指定する
- 検索範囲: 検索する範囲を指定する
- 戻り範囲: 値を取り出す範囲を指定する

セルB2にXLOOKUP関数を入力して、セルA2の品番をセルA7～A10から検索し、最初に見つかったセルと同じ列にある戻り範囲の値を取り出す

478 XLOOKUP関数を複数の行にコピーするには

365 / 2024 / 2021 / 2019　サンプル
お役立ち度 ★★

Q XLOOKUP関数を複数の行にコピーするには

A [検索範囲]と[戻り範囲]を絶対参照で指定します

XLOOKUP関数の数式を下のセルにコピーして使いたいときは、コピー先でも同じ範囲を参照できるように、引数[検索範囲]と[戻り範囲]を絶対参照で指定しましょう。

1 「=XLOOKUP(A2,$A$7:$A$10,$B$7:$B$10)」と入力

2 Enter キーを押す

セルB2に結果が表示された

セルB3～B4に数式をコピーしても正常に参照される

479 品番が見つからない場合のエラーに対処したい

Q 品番が見つからない場合のエラーに対処したい

A 4番目の引数［見つからない場合］を指定します

XLOOKUP関数では、［検索範囲］の中に［検索値］が見つからない場合に戻り値がエラー値「#N/A」になります。そのため、［検索値］のセルが未入力だとエラーになってしまいます。XLOOKUP関数の4番目の引数［見つからない場合］に「""」を指定すると、エラーを非表示にできます。

品番が未入力の場合にエラーが表示される

	A	B	C	D	E	F
1	品番	商品名	単価	個数	金額	
2	N02	方眼紙				
3	P01	鉛筆				
4		#N/A				
5						
6	品番	商品名	単価			
7	P01	鉛筆	80			
8	P02	蛍光ペン	100			
9	N01	ノート	150			
10	N02	方眼紙	200			
11						

1 「=XLOOKUP(A2,$A$7:$A$10,$B$7:$B$10,"")」と入力

	A	B	C	D	E
1	品番	商品名	単価	個数	金額
2	N02	=XLOOKUP(A2,$A$7:$A$10,$B$7:$B$10,"")			
3	P01				
4					
5					

2 Enterキーを押す

	A	B	C	D	E
1	品番	商品名	単価	個数	金額
2	N02	方眼紙			
3	P01	鉛筆			
4					
5					

3 数式をセルB3～B4にコピー　　品番が未入力のときのエラーが非表示になった

---

480 検索結果の行を丸ごと引き出すには

Q 検索結果の行を丸ごと引き出すには

A 3番目の引数［戻り範囲］に複数列を指定してスピルを利用します

XLOOKUP関数では、3番目の引数［戻り範囲］に複数列のセル範囲を指定することで、数式を右方向にスピルさせ、［戻り範囲］から複数の値を取り出すことができます。以下の手順では、セルB2に入力したXLOOKUP関数の［戻り範囲］に3列分のセル範囲を指定したので、商品リストから商品名、分類、単価の3つのデータが取り出されます。セルB2の数式を下のセルにコピーすると、下の行でも自動でスピルして3つのデータが表示されます。

セルA7～D10のリストからセルA2の品番に該当するデータを一度に抽出したい

1 「=XLOOKUP(A2,$A$7:$A$10,$B$7:$D$10,"")」と入力　　**2** Enterキーを押す

	A	B	C	D	E	F	G
1	品番	商品名	分類	単価	個数	金額	
2	N02	=XLOOKUP(A2,$A$7:$A$10,$B$7:$D$10,"")					
3	P01				50	0	
4	P02				200	0	
5							
6	品番	商品名	分類	単価			
7	P01	鉛筆	PN	80			
8	P02	蛍光ペン	PN	100			
9	N01	ノート	NT	150			
10	N02	方眼紙	NT	200			
11							

セルB2の数式がセルD2までスピルして、品番が「N02」の商品名、分類、単価がリストから抽出される

	A	B	C	D	E	F	G
1	品番	商品名	分類	単価	個数	金額	
2	N02	方眼紙	NT	200	100	20,000	
3	P01	鉛筆	PN	80	50	4,000	
4	P02	蛍光ペン	PN	100	200	20,000	
5							
6	品番	商品名	分類	単価			

セルB3～B4にセルB2の数式をコピーすると品番が「P01」「P02」のデータが抽出される

481 「〇以上△未満」の検索をするには

Q 「〇以上△未満」の検索をするには

A 5番目の引数［一致モード］を使います

XLOOKUP関数の5番目の引数［一致モード］は、検索方法を指定する引数です。完全一致検索の場合は指定を省略できますが、近似一致検索の場合は省略できません。例えば、「〇以上△未満」の条件で検索したいときは、引数［一致モード］に「-1」を指定します。VLOOKUP関数では近似一致検索の検索範囲を昇順に並べる必要がありましたが、XLOOKUP関数ではその必要はありません。下図では、セルB2に入力した購入数を検索値として、割引率を求めています。

セルB2に入力した個数の場合の割引率をセルD5〜D8から求めたい

1 「=XLOOKUP(B2,B5:B8,D5:D8,"---",-1))」と入力
2 Enter キーを押す

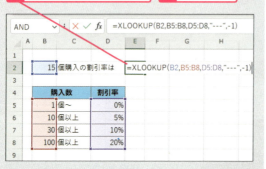

10個以上30個未満の割引率が求められた

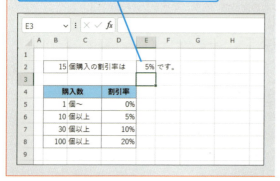

482 どのバージョンでも使える関数で表を検索したい

Q どのバージョンでも使える関数で表を検索したい

A 古いバージョンにも対応しているVLOOKUP関数を使います

VLOOKUP（ブイルックアップ）関数は、引数［検索値］を手掛かりに指定されたセル範囲の先頭の列を検索します。条件に一致するデータが見つかったら、その行の引数［列番号］に指定した列にあるセルの内容を取り出します。引数［列番号］は、表の左端を1列目として、取り出したいデータが何列目にあるかを指定します。4番目の引数［検索の型］は、検索方法を「TRUE」（近似値の検索）または「FALSE」（完全一致の検索）で指定します。ここでは、指定した品番に完全に一致するデータが見つかったときだけに商品名を取り出したいので、「FALSE」を指定しています。

VLOOKUP(検索値, 範囲, 列番号, 検索の型)
指定した範囲から検索値を検索して、列番号の列からデータを取り出す

品番を指定して商品データ表から商品名を取り出す

=VLOOKUP(A2, A7:C10, 2, FALSE)

検索値	範囲	列番号	検索の型
検索する値を指定する	検索する範囲を指定する	値を取り出す列数を指定する	検索方法を指定する

セルB2にVLOOKUP関数を入力して、セルA2の品番をセルA7〜C10の商品リスト表から検索し、表の2列目にある商品名を取り出す

483

VLOOKUP関数でエラーが表示されないようにしたい

IFERROR関数の引数にVLOOKUP関数を使います

このワザの例では、品番と個数が入力されると、自動的に商品名、単価、金額が表示されるように、2行目から4行目の［商品名］欄、［単価］欄、［金額］欄に数式が入力してあります。ところが、［品番］欄が入力されていない3行目と4行目にエラー値「#N/A」が表示されます。このエラーは、VLOOKUP関数で引数［検索値］が未入力のときに表示されます。これを解決するには、「IFERROR（イフエラー）関数」を使用しましょう。

VLOOKUP(検索値, 範囲, 列番号, 検索の型)
指定した範囲から検索値を検索して、列番号の列からデータを取り出す

IFERROR(計算式, エラーの場合の値)
論理式が正しく計算できる場合は計算結果、できない場合はエラーの場合の値を表示する

IF(論理式, 真の場合, 偽の場合)
論理式を満たす場合は真の場合、満たさない場合は偽の場合を返す

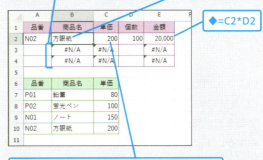

セルB2、C2、E2にそれぞれ数式を入力して、4行目までコピーしてある

品番が未入力だとエラーになる

◆ =VLOOKUP(A2,$A$7:$C$10,2,FALSE)

◆ =C2*D2

◆ =VLOOKUP(A2,$A$7:$C$10,3,FALSE)

エラーが出ない場合は結果を表示し、エラーが出る場合は空白を表示するセルB2、C2、E2の数式を入力し直す

◆ =IFERROR(VLOOKUP(A2,$A$7:$C$10,2,FALSE),"")

◆ =IFERROR(VLOOKUP(A2,$A$7:$C$10,3,FALSE),"")

◆ =IFERROR(C2*D2,"")

セルB2、C2、E2の数式をそれぞれ4行目までコピーしておく

参照先が空白時のエラーが非表示になった

484

間違った検索値が入力されないようにするには？

リストから選択するように設定しておきます

XLOOKUP関数やVLOOKUP関数で検索するときは、ワザ120を参考に検索値の入力欄にリスト入力の設定をしておくと、間違った検索値の入力を防げます。

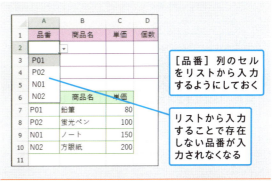

［品番］列のセルをリストから入力するようにしておく

リストから入力することで存在しない品番が入力されなくなる

485 VLOOKUP関数で「○以上△未満」の条件で表を検索したい

A [検索の型]に「TRUE」を指定します

VLOOKUP関数の4番目の引数[検索の型]に「TRUE」を指定するか指定を省略すると、[検索値]以下で最も近い値（近似値）を取り出せます。これを利用すると、「○以上△以下」の検索が可能になります。以下の例では、購入した商品の数に応じた割引率を検索しています。例えば15個購入した場合、表の「購入数」欄に「15」はありませんが、「15」より小さくて最も近い「10」に対応する割引率「5%」が取り出されます。なお、近似値の検索では、「○以上△以下」の「○」に当たる数値を表の左端に「小さい順」で入力しておく必要があります。

VLOOKUP(検索値, 範囲, 列番号, 検索の型)
指定した範囲から検索値を検索して、列番号の列からデータを取り出す

購入数の昇順で表を入力しておく

◆=VLOOKUP(B2,B5:D8,3,TRUE)
セルB2の数値が含まれるデータをセルB5～D8の表の1列目から検索して3列目にあるデータを取り出す

検索値が「15」だとすると、15が見つからない場合、15より小さくて最も近い「10」のセルを含む行が、参照する行となる

関連 482 どのバージョンでも使える関数で表を検索したい　P.238

---

486 ほかのワークシートにある表を検索できる？

A 同じブックにあるほかのワークシートも検索可能です

XLOOKUP関数でほかのワークシートの表を検索する場合は、引数[検索範囲]と[戻り範囲]の2つを「シート名!セル範囲」のようにシート名を付けて指定します。指定する際、シート見出しをクリックしてセル範囲をドラッグすれば、「シート名!セル範囲」を自動入力できます。数式をコピーする場合は、さらに F4 キーを押して絶対参照にしましょう。VLOOKUP関数の場合は、引数[範囲]を「シート名!セル範囲」形式で指定します。

品番を指定して[台帳]シートにある商品リストから商品名と単価を調べる

◆=XLOOKUP(A2,台帳!$A$2:$A$5,台帳!$B$2:$C$5,"")

関連 477 品番を手掛かりに商品リストから商品名を取り出したい　P.236

487

365 2024 2021 2019 お役立ち度 ★★★ サンプル

Q 縦横の項目名を指定して表からデータを取り出したい

A XLOOKUP関数をネストにして使います

2つのXLOOKUP関数を入れ子にすると、表の縦横の見出しから交差位置にあるデータを取り出せます。下図では「色」と「サイズ」を指定して、在庫表から該当する在庫を取り出しています。内側のXLOOKUP関数では、「黒」の在庫である「25、6、16」が取り出されます。外側のXLOOKUP関数では「25、6、16」から「L」の在庫である「16」が取り出されます。

XLOOKUP(検索値,検索範囲,戻り範囲,見つからない場合,一致モード)

検索範囲から検索値を検索して見つかった戻り値を取り出す。見つからない場合に表示する値を指定できる。一致モードを「0」にするか省略すると、完全一致の検索になる

1 「=XLOOKUP(B3,F2:H2,XLOOKUP(B2,E3:E5,F3:H5))」と入力

	A	B	C	D	E	F	G	H	I
1	在庫数検索				Tシャツ在庫表				
2	色	黒				S	M	L	
3	サイズ	L			白	0	21	8	
4	在庫数	=XLOOKUP(B3,F2:H2,XLOOKUP(B2,E3:E5,F3:H5))							
5					赤	18	15	4	
6									

2 Enter キーを押す

	A	B	C	D	E	F	G	H	I
1	在庫数検索				Tシャツ在庫表				
2	色	黒				S	M	L	
3	サイズ	L			白	0	21	8	
4	在庫数	16			黒	25	6	16	
5					赤	18	15	4	
6									

指定した色とサイズから在庫数が表示された

488

365 2024 2021 2019 お役立ち度 ★★★ サンプル

Q どのバージョンでも使える関数でデータを取り出したい

A MATCH関数とINDEX関数を使います

ワザ487のような検索をどのバージョンでも使える関数で行うにはMATCH関数を使い、指定した商品名が表の何行目にあるか、指定したサイズが表の何列目にあるかを調べます。調べた数値をINDEX関数の引数に指定すれば、在庫数を簡単に取り出せます。

MATCH(検索値,検索範囲,照合の種類)

検索値が検索範囲の何番目にあるかを求める。照合の種類を「0」にすると、完全一致の検索になる

INDEX(範囲,行番号,列番号)

指定した範囲から行番号と列番号の位置のデータを取り出す

指定した色とサイズから在庫数を求める

◆=MATCH(B2,E3:E5,0)
セルB2に入力された色がセルE3～E5の何行目にあるかを求める

	A	B	C	D	E	F	G	H	I	J	K
1	在庫数検索				Tシャツ在庫表						
2	色	黒	2			S	M	L			
3	サイズ	L	3		白	0	21	8			
4	在庫数				黒	25	6	16			
5					赤	18	15	4			

◆=MATCH(B3,F2:H2,0)
セルB3に入力されたサイズがセルF2～H2の何列目にあるかを求める

	A	B	C	D	E	F	G	H	I	J	K
1	在庫数検索				Tシャツ在庫表						
2	色	黒	2			S	M	L			
3	サイズ	L	3		白	0	21	8			
4	在庫数	16			黒	25	6	16			
5					赤	18	15	4			

◆=INDEX(F3:H5,C2,C3)
セルF3～H5から、セルC2で指定した行、セルC3で指定した列の位置にあるデータを取り出す

489 入力する値によってリストに表示するデータを変えるには

お役立ち度 ★★★ 365 2024 2021 2019 サンプル

Q 入力する値によってリストに表示するデータを変えるには

A INDIRECT関数で条件に応じてリストの項目を切り替えます

入力リストの設定の際に「INDIRECT（インダイレクト）関数」を使用すると、条件に応じてリストの項目を切り替えられます。INDIRECT関数は、引数に指定した文字からセルを参照する関数です。

以下の例では、セルB2に入力された所属部名に応じて、所属課の入力リストに表示される課名を切り替えます。まず準備として空いたセルに課名を入力しておき、営業部の課名のセルE2～E4に「営業部」、総務部の課名のセルG2～G3に「総務部」という名前を付けます。入力リストの表示項目として「=INDIRECT(B2)」を設定すると、セルB2の値が「営業部」の場合は入力リストにセルE2～E4の課名が、セルB2の値が「総務部」の場合は入力リストにセルG2～G3の値が表示されます。

INDIRECT(参照文字列, 参照形式)
参照文字列で指定されたセル内にある文字列データを、別のセルへの参照として、参照先セルの内容を求める

部署ごとに異なるリストが選択できるようにする

ワザ353を参考にあらかじめセルE2～E4に［営業部］、セルG2～G3に［総務部］という名前を付けておく

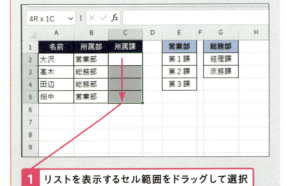

1 リストを表示するセル範囲をドラッグして選択

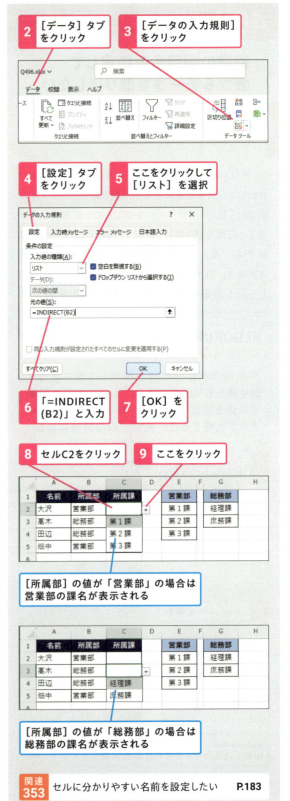

2 ［データ］タブをクリック
3 ［データの入力規則］をクリック
4 ［設定］タブをクリック
5 ここをクリックして［リスト］を選択
6 「=INDIRECT(B2)」と入力
7 ［OK］をクリック
8 セルC2をクリック
9 ここをクリック

［所属部］の値が「営業部」の場合は営業部の課名が表示される

［所属部］の値が「総務部」の場合は総務部の課名が表示される

関連 353 セルに分かりやすい名前を設定したい P.183

490 表のデータを並べ替えたい

A SORT関数で並べ替える範囲、順序などを指定します

Microsoft 365とExcel 2024/2021には、表の並べ替えを行う関数が2つ用意されています。そのうち「SORT（ソート）関数」は、並べ替える[範囲]、並べ替えの基準の[列番号]、並べ替えの[順序]を指定するだけで簡単に並べ替えを行える関数です。引数[順序]に「1」を指定すると昇順、「-1」を指定すると降順になります。下図では、顧客名簿を年齢の降順に並べ替えています。セルF3にSORT関数を入力すると、自動でセルI8までスピルして、並べ替えた表が表示されます。

SORT(範囲, 列番号, 順序)
指定した範囲のデータを列番号の列の値を基準に降順または昇順で並べ替える

=SORT(A3:D8, 4, -1)
- 範囲：検索する値を指定する
- 列番号：並べ替えの基準を指定する
- 順序：降順で並べ替える

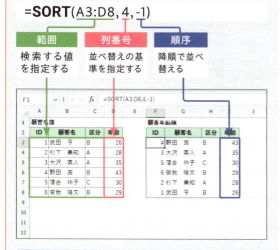

セルF3にSORT関数を入力して、セルA3～D8の顧客名簿を、列番号で指定した値を基準に降順で並べ替える

関連 491 複数の列を基準に表のデータを並べ替えたい　P.243

491 複数の列を基準に表のデータを並べ替えたい

A SORTBY関数で[基準]と[順序]の組み合わせを複数指定します

Microsoft 365とExcel 2024/2021の2つの並べ替えの関数のうち、「SORTBY（ソートバイ）関数」は引数[基準]と[順序]のペアを複数指定することで、複数の列を基準に並べ替えられる点が特徴です。下図では、顧客名簿を区分の昇順に並べ替え、同じ区分の中では年齢の降順に並べ替えています。セルF3にSORTBY関数を入力すると、自動でセルI8までスピルして、並べ替えた表が表示されます。SORT関数では並べ替えの基準を列番号で指定しますが、SORTBY関数は引数[基準]にセル範囲を指定するので注意してください。

SORTBY(範囲, 基準1, 順序1, 基準2, 順序2, …)
指定した範囲のデータを基準1の列の値で降順または昇順で並べ替え、複数の基準で並べ替える場合は基準2の列の値で降順または昇順で並べ替える

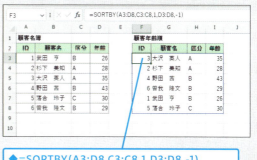

◆**=SORTBY**(A3:D8,C3:C8,1,D3:D8,-1)
セルA3～D8の顧客名簿を、区分を基準に昇順で並べ替え、次に年齢を基準に降順で並べ替える

関連 360 動的配列数式って何？　P.186
関連 490 表のデータを並べ替えたい　P.243

492 条件に合うデータを抽出したい

Q 条件に合うデータを抽出したい

A FILTER関数を使って条件に合うデータを取り出します

Microsoft 365とExcel 2024/2021で は、「FILTER（フィルター）関数」を使用すると、表から条件に当てはまるデータを抽出できます。下図では、引数［範囲］に顧客リストのセル、引数［条件］に「C4:C9=I1」と指定して、顧客リストから、セルC4～C9の値がセルI1の「A」に一致するデータを抽出しています。セルF4にFILTER関数を入力すると、抽出結果の行数分のセル範囲にスピルされ、結果が表示されます。引数［空の場合］に「""」を指定したので、条件に当てはまるデータがない場合は何も表示されません。

FILTER(範囲, 条件, 空の場合)
指定した範囲から条件に当てはまるデータを取り出す。条件に当てはまるデータがない場合は空の場合を表示する

=FILTER(A4:D9, C4:C9=I1, "")

範囲：抽出対象の範囲を指定する
条件：条件を指定する

セルF4にFILTER関数を入力して、区分が「A」のデータをセルA4～D9の顧客名簿から取り出す

関連 493 「区分がB」かつ「30歳未満」の条件で抽出したい　P.244

---

493 「区分がB」かつ「30歳未満」の条件で抽出したい

Q 「区分がB」かつ「30歳未満」の条件で抽出したい

A FILTER関数のAND条件は2つの条件を「*」でつなぎます

FILTER関数でAND条件を指定したいときは、複数の条件を「*」（アスタリスク）でつなげて指定します。例えば、「条件A*条件B」と指定すると「条件Aかつ条件B」という条件になります。下図の顧客名簿から「区分がB」かつ「年齢が30未満」のデータを抽出するには、引数［条件］に「(C4:C9="B")*(D4:D9<30)」と指定します。

セルA4～D9のリストから区分がBかつ年齢が30未満のデータを抽出したい

1 「=FILTER(A4:D9,(C4:C9="B")*(D4:D9<30),"")」と入力
2 Enter キーを押す

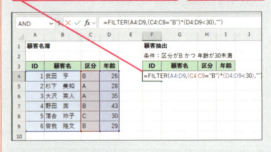

条件に該当するデータがスピルして表示された

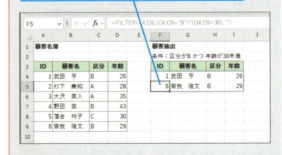

関連 492 条件に合うデータを抽出したい　P.244
関連 494 「区分がB」または「区分がC」の条件で抽出したい　P.245

494 「区分がB」または「区分がC」の条件で抽出したい

A FILTER関数のOR条件は2つの条件を「+」でつなぎます

FILTER関数でOR条件を指定したいときは、複数の条件を「+」（プラス）でつなげて指定します。例えば、「条件A+条件B」と指定すると「条件Aまたは条件B」という条件になります。下図の顧客名簿から「区分がB」または「区分がC」のデータを抽出するには、引数［条件］に「(C4:C9="B")+(C4:C9="C")」と指定します。

> セルA4〜D9のリストから区分がBまたは区分がCのデータを抽出したい

1. 「=FILTER(A4:D9,(C4:C9="B")+(C4:C9="C"),"")」と入力
2. Enter キーを押す

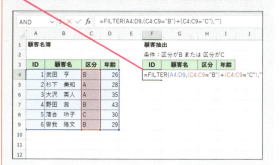

> 条件に該当するデータがスピルして表示された

関連 492 条件に合うデータを抽出したい　P.244
関連 493 「区分がB」かつ「30歳未満」の条件で抽出したい　P.244

---

495 表から顧客名を1つずつ取り出したい

A UNIQUE関数で重複のないデータを抽出できます

Microsoft 365とExcel 2024/2021では、「UNIQUE（ユニーク）関数」を使用すると、表の特定の列にどんなデータが入力されているかを簡単に調べられます。引数［範囲］に調べる対象のセル範囲を指定するだけで、重複のないようにデータが取り出されます。下図では、受注一覧表の「顧客名」欄から顧客名を1つずつ取り出しています。セルE3にUNIQUE関数を入力すると、データの数だけ自動的にスピルします。

UNIQUE(範囲)
指定した範囲の重複するデータをまとめる

=UNIQUE(B3:B10)
範囲：データを取り出すセル範囲を指定する

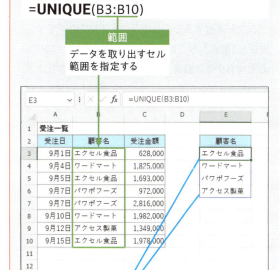

> セルE3にUNIQUE関数を入力して、重複するデータをまとめる

関連 360 動的配列数式って何？　P.186

第8章 ひと目で納得させるグラフ作成ワザ

グラフ作成の基本

グラフ化は数値データを視覚化し、強調したい部分や共有したい情報を直感的に捉えるための有効な手段です。ここでは、グラフを作成するとき最初に直面する疑問を解決していきましょう。

496　365/2024/2021/2019　お役立ち度★★★　サンプル

Q グラフを作成したい

A セル範囲を選択して［挿入］タブからグラフの種類を選択します

グラフ作りは簡単です。グラフの基になるセル範囲を選択して、［挿入］タブからグラフの種類を選ぶだけです。作成直後のグラフには、グラフタイトルや凡例など、最小限の要素しか配置されません。ほかの要素は、後から個別に追加します。

グラフを選択すると、リボンに［グラフのデザイン］タブと［書式］タブが表示されます。また、グラフの右上にもグラフ編集用のボタンが3つ表示されます。これらのタブやボタンで、グラフに要素を追加したり、デザインを変更したりするなどの編集を行えます。いずれもグラフを選択したときにだけ表示されるので、グラフの編集はまずグラフを選択するところから始めてください。

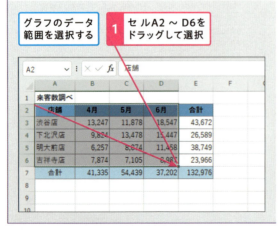

グラフのデータ範囲を選択する
1 セルA2～D6をドラッグして選択

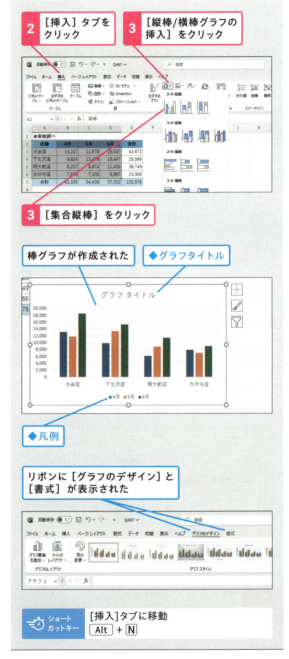

2 ［挿入］タブをクリック
3 ［縦棒/横棒グラフの挿入］をクリック
3 ［集合縦棒］をクリック

棒グラフが作成された　◆グラフタイトル
◆凡例

リボンに［グラフのデザイン］と［書式］が表示された

ショートカットキー　［挿入］タブに移動　Alt + N

497 [365] [2024] [2021] [2019] サンプル
お役立ち度 ★★☆

Q 離れたセルのデータでグラフを作成できる?

A Ctrlキーを押しながらセルをドラッグして選択します

隣接しないセル範囲からグラフを作成するポイントは、データと項目名の数が合うようにセル範囲を選択することです。Ctrlキーを押しながらグラフにしたいセルを選択してグラフを作成しましょう。

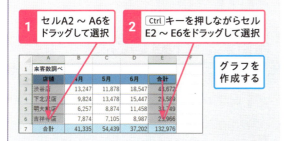

1 セルA2〜A6をドラッグして選択
2 Ctrlキーを押しながらセルE2〜E6をドラッグして選択
グラフを作成する

498 [365] [2024] [2021] [2019] サンプル
お役立ち度 ★★☆

Q グラフを選択するには

A グラフの何もない部分をクリックします

グラフの何もない部分にマウスポインターを合わせ、ポップヒントに「グラフエリア」と表示されるのを確認してクリックすると、グラフ全体を選択できます。グラフを選択すると、グラフが枠で囲まれます。

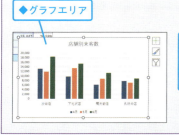

◆グラフエリア
[グラフエリア]をクリックすると、グラフ全体が選択される

499 [365] [2024] [2021] [2019] サンプル
お役立ち度 ★★★

Q グラフのサイズを変更したい

A サイズ変更ハンドルをドラッグして自由に変更できます

グラフを選択すると、枠線の8個所にサイズ変更ハンドルが表示されます。上下の枠線の中央にあるハンドルでグラフの高さ、左右の枠線の中央にあるハンドルでグラフの幅を変更できます。また、四隅のハンドルを使えば、グラフの幅と高さをまとめて変更できます。

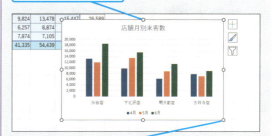

◆サイズ変更ハンドル

四隅のハンドルをドラッグすると、グラフの幅と高さを同時に変更できる

関連 503 複数のグラフのサイズをそろえられる? P.248

500 [365] [2024] [2021] [2019]
お役立ち度 ★★☆

Q グラフの位置やサイズをセルに合わせて調整したい

A Altキーを押しながら移動するとセルの枠線にくっつきます

Altキーを押しながら[グラフエリア]をドラッグすると、グラフをセルの枠線に合わせて配置できます。また、Altキーを押しながらサイズ変更ハンドルをドラッグすると、セルの枠線に合わせてグラフのサイズを変更できます。

501 [365][2024][2021][2019] お役立ち度 ★★

Q グラフを移動するには？

A グラフエリアをドラッグして移動できます

［グラフエリア］にマウスポインターを合わせ、そのままドラッグすると、グラフが移動します。ドラッグの最中に、移動先を示す枠が表示されるので、それを目安に配置するといいでしょう。

502 [365][2024][2021][2019] お役立ち度 ★★★ サンプル

Q 複数のグラフのサイズをそろえられる？

A 複数のグラフを選択して幅と高さを数値で設定します

グラフを選択した後、Shiftキーを押しながら別のグラフをクリックすると、複数のグラフを選択できます。その状態で、高さと幅をセンチメートル単位の数値で指定すると、サイズを統一できます。

503 [365][2024][2021][2019] お役立ち度 ★★★ サンプル

Q グラフをほかのシートに移動するには

A ［グラフの移動］で移動先のシートを指定します

作成したグラフを別のシートに移動するには、［グラフの移動］画面を使用します。移動先として指定できるのは、既存のワークシート、または新しいグラフシートのいずれかです。グラフシートとは、グラフのみを表示できるグラフ専用のシートのことです。

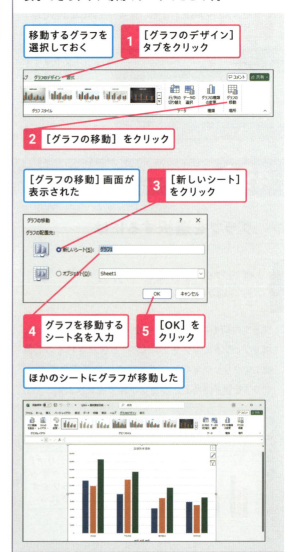

504

Q グラフのデザインを変更したい

A ［グラフスタイル］と［色の変更］でまとめて変更できます

［グラフスタイル］と［色の変更］を使用すると、選択肢から選ぶだけでグラフのデザインをまとめて変更できます。［グラフスタイル］は、グラフ要素の配置や背景の色を変更する機能です。また、［色の変更］は棒や折れ線など、グラフそのものの色を変更する機能です。1本だけ棒の色を変えたい場合など、個別の書式を先に設定すると上書きされてしまうので、最初に［グラフスタイル］と［色の変更］を設定してから、個別の書式設定をしましょう。

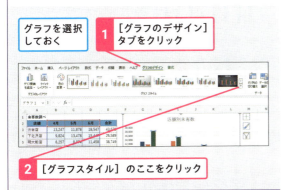

505

Q グラフのレイアウトを変更したい

A ［クイックレイアウト］の一覧から選択します

グラフには、タイトルやデータラベルなど、必要に応じていろいろなグラフ要素を表示できます。［クイックレイアウト］の一覧には、グラフ要素のレイアウトが数種類用意されています。ここから選択するだけで、簡単にそのレイアウトを適用できます。なお、選択するレイアウトによっては、グラフに設定してあったグラフタイトルなどの要素が消えてしまう場合もあります。まず、目的に近いレイアウトを適用してから、必要なグラフ要素を個別に追加しましょう。

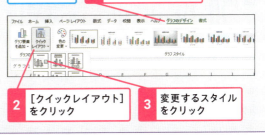

506 365 2024 2021 2019 サンプル お役立ち度 ★★★

Q より素早くデザインを変更するには

A [グラフスタイル] ボタンでスタイルと色を変更できます

グラフを選択すると、右側にグラフ編集用の3つのボタンが表示されます。そのうちの[グラフスタイル]ボタンを使用すると、グラフのスタイルと色を素早く変更できます。リボンまでマウスを移動したり、リボンのタブを切り替えたりする手間が省けて効率的です。

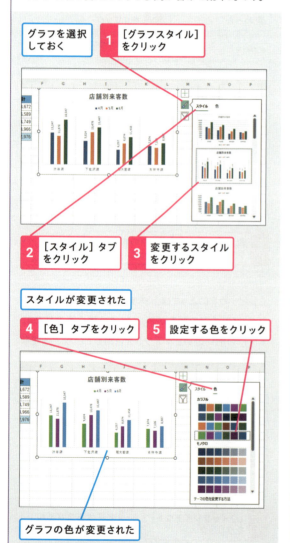

507 365 2024 2021 2019 サンプル お役立ち度 ★★☆

Q グラフの種類を変更するには

A [グラフのデザイン] タブの [グラフの種類の変更] を選択します

[グラフの種類の変更]画面を使用すると、グラフの種類を変更できます。「縦棒グラフを作成したけれど、折れ線グラフのほうが適切だった」といった場合にグラフを一から作り直すより、縦棒グラフから折れ線グラフに種類を変えたほうが簡単です。

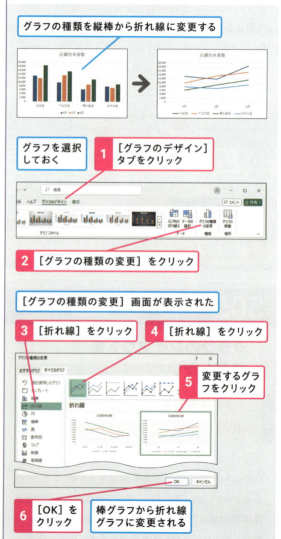

508 グラフの要素名を知りたい

Q グラフの要素名を知りたい

A マウスポインターを要素の上に合わせると確認できます

グラフを構成する要素には名前が付いています。グラフ要素にマウスポインターを合わせると、その名前をポップヒントで確認できます。また、選択したグラフ要素の名前は、[書式]タブにある[現在の選択範囲]グループの[グラフの要素]に表示されるので、目的のグラフ要素を選択できているかどうか不安なときは確認しましょう。

■グラフの要素

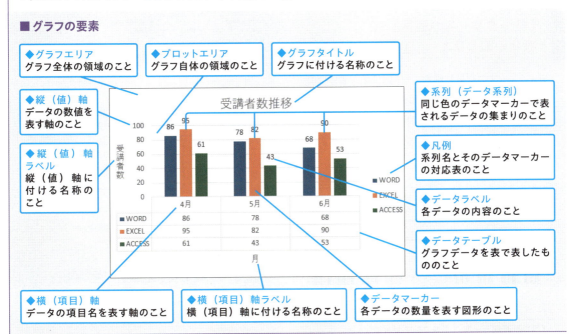

- ◆グラフエリア：グラフ全体の領域のこと
- ◆プロットエリア：グラフ自体の領域のこと
- ◆グラフタイトル：グラフに付ける名称のこと
- ◆縦(値)軸：データの数値を表す軸のこと
- ◆縦(値)軸ラベル：縦(値)軸に付ける名称のこと
- ◆系列(データ系列)：同じ色のデータマーカーで表されるデータの集まりのこと
- ◆凡例：系列名とそのデータマーカーの対応表のこと
- ◆データラベル：各データの内容のこと
- ◆データテーブル：グラフデータを表で表したもののこと
- ◆横(項目)軸：データの項目名を表す軸のこと
- ◆横(項目)軸ラベル：横(項目)軸に付ける名称のこと
- ◆データマーカー：各データの数量を表す図形のこと

509 グラフの要素を確実に選択するには

Q グラフの要素を確実に選択するには

A [書式]タブのグラフ要素の一覧から選択します

グラフの要素はクリックの位置が少しずれただけで、別の要素が選択されてしまうことがあります。より確実に選択したいときは、[書式]タブの[グラフ要素]を利用しましょう。現在のグラフ要素が一覧表示され、その中からクリックで選択できます。

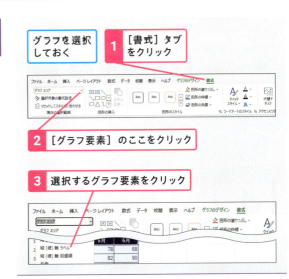

1. [書式]タブをクリック
2. [グラフ要素]のここをクリック
3. 選択するグラフ要素をクリック

グラフの元データに関するワザ

元のデータの配置や形式によっては、思い通りのグラフを作成できないことがあります。ここではそのようなときの疑問や「困った」を解決しましょう。

510 グラフのデータ範囲を変更したい

Q グラフのデータ範囲を変更したい

A [データソースの選択]で設定し直します

[データソースの選択]画面を使用すると、グラフのデータ範囲を変更できます。元データとは別のシートに作成したグラフや、離れたセルのデータから作成したグラフなど、あらゆるグラフのデータ範囲の変更が行えます。

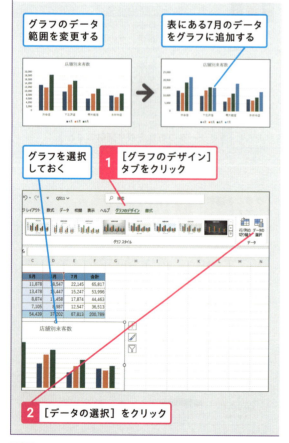

- グラフのデータ範囲を変更する
- 表にある7月のデータをグラフに追加する
- グラフを選択しておく
- 1 [グラフのデザイン]タブをクリック
- 2 [データの選択]をクリック

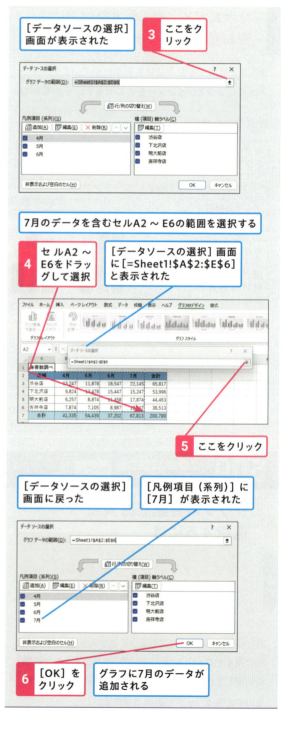

- [データソースの選択]画面が表示された
- 3 ここをクリック
- 7月のデータを含むセルA2~E6の範囲を選択する
- 4 セルA2~E6をドラッグして選択
- [データソースの選択]画面に[=Sheet1!$A$2:$E$6]と表示された
- 5 ここをクリック
- [データソースの選択]画面に戻った
- [凡例項目（系列）]に[7月]が表示された
- 6 [OK]をクリック
- グラフに7月のデータが追加される

511 | 365 2024 2021 2019 | サンプル
お役立ち度 ★★

Q より簡単にデータ範囲を変更するには

A データ範囲を示す色枠のハンドルをドラッグします

元データと同じシートに作成されたグラフでは、グラフエリアかプロットエリアを選択すると、元データが色枠で囲まれます。この枠のハンドル（色枠の角）をドラッグすると、簡単にデータ範囲を拡大したり、縮小したりできます。

グラフのデータ範囲を変更する

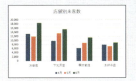

ここでは、7月の来客数を追加する

1 [グラフエリア]をクリック

ハンドル（色枠の角）をドラッグして範囲を広げる

2 ここ（ハンドル）にマウスポインターを合わせる

マウスポインターの形が変わった

3 ここまでドラッグ

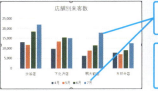

グラフのデータ範囲が変更された

ほかのセルをクリックするか、Escキーを押して選択を解除する

関連 512 項目とデータ系列の内容を入れ替えたい　P.253

---

512 | 365 2024 2021 2019 | サンプル
お役立ち度 ★★

Q 項目とデータ系列の内容を入れ替えたい

A [グラフのデザイン]タブの[行/列の切り替え]を使います

グラフを作成したときに横（項目）軸の項目とデータ系列が目的とは逆に配置された場合は、[行/列の切り替え]ボタンをクリックしましょう。即座に内容が入れ替わります。

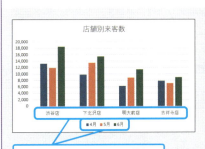

項目とデータ系列を入れ替える

グラフを選択しておく

1 [グラフのデザイン]タブをクリック

2 [行/列の切り替え]をクリック

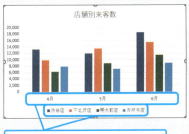

項目とデータ系列が入れ替わった

513 [365][2024][2021][2019] サンプル
お役立ち度 ★★

Q グラフに表示するデータを簡単に変更するには

A ［グラフフィルター］ボタンを利用します

グラフを選択したときに表示される［グラフフィルター］ボタンを使用すると、グラフに表示する系列や項目を簡単に切り替えられます。特定の系列だけを表示して分析したいときなどに便利です。表示／非表示にする項目を選択した後、忘れずに［適用］ボタンをクリックしましょう。

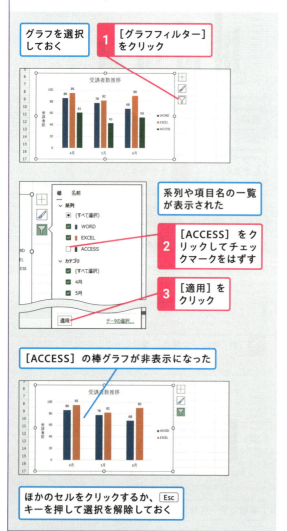

514 [365][2024][2021][2019] サンプル
お役立ち度 ★★★

Q レイアウトを流用して別のグラフを作成できる？

A グラフをコピーしてデータ範囲を変更します

デザインやレイアウトが同じ2つのグラフを作成したいときは、グラフのコピーを利用しましょう。コピーしたグラフのデータ範囲を修正して、グラフタイトルなど、両方のグラフで個別に設定したい内容を変更すれば、効率的に2つ目のグラフを作成できます。なお、グラフのコピー後、グラフ要素に個別に設定した色などの書式は、解除される場合があるので注意してください。

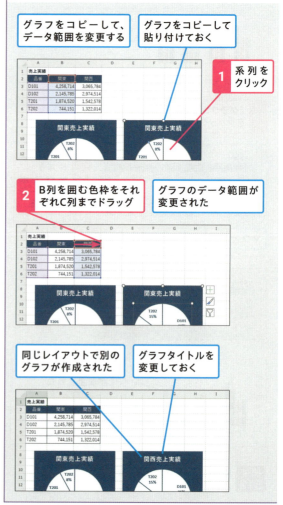

515 365 2024 2021 2019 サンプル
お役立ち度 ★★

Q 横（項目）軸の項目名を
直接入力したい

A ［データソースの選択］で
軸ラベルの文字を入力します

元の表に入力された項目名が長すぎてグラフのバランスが悪いときは、このワザを参考に項目名を短くしましょう。「={"項目名1","項目名2",……}」の形で直接項目名を指定します。

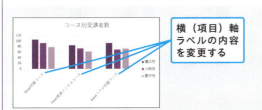

| グラフを選択しておく | ［グラフのデザイン］タブで［データの選択］をクリックし、［データソースの選択］画面を表示しておく |

1 ［編集］をクリック

| ［軸ラベル］画面が表示された | **2** ［軸ラベルの範囲］に「={"E初級","E実践","Eマクロ"}」と入力 |

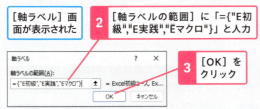

3 ［OK］をクリック

［データソースの選択］画面で［OK］をクリックする

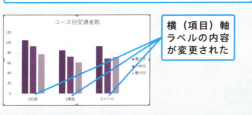

横（項目）軸ラベルの内容が変更された

516 365 2024 2021 2019 サンプル
お役立ち度 ★★★

Q 凡例を直接入力するには

A ［データソースの選択］で
系列名を入力します

元の表に入力された系列名が長すぎて凡例のバランスが悪いときは、以下のように操作して系列名を短くしましょう。

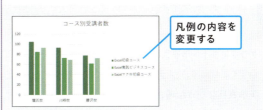

凡例の内容を変更する

| グラフを選択しておく | ［グラフのデザイン］タブで［データの選択］をクリックし、［データソースの選択］画面を表示しておく |

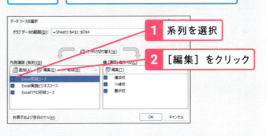

1 系列を選択
2 ［編集］をクリック

［系列の編集］画面が表示された

3 系列名を入力
4 ［OK］をクリック

5 操作1〜4を繰り返してほかの系列名も変更する ／ ［データソースの選択］画面で［OK］をクリックする

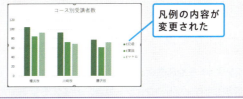

凡例の内容が変更された

グラフ要素の編集に関するワザ

グラフを見る人に内容を正しく知ってもらうには、グラフタイトルやデータラベルなどの「グラフの要素」を操作できる知識が必要です。ここでは、グラフ要素の編集方法を紹介しましょう。

517 365 2024 2021 2019 お役立ち度 ★★★ サンプル

Q グラフにタイトルを表示したい

A ［グラフのデザイン］タブから
グラフタイトルの要素を追加します

グラフにタイトルを入れると、グラフの内容が分かりやすくなります。グラフの作成時にグラフタイトルが表示されなかった場合や、グラフタイトルを削除してしまった場合は、以下の手順で追加しましょう。

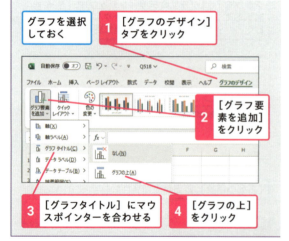

1 グラフを選択しておく ［グラフのデザイン］タブをクリック
2 ［グラフ要素を追加］をクリック
3 ［グラフタイトル］にマウスポインターを合わせる
4 ［グラフの上］をクリック

グラフタイトルが表示された
5 文字を選択してから Back space キーを押して文字を削除

6 グラフタイトルを入力

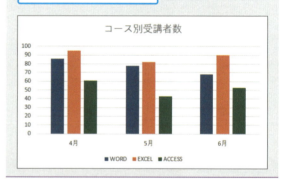

グラフタイトルが変更された

きます。グラフエリアを選択した場合は、グラフ上のすべてのグラフ要素の文字の書式を一括で変更できます。グラフエリアを選択してフォントサイズを変更した場合、グラフタイトルだけ自動でほかの文字より大きくなります。

518 365 2024 2021 2019 お役立ち度 ★★★

Q グラフ上の文字の書式を
変更するには

A グラフエリアを選択すると
一括で変更できます

グラフタイトルや凡例などの文字は、それぞれの個別に選択してフォントやフォントの色、サイズを変更で

| 関連 517 | グラフにタイトルを表示したい | P.256 |

519 365 2024 2021 2019 サンプル
お役立ち度 ★★

Q グラフタイトルに
セルの内容を表示できる?

A グラフタイトルをクリックして
数式バーからセルを指定します

グラフタイトルを選択した状態で数式バーに「=セル番号」という式を入力すると、セルに入力されている文字列をそのままグラフタイトルに表示できます。セルの内容を修正すると、グラフタイトルも自動的に更新されるので便利です。

セルA1の文字列をグラフタイトルに表示する

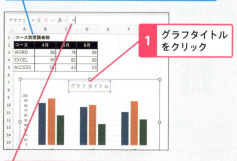

1 グラフタイトルをクリック
2 数式バーに「=」と入力

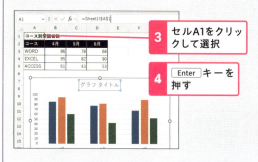

3 セルA1をクリックして選択
4 Enter キーを押す

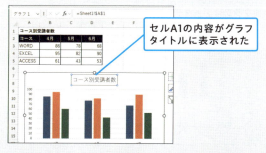

セルA1の内容がグラフタイトルに表示された

520 365 2024 2021 2019 サンプル
お役立ち度 ★★★

Q 凡例の位置情報や表示／
非表示を切り替えるには

A [グラフ要素を追加]の[凡例]で
表示位置などを変更できます

グラフを作成すると凡例が表示されますが、必要に応じて凡例の位置を調整できます。また、凡例が不要なときは非表示にしましょう。凡例を選択して Delete キーを押すと、簡単に非表示にできます。

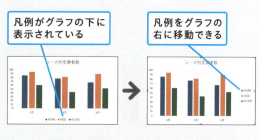

凡例がグラフの下に表示されている
凡例をグラフの右に移動できる

グラフを選択しておく
1 [グラフのデザイン]タブをクリック

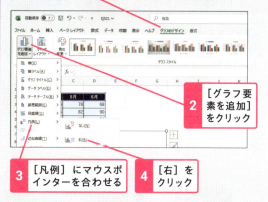

2 [グラフ要素を追加]をクリック
3 [凡例]にマウスポインターを合わせる
4 [右]をクリック

凡例がグラフの右に移動する
[なし]をクリックすると凡例を非表示にできる

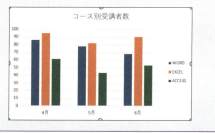

521 より素早くグラフ要素を表示するには

365 / 2024 / 2021 / 2019　サンプル
お役立ち度 ★★★

A グラフをクリックして[グラフ要素]ボタンを使うと便利です

グラフを選択したときに表示される[グラフ要素]ボタンを使用すると、グラフ要素の表示／非表示を切り替えたり、表示位置を変更したりできます。

■表示／非表示を切り替える場合

グラフを選択しておく

1 [グラフ要素]をクリック

2 表示する要素をクリックしてチェックマークを付ける

グラフ要素が表示された

チェックマークをはずすと非表示になる

■表示位置を変更する場合

グラフを選択しておく

1 [グラフ要素]をクリック

2 要素にマウスポインターを合わせる

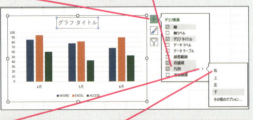

3 ここをクリック

4 表示する位置をクリック

表示位置が変更される

関連 523　グラフに軸ラベルを表示したい　P.259

522 グラフ上に元データの表も表示したい

365 / 2024 / 2021 / 2019　サンプル
お役立ち度 ★★★

A [データテーブル]でグラフのすぐ下にデータを表示できます

グラフの下にデータを表組みで表示したものを「データテーブル」と言います。データテーブルを表示すれば、元データの表を参照しなくてもグラフの数値を確認できます。データテーブルを表示するには、以下の手順で操作しましょう。

グラフを選択しておく

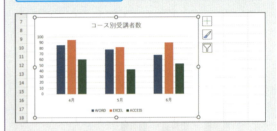

1 [グラフのデザイン]タブをクリック

2 [グラフ要素を追加]をクリック

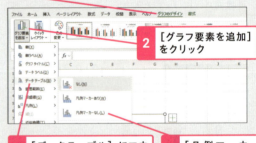

3 [データテーブル]にマウスポインターを合わせる

4 [凡例マーカーなし]をクリック

グラフにデータテーブルが表示された

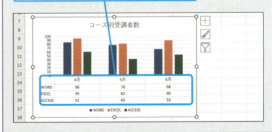

523

お役立ち度 ★★★　365 | 2024 | 2021 | 2019　サンプル

Q グラフに軸ラベルを表示したい

A ［グラフ要素を追加］から軸ラベルを追加します

軸ラベルを使用すると、縦（値）軸と横（項目）軸の内容をそれぞれ分かりやすく伝えられます。軸ラベルを表示するには、以下の手順で操作しましょう。

1 グラフを選択しておく ［グラフのデザイン］タブをクリック

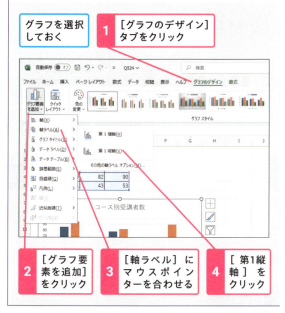

2 ［グラフ要素を追加］をクリック
3 ［軸ラベル］にマウスポインターを合わせる
4 ［第1縦軸］をクリック

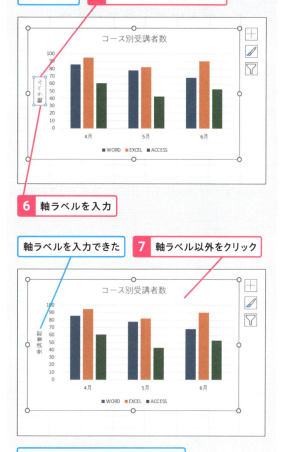

5 軸ラベルが表示された／文字を選択してから Backspace キーを押して文字を削除
6 軸ラベルを入力
7 軸ラベルを入力できた／軸ラベル以外をクリック

軸ラベルが横向きになった場合は、文字の向きを修正する

524

お役立ち度 ★★　365 | 2024 | 2021 | 2019　サンプル

Q 軸ラベルの文字の向きがおかしい！

A 文字の方向を［縦書き］にして修正します

縦棒グラフを横棒グラフに変更したり、数値の軸に表示単位を設定したときなど、何らかのタイミングで軸ラベルの文字が横向きになってしまうことがあります。そのようなときは、このワザの方法で縦書きに変更しましょう。

軸ラベルを選択しておく

1 ［ホーム］タブをクリック
2 ［方向］をクリック

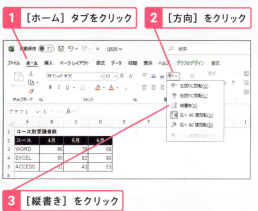

3 ［縦書き］をクリック

525

365 2024 2021 2019　サンプル
お役立ち度 ★★☆

Q グラフ上にデータラベルを表示したい

A ［グラフ要素を追加］の［データラベル］で設定します

元データの数値をグラフの中に直接表示したいときは、データラベルを使用しましょう。グラフを選択した状態でデータラベルを配置すると、すべてのデータ系列のすべての要素にデータラベルを表示できます。

グラフを選択しておく

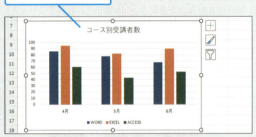

1 ［グラフのデザイン］タブをクリック

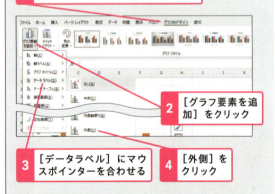

2 ［グラフ要素を追加］をクリック

3 ［データラベル］にマウスポインターを合わせる

4 ［外側］をクリック

グラフにデータラベルが表示された

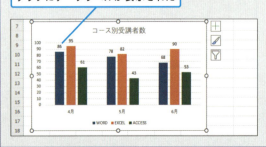

526

365 2024 2021 2019　サンプル
お役立ち度 ★★★

Q 1系列だけ値を表示するには

A 表示したい系列のみをクリックして配置します

データ系列を選択した状態でワザ525の操作1～4を参考にデータラベルを表示すると、選択した系列だけに表示できます。

1 値を表示する系列をクリック

グラフにデータラベルを表示する

選択した系列の値だけ表示される

527

365 2024 2021 2019　サンプル
お役立ち度 ★★★

Q 1要素だけ値を表示するには

A 対象のデータマーカーを2回クリックして配置します

データマーカーをクリックすると、そのデータマーカーを含むデータ系列全体が選択されます。もう1回クリックすると、クリックしたデータマーカーだけが選択されます。その状態でデータラベルを配置すると、選択したデータマーカーだけに表示できます。

1 ［当社］のデータマーカーを2回クリック

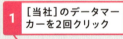

グラフにデータラベルを表示する

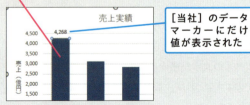

［当社］のデータマーカーにだけ値が表示された

528 データラベルに系列名と値を見やすく表示したい

Q データラベルに系列名と値を見やすく表示したい

A ［データラベルの書式設定］でラベルオプションを設定します

グラフにデータラベルを追加すると数値が表示されますが、系列名や分類名を表示することもできます。データラベルに複数の項目を表示する場合は、「,」（カンマ）や改行など、項目の区切り方も指定できます。複数の系列からなるグラフの場合、データラベルは全系列にまとめて追加できますが、追加したデータラベルの内容の変更は、1系列ずつ行います。

棒グラフの中に系列名と値を改行して表示する

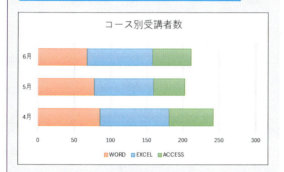

系列名と値が表示された

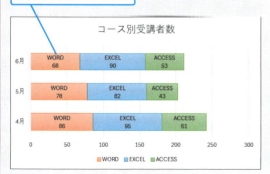

| 関連 508 | グラフの要素名を知りたい | P.251 |
| 関連 523 | グラフに軸ラベルを表示したい | P.259 |

グラフを選択しておく

1 ［グラフのデザイン］タブをクリック
2 ［グラフ要素を追加］をクリック

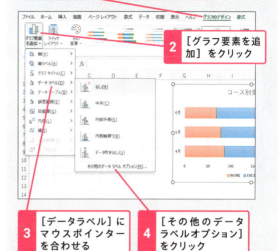

3 ［データラベル］にマウスポインターを合わせる
4 ［その他のデータラベルオプション］をクリック

［データラベルの書式設定］作業ウィンドウが表示された

5 ［ラベルオプション］をクリック

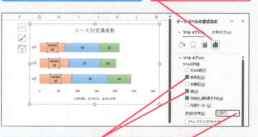

すべてのデータ系列に値が表示され、1系列目のデータラベルが選択された

6 ［系列名］と［値］をクリックしてチェックマークを付ける
7 ここをクリックして区切り文字を選択

8 ほかの系列のデータラベルをクリック

操作5〜7を参考にデータラベルを表示する

すべての系列のデータラベルを同様に操作して表示する

データラベルの設定が完了する

9 ［閉じる］をクリック

529 〔365〕〔2024〕〔2021〕〔2019〕 サンプル
お役立ち度 ★★

Q グラフの背景に色を付けたい

A グラフを選択して[図形の塗りつぶし]で設定します

グラフの背景に書式を設定するには、グラフエリアをクリックして選択し、[図形の塗りつぶし]から書式を選択します。色を設定することもできますし、[グラデーション]や[テクスチャ]から模様を設定することも可能です。

グラフを選択しておく

1 [書式]タブをクリック
2 [図形の塗りつぶし]のここをクリック

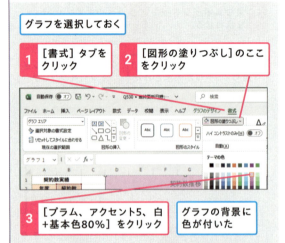

3 [プラム、アクセント5、白+基本色80%]をクリック
グラフの背景に色が付いた

530 〔365〕〔2024〕〔2021〕〔2019〕
お役立ち度 ★★

Q プロットエリアだけ色が付かない

A プロットエリアを透明にするとグラフエリアと同じ色になります

[グラフのスタイル]からプロットエリアに色が付いたデザインを設定した場合など、プロットエリアが透明でない状態でグラフに色を付けると、プロットエリアには色が付きません。プロットエリアを選択して[図形の塗りつぶし]から[塗りつぶしなし]を選択すると、グラフエリアと同じ色になります。

531 〔365〕〔2024〕〔2021〕〔2019〕 サンプル
お役立ち度 ★★

Q グラフに図形を追加するには

A グラフを選択してから図形を挿入します

グラフに矢印を入れたり、補足の説明を入れたりするには、図形を利用します。グラフを選択して図形を追加すると、図形はグラフの要素となり、グラフと一緒に移動したり、サイズ変更したりします。

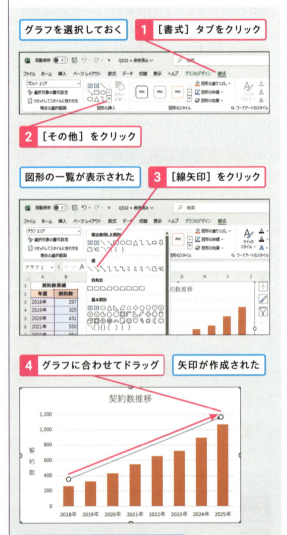

矢印の色を[赤]に変更しておく

軸の編集に関するワザ

見やすいグラフを作成するには、軸の設定にも気を配りましょう。ここでは、縦（値）軸に振られる数値や、横（項目）軸に並ぶ項目名を見やすく表示するワザを紹介します。

532 縦（値）軸の目盛りの間隔を設定して見やすくするには

365 / 2024 / 2021 / 2019　お役立ち度 ★★★　サンプル

A ［軸の書式設定］で軸のオプションを設定します

［軸の書式設定］作業ウィンドウでは、縦（値）軸の数値の［最大値］［最小値］［単位］を指定できます。［単位］とは、目盛りの間隔のことです。以下の例では、折れ線グラフの縦（値）軸の最小値を「0」から「50」に変更して、表示される目盛りの範囲を狭くしています。目盛りの範囲が狭くなると折れ線の変化が大きくなり、見やすくなります。

縦（値）軸の最大値を「100」、最小値を「50」、目盛りの間隔を「10」に変更する

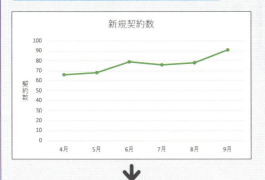

↓

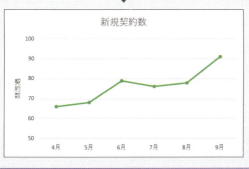

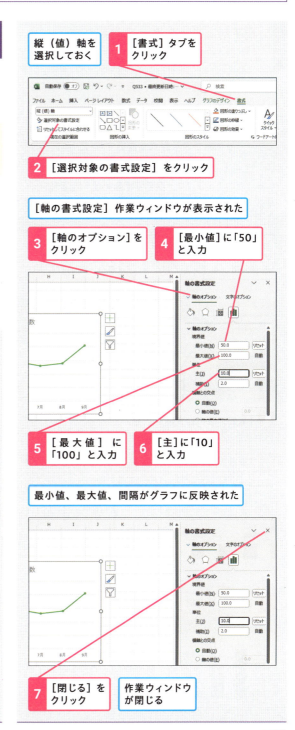

1 ［書式］タブをクリック
縦（値）軸を選択しておく

2 ［選択対象の書式設定］をクリック

［軸の書式設定］作業ウィンドウが表示された

3 ［軸のオプション］をクリック
4 ［最小値］に「50」と入力
5 ［最大値］に「100」と入力
6 ［主］に「10」と入力

最小値、最大値、間隔がグラフに反映された

7 ［閉じる］をクリック
作業ウィンドウが閉じる

533 | 365 2024 2021 2019 | サンプル
お役立ち度 ★★★

Q 縦（値）軸の通貨の単位をはずすには

A 表示形式で［数値］を選択して［シートとリンクする］をオフにします

目盛りの数値の表示形式は、元データの表示形式を受け継ぎます。これは、初期設定で［シートとリンクする］という設定にチェックマークが付いているためです。グラフ側で表示形式を変更すれば、自動的に［シートとリンクする］のチェックマークがはずれます。なお、このチェックマークを付け直せば、再度元データの表示形式を適用できます。

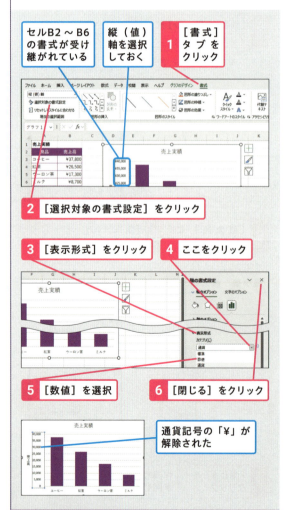

534 | 365 2024 2021 2019 | サンプル
お役立ち度 ★★☆

Q 縦（値）軸の目盛りの表示単位を万単位にするには

A ［軸のオプション］で表示単位を設定します

縦（値）軸の目盛りに振られる数値のけたが大きい場合は、［軸の書式設定］作業ウィンドウで表示単位を「万」に設定すると、下4けたの数値を省略できます。表示単位は「百」から「兆」の間で選択できます。表示単位の「万」は、縦軸の左上に表示されます。

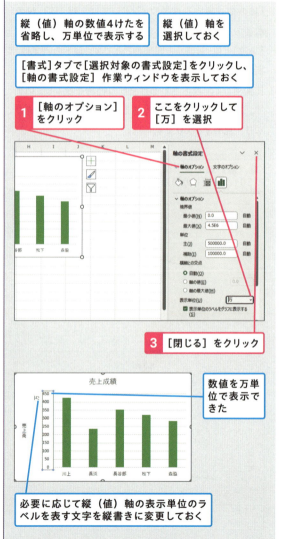

535

365 | 2024 | 2021 | 2019　サンプル
お役立ち度 ★★

Q 横(項目)軸の項目の間隔を1つ飛ばして表示するには

A 間隔の単位を「2」に設定すると1つ飛ばしの表示になります

横(項目)軸に表示される項目数が多いとき、一定の数のラベルを飛ばして表示できます。設定は、横(項目)の[軸の書式設定]作業ウィンドウで行います。項目を1つ飛ばしにするには「2」、2つ飛ばしにするには「3」を設定しましょう。

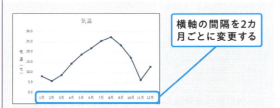

横軸の間隔を2カ月ごとに変更する

横(項目)軸を選択して、[書式]タブで[選択対象の書式設定]をクリックし、[軸の書式設定]作業ウィンドウを表示しておく

① [ラベル]をクリック
② [間隔の単位]をクリック
③ [間隔の単位]に「2」と入力
④ [閉じる]をクリック

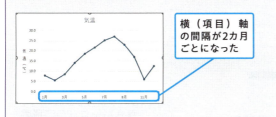

横(項目)軸の間隔が2カ月ごとになった

関連 532　縦(値)軸の目盛りの間隔を設定して見やすくするには　P.263

536

365 | 2024 | 2021 | 2019　サンプル
お役立ち度 ★★

Q 日付データの抜けをグラフに反映したくないときは

A 軸の種類をテキスト軸にすると非表示にできます

元の表で、横(項目)軸のセル範囲に日付が入力されていると、軸の種類が日付軸と見なされます。そのため、元データに入力されていない日付までグラフに表示されてしまいます。軸の種類をテキスト軸に変更すると、元データに存在する日付だけがグラフに表示されます。

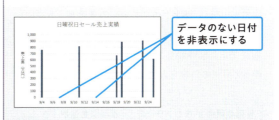

データのない日付を非表示にする

横(項目)軸を選択し、[書式]タブで[選択対象の書式設定]をクリックし、[軸の書式設定]作業ウィンドウを表示しておく

① [軸のオプション]をクリック
② [テキスト軸]をクリック
③ [閉じる]をクリック

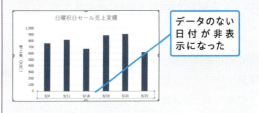

データのない日付が非表示になった

関連 532　縦(値)軸の目盛りの間隔を設定して見やすくするには　P.263

グラフの種類に応じた編集テクニック

棒グラフや折れ線グラフ、円グラフなど、グラフの種類に応じた編集テクニックを身に付ければ、より分かりやすく見栄えのするグラフを作成できます。

537 [365][2024][2021][2019] サンプル
お役立ち度 ★★

Q 積み上げ縦棒グラフで系列の順序を変えたい

A データソースの選択で順序を入れ替えます

「積み上げ縦棒グラフ」では、データ系列の方向の指定によっては、表とグラフで系列の順序が上下逆になります。これを修正するには、[データソースの選択]画面で[上へ移動]ボタンと[下へ移動]ボタンを使って系列の順序を入れ替えます。

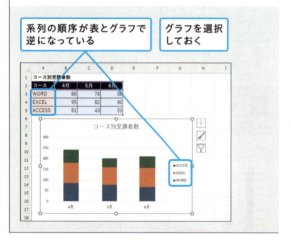

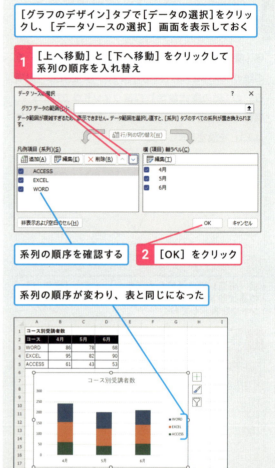

1. [グラフのデザイン]タブで[データの選択]をクリックし、[データソースの選択]画面を表示しておく

   [上へ移動]と[下へ移動]をクリックして系列の順序を入れ替え

2. 系列の順序を確認する → [OK]をクリック

系列の順序が変わり、表と同じになった

🪜 ステップアップ

データ系列はSERIES関数で定義される

データ系列を選択すると、数式バーにSERIES関数が表示されます。この関数は、データ系列を定義する特殊な関数です。引数は4つあり、1番目が系列名、2番目が項目名、3番目が数値、4番目が系列の順序を表します。

データ系列を選択すると、数式バーにSERIES関数が表示される

538

365 | 2024 | 2021 | 2019　サンプル
お役立ち度 ★★★

Q 棒グラフを太くするには？

A 要素の間隔を狭くすると棒グラフが太くなります

棒グラフの棒を太くするには、棒の間隔を狭くします。棒の間隔を狭くするほど、棒の太さが太くなります。プレゼンに使用するグラフのインパクトを強くしたいときなどに効果的です。

棒の間隔を狭くして棒を太くする

系列を選択しておく

1 ［書式］タブをクリック

2 ［選択対象の書式設定］をクリック

［データ系列の書式設定］作業ウィンドウが表示された

3 ［系列のオプション］をクリック

4 つまみをドラッグして［要素の間隔］の数値を小さくする

5 ［閉じる］をクリック

関連 539　棒を1本だけ目立たせたい　P.267

539

365 | 2024 | 2021 | 2019　サンプル
お役立ち度 ★★★

Q 棒を1本だけ目立たせたい

A 2回クリックで要素を1つだけ選択して書式を設定します

各データの数量を表すデータマーカーを1回クリックするとデータ系列が選択され、もう1回クリックするとデータ要素が選択されます。その状態で、以下のように操作すると、棒1本だけ色が変わります。

棒を1本だけ目立たせる

1 目立たせるデータマーカーを2回クリック

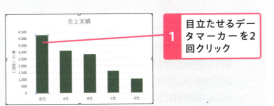

データ要素が選択された

［図形のスタイル］グループでデータ要素の見ためを変更できる

2 ［書式］タブをクリック

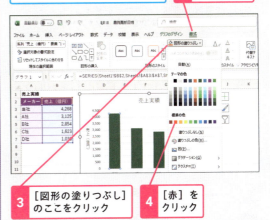

3 ［図形の塗りつぶし］のここをクリック

4 ［赤］をクリック

選択したデータマーカーのみ色が変更された

540

Q 100%積み上げ棒グラフに区分線を入れたい

A グラフ要素から区分線を追加します

［100％積み上げ横棒グラフ］や［100％積み上げ縦棒グラフ］では、区分線を挿入すると割合の変化がはっきりします。

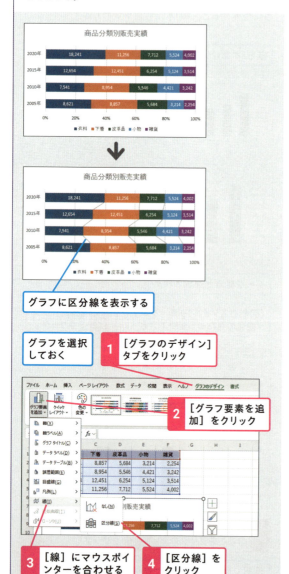

541

Q 横棒グラフで項目の順序を変えられる？

A ［軸のオプション］で［軸を反転する］を設定します

横棒グラフを作成すると、元データとグラフの項目の順序が上下逆になります。項目の並び方を表とそろえるには、以下の手順で軸の反転の設定を行います。ただし、横（値）軸がグラフの上端に移動してしまうので、横（値）軸を最大項目の位置に設定して下端に戻しましょう。

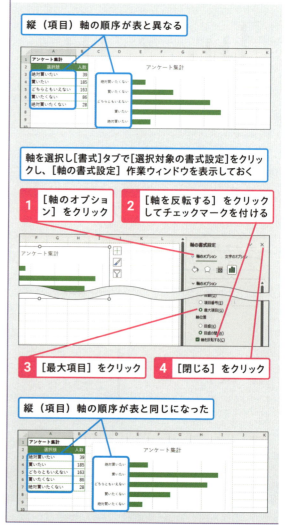

542 折れ線グラフの線が途切れた！

365 / 2024 / 2021 / 2019　サンプル
お役立ち度 ★★

Q 折れ線グラフの線が途切れた！

A [データ要素を線で結ぶ]を有効にして空白のセルを無視します

折れ線グラフの元データの中に空白セルがあると、折れ線が途切れてしまいます。空白セルを無視してその前後のデータ同士をつなぐには、[データ要素を線で結ぶ]という設定を行います。

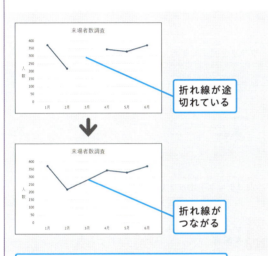

グラフを選択して[グラフのデザイン]タブで[データの選択]をクリックし、[データソースの選択]画面を表示しておく

1 [非表示および空白のセル]をクリック

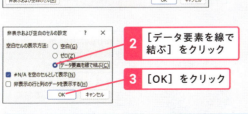

2 [データ要素を線で結ぶ]をクリック
3 [OK]をクリック

[データソースの選択]画面で[OK]をクリックする

543 円グラフのデータ要素を切り離すには？

365 / 2024 / 2021 / 2019　サンプル
お役立ち度 ★★

Q 円グラフのデータ要素を切り離すには？

A 1つの要素を2回クリックで選択して外側にドラッグします

円グラフの中で特に目立たせたい項目は、切り離して表示すると効果的です。ポイントは「1回目のクリックですべてのデータ系列が選択され、もう1回のクリックでデータ要素を選択できる」ということです。ハンドルの数やポップヒントをよく確認しましょう。

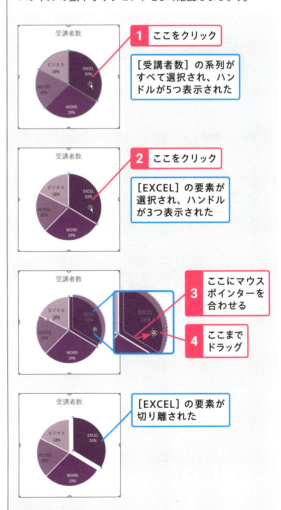

1 ここをクリック
[受講者数]の系列がすべて選択され、ハンドルが5つ表示された

2 ここをクリック
[EXCEL]の要素が選択され、ハンドルが3つ表示された

3 ここにマウスポインターを合わせる
4 ここまでドラッグ

[EXCEL]の要素が切り離された

関連 544 円グラフに項目名とパーセンテージを表示したい　P.270

544 円グラフに項目名とパーセンテージを表示したい

Q 円グラフに項目名とパーセンテージを表示したい

A ラベルオプションから項目を選択します

[データラベルの書式設定]作業ウィンドウを使用すると、円グラフに項目名とパーセンテージを表示できます。このほか、ワザ505を参考に[クイックレイアウト]から[レイアウト1]を選択しても、同様のデータラベルを素早く表示できます。

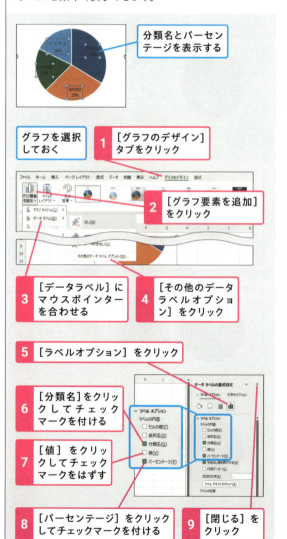

545 ドーナツグラフの中央に合計値を表示するには

Q ドーナツグラフの中央に合計値を表示するには

A グラフの中央にテキストボックスを追加します

ドーナツグラフの中央に合計値を表示すると、数値の尺度が分かりやすくなります。合計額などを表示するときは、テキストボックスを配置し、数式バーから「=セル番号」と入力しましょう。セルの内容をそのままグラフに表示できます。

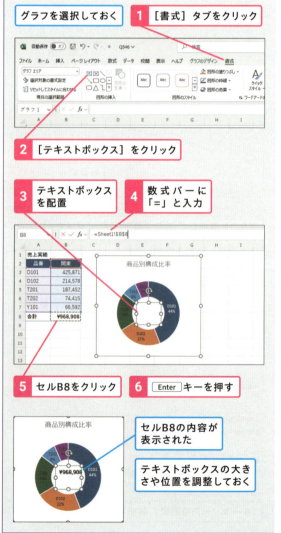

高度なグラフの作成ワザ

ここでは、バーの代わりに画像を並べた棒グラフや、2つ以上のグラフを組み合わせた複合グラフなど、作成に高度なテクニックが必要なグラフに関する疑問を解決していきます。

546

365 / 2024 / 2021 / 2019　サンプル
お役立ち度 ★★

Q 画像を並べた棒グラフを作成したい

A ［選択単位の書式設定］の［塗りつぶし］から画像を選択します

データに関連するイラストを使ってグラフを作ると、何を表すグラフなのかが、一見して分かりやすくなります。このワザの例のように本の出荷冊数を表すグラフなら、本のイラストを使うとグラフのテーマが伝わりやすくなるでしょう。例えば、1つのイラストで500冊分の出荷数を表したい場合、［拡大縮小と積み重ね］を選択し、単位として「500」を指定します。このように設定すると、元データの数値を「500」で割った数のイラストが表示されます。

棒グラフをイラストで表示する

グラフのデータマーカーを選択しておく

［書式］タブで［選択対象の書式設定］をクリックし、［データ系列の書式設定］作業ウィンドウを表示しておく

1　［塗りつぶしと線］をクリック

2　［塗りつぶし］をクリック

3　［塗りつぶし（図またはテクスチャ）］をクリック

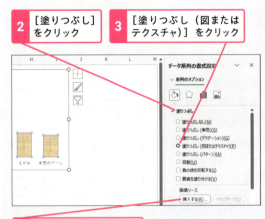

4　［挿入する］をクリック

［図の挿入］画面が表示された

ここでは本に関する画像を選ぶ

5　画像をクリックして選択

6　［挿入］をクリック

7　［拡大縮小と積み重ね］をクリック

8　［単位/図］に「500」と入力

9　［閉じる］をクリック

547 2種類のグラフを組み合わせるには

365 | 2024 | 2021 | 2019 | サンプル
お役立ち度 ★★★

Q 2種類のグラフを組み合わせるには

A ［グラフの挿入］画面で［組み合わせ］を選択します

異なる種類のグラフを1つのプロットエリアに表示したものを「複合グラフ」と呼びます。このワザでは、降水量を棒グラフ、気温を折れ線グラフで表した複合グラフを作成します。［グラフの挿入］画面でグラフの種類として［組み合わせ］を選択し、系列ごとにグラフの種類を指定すると、複合グラフを作成できます。

グラフにする表を選択しておく

1 ［挿入］タブをクリック
2 ［グラフ］のここをクリック

［グラフの挿入］画面が表示された

3 ［すべてのグラフ］タブをクリック
4 ［組み合わせ］をクリック

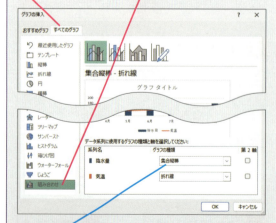

［集合縦棒］が選ばれていることを確認

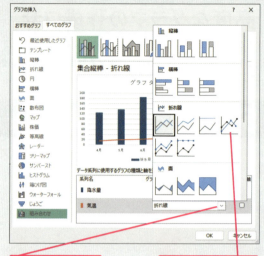

5 ［気温］のここをクリック
6 ［マーカー付き折れ線］を選択

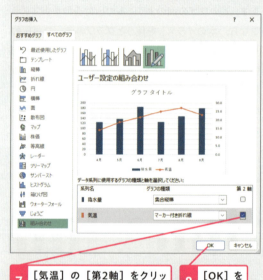

7 ［気温］の［第2軸］をクリックしてチェックマークを付ける
8 ［OK］をクリック

選択した系列が折れ線グラフになった
気温用の第2軸が表示された

548 セル内にグラフを作成したい

A スパークラインを使うとセルの中に小さいグラフを埋め込めます

「スパークライン」を使用すると、セルの中にグラフを作成できます。表の中にグラフを埋め込むことで、表の項目ごとに数値の変化を見やすく表示できます。作成できるグラフの種類は［折れ線］［縦棒］［勝敗］の3種類です。

1 セルH2～H8をドラッグして選択
2 ［挿入］タブをクリック

3 ［折れ線］をクリック

［スパークラインの作成］画面が表示された
セルB2～G8の数値をグラフ化する

4 「B2:G8」と入力
ここをクリックし、セル範囲をドラッグしてデータ範囲を指定してもいい

5 ［OK］をクリック

セルB2～G8の数値がグラフ化された

スパークラインが作成されたセルを選択すると、［スパークライン］タブが表示される

関連 273　値の大小を視覚的に表現するには　P.149

---

549 スパークラインの縦軸の範囲をそろえられる？

A ［スパークライン］タブで最大値のオプションを設定します

作成直後のスパークラインは、表の各項目のセル範囲から縦軸の範囲が自動設定されるため、グラフごとに縦軸が異なります。そのため、グラフ同士で数値の大きさを見比べることはできません。セル範囲で縦軸の数値の範囲をそろえるには、以下の手順で操作しましょう。

スパークラインを挿入したセルを選択する
1 セルH2をクリックして選択

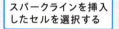

2 ［スパークライン］タブをクリック
3 ［軸］をクリック

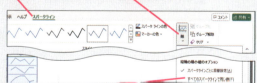

4 ［縦軸の最小値のオプション］の［すべてのスパークラインで同じ値］をクリック
5 同様に［縦軸の最大値のオプション］の［すべてのスパークラインで同じ値］をクリック

セルH2～H8のすべてのスパークラインの目盛りの範囲がそろった

第9章 仕事をスピードアップする Copilot連携ワザ

Copilotの基本

マイクロソフトのAIサービスである「Copilot」を使うと、Excelの疑問点を解決したり操作を効率化したりできます。ここではCopilotの概要を学びましょう。

550　365 2024 2021 2019　お役立ち度 ★★★

Q　Copilot って何？

A　マイクロソフトが提供するAIサービスです

「Copilot（コパイロット）」は、マイクロソフトが提供するAIサービスの総称です。Copilotを使うと、人と話しているような自然な会話文のやりとりで質問や指示に答えてもらえます。質問や指示の文章を「プロンプト」と言います。

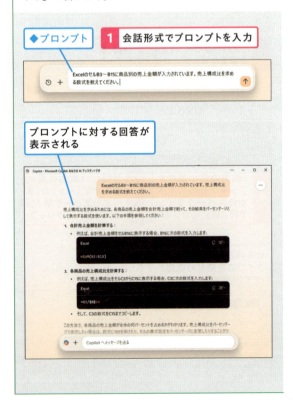

◆プロンプト

1　会話形式でプロンプトを入力

プロンプトに対する回答が表示される

551　365 2024 2021 2019　お役立ち度 ★★☆

Q　Copilotには どんな種類があるの？

A　手軽に使える無料版と より高性能な有料版があります

個人向けには、無料の「Microsoft Copilot」と契約が必要な有料の「Microsoft Copilot Pro」があります。前者はWindowsに搭載されており、手軽に利用できます。Excelのスクリーンショットをアップロードして、操作を相談することも可能です。
後者はMicrosoft 365と併せて契約することで、Excelの中から直接Copilotを使える点がメリットです。作業中のブックに関してその場で質問できるので、スクリーンショットのアップロードは不要です。Excelの質問に対する回答をもらうだけでなく、数式の入力やグラフの作成など、Excelの操作をCopilotに実行してもらうこともできます。
なお、企業向けには情報漏えいのリスクなどを軽減した有料の「Microsoft 365 Copilot」が用意されています。

■Copilotの種類

	Microsoft Copilot	Microsoft Copilot Pro
価格	無料	有料
ピーク時	アクセス制限の可能性あり	優先アクセス
Excelとの連携※	なし	Excelの中で使用可能

※Microsoft 365のExcelのこと。Office 2024/2021/2019のExcelとは連携しない。

552 [365] [2024] [2021] [2019] お役立ち度 ★★★

Q Copilotで質問するポイントは？

A 人に話しかけるような文章で具体的に質問します

Copilotでは、人に話しかけるような文章でプロンプトを入力します。思い通りの回答を得るために、できるだけ具体的な文章で質問や指示を出しましょう。条件を示して回答を絞ることも、意図通りの回答を得るポイントです。例えば集計方法を質問する際に「関数を使用して」と注文を付けると、ピボットテーブルなど目的外の回答を排除できます。回答が複雑になりそうなときは、「箇条書きにして」「表にまとめて」「ステップバイステップで説明して」などと注文を付けるとよいでしょう。

■具体的に質問する

Excelの**セルB3～B15に商品別の売上金額が入力されています**。売上構成比を求める数式を教えてください。

> 具体的に質問すると具体的な回答が得られやすい

■回答に条件を付ける

Excelの表に日付、商品名、売上金額が入力されています。**関数を使用して**商品ごとに売上を集計する方法を教えてください。

> 回答の条件を指定すると、意図しない回答が返されるのを防げる

■分かりやすく回答してもらう

初心者が学ぶべきExcel関数10個を**表にまとめて**ください。

> 回答方法を指定する

553 [365] [2024] [2021] [2019] お役立ち度 ★★★

Q 必ず正しい回答を返してくれるの？

A 回答が正しいとは限りません

Copilotの回答は、インターネット上の情報を用いて生成されます。そのため、回答に間違った情報や古い情報が含まれてしまう可能性があります。あくまでもCopilotはサポートをしてくれるツールであることを認識し、回答をうのみにせず、確認して利用することが大切です。

554 [365] [2024] [2021] [2019] お役立ち度 ★★☆

Q 意図通りの回答が得られない場合は？

A 質問を工夫して会話を続けましょう

Copilotとのやり取りは通常の会話と同じです。回答が分かりにくい場合は質問を続けましょう。また、回答が意図に沿わない場合は「別の方法を教えて」などと指示するとよいでしょう。

555 [365] [2024] [2021] [2019] お役立ち度 ★★☆

Q 安全性に問題はないの？

A 個人情報や機密情報の入力は避けましょう

Microsoft CopilotやMicrosoft Copilot Proでは、入力したプロンプトの内容がAIの学習に使用されることがあり、入力内容がほかのユーザーの回答に含まれてしまうリスクがあります。個人情報や機密情報の入力は避けましょう。

Microsoft CopilotにExcelの相談をする

Windowsに搭載されている「Microsoft Copilot」は、手軽に利用できるAIアシスタントです。上手に活用してExcelの疑問を解決しましょう。

556 〔365 2024 2021 2019〕 サンプル
お役立ち度 ★★★

Q 数式を立ててもらうには

A 表の内容とセル番号などを具体的に指定して質問します

Copilotに数式作成を依頼するときは、数式のもととなるデータのセル番号を伝えると具体的な数式が得られやすくなります。意図した回答の場合は、数式をコピーして実際にセルに貼り付けましょう。

1 [Copilot]をクリック

Copilotが起動した **2** 以下のプロンプトを入力

「ExcelのセルB2に税込価格、セルC2に消費税率が入力されています。税抜価格を求める数式を教えてください。税抜価格の小数点以下はROUNDUP関数で切り上げてください。」

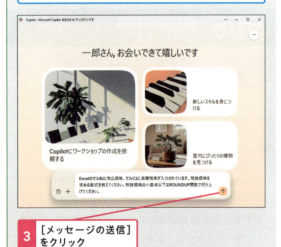

3 [メッセージの送信]をクリック

「=ROUNDUP(B2/(1+C2),0)」という数式の回答が表示された

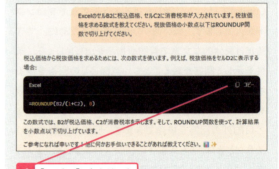

4 [コピー]をクリック

Excelに切り替えてセルを選択 **5** [ホーム]をクリック

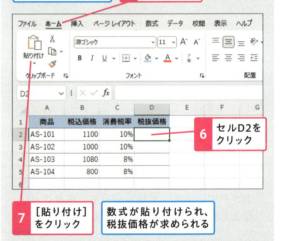

6 セルD2をクリック

7 [貼り付け]をクリック 数式が貼り付けられ、税抜価格が求められる

🔔 役立つ豆知識

プロンプトを改行するには

プロンプトを入力するときに、[Shift]キーを押しながら[Enter]キーを押すと、文章を改行できます。[Enter]キーを押しただけだと[メッセージの送信]が実行されるので注意してください。

557 数式の意味を教えてもらうには

365 / 2024 / 2021 / 2019　サンプル
お役立ち度 ★★★

Q 数式の意味を教えてもらうには

A スクリーンショットを一緒にアップロードすると効果的です

複雑な数式の意味を質問するときは、Excelの画面のスクリーンショットをアップロードすると状況が伝わりやすくなり、回答の精度も上がります。スクリーンショットの撮り方はワザ599を参照してください。

Excelの画面をスクリーンショットしておく

Copilotを起動しておく

1 以下のプロンプトを入力

「数式の意味を教えてください。
=XLOOKUP(B3,F2:H2,XLOOKUP(B2,E3:E5,F3:H5))」

2 ［開く］をクリック
3 ［画像のアップロード］をクリック

4 画像の保存場所を選択

5 画像を選択
6 ［開く］をクリック

画像が追加された

7 ［メッセージの送信］をクリック

回答が表示された

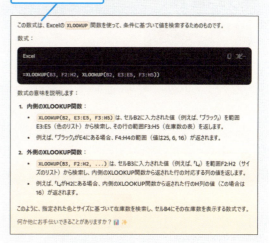

関連 599 画面のスクリーンショットを撮るには　P.297

📖 役立つ豆知識

新しい話題に切り替えるには

操作2の画面にある［新しいチャットを開始］をクリックすると、これまでのやり取りをリセットして、新しい話題に切り替えられます。

558 グラフを分析してもらうには

A グラフの画像をアップロードすると内容を分析してくれます

Excelの画面にグラフを表示してワザ599を参考にスクリーンショットを撮り、それをアップロードすれば、Copilotにグラフの分析をしてもらえます。グラフを添えた報告書を書くときなどに上手に利用すると、作業負担の軽減が期待できます。

ワザ557を参考にグラフの画像をアップロードしておく

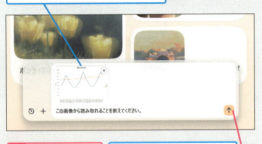

1 右のプロンプトを入力 「この画像から読み取れることを教えてください。」

2 [メッセージの送信]をクリック

回答が表示された

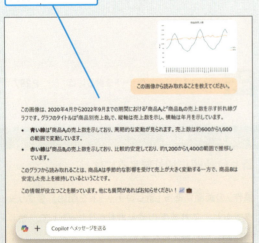

559 データベースの項目を提案してもらうには

A データベースの使用目的を伝えると精度が上がります

Copilotは「アイデア出し」も得意です。例えばデータベースを作る際に、必要な項目を提案してもらえます。どのような目的のデータベースなのか、はっきりと伝えると精度の高い結果を得られます。さらに「10件のサンプルデータを作成してください。」などと質問を続けると、氏名や住所などが入ったサンプルデータを作成してくれるので参考になるでしょう。

1 以下のプロンプトを入力

「通信販売事業の顧客名簿に必要な項目を列挙してください。」

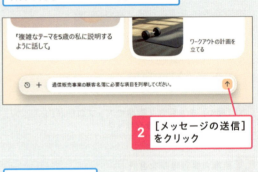

2 [メッセージの送信]をクリック

回答が表示された

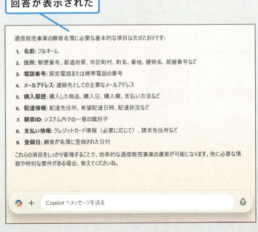

560 マクロを作成してもらうには

365 / 2024 / 2021 / 2019　サンプル
お役立ち度 ★★★

Q マクロを作成してもらうには

A 実行対象と実行したい処理をプロンプトに明記します

Copilotにマクロの作成を依頼する場合は、実行対象を「〇〇シートのセルXX」「現在選択しているセル」などと明記します。また、実行したい処理を詳細に説明します。複雑な処理を依頼する場合は、箇条書きにするとよいでしょう。提案されたマクロが正しく動作するとは限らないので、実行する際は必ずブックをバックアップしておいてください。

1 以下のプロンプトを入力

「次の処理を行うExcel VBAのマクロを作成してください。
処理対象：「名簿」シートの3行目から100行目
処理内容：F列のセルに「退会」と入力されている行を削除する」

2 ［メッセージの送信］をクリック

回答が表示された

3 ［コピー］をクリック

操作対象のブックを開いておく

ワザ808を参考に標準モジュールを表示しておく

4 Ctrl + V キーを押す

マクロが貼り付けられた

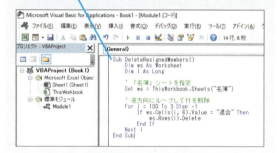

ワザ797を参考にマクロを実行する

	A	B	C	D	E	F
1	会員名簿					
2	No	名前	フリガナ	性別	生年月日	ステータス
3	1	内田 英吾	ウチダ エイゴ	男	1978/11/12	
4	3	安井 孝敏	ヤスイ タカトシ	男	1974/12/19	
5	4	今野 麻樹	イマノ マキ	女	1983/10/10	
6	5	堤 千津	ツツミ チズ	女	1986/3/17	
7	8	田上 繁美	タガミ シゲミ	女	1991/7/30	
8	9	桑原 茂義	クハバラ シゲヨシ	男	1988/3/14	
9	10	堀口 雄佑	ホリグチ ユウキ	男	1993/3/13	
10	11	松崎 保二	マツサキ ヤスジ	男	1970/1/11	

関連 808　Copilotで提供されたマクロを使用したい　P.395

Microsoft Copilot ProにExcelを操作してもらう

ここでは有料版の「Microsoft Copilot Pro」の利用条件や、Microsoft 365のExcelから呼び出して使用する方法を紹介します。

561　365 2024 2021 2019　お役立ち度 ★★☆

Q Microsoft Copilot Proを利用するには

A Microsoftアカウントで契約します

Microsoft Copilot Proを利用するには、サブスクリプション契約が必要です。2025年1月現在、月額3,200円で利用できます。以下のページを開き、Microsoftアカウントでサインインして手続きしましょう。なお契約内容は、Microsoftアカウントの［サブスクリプション］のページで確認・管理できます。

■Microsoft Copilot Proの入手
https://www.microsoft.com/ja-jp/store/b/copilotpro

562　365 2024 2021 2019　お役立ち度 ★★☆

Q Copilotを使うためのExcelの条件は？

A Microsoft 365のExcelを使用します

Microsoft 365 Personal／Familyを契約すると、Excelの［ホーム］タブに［Copilot］ボタンが追加され、Excelの中からCopilotを呼び出せます。ただし、［Copilot］ボタンが追加されるのはMicrosoft 365 Personal／FamilyのExcelです。Office 2024に含まれるExcelからはCopilotを呼び出せないので注意してください。また、各アプリでCopilotを使うための「AIクレジット」が毎月割り当てられますが、不足した場合は「Copilot Pro」へのアップグレードが必要です。

［ホーム］タブに［Copilot］ボタンが追加される

563　365 2024 2021 2019　お役立ち度 ★★☆

Q Copilotを使うためのブックの条件は？

A ブックをOneDriveに保存して自動保存を有効にします

ExcelでCopilotを利用するには、ブックの自動保存が有効になっている必要があります。ワザ770を参考にブックをOneDriveに保存すると、自動保存が有効になります。

また、対象の表がデータベース形式である場合は、テーブルに変換しておくとCopilotがスムーズに表を解析できます。テーブルに変換する方法は、ワザ603を参照してください。

| 関連 770 | ExcelからOneDriveにブックを保存したい | P.379 |

564 表に数式の列を追加してもらうには

Q 表に数式の列を追加してもらうには

A プロンプトの結果を確認してから[列の挿入]をクリックします

Microsoft Copilot Proでは、数式の提案だけでなく、数式を使った列の挿入も行えます。提案された数式や計算結果のプレビューをよく確認し、問題がなければ[列の挿入]を実行します。

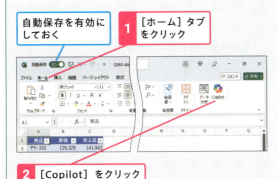

- 自動保存を有効にしておく
- **1** [ホーム]タブをクリック
- **2** [Copilot]をクリック

- Excelの画面の右にCopilotが起動した
- **3** 「粗利率を求めて、新しい列に表示してください。」と入力
- **4** [送信]をクリック

回答が表示された

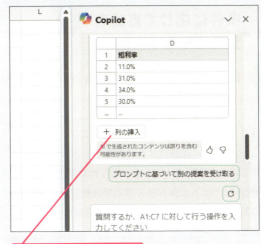

- **5** [列の挿入]をクリック

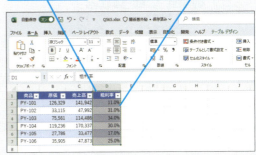

- [粗利率]列が追加された
- 数式が入力され、粗利率の計算結果が表示された

役立つ豆知識

Copilotの操作を元に戻すには

操作5のあとに表示される[元に戻す]をクリックすると、Copilotによる操作を元に戻せます。

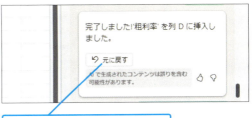

- [元に戻す]をクリックすると操作を元に戻すことができる

565 条件に応じて書式を変えてもらうには

お役立ち度 ★★★　365 2024 2021 2019　サンプル

Q 条件に応じて書式を変えてもらうには

A 「○○が△△なら□□にして」と条件と結果を指示します

条件に応じてセルの書式を切り替えたいときは、「○○が△△なら□□にして」の形式でCopilotに指示を出します。意図通りの回答が得られた場合、［適用］をクリックすると条件付き書式が自動設定されます。なお、色合いなどを微調整したいときはワザ276を参照してください。

売上金額が上位の数値を目立たせたい

	A	B	C	D
1	販売ID	日付	担当者	売上金額
2	1001	2025/4/1	高橋	1,095,639
3	1002	2025/4/1	佐々木	389,736
4	1003	2025/4/1	南	464,165
5	1004	2025/4/2	師岡	973,907
6	1005	2025/4/2	高橋	596,784
7	1006	2025/4/2	高橋	1,164,165
8	1007	2025/4/2	高橋	728,942
9	1008	2025/4/2	高橋	239,859
10	1009	2025/4/3	南	988,345

Copilotを起動しておく

1 「売上金額の上位10％をオレンジ、上位20％を黄色で塗りつぶしてください。」と入力

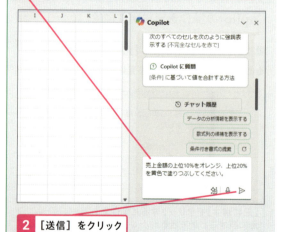

2 ［送信］をクリック

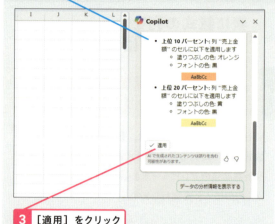

回答が表示された

3 ［適用］をクリック

上位の数値に色を設定できた

	A	B	C	D	E	F
1	販売ID	日付	担当者	売上金額		
2	1001	2025/4/1	高橋	1,095,639		
3	1002	2025/4/1	佐々木	389,736		
4	1003	2025/4/1	南	464,165		
5	1004	2025/4/2	師岡	973,907		
6	1005	2025/4/2	高橋	596,784		
7	1006	2025/4/2	高橋	1,164,165		
8	1007	2025/4/2	高橋	728,942		
9	1008	2025/4/2	高橋	239,859		
10	1009	2025/4/3	南	988,345		

役立つ豆知識

プロンプトを音声入力する

プロンプトを入力する際にマイクのアイコンをクリックすると、音声入力を行えます。「、」は「読点」、「。」は「句点」で入力できます。入力が済んだら、再度マイクのアイコンをクリックします。

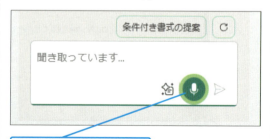

ここをクリックすると音声でプロンプトを入力できる

566 表のデータを集計・グラフ化してもらうには

Q 表のデータを集計・グラフ化してもらうには

A グループ化する項目と集計する項目を指示します

データベース形式の表やテーブルを基に、「〇〇別に△△を集計して」のような指示を出すと、ピボットテーブルで集計できます。希望のグラフがある場合は、具体的にグラフの種類も指示するとよいでしょう。

商品ごとに金額を集計したい

Copilotを起動しておく

1 「商品別に金額を集計し、合計金額の高い順に並べてください。集計結果から横棒グラフを作成してください。」と入力

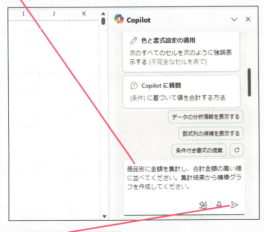

2 ［送信］をクリック

回答が表示された

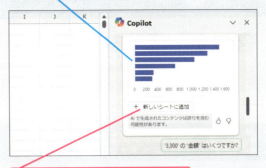

3 ［新しいシートに追加］をクリック

ブックに新しいワークシートが追加された

ピボットテーブルとピボットグラフが挿入された

役立つ豆知識

月ごとに集計するには

2025年1月の時点では、Copilotで月ごとの集計が思い通りにできません。月ごとに集計したい場合は、「月の列を追加する」「月ごとに集計する」の2段階で指示を出すとよいでしょう。

集計の前に「月」列を挿入する指示を出す

第10章 魅せる資料を作る図形編集ワザ

図形を作成する

Excelには、さまざまな図形を描画するための機能や、文字と組み合わせて使う図表のテンプレートなどが用意されています。ここでは、図形描画のテクニックを紹介しましょう。

---

567 [365] [2024] [2021] [2019] お役立ち度 ★★★

Q 図形を作成するには

A [挿入] タブの [図形] ボタンから選択します

図形は、地図や概念図の作成などに役立ちます。[挿入] タブの [図] グループにある [図形] ボタンから図形の種類を選択して作成します。

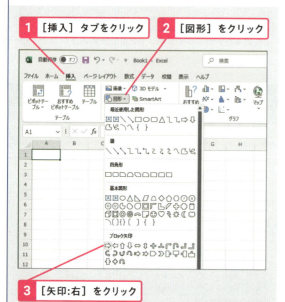

1 [挿入] タブをクリック
2 [図形] をクリック
3 [矢印:右] をクリック
4 ここにマウスポインターを合わせる
5 ここまでドラッグ

ワークシートでクリックしても図形が作成される

---

568 [365] [2024] [2021] [2019] お役立ち度 ★★★ サンプル

Q 図形を回転させたい

A 回転ハンドルをドラッグすると回転できます

図形を選択したときに、回転ハンドルが表示される図形は、回転ハンドルをドラッグすることで図形を回転できます。

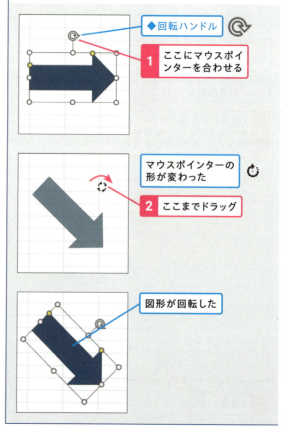

◆回転ハンドル

1 ここにマウスポインターを合わせる

マウスポインターの形が変わった

2 ここまでドラッグ

図形が回転した

569 [365][2024][2021][2019] サンプル
お役立ち度 ★★★

Q 図形の形状を調整したい

A 黄色の調整ハンドルをドラッグすると図形の一部を変更できます

調整ハンドルを使用すると、矢印の矢の大きさや角丸四角形の丸みなど、図形の形状を変えられます。

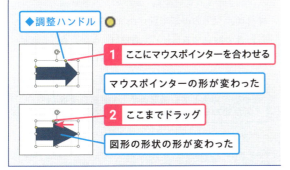

570 [365][2024][2021][2019]
お役立ち度 ★★★

Q 垂直線や水平線を描きたい

A [Shift]キーを押しながらドラッグします

線を描画するときに、[Shift]キーを押しながらドラッグすると、垂直線や水平線を引けます。

571 [365][2024][2021][2019]
お役立ち度 ★★★

Q 正円や正方形を描くには

A [Shift]キーを押しながら描画します

円や四角形などを描くときに、[Shift]キーを押しながらドラッグすると、正円や正方形を作成できます。

572 [365][2024][2021][2019] サンプル
お役立ち度 ★★☆

Q 図形のデザインを一括変更できる?

A 「図形の書式」タブで図形のスタイルを変更します

[図形のスタイル]を使用すると、塗りつぶし、枠線、効果などを一括で設定できます。なお、先に設定されていた書式は上書きされるので注意してください。

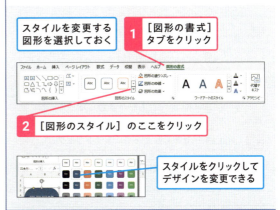

573 [365][2024][2021][2019] サンプル
お役立ち度 ★★☆

Q よく使う図形の色などの設定を登録しておきたい

A 書式を設定した図形を既定の図形に設定します

同じ書式の図形を複数作成するときは、書式を既定値として登録します。書式を設定した図形を右クリックして、表示されたメニューから[既定の図形に設定]をクリックすると、それ以降同じブック内で新規に作成する図形に同じ書式が適用されます。

574 ｜ 365 ｜ 2024 ｜ 2021 ｜ 2019 ｜ サンプル
お役立ち度 ★★★

Q 縦横比を保ったまま
図形のサイズを変更したい

A Shift キーを押しながら
ハンドルをドラッグします

図形の四隅に表示されるサイズ変更ハンドルのいずれかを Shift キーを押しながらドラッグすると、図形の縦横の比率を保ったままサイズを変更できます。

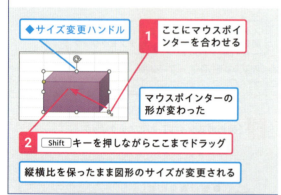

575 ｜ 365 ｜ 2024 ｜ 2021 ｜ 2019 ｜ サンプル
お役立ち度 ★★☆

Q 図形をセルに合わせて
配置したい

A Alt キーを押しながら
ハンドルをドラッグします

Alt キーを押しながら図形をドラッグすると、セルの枠線に合わせて移動できます。また、Alt キーを押しながらサイズ変更ハンドルをドラッグすると、枠線に合わせてサイズを変更できます。ちなみに、図形の作成時に Alt キーを押しながらワークシートをドラッグすれば、枠線に合わせて図形を作成できます。

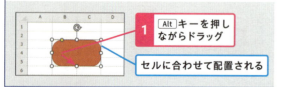

576 ｜ 365 ｜ 2024 ｜ 2021 ｜ 2019 ｜ サンプル
お役立ち度 ★★☆

Q 行の高さや列の幅を変更したら
図形の形が崩れてしまった

A ［図形の書式設定］でセルのサイズ
変更に連動しないよう設定します

既定の状態では、図形のある場所に行や列を挿入したり、セルのサイズを変更したりすると、図形のサイズが変わってしまいます。図形のサイズを固定したい場合は、以下の手順で設定画面を表示して、［セルに合わせて移動するがサイズ変更はしない］か［セルに合わせて移動やサイズ変更をしない］を選択します。

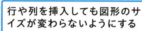

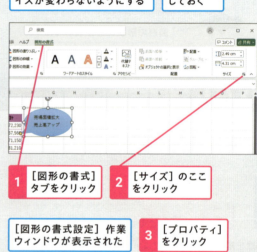

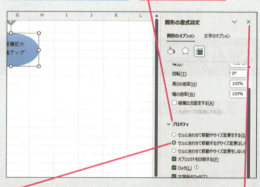

577 | 365 / 2024 / 2021 / 2019 | サンプル
お役立ち度 ★★★

Q 図形内に文字を入力するには

A 図形をクリックしてそのまま文字を入力します

直線や矢印など一部の種類を除いて、図形に文字を入力できます。図形を選択して、そのままキーボードから文字を入力しましょう。なお、文字の配置を変更する方法はワザ578を参照してください。

---

578 | 365 / 2024 / 2021 / 2019 | サンプル
お役立ち度 ★★

Q 図形内の文字の配置を整えたい

A [ホーム]タブの[配置]グループにあるボタンを使います

図形内の文字の横位置、縦位置、縦書きの設定は、セルの文字と同様に、[ホーム]タブの[配置]グループにあるボタンを使用します。

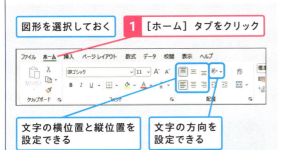

---

579 | 365 / 2024 / 2021 / 2019 | サンプル
お役立ち度 ★★

Q 図形内により多くの文字を配置したい

A [図形の書式設定]で図形の余白を減らします

図形の大きさに余裕があるにもかかわらず、入力した文字が収まらないことがあります。上下または左右の余白を減らすと、図形内における文字の表示領域が広がり、文字を収めることができます。

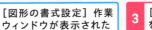 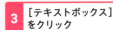

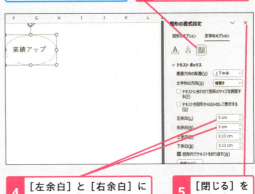

図形の余白が減って、文字が収まって表示された

関連 577 図形内に文字を入力するには　P.287

580 図形にセルの内容を表示できる?

365 / 2024 / 2021 / 2019　サンプル　お役立ち度 ★★

Q 図形にセルの内容を表示できる?

A 図形をクリックしてから数式バーでセルを指定します

図形にセルの内容を表示するには、図形を選択した状態で数式バーに「=セル番号」を入力します。以下の例では、図形にセルD1の数式の結果を表示します。セルD1では、セルB6の数値を3桁区切りにして、セルA1の文字と連結しています。「CHAR(10)」は改行を表します。セルA1やセルB6の値が変わると、即座に図形にも反映されます。

セルD1に「=A1 & CHAR(10) & TEXT(B6,"#,##0円")」と入力されている

セルD1の内容を図形に表示する

1 図形をクリック　　2 数式バーに「=$D$1」と入力

数式バーに「=」と入力してからセルD1をクリックしてもいい

3 Enter キーを押す

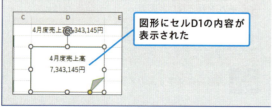

図形にセルD1の内容が表示された

---

581 ワークシート上の自由な位置に文字を配置したい

365 / 2024 / 2021 / 2019　サンプル　お役立ち度 ★★

Q ワークシート上の自由な位置に文字を配置したい

A テキストボックスを使うと自由に文字を配置できます

セルの位置を気にせずに、ワークシート内の自由な位置に文字を入力したいときは、テキストボックスを利用します。テキストボックスを描画するときに、ドラッグではなくクリックすることで、線と塗りつぶしのないテキストボックスを作成できます。印刷してもテキストボックスと分かることなく、きれいに仕上がります。テキストボックスのサイズは、文字の入力後に調整しましょう。

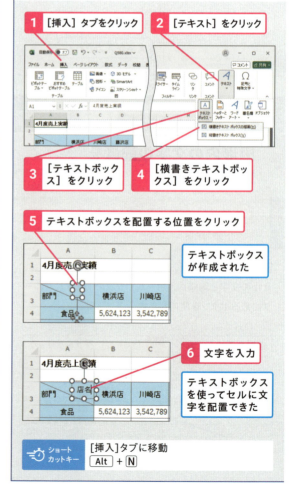

1 [挿入] タブをクリック
2 [テキスト] をクリック
3 [テキストボックス] をクリック
4 [横書きテキストボックス] をクリック
5 テキストボックスを配置する位置をクリック

テキストボックスが作成された

6 文字を入力

テキストボックスを使ってセルに文字を配置できた

ショートカットキー　[挿入]タブに移動　Alt + N

582

365 | 2024 | 2021 | 2019　サンプル
お役立ち度 ★★★

Q インパクトのある文字を作成したい

A ワードアートの一覧から多彩なデザインを選べます

プレゼンの資料などに、デザイン性に富んだ文字を挿入したいことがあります。[ワードアート]を使用すると、一覧からデザインを選ぶだけでインパクトのある文字を簡単に作成できます。

1 [挿入]タブをクリック
2 [テキスト]をクリック
3 [ワードアート]をクリック
4 ここをクリック

ワードアートが挿入された

そのまま文字を入力できる

関連 583　文字の縦横のバランスを簡単に変更したい　P.289

583

365 | 2024 | 2021 | 2019　サンプル
お役立ち度 ★★★

Q 文字の縦横のバランスを簡単に変更したい

A [文字の効果]の[変形]から[四角]を選びます

限られたスペースにできるだけ大きいサイズで文字を挿入したいときにお勧めなのが、[変形]の機能です。四角形などの図形に文字を入力しておき、[変形]から[四角]を設定すると、もとの図形のサイズに合わせて文字が拡大されます。図形のサイズを拡大・縮小するとそれに合わせて文字も拡大・縮小します。文字の縦横比も、図形のサイズに合わせて自由自在に変わります。

文字が入った図形を選択しておく

1 [図形の書式]タブをクリック
2 [文字の効果]をクリック

3 [変形]をクリック
4 [四角]をクリック

文字のバランスが変化した

584 [365][2024][2021][2019] サンプル
お役立ち度 ★★

Q 複数の図形を簡単に選択するには

A ［オブジェクトの選択］モードで図形の上をドラッグします

1つ目の図形をクリックして選択したあと、[Shift]キーを押しながら2つ目以降の図形をクリックすると、複数の図形を選択できます。また、以下のように、［オブジェクトの選択］モードにすると、ドラッグした範囲に含まれる図形をまとめて選択できます。選択後、[Esc]キーを押してモードを解除しましょう。

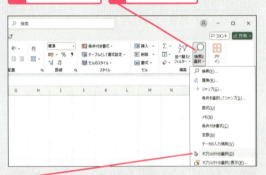

① ［ホーム］タブをクリック
② ［検索と選択］をクリック
③ ［オブジェクトの選択］をクリック

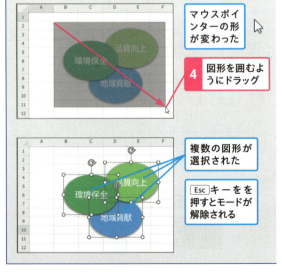

マウスポインターの形が変わった
④ 図形を囲むようにドラッグ

複数の図形が選択された
[Esc]キーをを押すとモードが解除される

585 [365][2024][2021][2019] サンプル
お役立ち度 ★★★

Q 複数の図形の重なりを変えられる?

A 図形を選択して前面や背面に移動できます

図形を重ねると、先に作成した図形が後から作成した図形の背面に隠れます。重なり方を変えるときは［前面へ移動］や［背面へ移動］の機能を利用しましょう。前面の図形と背面の図形を入れ替えて、図形の重なり方を変更できます。例えば［前面へ移動］を直接クリックすると図形を1段階ずつ手前に移動できます。また、［前面へ移動］のメニューから［最前面へ移動］をクリックすると、図形を一気に最前面へ移動できます。

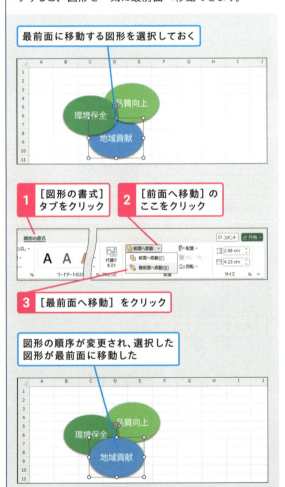

最前面に移動する図形を選択しておく

① ［図形の書式］タブをクリック
② ［前面へ移動］のここをクリック
③ ［最前面へ移動］をクリック

図形の順序が変更され、選択した図形が最前面に移動した

586 複数の図形の配置をまとめて変更したい

365 / 2024 / 2021 / 2019　サンプル
お役立ち度 ★★★

Q 複数の図形の配置をまとめて変更したい

A ［オブジェクトの配置］で位置をそろえることができます

［図形の書式］タブにある［配置］を使用すると、複数の図形の位置をそろえたり、間隔を均等にしたりできます。例えば［上揃え］を使用すると、複数の図形の上端の位置が、最も上にある図形にそろいます。また、［左右に整列］を使用すると、複数の図形の水平方向の間隔が均等になります。

- 複数の図形を上端でそろえる
- 位置をそろえる図形を選択しておく

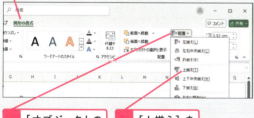

1. ［図形の書式］タブをクリック
2. ［オブジェクトの配置］をクリック
3. ［上揃え］をクリック

- 図形が上端でそろった

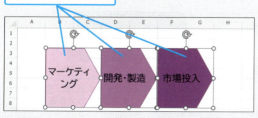

587 複数の図形をまとめて操作できるようにするには

365 / 2024 / 2021 / 2019　サンプル
お役立ち度 ★★☆

Q 複数の図形をまとめて操作できるようにするには

A 対象となる図形を選択して［オブジェクトのグループ化］を行います

地図や概念図など、複数の図形を組み合わせて図を作成したときは、図形をグループ化しておきましょう。グループ化した図形は1つの図形として移動やサイズ変更、回転などの操作が行えます。グループ化した図形をクリックして選択したあと、グループ内の図形をクリックすると、図形を個別に選択して編集できます。グループ化を解除するには、グループ化した図形を選択して、［オブジェクトのグループ化］のメニューから［グループ解除］をクリックします。

- グループ化すると、1つの図形として扱えるようになる

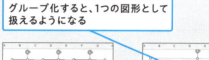

- グループ化する複数の図形を選択しておく

1. ［図形の書式］タブをクリック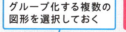
2. ［オブジェクトのグループ化］をクリック
3. ［グループ化］をクリック

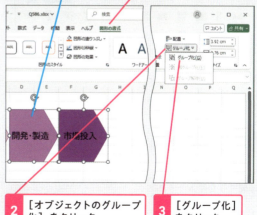

関連 584 複数の図形を簡単に選択するには　P.290

588 絵文字を使用したい

Q 絵文字を使用したい

A [挿入]タブの[アイコン]で検索できます

文書を作成するときに、ちょっとしたイラストを使いたいことがあります。[アイコン]を利用すると、キーワードでイラストを検索してワークシートに挿入できます。文書に合わせて色を変えたり、影などの効果を設定することも可能です。

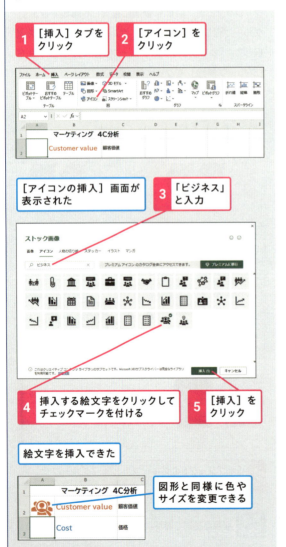

589 図表を作成するには

Q 図表を作成するには

A [挿入]タブの[SmartArt]から挿入します

SmartArtを使用すると概念図のような図表を簡単に作成できます。図表に書き入れたい文字は、図表中の図形に直接入力することも、テキストウィンドウを使って入力することも可能です。

590 図表のデザインを変えたい

A SmartArtのスタイルから書式の組み合わせを選択します

SmartArtの図表にはあらかじめさまざまなデザインが用意されています。その中から選択するだけで、色合いや影、グラデーションといった書式を簡単に設定できます。

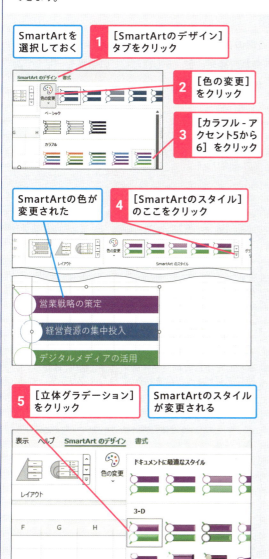

591 図表に新しい図形を後から追加できる？

A 図形を選択してから［図形の追加］をクリックします

SmartArtの図表に図形を追加するには、基準となる図形を選択して、［図形の追加］のメニューから［後に図形を追加］［前に図形を追加］など、追加する位置を指定します。追加できる図形の数や、追加できる位置は、図表の種類によって異なります。

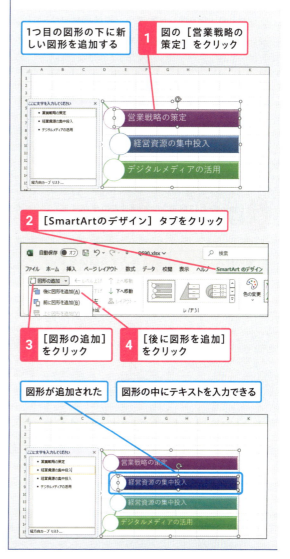

写真を挿入する

企画書や報告書を作成する際に、資料として写真を取り込みたいことがあります。ここでは、ワークシートに写真やイラストを取り込む方法や画像の加工・編集の方法を紹介します。

592　365 2024 2021 2019　サンプル　お役立ち度 ★★★

Q ワークシートに画像を挿入したい

A ［挿入］タブから挿入したい画像を挿入します

デジタルカメラで撮った写真や、画像編集ソフトで作成した画像などを取り込めます。

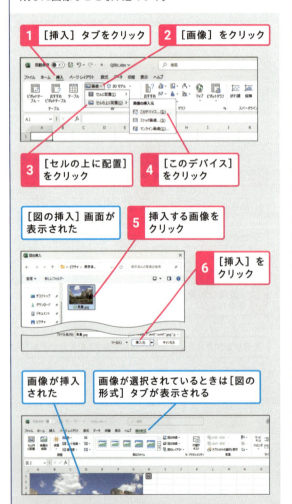

593　365 2024 2021 2019　サンプル　お役立ち度 ★★

Q 画像にインパクトのある効果を設定できる？

A ［図のスタイル］で効果をまとめたデザインを選択できます

［図のスタイル］の一覧からデザインを選ぶだけで、形状、枠線、影、3-D回転などの効果を一括して画像に設定できます。

594

365 | 2024 | 2021 | 2019　サンプル
お役立ち度 ★★★

Q 画像の不要な部分を取り除きたい

A トリミングで画像周辺の不要な部分を切り取ります

画像の周りの不要な部分を非表示にする作業を「トリミング」と言います。このワザの方法で操作すると、画像の八方にハンドルが表示されます。このハンドルをドラッグすると、画像をトリミングできます。なお、トリミングされた画像は一時的に非表示になっているだけで、実際に切り抜かれるわけではありません。再度操作して、トリミングの位置を変更できます。

- 画像を選択しておく
- 1 [図の形式] タブをクリック
- 2 [トリミング] をクリック
- 3 ここにマウスポインターを合わせる
- マウスポインターの形が変わった
- 4 ここまでドラッグ
- 画像がトリミングされる
- セルをクリックすると、トリミングの状態が解除される

ステップアップ
画像の不要な部分を完全に削除するには

画像をトリミングしたあと [図の圧縮] を行うと、非表示の部分を完全に削除して、ファイルサイズを小さくできます。まず、画像を選択して、[図の形式] タブの [調整] グループにある [図の圧縮]（ ）をクリックします。設定画面が表示されたら [図のトリミング部分を削除する] にチェックマークを付け、[OK] をクリックします。圧縮で削除した部分は、トリミングし直すことはできません。

595

365 | 2024 | 2021 | 2019　サンプル
お役立ち度 ★★

Q 画像のコントラストや明るさを変えるには

A [修整] 機能を利用して明るさなどを調整できます

[修整] の機能を使用すると、画像の明るさとコントラストを変更できます。

- 画像を選択しておく
- 1 [図の形式] タブをクリック
- 2 [修整] をクリック
- 画像の明るさやコントラストを変更できる

596

365 | 2024 | 2021 | 2019　サンプル
お役立ち度 ★★★

Q 画像に鉛筆画や水彩画のようなアート効果を設定できる?

A [アート効果] で画像のイメージを変更できます

[アート効果] を使用すると、画像を鉛筆画や水彩画のようなタッチに加工できます。写真の雰囲気を変えたいときに便利です。

- 画像を選択しておく
- 1 [図の形式] タブをクリック
- 2 [アート効果] をクリック
- 3 [鉛筆：スケッチ] をクリック

597 [365 2024 2021 2019] サンプル　お役立ち度 ★★★

Q セルの中に画像を挿入するには

A ［セルに配置］でセルの中に画像を配置できます

セルの中に画像を挿入すると、画像を表のデータとして扱えます。例えば表を並べ替えると、画像はセルごと移動します。また、オートフィルターを実行すると、画像が行ごと折り畳まれます。「=E3」のような式を立てると、セルE3に挿入した画像をほかのセルに表示することも可能です。なお、画像のサイズを変えたいときは、行高や列幅を変えてください。セル内での画像の配置は、文字列データと同様に［中央揃え］ボタンなどで変更できます。

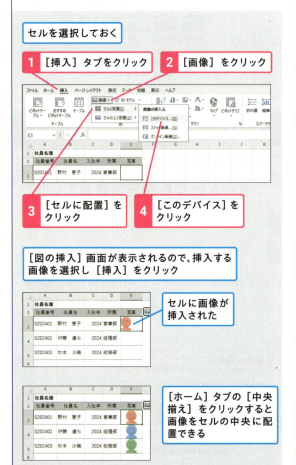

598 [365 2024 2021 2019] サンプル　お役立ち度 ★★★

Q 画像の背景を透明にするには

A 画像の背景をクリックして透明色を指定します

ロゴマークなどの画像を貼り付けたときに、画像の背景が白いままだと見栄えが悪くなることがあります。［透明色を指定］を使用して色を指定すると、画像の中でその色の部分が透明になります。なお、画像の中に背景と同じ色が使われていると、その部分も透明になってしまいます。その場合は、あらかじめ画像編集ソフトを使い、画像の背景の色をほかで使われていない色に変更しておきましょう。

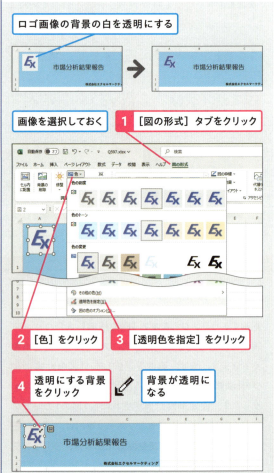

599 365 2024 2021 2019 サンプル お役立ち度 ★★

Q 画面のスクリーンショットを撮るには

A ⊞ + Shift + S キーを使います

CopilotにExcelの操作を質問するときなどに、画面のスクリーンショットが必要になることがあります。⊞ + Shift + S キーを使うと、画面の必要な部分だけを撮影できます。撮影した画像は［ピクチャ］フォルダー内の［スクリーンショット］フォルダーに自動保存されます。

| 撮影したいブックを表示しておく | **1** ⊞ + Shift + S キーを押す |

| **2** ［切り取り領域］をクリック | **3** ここをクリックして［四角形］を選択 |

画面がグレーになった

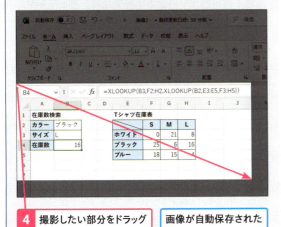

| **4** 撮影したい部分をドラッグ | 画像が自動保存された |

ショートカットキー　スクリーンショット撮影　⊞ + Shift + S

---

600 365 2024 2021 2019 お役立ち度 ★★

Q Web上の地図をワークシートに挿入できる？

A 地図を表示して［挿入］タブの［スクリーンショット］を使います

Excelの［スクリーンショット］という機能を使用すると、ディスプレイに表示されている内容を画像としてワークシートに貼り付けることができます。例えばWebで調べた地図をワークシートに貼り付ければ、案内状などを作成するときに便利です。

直前にブラウザーで地図のWebページを表示しておく

| **1** ［挿入］タブをクリック | **2** ［スクリーンショット］をクリック |

| **3** 挿入する画面をクリック | **4** ［画面の領域］をクリック |

ウィンドウが切り替わり地図の画面が薄く表示された

| **5** ここにマウスポインターを合わせる | **6** ここまでドラッグ |

画面がExcelに切り替わった

指定した範囲の画面がExcelに貼り付けられた

第11章 データに強くなる 集計・整理・分析の便利ワザ

データベースとテーブルの基本

ここでは並べ替え、抽出、集計などのデータベース機能を使用する前に知っておきたいデータベースとテーブルについて知識を深めます。

---

601 [365] [2024] [2021] [2019] サンプル
お役立ち度 ★★

Q データベースって何？

A 目的ごとに集められたデータの集まりのことです

住所録や売り上げデータなど、共通の目的で集められたデータの集まりを「データベース」と呼びます。Excelは表計算ソフトですが、並べ替えや抽出などのデータベース機能も搭載されています。データベースでは、一般的に1件ごとのデータを「レコード」、各項目を「フィールド」と呼びます。下のような表を作成すると、データベース機能をスムーズに使用できます。

- 表の先頭行にフィールド名（見出し）を入力し、データの行とは異なる書式を設定しておく
- ◆フィールド
- ◆レコード
- 1件のレコードは1行に入力する
- 表に空白行や空白列を含めない
- 表に隣接する行、列を空白にしておく

---

602 [365] [2024] [2021] [2019] サンプル
お役立ち度 ★★★

Q テーブルって何？

A 抽出や並べ替えをしやすい表の体裁を指します

「テーブル」とは、データベース機能を活用するための表の体裁のことです。テーブルでは、どのセルを見出しとして使用するのかをきちんと定義するため、並べ替えの際に見出し行まで一緒に並べ替えられてしまうといった心配がありません。また、見出しのセルに抽出を実行するためのボタンが表示されるので、いつでも素早く抽出を行えます。ワザ601の説明に沿って作成した表であれば、並べ替えや抽出などの機能を実行できますが、より素早く確実に実行するには、あらかじめ表をテーブルに変換しておくといいでしょう。なお、並べ替えや抽出の操作方法は、表とテーブルのどちらでも同じです。表をテーブルに変換する方法は、ワザ603で紹介します。

- 表をテーブルに変換することにより、効率よくデータベース機能を利用できる

603 表をテーブルに変換するには

365 / 2024 / 2021 / 2019　サンプル
お役立ち度 ★★★

A 表内のセルを選択して［テーブル］ボタンをクリックします

ワザ258で紹介した［テーブルとして書式設定］か、以下の手順を実行すると、表がテーブルに変換されます。テーブルのすぐ下の行に新しいデータを入力すると、テーブルの範囲が拡張され、新しいデータも自動的にテーブルに含まれます。

表内のセルをクリックしておく

1　［挿入］タブをクリック
2　［テーブル］をクリック

［テーブルの作成］画面が表示された

3　選択されている範囲が正しいことを確認

正しい範囲が選択されていない場合は、セルをドラッグして正しい範囲を選択し直す

4　［OK］をクリック

テーブルが作成された

先頭行にフィルターボタンが設定され、表にスタイルが適用された

ショートカットキー　テーブルの作成　Ctrl + T

604 テーブルを元の表に戻したい

365 / 2024 / 2021 / 2019　サンプル
お役立ち度 ★★

A ［範囲に変換］でテーブルを解除できます

［範囲に変換］を実行すると、テーブルが表に戻り、オートフィルターが解除されます。書式の設定も元に戻したい場合は、ワザ605を参考に事前にテーブルスタイルをクリアしてください。

テーブル内のセルを選択しておく

1　［テーブルデザイン］タブをクリック
2　［範囲に変換］をクリック
3　［はい］をクリック

表に変換され、フィルターボタンが非表示になった

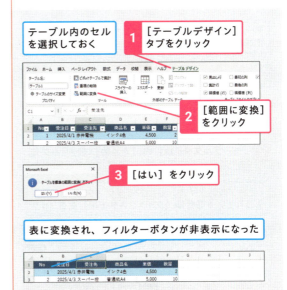

605 テーブルスタイルのみ解除できないの？

365 / 2024 / 2021 / 2019
お役立ち度 ★★

A ［テーブルスタイル］の一覧で［クリア］を実行します

ワザ606を参考に［テーブルスタイル］の一覧を表示し、最下行にある［クリア］をクリックすると、テーブルスタイルを解除して、テーブルに変換する前のデザインに戻せます。オートフィルターなど、テーブルとしての機能はそのまま使えます。

606 テーブルにデザインを設定したい

365 / 2024 / 2021 / 2019 サンプル
お役立ち度 ★★★

A テーブルスタイルを使うと色や罫線をまとめて設定できます

テーブルには、色や罫線などを組み合わせた見栄えがする「テーブルスタイル」と呼ばれるデザインが多数用意されています。テーブルスタイルを変更することで、即座にテーブル全体のデザインを変更できます。

1. テーブル内のセルを選択しておく／[テーブルデザイン]タブをクリック

2. [テーブルスタイル]の[その他]をクリック

[テーブルスタイル]に[クイックスタイル]が表示されている場合は[クイックスタイル]をクリック

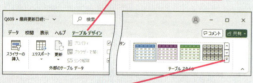

3. スタイルをクリック

スタイルにマウスポインターを合わせると、一時的にスタイルが反映される

テーブルスタイルが変更された

607 テーブルに新しく集計列を追加するには

365 / 2024 / 2021 / 2019 サンプル
お役立ち度 ★★★

A 隣接するセルにデータを追加するとテーブルが拡張されます

テーブルに隣接する列にデータを追加すると、自動的にテーブルが拡張されます。「=」を入力して数式に使うセルをクリックすると、ワザ358で紹介した構造化参照で数式が入力されます。数式を確定すると、その数式が自動的にすべての行に入力されます。

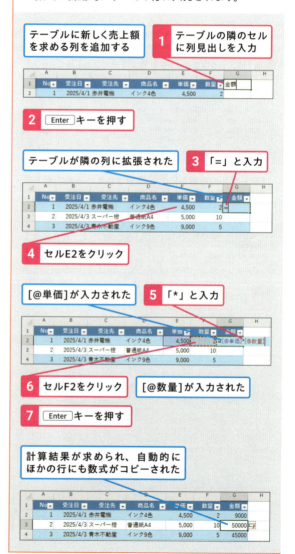

608

365 / 2024 / 2021 / 2019　サンプル
お役立ち度 ★★★

Q テーブルの集計行を表示するには

A ［集計行］にチェックマークを付けるとテーブルの末尾に追加されます

［デザイン］タブにある［集計行］を使用すると、テーブルの末尾に集計行を追加できます。最初は最終列だけに集計値が表示されますが、集計行のどのセルを選択してもボタンが表示され、集計方法の選択／解除を行えます。

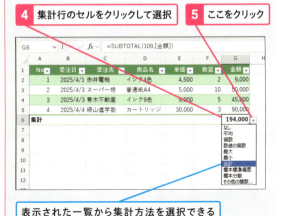

609

365 / 2024 / 2021 / 2019　サンプル
お役立ち度 ★★★

Q 集計行があるテーブルに新しいデータを追加したい

A 最後のセルで Tab キーを押すと新しいデータの行を追加できます

最後のデータのセルで Tab キーを押すか、テーブルの末尾のセルの右下角を下方向にドラッグすると、集計行の上に新しいデータの行を挿入できます。

610

365 / 2024 / 2021 / 2019　サンプル
お役立ち度 ★★

Q テーブルの行や列を選択するには

A マウスポインターが黒矢印になる位置でクリックします

テーブルの列見出しのセルを下向きの黒矢印のマウスポインター（↓）でクリックすると、テーブルの列を一括選択できます。また、テーブルの1列目のセルを右向きの黒矢印のマウスポインター（→）でクリックすると、テーブルの行を一括選択できます。

611 テーブルのデータを簡単に抽出する方法はある?

365 / 2024 / 2021 / 2019　サンプル
お役立ち度 ★★★

A　[テーブルデザイン] タブをクリックしてスライサーを利用します

スライサーを使用すると、テーブルのデータの抽出を行えます。例えば [商品名] のスライサーを使用すると、テーブルの [商品名] 列に含まれる商品名がスライサーに一覧表示され、その中から抽出条件を選択できます。クリック1つで簡単に抽出項目を切り替えられるので便利です。

1　テーブル内のセルをクリックして選択
2　[テーブルデザイン] タブをクリック
3　[スライサーの挿入] をクリック

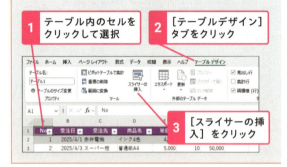

[スライサーの挿入] 画面が表示された

4　抽出する項目をクリックしてチェックマークを付ける
5　[OK] をクリック

スライサーが挿入された
6　抽出する項目をクリック

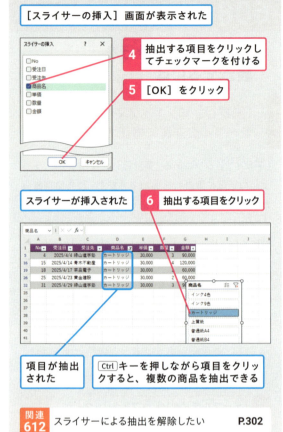

項目が抽出された

Ctrl キーを押しながら項目をクリックすると、複数の商品を抽出できる

関連 612　スライサーによる抽出を解除したい　P.302

---

612 スライサーによる抽出を解除したい

365 / 2024 / 2021 / 2019　サンプル
お役立ち度 ★★

A　[フィルターのクリア] をクリックします

スライサーによる抽出を解除して、テーブルにすべてのデータを表示するには、[フィルターのクリア] ボタンをクリックします。

1　[フィルターのクリア] をクリック

抽出が解除される

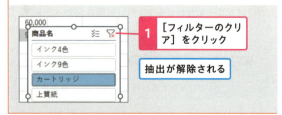

---

613 スライサーを閉じるには

365 / 2024 / 2021 / 2019　サンプル
お役立ち度 ★★★

A　Delete キーを押すとスライサーを閉じることができます

スライサーを使い終わったら、以下のように操作して閉じましょう。

1　スライサーをクリック
2　Delete キーを押す
スライサーが閉じる

データを並べ替える

データの並べ替えは、見やすい表の作成やデータベースの整理に欠かせない機能です。ここでは、並べ替えのテクニックを紹介しましょう。

614 〔365〕〔2024〕〔2021〕〔2019〕 サンプル
お役立ち度 ★★★

Q データを並べ替えるには

A 列内のセルをクリックして[昇順]か[降順]をクリックします

特定の列を基準にした並べ替えなら、列内のいずれかのセルを1つ選択して、ボタン操作で簡単に実行できます。「昇順」とは、数値の小さい順、文字列の五十音順、日付の古い順で、「降順」はその逆です。

1 [フリガナ]列のセルをクリックして選択
2 [データ]タブをクリック

3 [昇順]をクリック

表の並べ替えが行われた

[降順]をクリックすると、逆の順序で並べ替えができる

615 〔365〕〔2024〕〔2021〕〔2019〕
お役立ち度 ★★

Q 並べ替える前に戻したい

A クイックアクセスツールバーの[元に戻す]をクリックします

並べ替えをした直後なら、クイックアクセスツールバーの[元に戻す]ボタンを使用して、元の並び順に戻せます。[元に戻す]ボタンに頼らずに、確実に元の表の状態に戻せるようにするには、前もって列を追加し、「1、2、3……」と連番を入力しておきましょう。連番の列を基準に昇順で並べ替えを行えば、いつでも元の並び順に戻せます。

関連 109 「1、2、3……」のような数値の連続データを入力したい　P.81

616 〔365〕〔2024〕〔2021〕〔2019〕
お役立ち度 ★★

Q 見出しの行まで並べ替えられてしまう

A 見出し行にデータ行とは別の書式を設定しておきます

表を並べ替える際に、見出しとデータ行の区別が付かない場合、見出しもデータと見なされて並べ替えられることがあります。これを避けるには、見出しの文字を太字にするなど、データ行とは異なる書式を設定しておきましょう。テーブルの場合は、あらかじめ見出しが定義されているので、見出しの行が並べ替えられることはありません。

617

Q 複数の条件で並べ替えるには

A [並べ替え]画面で[レベルの追加]をクリックします

「[受注先]の昇順で並べ替えを行い、同じ[受注先]の中では[商品名]の昇順で並べ替えたい」といった複数の条件で並べ替えを行うには、[並べ替え]画面を利用します。[レベルの追加]ボタンをクリックすることで、並べ替えの条件を最大64項目まで指定できます。優先順位の高い列から並べ替えの設定を行うようにしましょう。

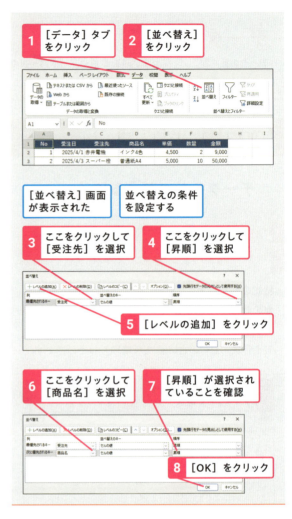

[受注先]列を昇順で最優先にして、[商品名]列を昇順で2番目の優先にして並べ替えたい

並べ替えを行う表内のセルを選択しておく

1つのセルが選択されている状態にしておく

618

Q 表の一部を並べ替えられる?

A セル範囲を選択して並べ替えることができます

通常の表の場合、選択した部分だけを対象に並べ替えを行えます。ワザ617を参考に[並べ替え]画面を表示し、[最優先されるキー]で並べ替えの基準になる列番号を指定します。[A][B]などの列番号が表示されない場合は、[並べ替え]画面で[先頭行をデータの見出しとして使用する]のチェックマークをはずしてください。

並べ替えるセル範囲を選択しておく

ワザ617を参考に[並べ替え]画面を表示し、[最優先されるキー]で並べ替えの基準になる列を選択する

619 [365][2024][2021][2019] お役立ち度 ★★ サンプル

Q 横方向に並べ替えたい

A ［並べ替え］オプションで［列単位］に設定します

［並べ替え］画面を使用すれば、横方向の並べ替えも行えます。あらかじめ並べ替えるセル範囲を選択しておくこと、並べ替えの方向として［列単位］を指定すること、並べ替えの基準の行を［行6］などの行番号で指定することがポイントです。

- 4つの飲料を合計の売上実績が多い順に並び替える
- セルB2～E6を選択しておく

1. ［データ］タブをクリック
2. ［並べ替え］をクリック
3. ［オプション］をクリック

4. ［列単位］をクリック
5. ［OK］をクリック
- ［並べ替え］画面に戻る

6. ここをクリックして［行6］を選択
7. ここをクリックして［大きい順］を選択

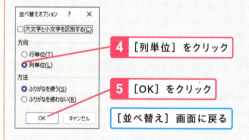

8. ［OK］をクリック

620 [365][2024][2021][2019] お役立ち度 ★★ サンプル

Q セルに設定された色に基づいてデータを並べ替えるには

A ［並べ替えのキー］で［セルの色］を選択します

セルの塗りつぶしやフォントの色で並べ替えができます。色で並べ替えをするには、［並べ替え］画面の［並べ替えのキー］で［セルの色］または［フォントの色］を選択し、並べ替えに使う色を指定します。［レベルの追加］ボタンを使用して［次に優先されるキー］で別の色を指定すれば、複数の色を基準に並べ替えることもできます。

- 表内のセルを選択しておく

1. ［データ］タブをクリック
2. ［並べ替え］をクリック

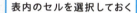

並べ替えの条件を設定する

3. ここをクリックして条件を設定する項目名を選択
4. ここをクリックして［セルの色］を選択

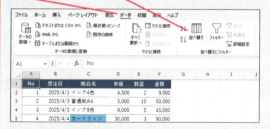

5. ここをクリックして1番優先度の高い色を選択
6. ［OK］をクリック

- セルに設定した色でデータが並べ替えられた

621 365 2024 2021 2019 サンプル
お役立ち度 ★★★

Q オリジナルの順序で データを並べ替えたい

A [並べ替え]画面の ユーザー設定リストを使います

部署順や役職順など、独自の順序で表を並べたいことがあります。ワザ116を参考にあらかじめ[ユーザー設定リスト]に並び順を登録しておくと、その順序を基準に並べ替えを実行できます。

ワザ116を参考に「会社員,自営業,主婦,学生」のユーザー設定リストを登録しておく

職業を指定した順序で並べ替える

ここでは「会社員」「自営業」「主婦」「学生」の順に並べる

[並べ替え]画面を表示しておく

1 ここをクリックして[職業]を選択

2 ここをクリック

3 [ユーザー設定リスト]をクリック

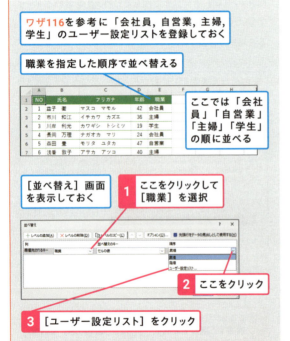

[ユーザー設定リスト]画面が表示された

4 [会社員,自営業,主婦,学生]をクリック

5 [OK]をクリック

[並べ替え]画面が表示された

6 [OK]をクリック

登録したリストの順序で並べ替えられた

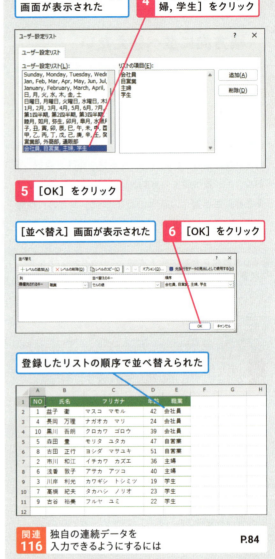

| 関連 116 | 独自の連続データを入力できるようにするには | P.84 |

---

622 365 2024 2021 2019 サンプル
お役立ち度 ★★☆

Q 氏名が五十音順に 並べ替えられない!

A [ふりがなの表示/非表示]機能 で読みが正しいか確認します

氏名など、漢字のデータの列の順序がおかしい場合は、ふりがなが間違っている可能性があります。Excelではセルに漢字を入力したときに、「読み」の情報をふりがなとして記憶しており、漢字のデータはふりがなを基準にした五十音順で並べ替えられます。ワザ130を参考に、漢字が入力されているセルのふりがなを正しい読みに修正しましょう。

ふりがなが正しいにもかかわらず五十音順に並ばない場合は、ふりがなを使わずに並べ替える設定になっています。ワザ619を参考に[並べ替えオプション]画面を表示し、[ふりがなを使う]を選択してから、並べ替えを行いましょう。

データを抽出する

データの抽出機能を使用すると、データベースから必要なデータを素早く取り出せます。ここでは抽出に関する疑問を解説しましょう。

623　365 / 2024 / 2021 / 2019　サンプル
お役立ち度 ★★★

Q オートフィルターって何？

A データを簡単に抽出できる機能です

「オートフィルター」の機能を使用すると、見出しのセルに表示されるフィルターボタン（▼）で、簡単にデータの抽出を実行できます。テーブルでは、あらかじめ見出しにフィルターボタンが表示されていますが、通常の表の場合は、以下の手順でフィルターボタンを表示します。

- 表内のセルを選択しておく
- 1つのセルが選択されている状態にする

1. ［データ］タブをクリック
2. ［フィルター］をクリック

- 表にオートフィルターが設定された
- 列見出しにフィルターボタンが表示される

ショートカットキー　オートフィルターを適用／解除　Ctrl + Shift + L

624　365 / 2024 / 2021 / 2019
お役立ち度 ★★☆

Q オートフィルターを解除するには

A もう一度［フィルター］ボタンをクリックして解除します

設定済みのオートフィルターを解除するには、ワザ623の操作を再度実行します。オートフィルターを解除すると、列見出しに表示されていたフィルターボタンが非表示になります。抽出を実行していた場合は、抽出が解除されてすべてのデータが表示されます。

625　365 / 2024 / 2021 / 2019
お役立ち度 ★★☆

Q オートフィルターが正しく設定できない

A 選択範囲や表の体裁を確認しましょう

表の一部のセル範囲を選択した状態でオートフィルターを実行した場合、オートフィルターが設定されるのは、表全体ではなく選択したセル範囲だけになります。あらかじめ表内のセルを1つだけ選択してから、オートフィルターを設定しましょう。
1つのセルだけを選択したにもかかわらずオートフィルターが正しく設定されない場合は、表の作り方が適切でない可能性があります。表の先頭行に見出しを入力して書式を設定しておく、表内に空白行や空白列を作らない、表に隣接するセルを空白にしておくなど、ワザ601を参考に表の体裁を整えましょう。

626 ★★★ 365 2024 2021 2019 サンプル

Q 商品名が「○○」のデータを抽出したい

A 一覧表示されたデータから抽出したい項目にチェックマークを付けます

列見出しに表示されるフィルターボタンをクリックすると、その列に入力されているデータが一覧表示されます。そこから選択するだけで、データを簡単に抽出できます。抽出条件を指定した列のフィルターボタンは表示が変わり、抽出が行われていることがひと目で分かります。

[商品名]が[インク4色]と[インク9色]のデータを抽出する

1 [商品名]のフィルターボタンをクリック

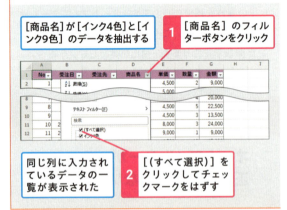

同じ列に入力されているデータの一覧が表示された

2 [(すべて選択)]をクリックしてチェックマークをはずす

すべてのデータのチェックマークがはずれた

3 [インク4色]と[インク9色]をクリックしてチェックマークを付ける

4 [OK]をクリック

選択したデータが入力された行のみが抽出された

抽出条件が設定されたフィルターボタンは表示が変わる

627 ★★ 365 2024 2021 2019 サンプル

Q 複数の列でそれぞれ抽出を行いたい

A 続けて抽出すればさらに絞り込めます

オートフィルターを使用して抽出を行ったあと、別の列で抽出条件を指定すると、前回の抽出結果からデータが絞り込まれます。例えば、ワザ626で[商品名]から[インク4色]と[インク9色]を抽出したあとで、次の手順のように[受注先]から[青木不動産]だけにチェックマークを付けると、「青木不動産から受注したインク4色かインク9色のデータ」が抽出されます。

[受注先]が[青木不動産]のデータを抽出する

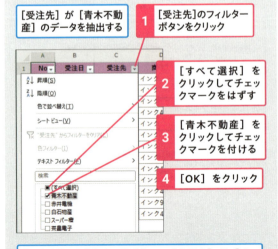

1 [受注先]のフィルターボタンをクリック

2 [すべて選択]をクリックしてチェックマークをはずす

3 [青木不動産]をクリックしてチェックマークを付ける

4 [OK]をクリック

[受注先]が[青木不動産]で、[商品名]が[インク4色]と[インク9色]のデータだけが抽出される

628 ★★★ サンプル

Q 特定の列の抽出条件を解除するには

A フィルターボタンをクリックして抽出条件を解除できます

特定の列の抽出を解除するには、抽出条件が設定された項目のフィルターボタン（🔽）をクリックして、[" (項目名)"からフィルターをクリア] をクリックします。すると、その列の抽出条件のみが解除されます。ほかの列の抽出条件は、そのまま残ります。

複数の列で抽出したデータから [商品名] の列の抽出を解除する

1 [商品名] のフィルターボタンをクリック

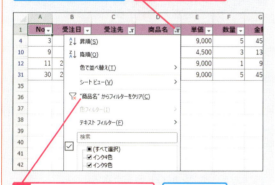

2 ["（項目名）"からフィルターをクリア] をクリック

抽出条件が解除される

---

629 ★★

Q すべての抽出条件を解除したい

A [クリア] ボタンですべての抽出条件を一括して解除できます

[データ] タブの [並べ替えとフィルター] グループにある [クリア] ボタンをクリックすると、すべての抽出条件を解除して、全データを表示できます。フィルターボタンは残るので、すぐに別の条件で抽出を行えます。

---

630 ★★ サンプル

Q 「〇以上△以下」のデータを抽出する方法は？

A 数値フィルターをを使って数値の範囲を設定します

[数値フィルター] を使用すると、数値の範囲を条件としてデータを抽出できます。「〇以上」「〇より大きい」「〇以上〇以下」「〇と等しくない」など、さまざまな条件を指定できるので、目的に応じて簡単に抽出を行えます。

単価が5,000円以上、10,000円以下の商品を抽出する

1 [単価] 列のフィルターボタンをクリック

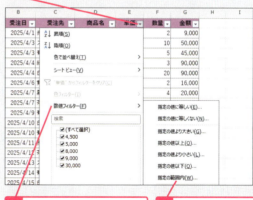

2 [数値フィルター] にマウスポインターを合わせる

3 [指定の範囲内] をクリック

[カスタムオートフィルター]（または [オートフィルターオプション]）画面が表示された

4 「5000」と入力

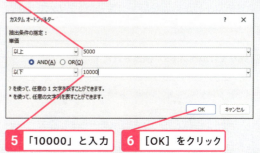

5 「10000」と入力

6 [OK] をクリック

631 売り上げのベスト5を抽出したい

365 | 2024 | 2021 | 2019　サンプル
お役立ち度 ★★★

Q 売り上げのベスト5を抽出したい

A ［数値フィルター］の［トップテンオートフィルター］を使います

［トップテンオートフィルター］を使用すると、上位または下位の順位を指定して抽出を行えます。例えば売り上げのベスト5を抽出したいときは、設定画面で［上位］「5」［項目］を指定します。その際に5位が2件ある場合、データは6件抽出されます。なお、並び順は変わらないので、必要なら並べ替えも実行しましょう。

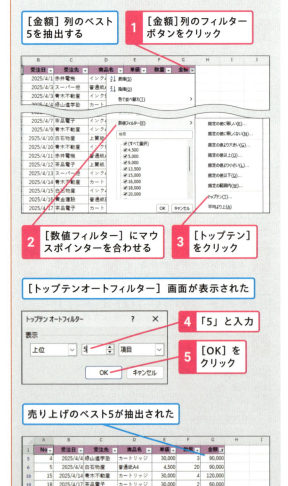

632 「○○」を含むデータを抽出するには

365 | 2024 | 2021 | 2019　サンプル
お役立ち度 ★★★

Q 「○○」を含むデータを抽出するには

A テキストフィルターを使って文字を条件に抽出します

［テキストフィルター］を使用すると、「で始まる」「で終わる」「を含む」「を含まない」など、さまざまな条件を指定できます。例えば、以下のような受注表の［商品名］列で「紙を含む」という条件を指定すると、「上質紙」「普通紙A4」などのデータを抽出できます。

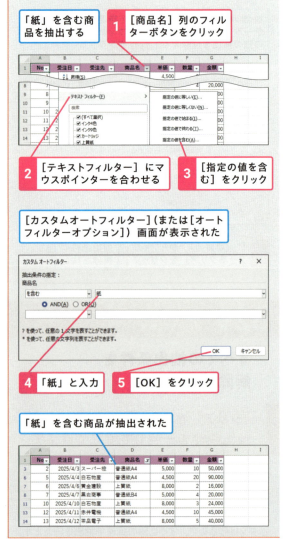

633 オートフィルターの抽出結果に連動して合計値を求められる？

365 / 2024 / 2021 / 2019　サンプル

A SUBTOTAL関数で抽出されたデータだけを集計できます

「SUBTOTAL（サブトータル）関数」を使用すると、常にそのとき表示されているデータだけを集計できます。抽出の実行中は抽出されているデータだけが集計され、解除すればすべてのデータが集計されます。指定する引数は、集計方法と集計するセル範囲で、「=SUBTOTAL（集計方法,セル範囲）」の形式で入力します。集計方法は、合計は「9」、平均は「1」、数値の個数は「2」、データの個数は「3」で指定します。

オートフィルターで抽出されたデータの合計を求めたい

［金額］（G列）の抽出結果の合計を求める

◆ =SUBTOTAL(9,G2:G34)
抽出結果に合わせてG列の売上高の合計が自動計算される

関連 626　商品名が「○○」のデータだけを抽出したい　P.308

---

634 セルに設定された色でデータを抽出したい

365 / 2024 / 2021 / 2019　サンプル

A ［色フィルター］でセルやフォントの色を基準にで抽出できます

セルの塗りつぶしやフォントの色を基準に抽出を行うには、色の付いた列のフィルターボタンをクリックして、［色フィルター］を選択します。すると、その列で使われている色が一覧表示されるので、そこから色を選択すると、その色のデータが抽出されます。条件付き書式で付けた色も抽出の対象になります。

水色が設定された行を抽出する

1 色の付いた列のフィルターボタンをクリック

2 ［色フィルター］にマウスポインターを合わせる

3 抽出する色をクリック

水色が設定された行が抽出された

関連 274　条件に一致するセルだけ色を変えたい　P.150
関連 278　条件に一致する行だけ色を変えたい　P.152

635 抽出条件を保存していつでも表示できるようにするには

Q 抽出条件を保存していつでも表示できるようにするには

A ［ユーザー設定のビュー］に抽出条件を保存できます

［ユーザー設定のビュー］画面を使用すると、オートフィルターの抽出条件を「ビュー」としてブック内に保存しておけます。保存したビューを呼び出せば、データの追加や更新時に、その時点のデータで同じ条件の抽出を即座に実行できます。抽出条件を保存するには、まずオートフィルターで抽出を実行します。続いて、［ユーザー設定のビュー］画面で、ビューを追加します。なお、テーブルを含むブックでは、ビューを追加できません。

1 オートフィルターの設定をしておく

- データを抽出しておく
- ここでは、「紙」を含む商品名を抽出している

2 ［ユーザー設定のビュー］画面を表示する

- 抽出条件を保存する
- 1 ［表示］タブをクリック
- 2 ［ユーザー設定のビュー］をクリック

3 ビューを追加する

- ［ユーザー設定のビュー］画面が表示された
- 1 ［追加］をクリック

［ビューの追加］画面が表示された

- 2 ビューに付ける名前を入力
- 後で見たときにひと目で分かる名前にする

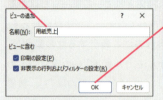

- 3 ［OK］をクリック
- 抽出条件が保存された

4 オートフィルターの設定を再現する

- オートフィルターの設定を解除しておく
- 1 手順2を参考に［ユーザー設定のビュー］画面を表示

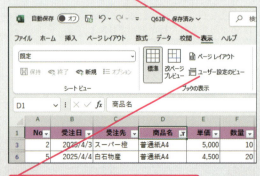

- 保存した抽出条件が表示された
- 2 表示するユーザー設定のビューをクリック
- 3 ［表示］をクリック

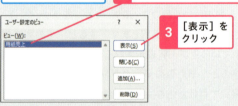

同じ抽出条件でオートフィルターが設定された

ショートカットキー　［表示］タブに移動　Alt + W

636 複雑な条件でデータを抽出するには

365 / 2024 / 2021 / 2019　サンプル
お役立ち度 ★★☆

Q 複雑な条件でデータを抽出するには

A 別表に抽出条件を入力して[詳細設定]を実行します

より複雑な条件でデータを抽出するには、[フィルターオプションの設定]という機能を使います。事前にデータベースの表とは別に、抽出条件を指定するための表を用意することがポイントです。その際、条件となる別表の先頭行には、必ずデータベースの表と同じ列見出しを付けておきましょう。同じ行に条件を入力すると、すべての条件を満たすデータだけが抽出され、異なる行に条件を入力すると、いずれかの条件を満たすデータが抽出されます。

商品名が「インク4色」と「インク9色」のデータだけを抽出する

抽出条件を指定する表を作成しておく

抽出条件として、「インク4色」と「インク9色」を入力しておく

1 ここをクリック

2 [データ]タブをクリック

3 [詳細設定]をクリック

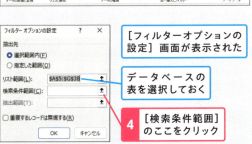

[フィルターオプションの設定]画面が表示された

データベースの表を選択しておく

4 [検索条件範囲]のここをクリック

[フィルターオプションの設定]画面が小さくなった

5 検索条件範囲をドラッグして選択

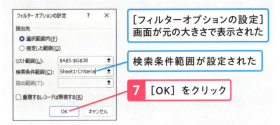

6 ここをクリック

[フィルターオプションの設定]画面が元の大きさで表示された

検索条件範囲が設定された

7 [OK]をクリック

商品名が「インク4色」と「インク9色」のデータが抽出された

各フィールドに複数の条件を設定すれば、より複雑な抽出も行える

[数量]に「>3」「>5」と入力されている

[フィルターオプションの設定]画面で[OK]をクリックすると、商品名「インク4色」の数量が3より大きいデータと、商品名「インク9色」の数量が5より大きいデータを抽出できる

ショートカットキー：[データ]タブに移動　Alt + A

データの重複で困ったときは

データベースにデータを重複入力すると、分析や集計作業に支障をきたします。重複するデータを削除する方法や、重複データの入力を防ぐ方法をマスターしましょう。

637 [365][2024][2021][2019] サンプル お役立ち度 ★★

Q 1つの列から重複なくデータを取り出したい

A [重複するレコードは無視する]を有効にします

[フィルターオプションの設定]画面で[重複するレコードは無視する]を有効にして抽出を行うと、特定の列に入力されているデータを重複しないように抽出できます。

セルD1～D34の[商品名]列から重複しないデータをセルI1に抽出する

1 [データ]タブをクリック
2 [詳細設定]をクリック

[フィルターオプションの設定]画面が表示された

3 [指定した範囲]をクリック
4 [リスト範囲]にセルD1～D34を設定
5 [抽出範囲]にセルI1を設定
6 [重複するレコードは無視する]をクリックしてチェックマークを付ける
7 [OK]をクリック

[商品名]列から商品名を重複なく取り出せた

638 [365][2024][2021][2019] サンプル お役立ち度 ★★★

Q 重複するデータをチェックするには

A 条件付き書式で重複データの入力を禁止できます

条件付き書式の[重複する値]を利用すると、重複するセルに色を付けられます。

重複データをチェックするためB列を選択しておく

1 [ホーム]タブをクリック
2 [条件付き書式]をクリック

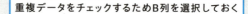

3 [セルの強調表示ルール]にマウスポインターを合わせる
4 [重複する値]をクリック

[重複する値]画面が表示された

5 ここをクリックして[重複]を選択
6 ここをクリックして[濃い赤の文字、明るい赤の背景]を選択

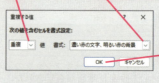

7 [OK]をクリック

重複しているデータが入力されているセルに色が付いた

639 重複する行を削除したい

A [重複の削除]ボタンで重複したデータの入った行を削除できます

[重複の削除]を使用すると、重複データのうち1件を残して2件目以降を削除できます。以下の例のように、重複チェックの基準として[会員名][フリガナ][生年月日]の列を指定すると、これら3項目がすべて一致するデータが重複と見なされます。

表内のセルを1つ選択しておく

1 [データ]タブをクリック

2 [重複の削除]をクリック

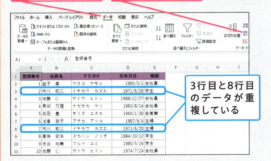

3行目と8行目のデータが重複している

3 [登録番号]と[職業]をクリックしてチェックマークをはずす

4 [OK]をクリック

データの削除を知らせるメッセージが表示されるので[OK]をクリックする

8行目の重複データが削除されたことを確認する

640 重複するデータの入力を防ぐには

A 入力規則を設定して重複データの入力を禁止できます

「現在のセルと同じデータが同じ列の中に1つだけしかない」という条件で入力規則を設定すると、重複データの入力を禁止できます。

列番号Aを選択しておく

[データ]タブの[データの入力規則]をクリックして[データの入力規則]画面を表示しておく

1 [設定]タブをクリック

2 ここをクリックして[ユーザー設定]を選択

3 「=COUNTIF(A:A,A1)=1」と入力

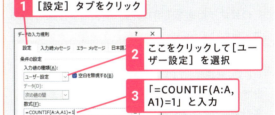

現在のセルと同じデータが列番号Aの中に1つしかないという条件を表す

4 [エラーメッセージ]タブをクリック

5 エラーメッセージの内容を入力

6 [OK]をクリック

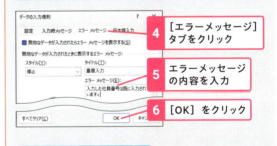

入力規則の設定を確認する

7 重複するデータを入力

8 Enterキーを押す

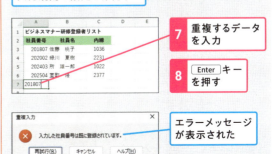

エラーメッセージが表示された

表に小計行と総計行を挿入する

Excelには、データベース形式の表に小計行と総計行を自動挿入する機能が用意されています。ここでは操作方法や活用方法を紹介します。

641 お役立ち度 ★★★ 〈365 2024 2021 2019〉 サンプル

Q 同じ項目ごとにデータを集計したい

A [集計の設定] 画面でグループの基準を設定します

特定の項目をグループ化してデータを集計するには、事前にグループ化する列で並べ替えを行ってから、[集計の設定] 画面を使用します。例えば受注先ごとに金額を合計するには、[受注先] を基準に表を並べ替えてから、[集計の設定] 画面で [グループの基準] として [受注先]、[集計の方法] として [合計]、[集計するフィールド] として [金額] を指定しましょう。集計を行うと、表に小計行と総計行が挿入され、詳細データを折り畳んだり展開したりするためのボタンが表示されます。

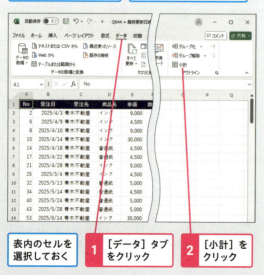

- ここでは [受注先] の項目を基準として [合計] の項目で集計する
- 集計を行う基準として、[受注先] の項目でデータを並べ替えておく
- 表内のセルを選択しておく
- **1** [データ] タブをクリック
- **2** [小計] をクリック

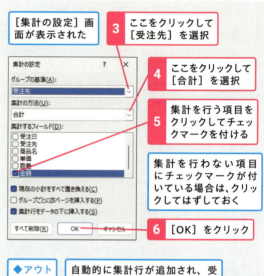

- [集計の設定] 画面が表示された
- **3** ここをクリックして [受注先] を選択
- **4** ここをクリックして [合計] を選択
- **5** 集計を行う項目をクリックしてチェックマークを付ける
- 集計を行わない項目にチェックマークが付いている場合は、クリックしてはずしておく
- **6** [OK] をクリック

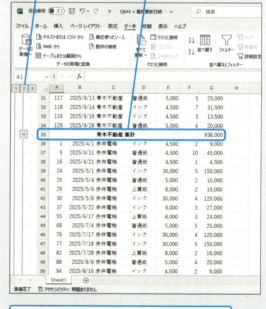

◆アウトライン
自動的に集計行が追加され、受注先ごとの売上高が集計された

集計をクリアするには、もう一度 [集計の設定] 画面を表示して [すべて削除] をクリックする

ショートカットキー [データ] タブに移動 `Alt` + `A`

642

Q 集計しても思い通りの結果にならない！

A 事前に [グループの基準] の列で並べ替えをしておきます

集計を実行したときに、同じグループが集計表の複数の個所にできてしまう場合は、事前に並べ替えが行われていません。いったん集計を解除し、[グループの基準] に指定する列で並べ替えを行ってから、再度集計を実行しましょう。

643

Q 集計を解除するには

A 集計の設定を [すべて削除] ボタンで解除します

集計を解除するには、集計表内のセルを1つ選択して、[データ] タブの [アウトライン] グループにある [小計] ボタンをクリックします。続いて表示される [集計の設定] 画面で、[すべて削除] ボタンをクリックしましょう。

644

Q 折り畳んだ集計結果をコピーするには

A 選択オプションで [可視セル] を選択します

集計を行った表で、アウトラインを利用して詳細行を折り畳むと、集計結果だけが表示されます。集計結果のセル範囲を選択してコピーし、別の場所に貼り付けると、折り畳まれた行も一緒に貼り付けられてしまいます。ワークシートに見えている集計結果だけを貼り付けるには、以下の手順で可視セルだけをコピーして貼り付けましょう。

集計表を折り畳み、コピーするセル範囲を選択しておく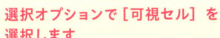

1 [ホーム] タブをクリック
2 [検索と選択] をクリック

3 [条件を選択してジャンプ] をクリック

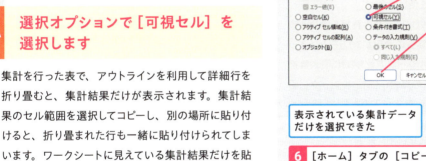

[選択オプション] 画面が表示された

4 [可視セル] をクリック
5 [OK] をクリック

表示されている集計データだけを選択できた
選択範囲をコピーする

6 [ホーム] タブの [コピー] をクリック

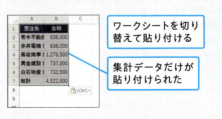

ワークシートを切り替えて貼り付ける
集計データだけが貼り付けられた

関連 641 同じ項目ごとにデータを集計したい　P.316

データをシミュレーションする

Excelには、数式の数値を変化させて結果をシミュレーションする機能があります。ここでは、シミュレーションに関するテクニックを紹介しましょう。

645 365 2024 2021 2019 サンプル
お役立ち度 ★★★

Q 計算結果が目的値になるように逆算するには？

A ゴールシーク機能で数式と目標値から逆算できます

例えばセルA3に数式「=A1*A2」を入力した場合、通常は計算の対象になるセルA1とセルA2に数値を入力して、その計算結果をセルA3に求めます。これとは逆に、セルA3に入力した数式の結果が指定した目標値になるようにセルA1またはセルA2の値を求めるには、「ゴールシーク」を使います。

このワザの例では、セルD6に宴会の費用を求める数式が入力されています。宴会の費用が30万円と決まっているものとして、ゴールシークでセルB3に個人負担額を逆算しています。この場合、[ゴールシーク]画面で、[数式入力セル]に数式が入力されているセルD6、[目標値]に「300000」、[変化させるセル]に逆算結果を入れるセルB3を指定します。

合計費用（セルD6）が30万円の場合の一人分の負担額（セルB3）を求める

セルD3には「=B3*C3」が入力されている

セルD6には「=SUM(D3:D5)」が入力されている

個人負担額が入力されていないため、合計費用は12万円となっている

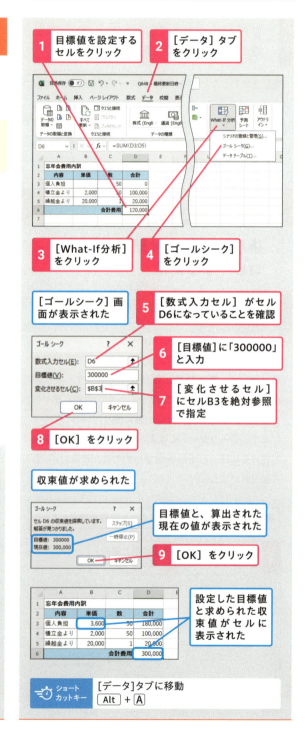

646 数式にさまざまなデータを代入して試算するには

Q 数式にさまざまなデータを代入して試算するには

A ［What-If分析］の［データテーブル］を利用します

［データテーブル］を使用すると、複数のパターンのデータから同じ計算式の結果を一気に求められます。パターン化するデータが1種類のデータテーブルを「単入力テーブル」と呼びます。

以下の例では、割引率の違いで価格がどう変化するかを試算しています。まず、「割引価格」欄の先頭のセルB6に「=B1*(1-B2)」という数式を入力して、1つだけ割引価格を求めておきます。［データテーブル］画面で［列の代入セル］としてセルB2を指定すると、「割引価格」欄の2つ目以降のセル（セルB7～B11）に「{=TABLE(,B2)}」という配列数式が入力され、それぞれの割引価格が求められます。その際、「=B1*(1-B2)」のセルB2の代わりに個々の割引率（セルA7～A11）が使用されます。

なお、数式を削除したいときは、配列数式が入力されたすべてのセル（セルB7～B11）を選択して、Delete キーを押します。

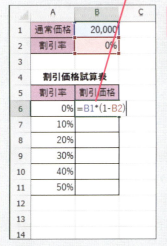

1. セルB6に「=B1*(1-B2)」と入力
2. Enter を押す

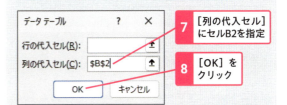

データテーブルを作成する場所を選択する

3. セルA6～B11をドラッグして選択
4. ［データ］タブをクリック
5. ［What-If分析］をクリック
6. ［データテーブル］をクリック

［データテーブル］画面が表示された

割引率は縦方向（列）に入力されているので、［列の代入セル］には数式の中の割引率が入力されているセル（B2）を指定する

7. ［列の代入セル］にセルB2を指定
8. ［OK］をクリック

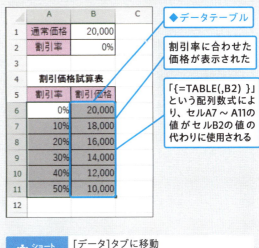

◆データテーブル

割引率に合わせた価格が表示された

「{=TABLE(,B2)}」という配列数式により、セルA7～A11の値がセルB2の値の代わりに使用される

ショートカットキー ［データ］タブに移動 Alt + A

647 過去のデータから未来のデータを予測したい

365 / 2024 / 2021 / 2019　お役立ち度 ★★　サンプル

Q 過去のデータから未来のデータを予測したい

A セル範囲を選択して［予測シート］を表示します

予測機能を使用すると、時系列のデータを基に将来のデータを予測できます。予測の基にする表には、日付を等間隔で入力しておきます。月単位のデータの場合も、「1月」「2月」などの月名ではなく、「2025/4/1」「2025/5/1」のように「毎月〇日」の日付を入力しましょう。表のセル範囲を選択して［予測シート］を実行すると、新しいワークシートが追加され、予測データを計算したテーブルと予測グラフが作成されます。なお、基にするデータがテーブルやデータベース形式の表の場合は、最初に表内のセルを1つ選択しておくだけでもOKです。

表のデータ範囲を選択しておく

1 ［データ］タブをクリック

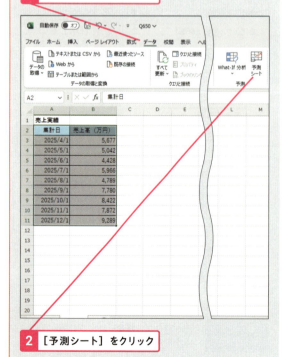

2 ［予測シート］をクリック

［予測ワークシートの作成］画面が表示された

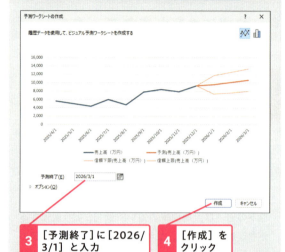

3 ［予測終了］に［2026/3/1］と入力

4 ［作成］をクリック

新しいワークシートに予測シートと予測グラフが作成された

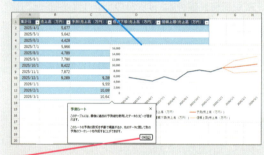

5 ［OK］をクリック

予測グラフをドラッグして移動しておく

予測シートに売上高の予測数値が表示された

ショートカットキー　［データ］タブに移動　Alt + A

関連 648　予測の上限と下限が不要なときは　P.321

648 予測の上限と下限が不要なときは

Q 予測の上限と下限が不要なときは

A [オプション]を表示して[信頼区間]のチェックマークをはずします

[予測ワークシートの作成]画面で[オプション]ボタンをクリックすると、予測に関する詳細な設定を行えます。予測の上限と下限を非表示にしたいときは、[信頼区間]をオフにしましょう。

[データ]の[予測シート]をクリックして[予測ワークシートの作成]画面を表示しておく

1 [オプション]をクリック

2 [信頼区間]をクリックしてチェックマークをはずす

上限と下限が表示されなくなる

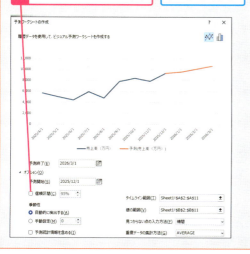

649 季節性のある売上データを予測するには

Q 季節性のある売上データを予測するには

A [手動設定]でサイクルを指定します

季節性のある売り上げの予測では、売り上げのサイクルを指定し、2サイクル以上のデータを用意すると、より正確に予測できます。例えば、夏に販売数量が増える季節商品の場合、売り上げのサイクルは1年なので「12」を指定します。

[データ]の[予測シート]をクリックして[予測ワークシートの作成]画面を表示しておく

1 [オプション]をクリック

2 [手動設定]をクリック

3 「12」と入力

予測の内容が変更された

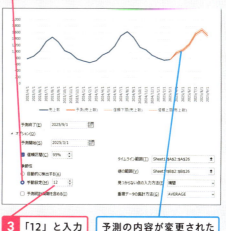

第12章 データを自在に操る ピボットテーブルのワザ

ピボットテーブルで集計する

ピボットテーブルを使用すると、データベースに蓄積された大量のデータをドラッグ操作だけで簡単に集計できます。ここでは、そんな便利なピボットテーブルのワザを紹介します。

650 ［365／2024／2021／2019］ サンプル お役立ち度 ★★★

Q ピボットテーブルって何？

A データベースを多角的に集計できる形式です

ピボットテーブルは、データベース形式の表のデータを基に集計表を作成する機能です。作成方法は簡単で、元の表のどの項目を集計表のどの位置に配置するかを指定するだけです。例えば、

・「商品名」を「行ラベル」の位置に配置
・「地区」を「列ラベル」の位置に配置
・「金額」を「値」の位置に配置

の3つを指定するだけで、「商品名別地区別」に金額を集計したクロス集計表を作成できます。集計項目は後から簡単に変えられるので、データの多角的な集計、分析に向いています。

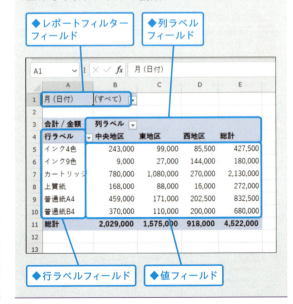

■ピボットテーブルの元になる表

■商品名別、地区別にピボットテーブルを作成

商品名ごと地区ごとの売上額と総売上額を集計できた

■ピボットテーブルの構成

◆レポートフィルターフィールド
◆列ラベルフィールド
◆行ラベルフィールド
◆値フィールド

651 ピボットテーブルを作成するには

365 / 2024 / 2021 / 2019　サンプル
お役立ち度 ★★★

Q ピボットテーブルを作成するには

A ［挿入］タブの［ピボットテーブル］をクリックします

集計元の表のセルを選択して［挿入］タブの［ピボットテーブル］ボタンをクリックすると、初期設定では元の表とは別のワークシートに空のピボットテーブルが作成されます。実際に集計項目を指定する方法はワザ653を参照してください。

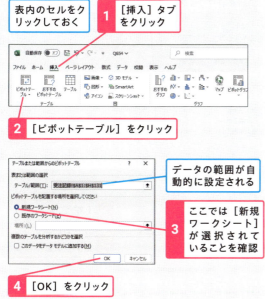

- 表内のセルをクリックしておく
- 1 ［挿入］タブをクリック
- 2 ［ピボットテーブル］をクリック
- データの範囲が自動的に設定される
- 3 ここでは［新規ワークシート］が選択されていることを確認
- 4 ［OK］をクリック

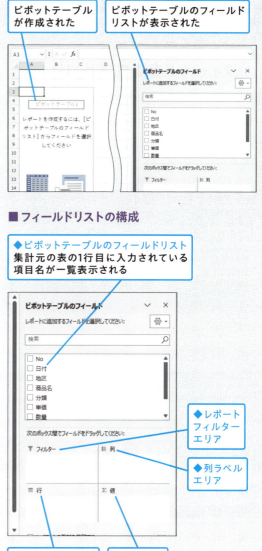

- ピボットテーブルが作成された
- ピボットテーブルのフィールドリストが表示された

■ フィールドリストの構成

◆ピボットテーブルのフィールドリスト
集計元の表の1行目に入力されている項目名が一覧表示される

◆レポートフィルターエリア
◆列ラベルエリア
◆行ラベルエリア
◆値エリア

652 フィールドリストが見当たらない

365 / 2024 / 2021 / 2019
お役立ち度 ★★

Q フィールドリストが見当たらない

A ［ピボットテーブル分析］タブの［フィールドリスト］をクリックします

ピボットテーブル内のセルを選択すると、リボンに［ピボットテーブル分析］タブと［デザイン］タブが追加されます。さらに初期設定では、画面右に［ピボットテーブルのフィールドリスト］が自動表示されます。［ピボットテーブルのフィールドリスト］が自動表示されない場合は、［ピボットテーブル分析］タブの［表示］グループにある［フィールドリスト］をクリックすると表示できます。

関連 653 ピボットテーブルにフィールドを追加するには　P.324

653 ピボットテーブルにフィールドを追加するには

Q

A フィールドエリアにフィールドをドラッグで追加します

［ピボットテーブルのフィールドリスト］には、集計元の表の項目名が一覧表示されます。ここから集計項目を選択して［行］［列］［値］の各エリアにドラッグすると、ピボットテーブル上で集計が行われます。

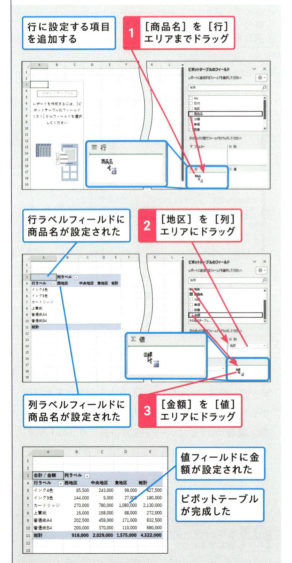

654 集計値に桁区切りのカンマを表示するには

Q

A 該当するセルを右クリックして表示形式を設定します

ピボットテーブルに表示形式を設定するときは、右クリックして表示されるメニューから設定しましょう。ピボットテーブル内のセルを1つ選択して設定するだけで、集計値のセル全体に同じ表示形式を設定できます。

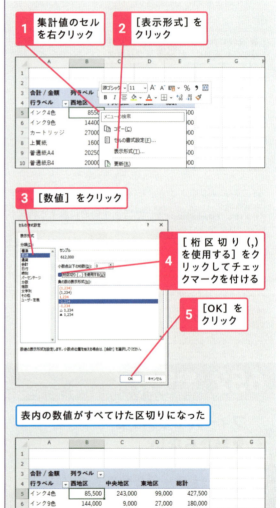

655 ピボットテーブルのフィールドを入れ替えるには

A フィールドをドラッグして入れ替えます

ピボットテーブルに配置したフィールドは、簡単な操作で何度でも変更できます。ワザ653で作成したピボットテーブルは、以下の手順のように配置されているフィールドをドラッグして移動すれば、視点を変えた集計表になります。

ピボットテーブルを作成しておく

［行］エリアから［商品名］フィールドを削除し、［列］エリアの［地区］フィールドを［行］エリアに移動する

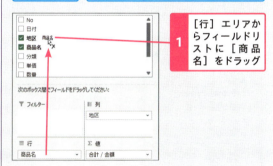

1 ［行］エリアからフィールドリストに［商品名］をドラッグ

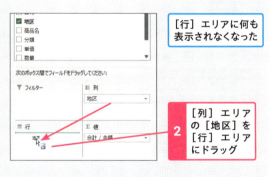

［行］エリアに何も表示されなくなった

2 ［列］エリアの［地区］を［行］エリアにドラッグ

［列］エリアから［行］エリアに［地区］が移動した

［列］エリアに別のフィールドを挿入できる

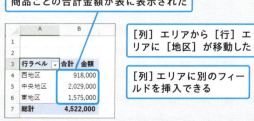

商品ごとの合計金額が表に表示された

656 項目を階層化して集計したい

A ［行］エリアに複数のフィールドを追加します

［行］エリアや［列］エリアに複数の項目を配置すると、集計表を階層化できます。上側に配置した項目が階層の上位になります。例えば［行］エリアの［商品名］の上側に［分類］を配置すると、商品を分類別に階層化して集計できます。

ワザ653のピボットテーブルの行ラベルフィールドを階層化する

1 ［分類］を［行］エリアの［商品名］の上側にドラッグ

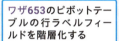

［分類］［商品名］の順に配置された

分類別商品名別に集計できた

657 集計項目の順序を入れ替えるには

Q 集計項目の順序を入れ替えるには

A ドラッグで順序を入れ替えられます

ピボットテーブルの列ラベルのセルをドラッグすると、列全体を移動できます。行ラベルのセルをドラッグした場合は、行ごと移動できます。

[西地区]の項目を後ろに移動したい

1. 列ラベルのセルをクリック
2. 枠線にマウスポインターを合わせる
3. ここまでドラッグ

項目の順序が変更された

📖 役立つ豆知識

昇順や降順で並べ替えるには

ピボットテーブルの集計値は、[データ]タブの[昇順]や[降順]で並べ替えられます。総計列のセルを選択して実行すると縦方向の並べ替え、総計行のセルを選択して実行すると横方向の並べ替えを行えます。

658 行や列に表示される項目を絞り込みたい

Q 行や列に表示される項目を絞り込みたい

A [行ラベル][列ラベル]のフィルターボタンから絞り込めます

ピボットテーブルの「行ラベル」「列ラベル」と表示されたセルには、フィルターボタンが表示されます。このボタンを使用すると、オートフィルターで抽出をする要領で、ピボットテーブルに表示する項目を抽出できます。

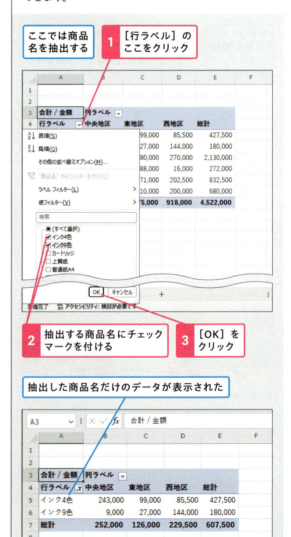

ここでは商品名を抽出する

1. [行ラベル]のここをクリック
2. 抽出する商品名にチェックマークを付ける
3. [OK]をクリック

抽出した商品名だけのデータが表示された

659 日付データを月ごとにまとめて集計するには

A 日付を［行］か［列］に配置すると自動でグループ化されます

日付のフィールドを［行］エリアか［列］エリアに配置すると、日付が自動的にグループ化されます。数カ月分の日付が入力されている場合は「月単位」、数年分の日付が入力されている場合は「年単位四半期単位」という具合に、グループ化の単位は入力されている日付の範囲によって変わります。

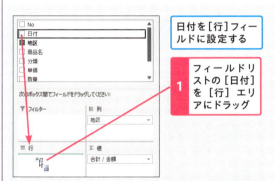

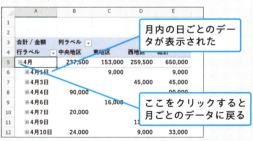

660 日付のグループ化の単位を変更するには

A ［グループ化］画面の［単位］で設定します

［グループ化］画面を使用すると、日付のグループ化の単位を変更できます。例えば、［グループ化］画面で［月］だけを指定すると、月単位でグループ化できます。また、［四半期］と［月］を指定すると、四半期と月の2階層でグループ化できます。

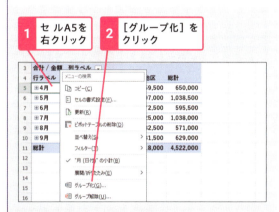

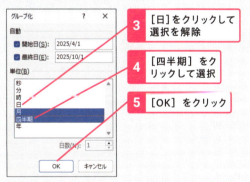

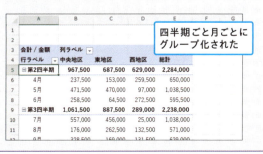

661

お役立ち度 ★★☆ 365 2024 2021 2019 サンプル

Q ピボットテーブルで条件を切り替えて集計表を見るには

A 条件となるフィールドをレポートフィルターエリアに配置します

ピボットテーブルの値フィールドで集計されるデータを絞り込むには、絞り込みの条件となるフィールドをレポートフィルターエリアに配置します。例えば［商品名］を配置すると、商品名ごとに集計結果を切り替えて表示できます。

［商品名］が［普通紙A4］のデータを表示する

［商品名］をレポートフィルターフィールドに追加しておく

1 ここをクリック

2 ［普通紙A4］をクリック　**3** ［OK］をクリック

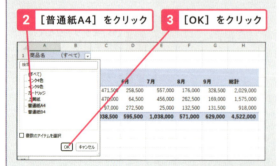

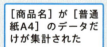
［商品名］が［普通紙A4］のデータだけが集計された

ほかの商品名のデータに切り替えるときは、操作2で商品名を選択し直す

662

お役立ち度 ★★★ 365 2024 2021 2019 サンプル

Q もっと簡単に条件を切り替えたい

A スライサー機能を使うと簡単に切り替えられます

スライサーを使用すると、より簡単に集計の対象を切り替えられます。例えば［商品名］のスライサーで［インク9色］をクリックすると、全商品の集計表から［インク9色］の集計表へと簡単に切り替えられます。

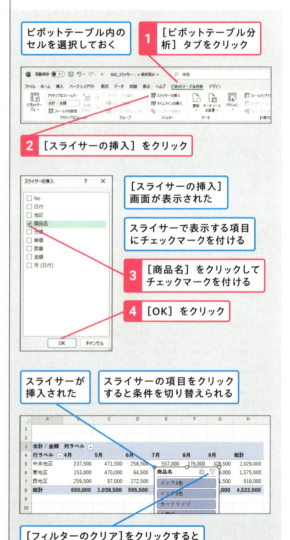

ピボットテーブル内のセルを選択しておく

1 ［ピボットテーブル分析］タブをクリック

2 ［スライサーの挿入］をクリック

［スライサーの挿入］画面が表示された

スライサーで表示する項目にチェックマークを付ける

3 ［商品名］をクリックしてチェックマークを付ける

4 ［OK］をクリック

スライサーが挿入された

スライサーの項目をクリックすると条件を切り替えられる

［フィルターのクリア］をクリックすると条件をリセットできる

663 タイムラインを利用して抽出期間を指定するには

365 / 2024 / 2021 / 2019　サンプル　お役立ち度 ★★★

Q タイムラインを利用して抽出期間を指定するには

A 日付の目盛りをドラッグして期間を指定します

集計期間の指定には、タイムラインが便利です。タイムラインとは、日付の目盛りが振られた数直線のことです。数直線上をドラッグして日付の期間を指定するだけで、簡単にその期間のデータを抽出できます。日付の単位は、「年」「四半期」「月」「日」から選べます。なお、タイムラインを非表示にするには、クリックして選択し、Deleteキーを押します。

1 ピボットテーブル内のセルを選択しておく

2 [ピボットテーブル分析]タブをクリック

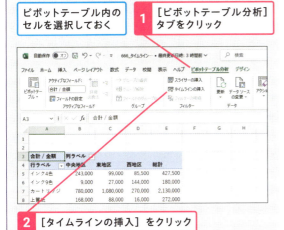

3 [タイムラインの挿入]をクリック

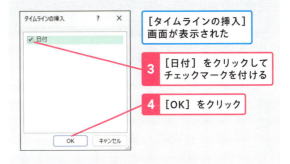

[タイムラインの挿入]画面が表示された

3 [日付]をクリックしてチェックマークを付ける

4 [OK]をクリック

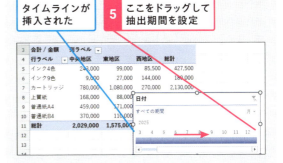

タイムラインが挿入された

5 ここをドラッグして抽出期間を設定

指定した期間を抽出して集計できた

[フィルターのクリア]をクリックすると条件をリセットできる

[月▼]をクリックすると、期間の単位を「年」「四半期」「月」「日」から選択できる

🎵 ステップアップ

[おすすめピボットテーブル]を利用する

[挿入]タブの[テーブル]グループにある[おすすめピボットテーブル]ボタンをクリックすると、より簡単に集計を行えます。[おすすめピボットテーブル]画面には、基になるデータに適した集計表のサンプルが数種類表示されます。その中から選ぶだけで、ピボットテーブルが完成します。選択肢に目的の集計表がない場合は、目的に近いものを選び、作成された集計表を手直しするといいでしょう。

[おすすめピボットテーブル]画面で、ピボットテーブルを選択できる

664 [365] [2024] [2021] [2019] サンプル
お役立ち度 ★★☆

Q 集計元のデータの変更を反映するには

A ［ピボットテーブル分析］タブの［更新］を実行します

集計元の表のデータの変更は、自動ではピボットテーブルに反映されません。データを変更したときは、必ず［更新］を実行しましょう。元のデータの変更を、即座にピボットテーブルに反映できます。

① ピボットテーブルのセルを選択しておく
② ［ピボットテーブル分析］タブをクリック
③ ［更新］をクリック

---

665 [365] [2024] [2021] [2019] サンプル
お役立ち度 ★★★

Q ピボットテーブルを普通の表に変換したい

A 値の貼り付けを利用して編集可能な形にします

ピボットテーブルの集計結果を、別のブックやワークシートにコピーして利用したいことがあります。そのままコピー／貼り付けするとピボットテーブルのまま貼り付けられるので、自由に編集できません。ピボットテーブルをコピーして、ワザ151を参考に［値］の貼り付けを行うと、通常の表に変換された状態で貼り付けを行えます。なお、変換後は集計元の表から切り離されるので、更新の操作は行えません。

---

666 [365] [2024] [2021] [2019] サンプル
お役立ち度 ★★☆

Q 集計元のセル範囲を変更するには

A ［データソースの変更］を実行してセル範囲を変更します

集計元の表に新しいデータを追加したときは、［データソースの変更］を実行して、セル範囲を指定し直します。なお、テーブルを基にピボットテーブルを作成した場合は、ワザ664を参考に［更新］を実行するだけで変更を反映できます。

① 集計元のセル範囲を変更したい
② ピボットテーブルのセルを選択しておく
③ ［ピボットテーブル分析］をクリック
④ ［データソースの変更］をクリック

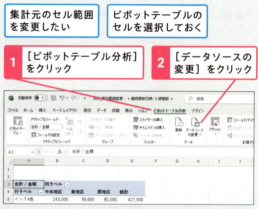

③ 「受注記録!$A$1:$H$132」と入力
④ ［受注記録］シートのセルA1〜H132をドラッグしてもいい
⑤ ［OK］をクリック

内容が更新された

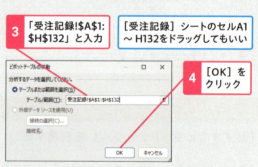

667 ピボットグラフを作成したい

365 / 2024 / 2021 / 2019　サンプル
お役立ち度 ★★★

Q ピボットグラフを作成したい

A ［ピボットテーブル分析］タブの ［ピボットグラフ］をクリックします

ピボットグラフを作成すると、ピボットテーブル上の項目を可視化できます。フィールドリストでの操作はピボットテーブルとピボットグラフの両方に反映されるので、集計の視点を変更しながら直感的なデータ分析が行えます。

1. ピボットテーブルのセルを選択しておく
2. ［ピボットテーブル分析］タブをクリック
3. ［ピボットグラフ］をクリック

［グラフの挿入］画面が表示された

3. グラフの種類をクリック
4. グラフの形式をクリック
5. ［OK］をクリック

［ピボットグラフが作成された

668 ピボットグラフに表示される項目を絞り込むには

365 / 2024 / 2021 / 2019　サンプル
お役立ち度 ★★

Q ピボットグラフに表示される項目を絞り込むには

A グラフ上のフィールドボタンをクリックして変更します

ピボットテーブルとピボットグラフは連動しています。ピボットテーブルかピボットグラフのどちらかで表示項目を絞り込むと、もう一方に反映されます。また、フィールドリストで項目を入れ替えると、ピボットテーブルとピボットグラフの両方に反映されます。

グラフに［中央地区］の棒だけを表示する

ピボットグラフをクリックして選択しておく

1. ［地区］のフィールドボタンをクリック

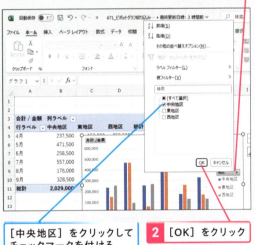

［中央地区］をクリックしてチェックマークを付ける

2. ［OK］をクリック

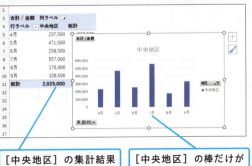

［中央地区］の集計結果だけが表示された

［中央地区］の棒だけが表示された

パワーピボットで集計する

パワーピボットを使用すると、さまざまなデータを集約して「データモデル」を作成し、より大量のデータを基にピボットテーブルを利用できるようになります。

669 ｜ 365 2024 2021 2019 ｜ サンプル
お役立ち度 ★★★

Q パワーピボットって何？

A データモデルを作成して集計できる機能です

「パワーピボット」は、ピボットテーブルの機能を強化する仕組みです。ピボットテーブル単体では、複数のテーブルからいきなり集計することはできません。集計するには、あらかじめデータを1つの表にまとめておかなければならず、手間がかかります。一方、パワーピボットを利用すれば、複数のテーブルから「データモデル」を作成し、ピボットテーブルで集計が行えます。データモデルでは複数のテーブルを関連付けて管理するので、あらかじめデータを1つの表にまとめておかなくても集計が可能になるのです。

■ピボットテーブルの場合

複数の表のデータをあらかじめ1つの表にまとめておかないと集計できない

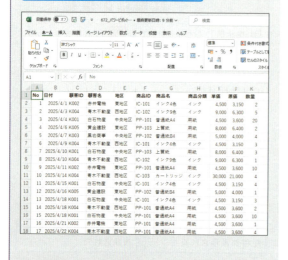

■パワーピボットを利用する場合

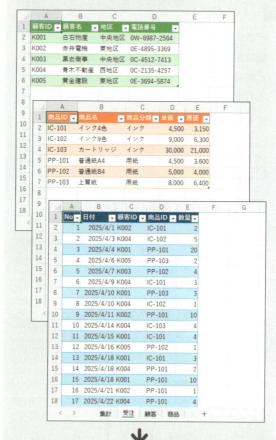

↓

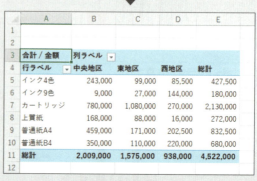

パワーピボットを使えば、複数のテーブルから直接ピボットテーブルで集計できる

670 ★★★ サンプル 365 2024 2021 2019

Q パワーピボットを起動するには

A [データ]タブの[データモデルの管理]をクリックします

パワーピボットを使用するには、[Power Pivot]画面を起動します。初回は[データ]タブから起動しますが、1度起動するとExcelの画面に[Power Pivot]タブが追加されるので、2度目からはワザ671の方法でもパワーピボットを起動できます。

1 [データ]タブをクリック
2 [データモデル]をクリック

2 [データモデルの管理]をクリック

初めて起動するときは確認画面が表示される

3 [有効化]をクリック

[Power Pivot for Excel]が起動した
ブックに含まれるデータモデルのデータが表示された

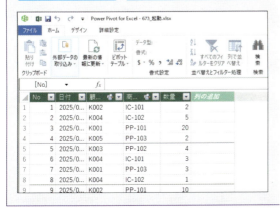

671 ★★ サンプル 365 2024 2021 2019

Q Excelとパワーピボットの画面を切り替えるには

A [ブックに切り替え]をクリックするとExcelの画面に戻ります

[Power Pivot]画面の[ブックに切り替え]とExcelの[Power Pivot]タブの[Power Pivotウィンドウへの移動]を使用すると、互いの画面を即座に切り替えられます。

◆[Power Pivot]画面

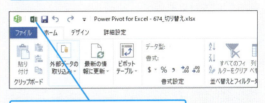

[ブックに切り替え]をクリックするとExcelの画面に切り替わる

◆Excelの画面

[Power Pivotウィンドウへの移動]をクリックすると[Power Pivot]画面に切り替わる

役立つ豆知識

パワーピボットを無効にするには

ワザ046を参考に[Excelのオプション]画面を開き、[アドイン] - [管理]から[COMアドイン]を選択して[設定]をクリックします。設定画面で[Microsoft Power Pivot for Excel]のチェックマークをはずすと、Power Pivotが無効になり、リボンからも[Power Pivot]タブが消えます。

672 リレーションシップって何？

A 複数のテーブルを関連付けする機能です

「リレーションシップ」とは、複数のテーブルを関連付ける機能です。パワーピボットで[ダイアグラムビュー]に切り替えると、リレーションシップを新たに設定したり、現在の状況を確認したりできます。リレーションシップの設定により、データモデルに追加した複数のテーブルをひとまとまりのデータとして扱えるようになります。

| [Power Pivot]画面の[ホーム]タブを表示しておく | ◆データビュー |

1 [ダイアグラムビュー]をクリック

| ◆ダイアグラムビュー | [ダイアグラムビュー]に切り替わった |

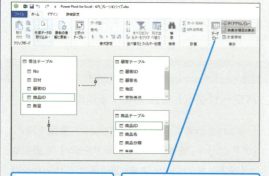

| リレーションシップの設定が表示された | [データビュー]をクリックするとデータビューに戻れる |

673 テーブルをデータモデルに追加するには

A 表をテーブルに変換してから[データモデルに追加]をクリックします

Excelのデータをパワーピボットで使用するには、表をデータモデルに追加する必要があります。ワザ603を参考に表をテーブルに変換したうえで[データモデルに追加]をクリックすると、簡単に追加できます。なお、表がテーブルに変換されていない場合、データモデルに追加する際にテーブルへの変換を促されます。

| ◆[受注テーブル]テーブル | [受注テーブル]をデータモデルに追加する |

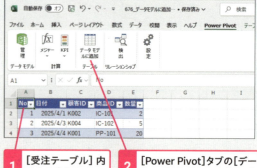

1 [受注テーブル]内のセルをクリック　**2** [Power Pivot]タブの[データモデルに追加]をクリック

| Power Pivot画面が起動した | [受注テーブル]のデータが表示された |

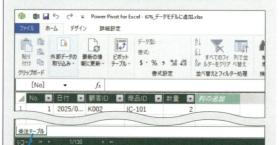

| タブにテーブル名が表示された | 同様に他のテーブルもデータモデルに追加しておく |

674

365 | 2024 | 2021 | 2019
お役立ち度 ★★★ サンプル

Q リレーションシップを作成したい

A フィールドリストの項目をドラッグしてフィールドを結合します

Excelのテーブルをデータモデルに追加して［ダイアグラムビュー］に切り替えると、追加したテーブルのフィールドリストが表示されます。2つのテーブルに共通する列名をドラッグで結ぶことによりリレーションシップが作成され、テーブル間に結合線が表示されます。ドラッグの方向はどちらのテーブルからでもかまいません。

> ワザ672を参考に［ダイアグラムビュー］を表示しておく

> データモデルに追加したテーブルのフィールドリストが表示される

1 ここをドラッグ

> フィールドリストのサイズが変わった

> ［受注テーブル］と［顧客テーブル］を［顧客ID］で結ぶ

2 ［受注テーブル］の［顧客ID］にマウスポインターを合わせる

3 ［顧客テーブル］の［顧客ID］までドラッグ

> リレーションシップが作成された

> 同様に［受注テーブル］と［商品テーブル］を［商品ID］で結合しておく

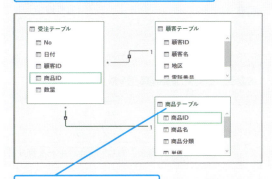

> タイトル部分をドラッグするとフィールドリストを移動できる

列名が緑色の枠で囲まれます。間違った列名で結合していた場合は、結合線を右クリックして［削除］をクリックすると、リレーションシップが削除されて結合線が消えます。また、結合線を右クリックして［リレーションシップの編集］をクリックすると、表示される画面で結合に使用する列を変更することも可能です。

675

365 | 2024 | 2021 | 2019
お役立ち度 ★★★

Q リレーションシップを削除・編集するには

A テーブルを結ぶ結合線を右クリックします

［ダイアグラムビュー］で結合線をクリックすると、フィールドリストの列名の一覧のうち結合に使用した

| 関連 674 | リレーションシップを作成したい | P.335 |

676 テーブルに計算列を追加するには

お役立ち度 ★★☆　365 / 2024 / 2021 / 2019　サンプル

Q テーブルに計算列を追加するには

A 計算用の列を追加してから数式バーに式を入力します

パワーピボットでは、四則演算の「＋」「－」「＊」「／」や文字列連結の「＆」などの記号を使用して計算列を作成できます。計算対象の列名は、リストから選択するだけで簡単に入力できます。作成後、必要に応じて列名の右境界線をドラッグして列幅を調整してください。なお、パワーピボットで追加した列はExcelには追加されません。

[粗利] フィールドを追加して「単価-原価」を計算する　　［商品テーブル］を表示しておく

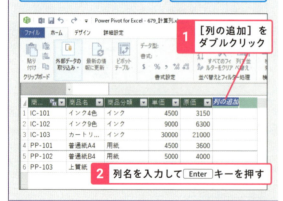

677 追加した列を削除したい

お役立ち度 ★★☆　365 / 2024 / 2021 / 2019　サンプル

Q 追加した列を削除したい

A 削除したい列を右クリックしてショートカットメニューを使います

作成した計算列が不要になったときは削除しましょう。ショートカットメニューから簡単に削除できます。なお、ほかの計算列で使用している列を削除してしまうとエラーになるので注意してください。

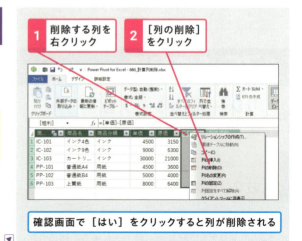

678

365 / 2024 / 2021 / 2019　サンプル
お役立ち度 ★★★

Q ほかのテーブルの列を使って計算したい

A 計算式にRELATED関数を組み込みます

テーブル間にリレーションシップが設定されている場合、計算式にRELATED（リレーテッド）関数を「RELATED('テーブル名'[列名])」の形式で組み込むことで、別テーブルのデータを使用した計算が行えます。ここでは[受注テーブル]の新しい列に、[受注テーブル]の[数量]と[商品テーブル]の[単価]を掛け合わせた結果を表示します。

[受注テーブル]を表示しておく

ワザ676を参考に新しい列に列名を設定しておく

1 数式バーをクリックして半角で「[」を入力

2 リストから「[数量]」をダブルクリック

3 「*re」と入力

4 リストから[RELATED]をダブルクリック

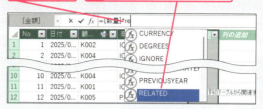

「RELATED(」が入力された

[受注テーブル]に関連付けられているテーブルのフィールドが一覧表示された

5 リストから「'商品テーブル'[単価]」をダブルクリック

6 「)」を入力

7 Enter キーを押す

「数量×単価」が計算された

679

365 / 2024 / 2021 / 2019　サンプル
お役立ち度 ★★★

Q ほかのテーブルの列を表示するには

A 列を表示したい箇所にRELATED関数を直接入力します

ワザ678では自テーブルの列と別テーブルの列を直接掛け合わせましたが、別テーブルの列を自テーブルに表示してから、計算することもできます。計算対象の列が表示されるので見た目に分かりやすくなります。ただし、列を追加した分だけファイルサイズが大きくなることに注意してください。

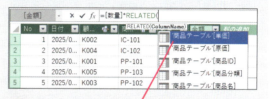

◆=RELATED('商品テーブル'[単価])
[商品テーブル]の[単価]の値が表示される

◆=[数量]*[単価]
[単価]は自テーブルの列として扱えるので、計算式にそのまま「[単価]」と入力してよい

680 お役立ち度 ★★★　365 2024 2021 2019　サンプル

Q 列の合計を求めたい

A 表をテーブルに変換してから[オートSUM]を使用します

パワーピボットでは、[オートSUM]で列全体の合計を求めることができます。計算結果は画面下部の領域に「（列名）の合計：合計値」の形式で表示されます。計算結果が表示されたセルを選択すると、数式バーに「（列名）の合計:=SUM([列名])」という式が表示されます。自動で付けられた「（列名）の合計」の部分は、数式バーで修正してかまいません。特定の列に設定する計算式ではなく、SUM関数のようにテーブルに設定する計算式を「メジャー」と呼びます。

［金額］列の数値の合計を求める

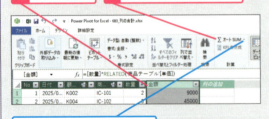

1 ［金額］列をクリック
2 ［ホーム］タブの［オートSUM］をクリック

ここをクリックすると平均などほかの計算方法を選択できる

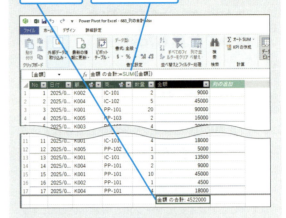

合計が表示された
SUM関数の数式が表示された
必要に応じて数式バーでメジャー名を修正する

関連 676 テーブルに計算列を追加するには　P.336

役立つ豆知識

合計以外も計算できる

［オートSUM］の横の［▼］をクリックすると、合計以外の計算方法を選択できます。選択肢には、［平均］［カウント］［個別のカウント］［最大］［最小］があります。［カウント］はデータ数、［個別のカウント］は同一のデータを「1」として数えたデータの種類数です。

681 お役立ち度 ★★☆　365 2024 2021 2019

Q メジャーを削除するには

A セルを選択して Delete キーを押します

画面下部でメジャーのセルを選択して Delete キーを押し、表示される削除確認の画面で［モデルから削除］をクリックすると、セルからメジャーを削除できます。

682 お役立ち度 ★★☆　365 2024 2021 2019

Q メジャーの計算結果が表示されない

A ［計算領域］をクリックすると表示できます

メジャーの計算結果の表示領域は、［ホーム］タブの［計算領域］をクリックするごとに表示と非表示を切り替えられます。計算領域を表示すれば、メジャーも表示されます。

683 データモデルからピボットテーブルを作成するには

Q データモデルからピボットテーブルを作成するには

A [ピボットテーブル]ボタンをクリックして[データモデルから]を使います

データモデルからピボットテーブルを作成すると、リレーションシップで結ばれた複数のテーブルのデータから集計を行えます。フィールドリストにはフィールド名がテーブルごと階層構造で表示されます。一般のピボットテーブルと同様に、[行][列][値]などのエリアにフィールドをドラッグして集計項目を指定しましょう。

1 ピボットテーブルを作成する

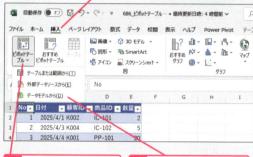

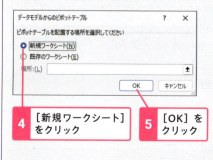

2 集計項目を指定する

新しいワークシートが追加された / ピボットテーブルが作成された

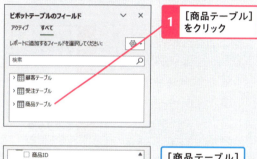

1 [商品テーブル]をクリック

[商品テーブル]の列名が表示された

2 [商品名]を[行]までドラッグ

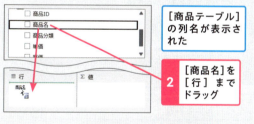

1 [受注テーブル]をクリック

3 [金額]を[値]までドラッグ

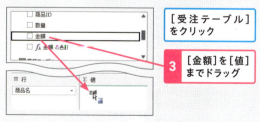

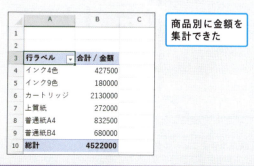

商品別に金額を集計できた

684 365/2024/2021/2019 サンプル お役立ち度 ★★★

Q フィールドリストに表示される
フィールドを増やしたい

A フィールドセクションをとエリア
セクションを左右に配置します

フィールドリストの構成は［ツール］ボタンから変更できます。フィールドセクションとエリアセクションを左右に表示すると、フィールドリストの高さが広がり、一度に表示できるフィールド数が増えます。階層構造のテーブルとフィールドが見やすくなります。

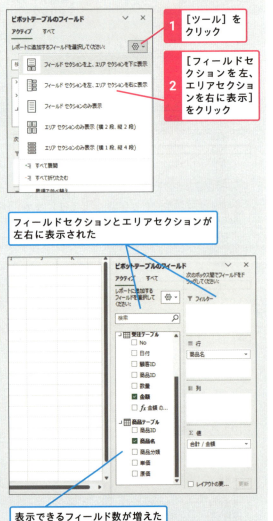

1 ［ツール］をクリック

2 ［フィールドセクションを左、エリアセクションを右に表示］をクリック

フィールドセクションとエリアセクションが左右に表示された

表示できるフィールド数が増えた

685 365/2024/2021/2019 サンプル お役立ち度 ★★

Q 同じワークシートに別のピボット
テーブルを作成するには

A ピボットテーブルを作成する際に
［既存のワークシート］を選択します

同じワークシートに複数のピボットテーブルやピボットグラフを作成したいことがあります。以下の手順のように配置先のセルを指定すると、指定したセルに作成できます。元からあるピボットテーブルと重ならないように配置先を指定しましょう。

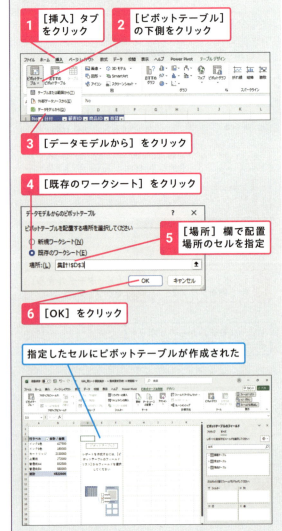

1 ［挿入］タブをクリック

2 ［ピボットテーブル］の下側をクリック

3 ［データモデルから］をクリック

4 ［既存のワークシート］をクリック

5 ［場所］欄で配置場所のセルを指定

6 ［OK］をクリック

指定したセルにピボットテーブルが作成された

686

お役立ち度 ★★★ | 365 2024 2021 2019 | サンプル

Q ダッシュボードを作成して分析したい

A スライサーやタイムラインでダッシュボードを作れます

「ダッシュボード」とは、1つの画面に複数の表やグラフを配置して、データの様子や傾向を一目で分かるようにした分析ツールです。Excelでは同じワークシートにピボットテーブルやピボットグラフを配置することでダッシュボードを作成します。その際、スライサーやタイムラインを配置して、すべてのピボットテーブルに紐付けておくと、一気に同じ条件で抽出を行えるのでデータをダイナミックに分析できます。ここではスライサーを例に、複数のピボットテーブルに紐付ける方法を紹介します。複数のピボットテーブルを配置する方法はワザ685を参照してください。

ワークシートにピボットテーブルやピボットグラフを作成しておく

ここでは上のピボットテーブルから円グラフ、下のピボットテーブルから折れ線グラフが作成してある

任意のピボットテーブルを選択してスライサーを挿入しておく

1 スライサーをクリック

2 [スライサー]タブをクリック

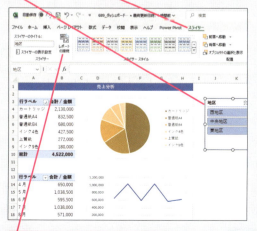

3 [レポートの接続]をクリック

4 スライサーに紐付けるピボットテーブルにチェックを付ける

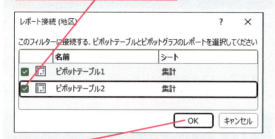

5 [OK]をクリック

1つのスライサーで複数のピボットテーブルを操作できることを確認する

6 [西地区]をクリック

全てのピボットテーブルとピボットグラフのデータが[西地区]の集計結果に変わった

ステップアップ

タイムラインの利用

タイムラインも複数のピボットテーブルに紐付けることができます。まず、ワザ663を参考にいずれかのピボットテーブルからタイムラインを配置します。[タイムライン]タブの[レポートの接続]をクリックすると、操作4と同様の画面が表示されるので、紐付けるピボットテーブルを指定します。タイムラインで特定の期間を指定すると、各ピボットテーブルの集計対象の期間を一気に絞り込めます。

第13章 応用力が付くブック管理のワザ

ブックを作成する

ブックは、空白の状態から作成したり、テンプレートから作成したりできます。ここでは、ブックの作成に関するさまざまなテクニックを紹介しましょう。

687　365 2024 2021 2019　お役立ち度 ★★☆

Q Excelの起動時に直接新規ブックを表示するには

A オプションでスタート画面が表示されないように設定します

起動時にスタート画面ではなく新規ブックが表示されるようにするには、ワザ046を参考に［Excelのオプション］画面を表示し、［このアプリケーションの起動時にスタート画面を表示する］をクリックして、チェックマークをはずします。

ワザ046を参考に［Excelのオプション］画面を表示しておく

1 ［全般］をクリック

2 ここをクリックしてチェックマークをはずす

3 ［OK］をクリック

688　365 2024 2021 2019　お役立ち度 ★★☆

Q 新規に作成するブックのワークシート数を変更したい

A 初期状態では「1」ですが、オプションで自由に変更できます

新しいブックを作成したときに表示されるワークシートの数は、［Excelのオプション］画面で変更できます。

ワザ046を参考に［Excelのオプション］画面を表示しておく

1 ［全般］をクリック

2 ［ブックのシート数］にシート数を入力

3 ［OK］をクリック

| 関連 046 | Excel全体の設定を変更するには | P.60 |

689 [365] [2024] [2021] [2019] サンプル
お役立ち度 ★★

Q テンプレートって何？

A ブックのひな形となるファイルのことです

テンプレートとは、ブックのひな型となるファイル（拡張子「.xltx」）のことです。見積書や請求書、作業日報など、定型的な文書の枠組みをテンプレートとして保存しておくと、そこからブックを作成して、空欄を穴埋めするようにデータを入力するだけで、簡単に文書が完成します。自分で作成した独自のブックをテンプレートとして保存することもできますし、マイクロソフトから提供されるテンプレートをダウンロードして利用することもできます。

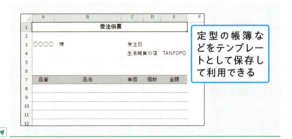

定型の帳簿などをテンプレートとして保存して利用できる

690 [365] [2024] [2021] [2019]
お役立ち度 ★★★

Q マイクロソフトのWebサイトにあるテンプレートを利用したい

A キーワードで検索してダウンロードします

独自に作成したテンプレートのほかにも、マイクロソフトからインターネットを通して提供されるテンプレートも利用できます。見積書や家計簿など、一般的な定型文書が豊富に用意されており、自分で作成するより効率的です。Excelの画面でキーワードを入力すると、自動的にマイクロソフトのWebサイトからテンプレートが検索され、簡単にダウンロードできます。

［新規］の画面を表示しておく

① 「請求書」と入力
② ［検索の開始］をクリック

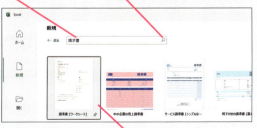

請求書のテンプレートの一覧が表示された

③ 使用するテンプレートをクリック

④ ［作成］をクリック

テンプレートがダウンロードされ、請求書のファイルが開いた

役立つ豆知識

テンプレートを学習に役立てよう

「チュートリアル」というキーワードで、Excelの学習用のテンプレートを検索できます。関数やピボットテーブル、グラフ作成など、Excelのスキルアップに役立ちます。

691 365 2024 2021 2019 お役立ち度 ★★☆

Q オリジナルのテンプレートを登録するには

A Excelテンプレートのファイル形式で保存できます

独自のテンプレートを作成するには、タイトルや数式を入力し、罫線や印刷の設定などを済ませたブックを、テンプレートファイルとして保存します。その際、標準の保存先として表示されるフォルダーに保存すると、後から簡単に呼び出せます。標準の保存先は、[ドキュメント]フォルダーにある[Officeのカスタムテンプレート]フォルダーです。

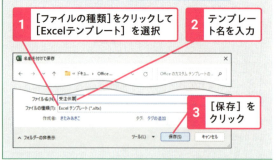

692 365 2024 2021 2019 お役立ち度 ★★☆

Q テンプレートの既定の保存先を変更したい

A [Excelのオプション]で保存先を指定して変更します

テンプレートファイルをExcelの既定の保存先に保存しておくと、ワザ693の方法でテンプレートから新規ブックを簡単に作成できます。[Excelのオプション]画面の[保存]の画面で、[個人用テンプレートの既定の場所]欄に保存先のフォルダーを入力すると、既定の保存先を自由に変更できます。

693 365 2024 2021 2019 お役立ち度 ★★★

Q 登録したテンプレートからブックを作成するには

A [新規]画面の[個人用]からテンプレートを選択します

標準の保存先に保存したテンプレートは、[ファイル]タブの[新規]画面に一覧表示されます。その中からテンプレートを選ぶと、新しいブックを作成できます。作成されるブックは、テンプレートをコピーした状態で表示され、空欄を穴埋めするようにデータを入力していくことで、簡単に文書が完成します。完成した文書は新しいブックとして保存できるので、テンプレートファイルは元の状態のまま残ります。なお[上書き保存]を実行した場合でも、新しい名前で保存することを促されるので、誤って上書きしてしまう心配はありません。

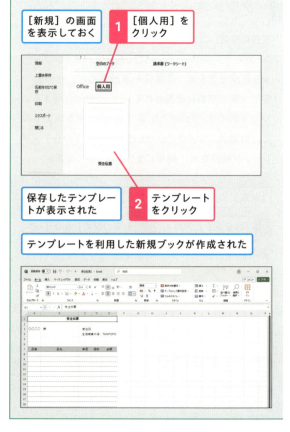

694 [365][2024][2021][2019] お役立ち度 ★★

Q オリジナルのテンプレートが見つからない！

A 保存先のフォルダーからファイルをダブルクリックします

標準の保存先以外の場所に保存したテンプレートは、ワザ693の方法では表示されません。その場合は、保存先のフォルダーを開き、テンプレートファイルのアイコンをダブルクリックして、ブックを新規に作成します。

なお、Excelの［開く］画面から開くと、新規にブックが作成されるわけではなく、テンプレートファイルがそのまま開いてしまいます。その場合、上書き保存すると、元のテンプレートが書き換えられてしまうので注意してください。

テンプレートファイルのアイコンをダブルクリックすると、テンプレートから新規ブックが作成される

695 [365][2024][2021][2019] お役立ち度 ★★

Q 登録したテンプレートを削除するには

A ファイルを選択して[Delete]キーを押します

テンプレートファイルの削除方法は、通常のExcelのファイルと同じです。保存先のフォルダーを開いて、[Delete]キーや［削除］ボタンで削除します。既定の保存先から削除した場合、［ファイル］タブの［新規］画面のテンプレートの一覧に表示されなくなります。

保存先のフォルダーを表示しておく

1 テンプレートをクリック　2 ［削除］をクリック

696 [365][2024][2021][2019] お役立ち度 ★★

Q 登録したテンプレートを後から編集できる？

A 編集して上書き保存するか、別のファイルを同じ名前で保存して上書きします

登録したテンプレートを編集する方法は、2通りあります。1つは［ファイルを開く］画面からテンプレートを開く方法です。その場合、編集して［上書き保存］ボタンをクリックすると、テンプレートとして上書き保存できます。

もう1つの方法では、ワザ693を参考にテンプレートからブックを新規に作成します。そのブックを編集して、ワザ691を参考に元のファイルと同じ名前を付けてテンプレートとして保存すると、元のテンプレートファイルを上書きできます。

| 関連 691 | オリジナルのテンプレートを登録するには | P.344 |

ブックを保存する

大切なデータが失われたり、機密データが他人に漏れたりすることがあっては困ります。ここでは、ブックの保存に関する疑問を解決します。

697 [365] [2024] [2021] [2019] お役立ち度 ★★☆

Q 元のブックを残したまま別のブックとして保存したい

A 別名で保存するか、別の場所に保存します

Excelのブックを開いて編集した後、元のブックとは別のブックとして保存したいことがあります。OneDriveへの自動保存が有効になっている場合は[ファイル]タブの[コピーを保存]、有効になっていない場合は[ファイル]タブの[名前を付けて保存]の画面で、別のファイル名で保存するか、別の場所に保存します。

698 [365] [2024] [2021] [2019] お役立ち度 ★★☆

Q 自動回復用データを自動保存するには

A 初期状態では10分ごとに自動保存されます

作業中のブックは、自動回復用データとして通常10分ごとに自動保存されます。これは、何らかのトラブルでExcelが突然終了してしまったときにブックを回復するための機能です。以下の要領で設定を確認し、自動保存がオフになっている場合はオンにしましょう。

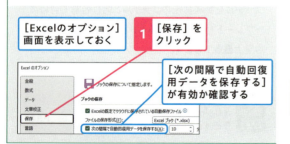

699 [365] [2024] [2021] [2019] お役立ち度 ★★☆

Q ブックを上書き保存できない！

A 読み取り専用のブックは上書き保存できません

ほかのユーザーにロックされているブックや、書き込みパスワードを知らないブックを開くと、ブックは読み取り専用になります。その場合、タイトルバーに「読み取り専用」と表示され、上書き保存ができません。編集内容を保存したい場合は、ワザ697を参考に別のブックとして保存しましょう。ワザ704の[全般オプション]画面で[読み取り専用を推奨する]をオンにしたブックを読み取り専用で開いた場合も同様です。

700 [365] [2024] [2021] [2019] お役立ち度 ★★☆

Q 誤って保存せずにブックを閉じてしまった！

A 自動回復用データがあれば復旧できます

保存せずに閉じたブックに自動回復用データが自動保存されていた場合、最後に自動保存されたときの状態までブックを回復できます。新規作成したブックを保存せずに閉じた場合は、ワザ720の要領でブックを回復します。編集後上書き保存せずに閉じたブックは、再度開いてワザ721を参考に操作すると回復できます。なお、自動回復用データは数日で自動消去されます。消去後はブックを回復できないので注意してください。

701 365 2024 2021 2019
お役立ち度 ★★★

Q ブックを開くときや保存するときの標準のフォルダーを変えたい

A ［Excelのオプション］で既定の保存場所を変更します

初期設定では、［ファイルを開く］画面や［名前を付けて保存］画面で表示される保存先として、［ドキュメント］フォルダーが指定されています。これを変更するには、このワザの手順で操作しましょう。なお、フォルダーはドライブ名を「C:」や「D:」などとして、フォルダー名の前に「¥」を付けて指定します。

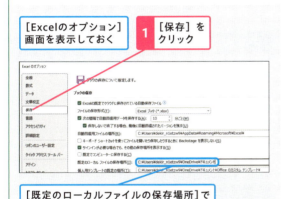

702 365 2024 2021 2019
お役立ち度 ★★★

Q ブックを最近使用したフォルダーに保存したい

A ［名前を付けて保存］画面から［最近使ったアイテム］を選びます

ブックを保存する際に最近使用したフォルダーの一覧からフォルダーを選択できます。［名前を付けて保存］画面に最初から自動で保存先が指定され、後はファイル名を指定するだけなので簡単です。

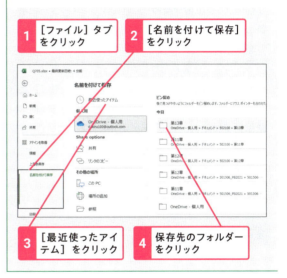

703 365 2024 2021 2019
お役立ち度 ★★☆

Q 自分のパソコンを既定の保存先にするには

A ［Excelのオプション］で規定の保存先を変更できます

Officeにサインインした状態でExcelを使用すると、ブックの既定の保存先が［OneDrive］になります。自分のパソコンのフォルダーを既定の保存先にしたい場合は、［既定でコンピューターに保存する］を有効にしたうえで、保存場所として自分のパソコンのフォルダーを指定しましょう。

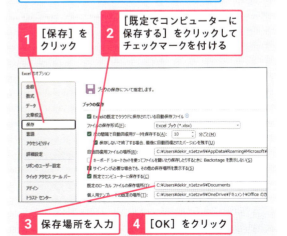

ブックを保存する　できる　347

704 上書き保存するときに古いブックも残す方法はある？

Q 上書き保存するときに古いブックも残す方法はある？

A ［バックアップファイルを作成する］にチェックマークを付けます

以下のように設定を行うと、ブックを上書き保存するときに、前に保存したブックが「○○のバックアップ.xlk」という名前で同じフォルダーに保存されます。上書き保存するたびにバックアップファイルも最新の1つ前のブックで置き換わり、常に同じフォルダーに最新のブックと1つ前の状態のブックが保存された状態になります。

誤った内容で上書き保存してしまったり、最新のブックが壊れてしまったりした場合、［ファイルを開く］画面を使用してバックアップファイルを開けば1つ前の状態に戻れます。なお、OneDriveと同期しているフォルダーでは、バックアップファイルは形成されないので注意してください。

［名前を付けて保存］画面を表示しておく

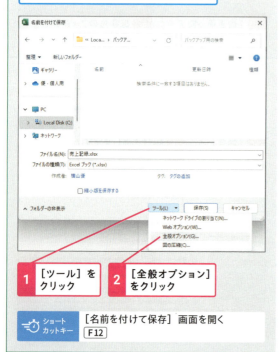

1 ［ツール］をクリック
2 ［全般オプション］をクリック

ショートカットキー ［名前を付けて保存］画面を開く F12

［全般オプション］画面が表示された

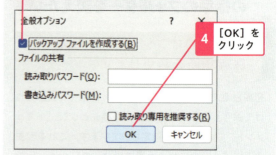

3 ［バックアップファイルを作成する］をクリックしてチェックマークを付ける
4 ［OK］をクリック

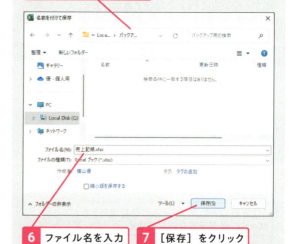

5 ブックの保存先を指定
6 ファイル名を入力
7 ［保存］をクリック

1つ前の状態のバックアップファイルを作成するときは、毎回保存する作業を行う

8 上書き保存してから保存先を開いて、バックアップファイルが保存されたことを確認

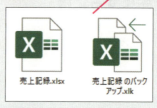

売上記録.xlsx　売上記録のバックアップ.xlk

設定後は、保存時にバックアップファイルが自動的に作成されるようになる

バックアップファイルの作成をやめたいときは、操作3のチェックマークをはずす

705 　365 2024 2021 2019　お役立ち度 ★★☆

Q ブックを開くときにパスワードを設定したい

A ［ブックの保護］からパスワードを設定します

第三者に内容を知られたくないブックには、［パスワードを使用して暗号化］を設定すると、パスワードを知っている人しかブックを開けなくなります。パスワードは、大文字と小文字が区別されます。パスワードを忘れると、自分自身もブックを開けなくなるので注意してください。なお、パスワードを設定したブックは、保存先としてOneDriveを指定した場合でも自動保存は無効になります。

［ファイル］タブの［情報］画面を表示しておく

1 ［ブックの保護］をクリック

2 ［パスワードを使用して暗号化］をクリック

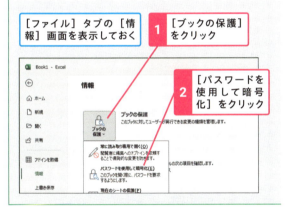

［ドキュメントの暗号化］画面が表示された

3 パスワードを入力

4 ［OK］をクリック

5 ［パスワードの確認］画面が表示されたらパスワードを再入力

パスワードが設定され［このブックを開くにはパスワードが必要です］と表示された

ブックを保存しておく

パスワードを解除するには再度［ドキュメントの暗号化］画面を開き、パスワードを削除して、ブックを上書き保存する

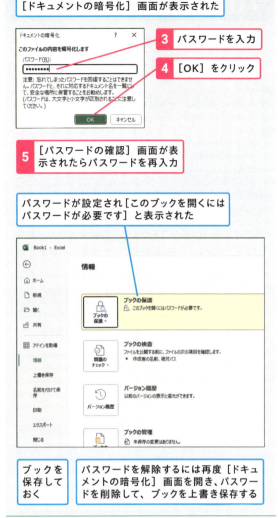

706 　365 2024 2021 2019　お役立ち度 ★★☆

Q ブックを開く人と保存する人をパスワードで制限するには

A ［全般オプション］でそれぞれのパスワードを設定します

ブックを開ける人と保存できる人を別々に制限したい場合もあるでしょう。ワザ704を参考に［全般オプション］画面を表示して［読み取りパスワード］と［書き込みパスワード］を設定すると、それぞれの権限を別のパスワードで制限できます。設定したパスワードを解除したいときは、再度［全般オプション］画面を開き、パスワードを削除してブックを保存します。

ワザ704を参考に［全般オプション］画面を表示しておく

1 ［読み取りパスワード］を入力して設定

2 ［書き込みパスワード］を入力して設定

3 ［OK］をクリック

［名前を付けて保存］画面で［保存］をクリックする

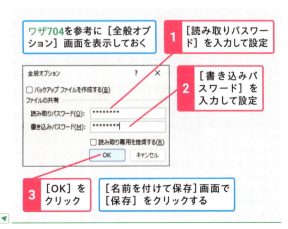

707　ブックをテキスト形式で保存するには

365 / 2024 / 2021 / 2019　サンプル
お役立ち度 ★★☆

Q ブックをテキスト形式で保存するには

A 保存時にファイルの種類を［テキスト］などに変更します

テキスト形式のファイルは、多くの機器やソフトウェアで共通に利用できるため、データを受け渡しするときに、よく利用されます。ブックを保存する際に選択できるテキスト形式は数種類あるので、データを渡す相手の使用するソフトウェアや用途に応じて、どのテキスト形式がいいかを判断しましょう。一般的には［テキスト（タブ区切り）］（.txt）または［CSV（カンマ区切り）］（.csv）の形式で保存すればいいでしょう。

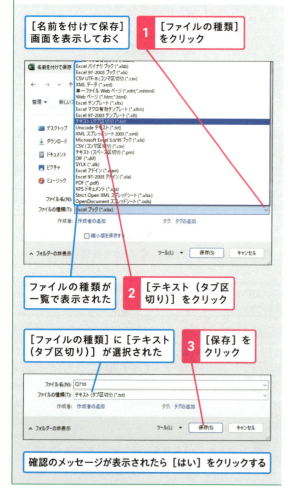

①［名前を付けて保存］画面を表示しておく
1　［ファイルの種類］をクリック
　　ファイルの種類が一覧で表示された
2　［テキスト（タブ区切り）］をクリック
　　［ファイルの種類］に［テキスト（タブ区切り）］が選択された
3　［保存］をクリック

確認のメッセージが表示されたら［はい］をクリックする

708　人に見せるためにブックをPDFで保存したい

365 / 2024 / 2021 / 2019　サンプル
お役立ち度 ★★★

Q 人に見せるためにブックをPDFで保存したい

A 名前を付けて保存する際にファイルの種類で［PDF］を選択します

Excelを持っていない相手にブックを渡す場合は、以下のように操作して、ブックをPDF形式で保存して渡しましょう。

［名前を付けて保存］画面を表示しておく

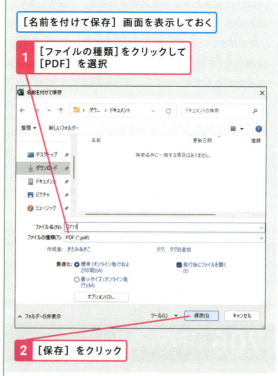

1　［ファイルの種類］をクリックして［PDF］を選択
2　［保存］をクリック

💡 役立つ豆知識

PDF形式とは

PDF形式は、Adobe社が開発した、文書を印刷イメージのまま保存するファイル形式です。「Adobe Reader」など、PDFを表示する無料アプリが数多く公開されており、誰でも手軽に文書を見ることができるので、ファイルを受け渡すファイル形式として適しています。

709 [365] [2024] [2021] [2019] お役立ち度 ★★

Q 保存されているファイル形式が分からない

A Windowsの設定をファイルの拡張子を表示するように変更します

ファイルのアイコンの図柄を見れば、ファイルの種類は区別できますが、より分かりやすくするには拡張子を確認しましょう。拡張子とは、ファイルの種類を表す記号です。Windowsの標準の設定では拡張子は表示されませんが、このワザの手順で拡張子を表示できます。

 →

拡張子を表示させる

■拡張子の種類

拡張子	ファイルの種類
.csv	CSVファイル
.pdf	PDFファイル
.txt	テキストファイル
.xls	Excel 97-2003ブック
.xlsm	Excelマクロ有効ブック
.xlsx	Excelブック
.xlt	Excel 97-2003テンプレート
.xltx	Excelテンプレート
.xml	XMLデータ

■拡張子の表示方法

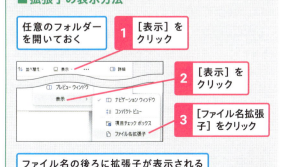

ファイル名の後ろに拡張子が表示される

710 [365] [2024] [2021] [2019] お役立ち度 ★★

Q ブックに保存される個人情報を確認したい

A ［情報］をクリックして表示するブックのプロパティで確認できます

ブックを保存すると、Officeに設定されているユーザー名が、作成者や最終保存者としてブックに記録されます。また、パソコンに会社名が設定されている場合は、ブックに会社名も記録されます。ブックに記録されている内容を確認するには、［（ブック名）のプロパティ］画面を表示します。［ファイルの概要］タブでは、作成者や会社名などを確認できます。また、必要に応じて作成者や会社名の修正や削除も行えます。［詳細情報］タブでは、最終保存者を確認できます。なお、ブックに記録されているこれらの個人情報を一括削除したい場合は、ワザ711を参考に［ドキュメント検査］を実行しましょう。

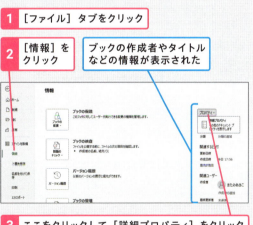

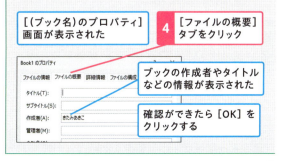

ブックを保存する

711 ★★☆ 365 2024 2021 2019 お役立ち度

Q ブックに残った個人情報をすべて削除したい

A ［ドキュメントの検査］から削除できます

［ドキュメントの検査］を使用すると、ブックに含まれる個人情報を検索して削除できます。詳細な検索項目があり、ブックのプロパティやコメント、ヘッダー、フッターなど、ユーザー名が含まれる可能性がある場所を漏れなく検索できます。例えば、［ドキュメントのプロパティと個人情報］欄の［すべて削除］をクリックすると、ブックのプロパティから作成者や会社名が削除されます。コメントやヘッダー／フッターが検索された場合は、一律にすべて削除してしまわずに、コメントやヘッダー／フッターから手動で個人名だけを削除し、必要な情報は残すようにしましょう。

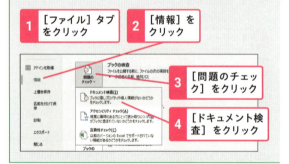

1 ［ファイル］タブをクリック
2 ［情報］をクリック
3 ［問題のチェック］をクリック
4 ［ドキュメント検査］をクリック

［ドキュメントの検査］画面が表示された

5 検査する項目をクリックしてチェックマークを付ける

ここでは特に変更しない

6 ［検査］をクリック

ドキュメントの検査が開始された

7 検査が終了するまでしばらく待つ

8 ［すべて削除］をクリック

変更を反映する

9 ［閉じる］をクリック

ブックを上書き保存しておく

712 ★★☆ 365 2024 2021 2019 お役立ち度

Q プロパティの基になる名前を変更するには

A ［Excelのオプション］で任意のユーザー名に変更できます

ブックのプロパティの［作成者］や［最終保存者］として表示される名前は、サインインに使用したMicrosoftアカウントの氏名です。任意の名前に変更したい場合は、［Excelのオプション］画面で設定しましょう。

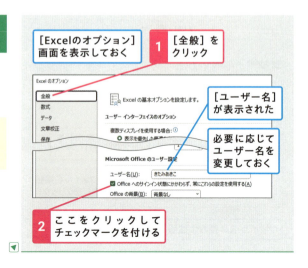

［Excelのオプション］画面を表示しておく

1 ［全般］をクリック

［ユーザー名］が表示された

必要に応じてユーザー名を変更しておく

2 ここをクリックしてチェックマークを付ける

ブックを開く

「ブックが壊れて開かない」「もっと便利にブックを開きたい」……。ここでは、ブックを開くときのさまざまなテクニックを紹介します。

713 　365 2024 2021 2019　お役立ち度 ★★

Q 履歴の一覧に特定のブックを固定するには

A ピンのアイコンをクリックしてピン留めします

最近使用したブックの一覧に表示される、ブック名の右のピンのアイコンをクリックすると、そのブックを一覧に常に表示できます。再度クリックすると、表示の設定を解除できます。

714 　365 2024 2021 2019　お役立ち度 ★★★

Q 使用したブックの履歴を他人に見せないようにしたい

A ［詳細設定］で履歴の数をゼロにします

最近使用したブックの履歴を他人に見られては困る場合は、以下のように操作して、最近使用したブックの一覧にブック名が表示されないように設定しましょう。

ここをクリックすると、ブックを常に一覧に表示できる

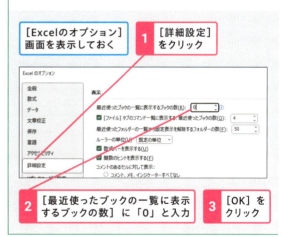

1. ［Excelのオプション］画面を表示しておく／［詳細設定］をクリック
2. ［最近使ったブックの一覧に表示するブックの数］に「0」と入力
3. ［OK］をクリック

715 　365 2024 2021 2019　お役立ち度 ★★

Q ブックがどこに保存されているか分からなくなった！

A ［ファイルを開く］画面の検索ボックスにキーワードを入力します

［ファイルを開く］画面の検索ボックスに「売上」と入力すると、「売上」というキーワードを含むブックが［ドキュメント］フォルダーやそれ以外のフォルダーから検索されて一覧表示されます。

ここにキーワードを入力して検索する

716 [365|2024|2021|2019] お役立ち度 ★★★

ほかのファイル形式のファイルを開くには

Q

A ［ファイルを開く］画面で開くファイルの形式を選択します

Excelでは、通常のブック形式だけでなく、テキストファイルやXMLファイルなど、ほかのファイル形式のファイルも開けます。ブック形式以外のファイルを開くには、［ファイルを開く］画面で開くファイルの形式を選択します。

［ファイルを開く］画面を表示しておく

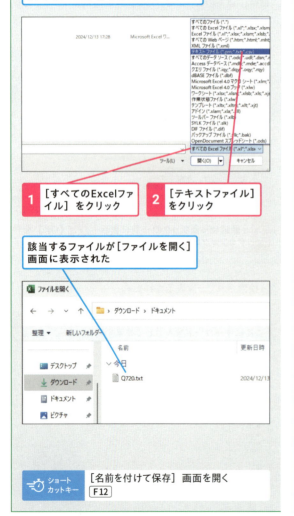

1 ［すべてのExcelファイル］をクリック
2 ［テキストファイル］をクリック

該当するファイルが［ファイルを開く］画面に表示された

ショートカットキー ［名前を付けて保存］画面を開く　F12

---

717 [365|2024|2021|2019] お役立ち度 ★★☆

ブックを開くときにパスワードの入力を求められた

Q

A パスワードを入力しないと開けません

ブックを開くとき「'○○'は保護されています。」というメッセージが表示されてパスワードの入力を要求される場合、パスワードを知っている人だけがブックを開けます。パスワードが分からないとブックを開けないので、ファイルの作成者に問い合わせてください。さらに、「上書き保存するにはパスワードが必要です。」というメッセージが表示され、パスワードの入力を求められる場合、パスワードを知っている人だけが編集内容を上書き保存できます。パスワードが分からなくても、［読み取り専用］ボタンをクリックしてブックを開き、別の名前で保存することは可能です。

■読み取りパスワードが設定されている場合

パスワードを入力しないとブックを開けない

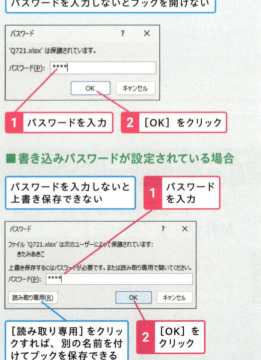

1 パスワードを入力
2 ［OK］をクリック

■書き込みパスワードが設定されている場合

パスワードを入力しないと上書き保存できない
1 パスワードを入力

［読み取り専用］をクリックすれば、別の名前を付けてブックを保存できる
2 ［OK］をクリック

718

Q 壊れたブックを開きたい

A [開いて修復する] ことができる場合もあります

ブックの読み込み中にエラーが発生した場合、ブックが破損している可能性があります。[開いて修復する] を行うと、ブックを修復したり、修復が無理でもデータを取り出したりできる場合があります。

[ファイルを開く] 画面を表示しておく

1. 開くブックをクリック
2. [開く] のここをクリック

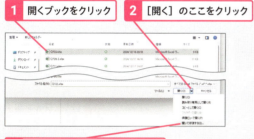

3. [開いて修復する] をクリック

[修復] をクリックすると、可能な限りブックが修復される

[データの抽出] をクリックすると、可能な限りデータを取り出せる

ステップアップ
パスワードを入力したら間違えていると警告された!

ブックに設定されているパスワードは大文字と小文字が区別されます。Caps Lockキーがオンになっていないか確認し、大文字と小文字の違いに注意してパスワードを入力しましょう。それでもパスワードが間違っているとメッセージが表示される場合は、ファイルの作成者に問い合わせましょう。

719

Q ブックを開くときに「ロックされています」と表示された

A [読み取り専用] ボタンをクリックすると開けます

開こうとしたブックを、社内ネットワーク上のほかのユーザーが使用している場合、「(ファイル名) はロックされています。使用者は○○です。」のようなメッセージ画面が表示されます。画面上の [読み取り専用] ボタンをクリックすると、ブックを読み取り専用ファイルとして開けます。この場合、上書き保存ができないので、ブックを編集したときは別の名前を付けて保存しましょう。[通知] ボタンをクリックすると、ほかのユーザーがブックを閉じたときに「編集できるようになりました。」というメッセージが表示され、その時点から上書き保存が可能になります。

720

Q 前回保存し損ねたブックを開き直したい

A [保存されていないブックの回復] からファイルを開きます

新規作成したブックを編集の途中で保存せずに閉じてしまった場合でも、自動回復用データが保管されていれば、以下の手順で開くことができます。

1. [情報] をクリック
2. [ブックの管理] をクリック
3. [保存されていないブックの回復] をクリック

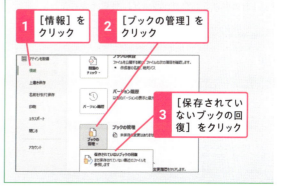

721 〔365〕〔2024〕〔2021〕〔2019〕 お役立ち度 ★★★

Q 自動回復用として自動保存されたブックを開くには

A ［ブックの管理］の自動保存履歴から選択します

Excelの初期設定では、編集中のブックは10分ごとに自動保存されます。自動保存されたブックを［ファイル］タブの［情報］で一覧表示でき、自動保存の時刻のブックを選択すると、編集中のブックとは別に、その時点のブックを開けます。誤って消してしまったデータを現在のブックにコピーしたり、自動保存のブックで現在のブックを上書きしたりするなど、さまざまな用途で利用できます。

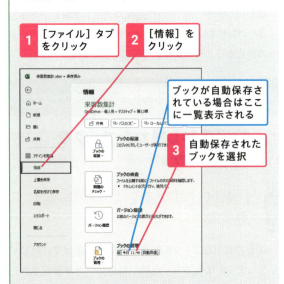

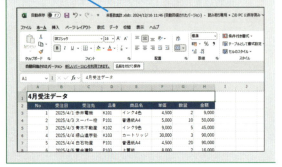

722 〔365〕〔2024〕〔2021〕〔2019〕 お役立ち度 ★★★

Q OneDriveに保存したブックの編集履歴を確認するには

A ［バージョン履歴］をクリックして、作業ウィンドウに表示された履歴を参照します

OneDriveに自動保存しているブックは、自動的に編集の履歴が30日間保存されます。保存された履歴は、［ファイル］タブの［情報］画面の［バージョン履歴］から表示できます。過去のバージョンのブックは新しいウィンドウに表示されるので、編集中のブックと比較することが可能です。［復元］をクリックすると、現在のブックが過去の状態に戻ります。

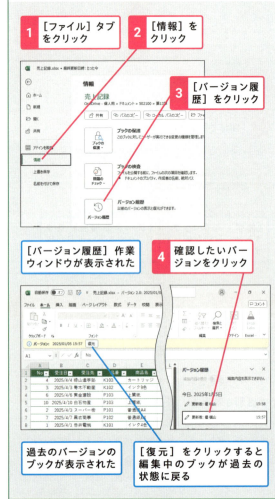

ウィンドウを思い通りに表示する

Excelには、ブックのデータを見やすく表示するための機能が豊富に用意されています。ここでは、ブックやワークシートの表示に関するテクニックを紹介します。

723　365 2024 2021 2019　お役立ち度 ★★☆　サンプル

Q 同じワークシートの離れた場所のデータを同時に表示できる？

A ［表示］タブの［分割］でウィンドウを分割表示します

［分割］を実行すると、選択したセルを基準にワークシートが2つまたは4つのウィンドウに分割されます。それぞれのウィンドウは個別にスクロールできるので、同じワークシート内の離れたセルを同時に表示して見比べたいときなどに便利です。

1. 分割する位置のセルをクリックして選択
2. ［表示］タブをクリック

3. ［分割］をクリック

ウィンドウが上下に分割された

分割位置を境に、別々にスクロールできる

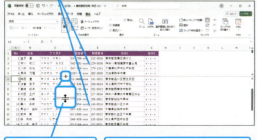

境界線をドラッグすれば移動できる

再度［分割］をクリックすると、分割を解除できる

724　365 2024 2021 2019　お役立ち度 ★★★　サンプル

動画で見る

Q 表の見出しを常に表示しておきたい

A 列見出しか行見出しの次のセルを選択してウィンドウ枠を固定します

列見出しや行見出しを固定表示しておくと、画面をスクロールしたときでも項目名を常に表示できます。列見出しを固定するには列見出しの下の行を、行見出しを固定するには行見出しの右の列を選択し、［ウィンドウ枠の固定］を実行します。

列見出しと列番号Aを常に表示したままスクロールする

選択したセルの上、左で固定される

1. セルB2をクリックして選択
2. ［表示］タブをクリック

3. ［ウィンドウ枠の固定］をクリック
4. ［ウィンドウ枠の固定］をクリック

ウィンドウ枠が固定された

上や左にスクロールしても常に列見出しと列番号Aが表示されることを確認する

［表示］タブの［ウィンドウ枠の固定］-［ウィンドウ枠固定の解除］をクリックすると解除できる

725 [365][2024][2021][2019] サンプル
お役立ち度 ★★★

Q 複数のブックを並べて見比べたい

A ［ウィンドウの整列］で上下または左右に並べられます

ほかのブックを参照しながら作業したいときは、あらかじめ必要なブックをすべて開いておきます。［ウィンドウの整列］画面で［上下に並べて表示］［左右に並べて表示］など、整列方法を指定すると、開いているブックを並べて表示できます。整列するのはExcelのブックだけで、ほかのアプリのウィンドウは対象外です。

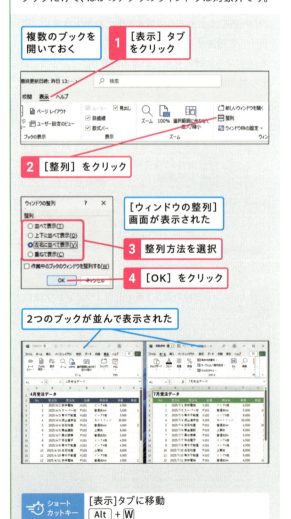

726 [365][2024][2021][2019] サンプル
お役立ち度 ★★★

Q 同じブックの複数のワークシートを並べて表示するには

A ［新しいウィンドウを開く］で同じブックを開けます

以下の手順で同じブックを2つのウィンドウで開き、一方のウィンドウのワークシートを切り替えると、同じブックの2つのワークシートを並べて表示できます。どのウィンドウで編集しても、その編集内容はもう一方のウィンドウに反映されます。

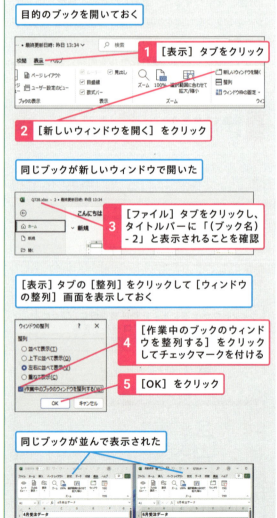

727 365 2024 2021 2019 お役立ち度★★ サンプル

Q 2つのブックをそれぞれスクロールするのが面倒

A ［並べて比較］機能で複数のブックを同時にスクロールできます

［並べて比較］の機能を使用すると、2つのブックを上下に並べて表示できます。一方のウィンドウでワークシートをスクロールすると、もう一方のウィンドウのワークシートも同時にスクロールするので、構成が似ているブックを見比べる作業に便利です。ブックが3つ以上開いているときは、比較したいブックを選択するための画面が表示されます。

複数のブックを開いておく

1 ［表示］タブをクリック
2 ［並べて比較］をクリック

2つのブックが並んで表示された

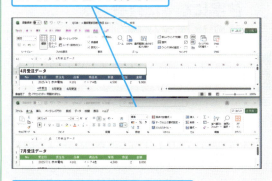

片方のウィンドウをスクロールすると、もう片方も一緒にスクロールする

ワザ725を参考に［左右に並べて表示］を設定すると、2つのブックを左右に並べてスクロールできる

728 365 2024 2021 2019 お役立ち度★★★ サンプル

Q 表をピッタリの倍率で表示できる？

A ［選択範囲に合わせて拡大/縮小］をクリックします

表全体を選択してこのワザの方法で操作すると、選択範囲が画面にちょうど収まるように、自動的に表示倍率が変わります。全体を見ながら表を編集したいときに便利です。

表全体を選択しておく
1 ［表示］タブをクリック

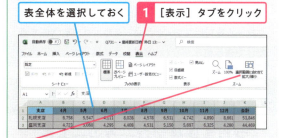

2 ［選択範囲に合わせて拡大/縮小］をクリック

表示倍率が自動で変わり、表全体が表示された

729 365 2024 2021 2019 お役立ち度★★

Q 表示倍率を「100％」に戻したい

A ［表示］タブの［100％］ボタンで元に戻せます

ズームスライダーを使用したり、［選択範囲に合わせて拡大/縮小］を実行したりすると画面の表示倍率が変わりますが、［表示］タブの［ズーム］グループにある［100％］ボタンをクリックすると、元の100％の表示倍率に戻せます。

730 画面の表示倍率を手早く調整したい

A Ctrlキーを押しながらマウスのホイールボタンを回します

マウスのホイールボタンを回転させるとワークシートがスクロールしますが、Ctrlキーを押しながら回転させた場合は、画面の表示倍率が変わります。奥に回転させると拡大、手前に回転させると縮小します。なお、[Excelのオプション]画面の[詳細設定]にある[IntelliMouseのホイールで倍率を変更する]にチェックマークを付けておくと、ホイールボタンを回転するだけで表示倍率が変わります。

731 マウス操作でワークシートを高速スクロールできる？

A ホイールボタンをクリックするとオートスクロール機能が使えます

マウスのホイールボタンをクリックすると、クリックした位置に「✥」のようなマークが表示されます。その位置を起点として、上下左右のいずれかの方向にマウスポインターを移動すると、移動した方向にワークシートが自動的にスクロールします。マウスポインターの位置が起点から離れるほど、スクロールは高速になります。目的の位置でマウスのいずれかのボタンをクリックすると、スクロールが停止します。

マウスを動かすとワークシートが高速スクロールする

732 セルの枠線を非表示にしたい

A [目盛線]のチェックマークをはずします

[表示]タブにある[目盛線]のチェックマークをはずすと、現在表示されているワークシートの枠線が非表示になります。なお、セルに設定した罫線は非表示になりません。

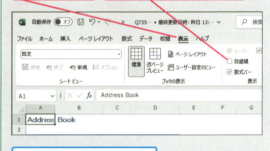

セルの枠線が非表示になった

733 数字になった列番号を英字に戻すには

A オプションの[R1C1参照形式を使用する]を確認します

ExcelでVBAを使用してプログラムを作成するときに、列番号が数字の「1」「2」「3」と表示されていた方が作業しやすい場合があります。共用のパソコンでほかのユーザーの使用後に列番号が数字になっていた場合は、[Excelのオプション]画面の[数式]で[R1C1参照形式を使用する]のチェックマークをはずすと、列番号がアルファベットの「A」「B」「C」と表示される状態に戻せます。

動作の不具合や互換性の問題を解決する

ここでは、Excelの動作が不安定なときの解決ワザを紹介します。また、旧バージョンのExcelブックの互換性に関するワザも紹介します。

734 365 2024 2021 2019 お役立ち度 ★★

Q Excelが応答しなくなったときはどうすればいいの？

A タスクマネージャーを表示してExcelを強制終了します

Excelの起動中に異常が発生すると、Excelは発生した問題の検出と自動修復に努めます。その場合、「情報を回復しています」と明記された画面が表示されるので、しばらく待ちましょう。しばらく待つと、Excelが再起動します。場合によっては、前回手動または自動で保存されたときのブックが開きます。

しばらく待っても応答のないままで、画面が固まり、Excelの終了もできなくなった場合は、以下の手順で[タスクマネージャー]画面を表示し、Excelを強制終了します。

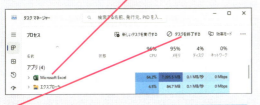

735 365 2024 2021 2019 お役立ち度 ★★★

Q [ドキュメントの回復]作業ウィンドウって何？

A Excelが強制終了した場合に回復可能なブックのリストです

Excelに異常が発生して再起動や、強制終了して次にExcelを起動したときに、回復可能なブックがある場合は[ドキュメントの回復]作業ウィンドウにブックの一覧が表示されます。[ドキュメントの回復]作業ウィンドウで、ファイル名の右に[オリジナル]と表示されるものは、強制終了前に手動で保存されたファイルです。[回復済み]と表示されるものは、回復したブックまたは自動保存されたブックです。1つのブックにつき複数の回復ファイルが表示されたときは、残したいブックを選択して保存しましょう。

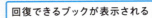

📖 役立つ豆知識

同期、自動保存、回復の違い

「同期」は、パソコンとクラウドに同じファイルが保存される仕組みです。また「自動保存」は、一定時間ごとにファイルが自動で保存される仕組みです。自動保存されたデータからファイルを再現することを「回復」と言います。

736 365 2024 2021 2019 お役立ち度 ★★

Q [回復済み]と表示されているのに完全に回復されないのはなぜ？

A 回復される内容は自動保存のタイミングによります

ドキュメントの回復機能では、最後に自動保存されたときの状態にファイルを回復します。自動保存の間隔を短くしておけば、問題発生時の状態により近い状態までファイルを回復できますが、ドキュメントの回復機能ですべての作業内容を完全に復元できるわけではありません。

> 関連 698 自動回復用データを自動保存するには P.346

737 365 2024 2021 2019 お役立ち度 ★★

Q Excelの調子が悪い！

A Windowsのアプリ管理機能でOfficeの修復を行います

ソフトウェアを構成するファイルなどに問題が発生すると、Excelの調子が悪くなります。そのようなときは、修復インストールを行うと、問題が修復される場合があります。
Windows 11の場合は、以下の手順のように操作します。Windows 10/8.1の場合は、スタートボタンを右クリックして[設定]をクリックし、[アプリ]の一覧からOfficeを修復します。

1 スタートボタンをクリック
2 [設定]をクリック

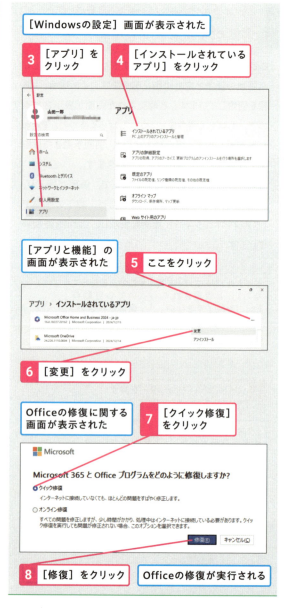

[Windowsの設定]画面が表示された
3 [アプリ]をクリック
4 [インストールされているアプリ]をクリック

[アプリと機能]の画面が表示された
5 ここをクリック

6 [変更]をクリック

Officeの修復に関する画面が表示された
7 [クイック修復]をクリック

8 [修復]をクリック
Officeの修復が実行される

738 [365][2024][2021][2019] お役立ち度 ★★★

Q 古い形式で作られたブックを現在のブックで保存するには

A 新しいファイル形式に[変換]してから保存します

Excel 2003形式（拡張子「.xls」）のブックを開くと、タイトルバーに「互換モード」と表示され、Excel 2007以降のいくつかの新機能が使えない状態になります。以下の手順で新しいブック形式（拡張子「.xlsx」）に変換すると、使用しているExcelのバージョンの機能を使えるようになります。

Excel 2003形式のブックを表示しておく

1. [ファイル]タブをクリック

Office 2003/2002形式のブックを開くと自動的に[変換]が表示される

2. [変換]をクリック

[名前を付けて保存]が表示された

3. [保存]をクリック

ブックを自動的に開き直すかどうかを確認するメッセージが表示されるので[はい]をクリックする

Excel 2007以降のブック形式に変換された

[ファイル]タブをクリックすると、タイトルバーから[互換モード]の表示が消えている

739 [365][2024][2021][2019] お役立ち度 ★★☆

Q 他バージョンで開いたときに生じる問題点をチェックしたい

A [情報]の[問題のチェック]から[互換性チェック]を実行します

[互換性チェック]を実行すると、旧バージョンで再現できない機能がブックに含まれていないかどうかチェックされ、[互換性チェック]画面に問題のある個所が一覧で表示されます。例えばExcel 2024の場合はExcel 2021以前で再現できない機能がチェックされ、Excel 2021の場合はExcel 2021以前で再現できない機能がチェックされます。

以前のバージョンで使えない機能がブックに含まれているかどうかを確認する

1. [ファイル]タブをクリック
2. [情報]をクリック

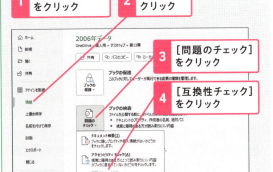

3. [問題のチェック]をクリック
4. [互換性チェック]をクリック

[互換性チェック]画面が表示された

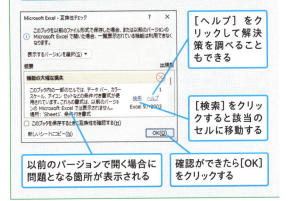

[ヘルプ]をクリックして解決策を調べることもできる

[検索]をクリックすると該当のセルに移動する

以前のバージョンで開く場合に問題となる箇所が表示される

確認ができたら[OK]をクリックする

第14章 共同作業を快適にする連携とOneDriveのワザ

ほかのユーザーと共同作業する

セルにコメントを付けてやり取りしたり、誤ってデータを編集されないようにワークシートを保護したりと、部署内の複数のメンバーで同じブックを閲覧・編集するときに便利なワザを紹介します。

740　365　2024　2021　2019　サンプル
お役立ち度 ★★★

Q セルに注釈を付けたい

A ［校閲］タブの［メモ］を使ってセルにメモを挿入します

セルに注釈を付けるには、「メモ」を使用します。吹き出しのような形で文字を入力できるので、ブックを回覧するときに伝言事項を入力したり、作成途中の表に覚え書きを入れたりするときに役立ちます。メモを入力したセルには赤い目印が表示され、マウスポインターを合わせると内容を確認できます。また、ワザ742を参考に操作すれば、すべてのメモを一度に表示させることも可能です。

なお、Excel 2019では、このワザで紹介している機能を「コメント」と呼びます。名称は異なりますが、機能は同じです。コメントは、［校閲］タブにある［新しいコメント］から挿入します。

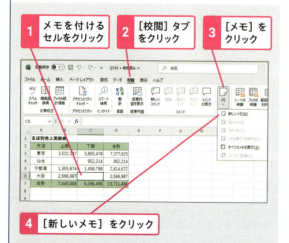

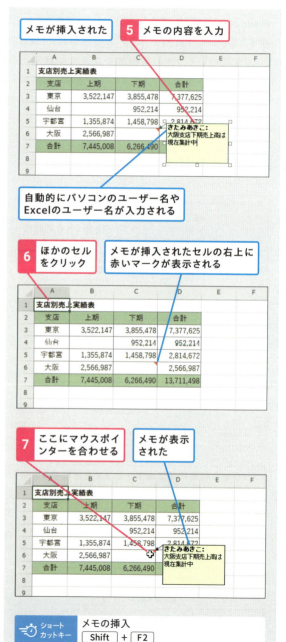

ショートカットキー　メモの挿入　Shift + F2

741　365 2024 2021 2019　サンプル
お役立ち度 ★★★

Q 注釈を編集するには

A ［メモの編集］からメモの文字列を修正できます

メモを挿入したセルを選択して［メモの編集］を実行すると、メモの中の文字列の末尾にカーソルが表示され、編集を行えます。Excel 2019の場合は［校閲］タブの［コメントの編集］から修正できます。

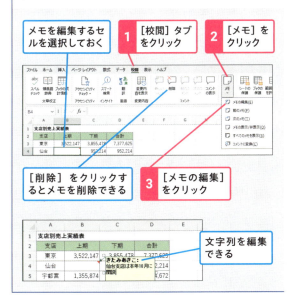

742　365 2024 2021 2019　サンプル
お役立ち度 ★★

Q コメントが表示されたままにしたい

A ［すべてのメモを表示］をクリックします

すべてのメモをワークシートに表示させると、メモを見落とす心配がなくなります。表示するには［校閲］タブの［メモ］-［すべてのメモを表示］をクリックします。Excel 2019の場合は［すべてのコメントの表示］をクリックします。

743　365 2024 2021 2019　サンプル
お役立ち度 ★★

Q 会話形式でコメントをやりとりするには

A ［校閲］タブの［新しいコメント］を利用します

Microsoft 365とExcel 2024/2021では従来の「コメント」機能が一新され、挿入されたコメントに返信できるようになりました。同じセルに挿入した複数のユーザーのコメントが、会話形式で一覧表示されるので便利です。なお、挿入したコメントは、Excel 2019とは互換性がありません。それらのバージョンのExcelを使っている人とやりとりをする場合は、［校閲］タブの［メモ］からExcel 2019の［コメント］に該当する［メモ］を選んで利用してください。

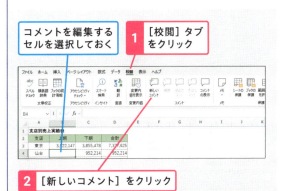

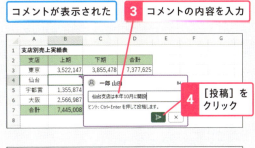

744 会話形式のコメントに返信するには

Q 会話形式のコメントに返信するには

A コメントをクリックして[返信]欄に入力します

Microsoft 365とExcel 2024/2021ではコメントを入力したセルにマウスポインターを合わせると、コメントが表示されます。表示されたコメントの返信欄に返信を入力すると、複数のコメントが入力順に並んで表示されます。この機能は、ワザ743と同様にExcel 2019では利用できません。

ほかの人のコメントに返信する

コメントが表示された

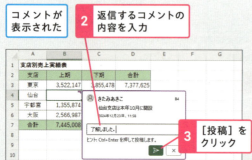

コメントに返信できた / [編集]や[削除]をクリックするとコメントを修正できる

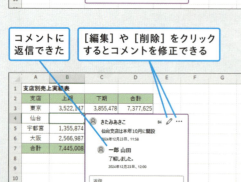

745 画面を指でなぞってワークシートに印を付けるには

Q 画面を指でなぞってワークシートに印を付けるには

A タッチ操作に対応している場合はインク機能で自由に書き込めます

タッチ操作に対応した機器でExcelを操作する場合、インクツールを使用すると指先でなぞった通りにワークシートに書き込みができます。書き込みの種類は[ペン]や[蛍光ペン]など数種類あり、それぞれ色も選べます。相手にディスプレイを見せながら説明をするときなどに便利です。なお、書き込みは[描画]タブの[消しゴム]ボタンで1つずつ消せます。また、[校閲]タブの[インクを非表示にする]ボタンをクリックすると、すべての書き込みの表示と非表示を一気に切り替えられます。

[描画]タブが表示されていない場合はワザ794を参考に表示する

1 [描画]タブをタップ

2 [ペン:赤0.5mm]をタップ **3** 文字や線を描く

4 ここをタップ / 描画モードが終了する

746

365 | 2024 | 2021 | 2019　サンプル
お役立ち度 ★★★

Q ワークシート全体を変更されないようにロックしたい

A ［シートの保護］でデータの編集を制限できます

誤操作でワークシートの内容が書き換えられてしまうのを防ぐには、［シートの保護］を設定してワークシートを保護します。ワークシートを保護するとデータの編集ができなくなり、誤ってデータが削除されたり、数式が変更されたりするのを防げます。設定時にパスワードを登録しておくと、パスワードを知っている人しかワークシートの保護を解除できなくなるので、より安全です。

1 ［校閲］タブをクリック
2 ［シートの保護］をクリック

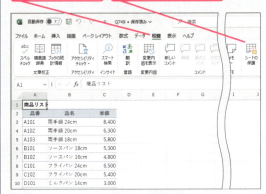

［シートの保護］画面が表示された

3 ユーザーに許可する操作をクリックしてチェックマークを付ける

ワークシートの保護を解除するためのパスワードも設定できる

4 ［OK］をクリック

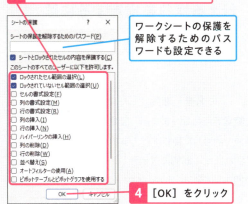

ワークシートが保護された

セルを編集しようとするとメッセージが表示される

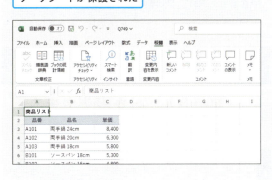

747

365 | 2024 | 2021 | 2019
お役立ち度 ★★★

Q ワークシートの保護を解除するには？

A ［シートの保護を解除］ボタンをクリックします

保護したワークシートのデータを変更する必要があるときは、［校閲］タブの［シート保護の解除］ボタンをクリックしてワークシートの保護を解除し、データを変更します。なお、ワークシートを保護するときにパスワードを設定しなかった場合は即座に解除されますが、パスワードを設定した場合はパスワードの入力を求められます。正しいパスワードを入力しないと、ワークシートの保護を解除できません。

［シート保護の解除］をクリックするとシート保護が解除される

748

365 | 2024 | 2021 | 2019
お役立ち度 ★★

Q 保護したワークシートで行える操作を指定するには

A シートの保護の設定時に一覧から指定します

[シートの保護] を設定したワークシートは基本的に閲覧専用になりますが、設定時に [シートの保護] 画面で許可した操作は行えます。初期設定では [ロックされたセル範囲の選択] [ロックされていないセル範囲の選択] にチェックマークが付いており、シートを保護した状態でもセルの選択が可能なので、例えばセルを選択してほかのシートにコピーすることができます。そのような操作を一切禁止したい場合は、上記2項目のチェックマークをはずしておきましょう。

反対に、オートフィルターによるデータ分析は許可したい、という場合は、上記2項目に加えて [オートフィルターの使用] にチェックマークを付けます。設定項目を上手に選択することで、データの変更を禁止しつつ、ユーザーが行っていい操作を指定できるのです。

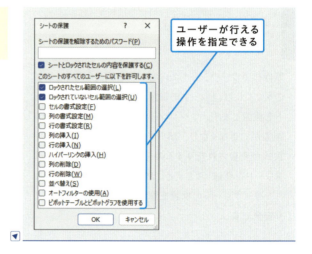

ユーザーが行える操作を指定できる

749

365 | 2024 | 2021 | 2019
お役立ち度 ★★ サンプル

Q 一部のセルだけを編集できるように設定するには

A [ホーム] タブの [書式] でセルのロックをオフにします

見積書や請求書など、必要なデータをその都度入力して使い回す表では、[シートの保護] を設定しておくと、表のタイトルや見出し、数式などをうっかり削除してしまう誤操作を防げます。ポイントは、[シートの保護] を設定する前に、入力欄の [セルのロック] をオフにしておくことです。[セルのロック] の初期設定はオンですが、入力欄を選択して [ホーム] タブの [書式] - [セルのロック] をクリックするとオフにできます。それによって、入力欄のセルのロックはオフ、それ以外のセルのロックはオンの状態になります。ただし、そのままではロックのオン／オフは機能しません。実際にセルのロックのオン／オフを作動させるには、[シートの保護] を設定する必要があります。ワザ746を参考に [シートの保護] を設定すると、入力欄は編集可、それ以外は編集不可となります。

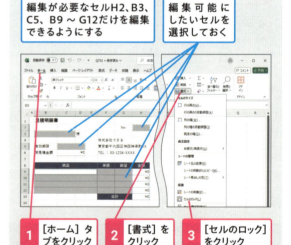

編集が必要なセルH2、B3、C5、B9〜G12だけを編集できるようにする

編集可能にしたいセルを選択しておく

1 [ホーム] タブをクリック
2 [書式] をクリック
3 [セルのロック] をクリック

選択したセルのロックが解除された

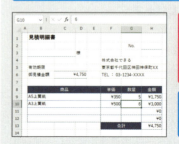

4 [校閲] タブの [シートの保護]をクリックし、ワークシートを保護

選択したセルだけが編集できるようになった

750 特定の人だけセル範囲を編集できるようにするには

A 編集可能なセル範囲にパスワードを設定します

セル範囲に編集許可のためのパスワードを設定してからワークシートを保護すると、パスワードを知っている人しかそのセル範囲を編集できないようになります。例えば、伝票部分のセル範囲には伝票入力者用のパスワード、商品リストのセル範囲には商品管理者用のパスワード、というように、セル範囲ごとに異なるパスワードを設定することも可能です。なお、編集許可のためのパスワードを設定するセル範囲のロックがオフの状態だと、パスワードを知らなくても編集できてしまうので、必ずロックをオンの状態にしておいてください。

編集可能にするセル範囲を選択しておく

［ホーム］タブの［書式］をクリックし、［セルのロック］がオンになっていることを確認しておく

1 ［校閲］タブをクリック

2 ［範囲の編集を許可する］をクリック

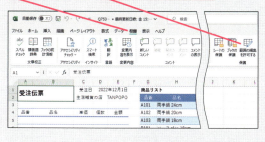

［範囲の編集の許可］画面が表示された

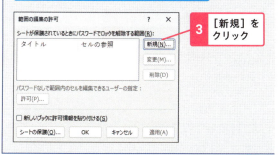

3 ［新規］をクリック

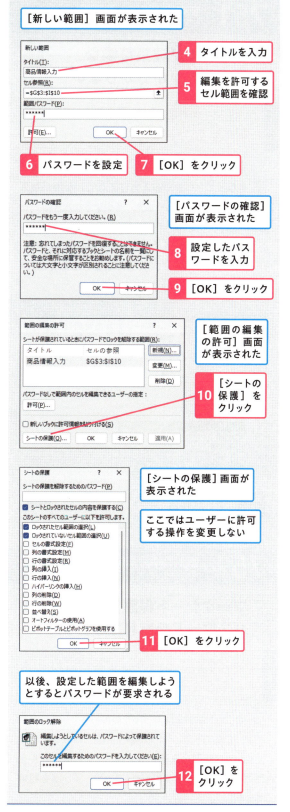

［新しい範囲］画面が表示された

4 タイトルを入力

5 編集を許可するセル範囲を確認

6 パスワードを設定

7 ［OK］をクリック

［パスワードの確認］画面が表示された

8 設定したパスワードを入力

9 ［OK］をクリック

［範囲の編集の許可］画面が表示された

10 ［シートの保護］をクリック

［シートの保護］画面が表示された

ここではユーザーに許可する操作を変更しない

11 ［OK］をクリック

以後、設定した範囲を編集しようとするとパスワードが要求される

12 ［OK］をクリック

751　365 2024 2021 2019　サンプル
お役立ち度 ★★☆

Q どのセルが編集可能な
セルなのかが分からない

A Tabキーで編集可能なセルを
順に移動できます

入力欄がとびとびの位置にあるワークシートを保護したときなど、どのセルが入力可能なセルなのかが分からなくなることがあります。そのようなときは、セルA1を選択して、Tabキーを押してみましょう。すると先頭の入力欄のセルにジャンプできます。その後、Tabキーを押すたびに、入力可能なセルを次々と移動できます。

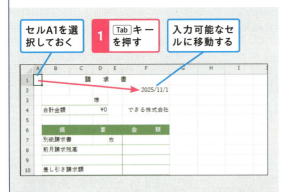

| 関連 750 | 特定の人だけセル範囲を編集できるようにするには | P.369 |

752　365 2024 2021 2019　サンプル
お役立ち度 ★★☆

Q ワークシート保護解除のための
パスワードを忘れてしまった！

A セルを別のワークシートにコピー
できればデータを利用できます

ワークシート保護を解除するためのパスワードを忘れると、そのワークシートの保護を解除できません。しかし、セル範囲の選択が許可されていれば、セルを別のワークシートにコピーすることで、データを利用できます。

753　365 2024 2021 2019
お役立ち度 ★★☆

Q ワークシートやブックを
保護すれば安心？

A 変更は防げますが
中身は誰でも見られます

ワークシートやブックを保護する目的は内容の変更を防ぐことです。他人にデータを見られたくない場合は、ワザ705を参考にファイル自体にパスワードを設定しましょう。

754　365 2024 2021 2019
お役立ち度 ★★★

Q ワークシートの構成を
変更されたくないときは

A ［ブックの保護］でブック全体を
保護できます

ブックを保護すると、ブック内のワークシートの移動、削除、表示と非表示の切り替え、名前の変更、新規ワークシートの挿入など、ワークシート構成の変更を防げます。ブックを保護するには、以下の手順で操作しましょう。なお、再度同じ操作を行うとブックの保護を解除できます。パスワードを設定している場合、解除するときにパスワードの入力を求められます。

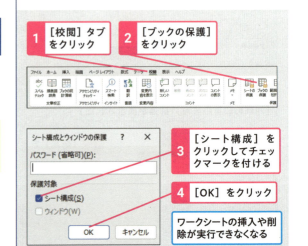

ほかのアプリとの連携ワザ

Excelの表をWordの文書に貼り付けて報告書を作成したり、ほかのアプリで入力したデータをExcelで使用したりするなど、ほかのアプリとの連携技を紹介します。

755 Excelの表をWordに貼り付けたい

A ExcelでコピーしてWordに貼り付けます

Excelで表を選択してコピーの操作を行うと、表がクリップボードに格納されます。Wordに切り替えて貼り付けの操作を行うと、クリップボードに格納された表が元の書式を保持したまま、Wordの表として貼り付けられます。数式が入力されていた場合は、その結果が文字列に変換されます。表のスタイルをWordに合わせたり、Excelのブックにリンクさせたりするときは、貼り付けた直後に表示される［貼り付けのオプション］ボタンをクリックして、貼り付けの形式を変更してください。

1 Ctrl+Cキーを押してコピー

Wordに切り替えておく
2 表の貼り付け先をクリック
3 ［ホーム］タブの［貼り付け］をクリック

Excelの表がWordに貼り付けられた

［貼り付けのオプション］をクリックすると、貼り付けの形式を変更できる

756 ExcelのグラフをWordに貼り付けられる？

A グラフをコピーして図やリンクなどの形式で貼り付けられます

Excelでグラフを選択してコピーの操作を行い、Wordに切り替えて貼り付けの操作を行うと、Word文書にグラフが貼り付けられ、グラフがコピー元のExcelブックにリンクします。貼り付けた直後に表示される［貼り付けのオプション］ボタンをクリックして、元のブックにリンクしたグラフ、元のブックとは切り離したグラフ、図として貼り付けなど、貼り付けの形式を変更することができます。

［貼り付けのオプション］ボタンをクリックして貼り付けの形式を変更できる

757 テキストファイルをExcelで開くには

Q テキストファイルをExcelで開くには

A テキストファイルウィザードを使います

テキストファイルは、さまざまなアプリでデータを保存できるファイル形式です。ほかのアプリでデータをテキストファイルとして保存すると、それをExcelで開いて編集できます。

Excelでファイルを開くときに、[ファイルを開く]画面で拡張子「.txt」のテキストファイルを開くと、自動的に[テキストファイルウィザード]が起動します。ここで区切り文字を指定すると、テキストファイルにある行のデータが区切り文字で分割されて、各セルに読み込まれます。

なお、データを編集して上書き保存すると、元のテキストファイルに上書きされますが、書式やグラフはテキストファイルに保存できません。罫線を使った表やグラフなどをファイルに保存するときは、ブックとして保存しましょう。

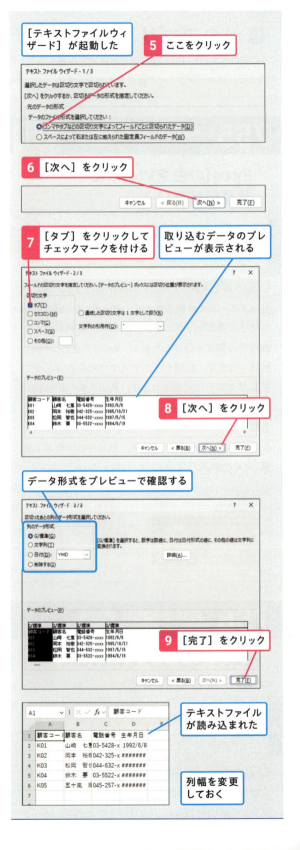

ここではデータがタブで区切られたテキストファイルをExcelで開く

[ファイルを開く]画面を表示しておく

1 フォルダーを選択
2 ここをクリックして[テキストファイル]を選択
3 テキストファイルをクリックして選択
4 [開く]をクリック
5 ここをクリック
[テキストファイルウィザード]が起動した
6 [次へ]をクリック
7 [タブ]をクリックしてチェックマークを付ける
取り込むデータのプレビューが表示される
8 [次へ]をクリック
データ形式をプレビューで確認する
9 [完了]をクリック
テキストファイルが読み込まれた
列幅を変更しておく

758 読み込んだテキストファイルのデータから0が消えてしまう！

A テキストファイルウィザードで文字列として読み込みます

テキストファイルの中に「0」で始まる数字のデータがあると、Excelではそれを数値と認識するため、データを取り込むときに先頭の「0」が消えてしまいます。これを防ぐには、ワザ757を参考に、［テキストファイルウィザード - 3/3］でそのデータを［文字列］として指定しましょう。

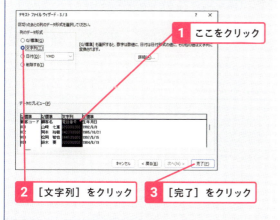

759 データ形式を指定してCSVファイルを開くには

A テキストファイルに変換してから読み込みます

カンマ区切りのテキストファイルをCSVファイル（拡張子「.csv」）と言います。AccessなどのデータベースアプリではデータをCSVファイルに保存できるものが多く、データベースを扱うアプリ間でデータを受け渡すときによく使用されます。
CSVファイルをExcelの［ファイルを開く］画面で開くと、即座にファイルが開きます。一見便利ですが、電話番号など先頭に「0」を含む数字データがある場合、先頭の「0」が欠落してしまいます。これを避けるには、ワザ709を参考に拡張子を表示して、「.csv」を「.txt」に変更します。CSVファイルはテキストファイルの仲間なので、拡張子を変更しても、中身には影響ありません。拡張子を変更してから［ファイルを開く］画面で開くと、［テキストファイルウィザード］が起動するので、ワザ757を参考に取り込むデータの設定を行います。

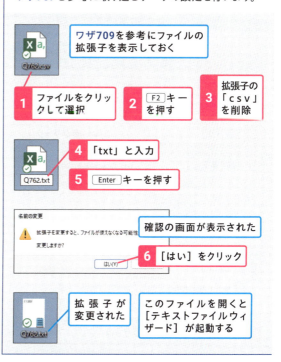

760 AccessのデータをExcelに取り込みたい

365 / 2024 / 2021 / 2019　サンプル
お役立ち度 ★★

Q AccessのデータをExcelに取り込みたい

A ［データの取得］でAccessデータベースを指定します

［データの取得］という機能を使用すると、Accessのテーブルやクエリのデータ をExcelのテーブルとして取り込めます。Accessのファイル名や保存場所などの接続情報は、「クエリ」という単位でExcelに保存されます。Excelのテーブル内のセルをクリックするとリボンに［クエリ］タブが表示され、データの更新など、クエリに関する操作を行えます。なお、Accessのテーブル・クエリとExcelのテーブル・クエリは、同じ名称ですが機能は異なります。

「受注管理.accdb」に含まれる「Q_受注一覧」のデータを取り込む

Excelを起動しておく

1 ［データ］タブの［データの取得］をクリック

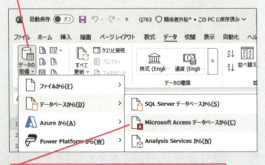

2 ［データベースから］-［Microsoft Accessデータベースから］をクリック

3 Accessデータベースファイルを指定する

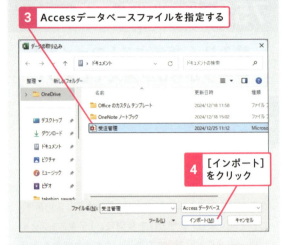

4 ［インポート］をクリック

［ナビゲーター］ダイアログボックスが表示された

5 取り込むデータをクリック

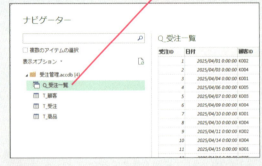

6 ［読み込み］をクリック

Accessのデータが取り込まれた

［クエリと接続］作業ウィンドウにクエリ名が表示された

761 [365] [2024] [2021] [2019] サンプル
お役立ち度 ★★☆

Q Accessデータの変更を
Excelに反映させたい

A ［クエリ］タブの［更新］を
クリックします

Accessのデータを取り込んだ状態で［クエリ］タブの［更新］を実行すると、クエリに保存された接続情報を基にAccessに再接続し、最新のデータを取り込み直せます。

762 [365] [2024] [2021] [2019] サンプル
お役立ち度 ★★★

Q データをAccessから
切り離したい

A ［クエリ］タブの
［削除］をクリックします

［削除］を実行すると、Excelに保存されたクエリが削除され、データがAccessと切り離されます。以降は［更新］を実行できません。

763 [365] [2024] [2021] [2019] サンプル
お役立ち度 ★★☆

Q Accessのデータをセルに
単純にコピーしたい

A ドラッグ操作でコピーできます

Accessのテーブルやクエリをexcelのワークシートにドラッグすると、データを簡単にコピーできます。コピーされたデータはAccessと切り離されるので、Excel側で自由に編集できます。Accessでのデータの編集はExcelに反映されません。

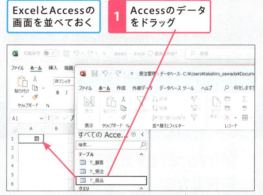

マウスポインターの形が変わった

Accessのデータをコピーできた

🎯 ステップアップ

PowerQuery って何？

Excelの［データ］タブの［データの取得］からは、Accessファイル、テキストファイル、CSVファイルなど、さまざまな外部データに接続できます。接続やデータの取り込みなどの一連の操作を行う機能を「パワークエリ」と呼びます。

OneDriveを活用する

Officeには、パソコンにインストールして使用する製品のほかに、Web用Officeもあります。Microsoftアカウントを利用すれば家や外出先などで、いつでもExcelが使えます。

764 365 2024 2021 2019 お役立ち度 ★★★

Q 「Microsoftアカウント」って何?

A マイクロソフトのサービスを利用するためのIDです

Microsoftアカウントは、マイクロソフトが提供するさまざまなサービスを利用する際に、ユーザーを認証するためのIDです。WindowsやOfficeのサインインに使用するほか、メールやストレージなどのオンラインサービスを利用するのに使用します。

■利用できるサービスの例

サービス	内容
OneDrive	オンラインストレージサービス。Web上でファイルを保管・共有できる
Web用Excel	オンラインアプリ。Web上でExcelを使用できる
Outlook.com	Webメールサービス。メールを送受信できる
Microsoft Store	アプリストア。アプリやゲームなどを購入・ダウンロードできる

関連 765 Microsoftアカウントを取得したい　P.376

765 365 2024 2021 2019 お役立ち度 ★★

Q Microsoftアカウントを取得したい

A マイクロソフトのサイトから新規に作成します

Microsoftアカウントは、マイクロソフトのサイトからインターネット経由で無料で取得できます。取得にはメールアドレスが必要ですが、手持ちのメールアドレスを登録することも、新しいメールアドレスをその場で作成して登録することも可能です。
なお、WindowsにMicrosoftアカウントでサインインしている場合や、すでにマイクロソフトのサービスを利用するためにMicrosoftアカウントを利用している場合は、利用中のMicrosoftアカウントでそのままほかのサービスも利用できます。

関連 767 Web用Excelって何?　P.377

Webブラウザーを起動し、Microsoftアカウントのwebページを表示しておく

■MicrosoftアカウントのWebページ
https://account.microsoft.com/

1 [アカウントを作成する]をクリック

画面の指示に従ってアカウントを作成する

766 365 2024 2021 2019 お役立ち度 ★★★

Q 「OneDrive」って何？

A マイクロソフトのオンラインストレージサービスです

「OneDrive」とは、マイクロソフトが提供するオンラインストレージ（クラウド上のファイルの保管場所）です。Microsoftアカウントを取得すれば、無料で5GBまで利用できます。また、Microsoft 365のユーザーは、1TB（1024GB）を利用できます。OneDriveに保存したファイルはインターネットにつながる環境であればどこからでも使えるので、外出先で編集したり、複数の人と共有したりできます。自分のMicrosoftアカウントでサインインしたパソコンでは、[OneDrive] フォルダーはクラウドのOneDriveと同期しており、通常のファイルを操作する感覚でパソコンの [OneDrive] フォルダーから簡単にクラウドのOneDriveにアクセスできます。出先のパソコンやスマートフォン、タブレットの場合は、Webブラウザーや専用のアプリを使用してOneDriveにアクセスします。

OneDriveを利用すれば、離れた場所にいる複数の人ともファイルをやりとりできる

| 関連 770 | ExcelからOneDriveにブックを保存したい | P.379 |
| 関連 774 | OneDriveの内容をブラウザーで確認するには | P.380 |

767 365 2024 2021 2019 お役立ち度 ★★★ サンプル

Q 「Web用Excel」って何？

A Webブラウザーで利用できるExcelです

「Web用Excel」は、Webブラウザー上で使用できる無料のオンラインアプリケーションです。Excelがインストールされていないパソコンでも、インターネットに接続できる環境であれば、WebブラウザーでWeb用Excelを開いて、OneDriveに保存したブックを閲覧・編集できます。なお、本書の解説は2025年1月現在のものです。OneDriveやWeb用Excelの機能は今後変更される可能性があります。

Webブラウザーを使用してExcelのブックを閲覧・編集できる

| 関連 780 | Web用ExcelではExcelの全機能を使えるの？ | P.382 |

768 WindowsとExcelのアカウントはそろえたほうがいい?

Q WindowsとExcelのアカウントはそろえたほうがいい?

A 別のアカウントでも使用できますが、そろえたほうが便利です

Windows 11の初期状態では、パソコンの[ドキュメント]フォルダーが、Windowsと同じMicrosoftアカウントのOneDriveと同期しています。ブックをパソコンの[ドキュメント]フォルダーに保存すると、同じMicrosoftアカウントのOneDriveに自動でアップロードされます。

一方Excelも、初期状態ではExcelと同じMicrosoftアカウントのOneDriveが標準の保存先となります。ワザ770の要領でブックを保存すると、同じMicrosoftアカウントのOneDriveにアップロードされます。

したがって、WindowsとExcelのMicrosoftアカウントを統一しておくと、同じOneDriveに保存されるので便利です。Excelにサインインしているアカウントは、[ファイル]タブの[アカウント]の画面で確認できます。

[ファイル]タブをクリックしておく

1 [その他]をクリック 2 [アカウント]をクリック

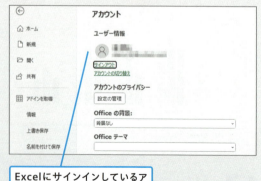

Excelにサインインしているアカウントの情報が表示された

769 Microsoftアカウントにサインインするには

Q Microsoftアカウントにサインインするには

A MicrosoftアカウントのWebページを開いてサインインします

MicrosoftアカウントのWebページにサインインすると、ユーザーの情報や購入済みの製品情報、アカウントに紐づいたパソコンの情報などを確認できます。下記の要領でサインインしましょう。

Webブラウザーを起動し、MicrosoftアカウントのWebページを表示しておく

▼MicrosoftアカウントのWebページ
https://account.microsoft.com/

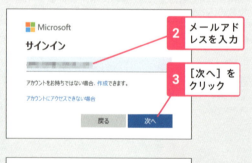

1 [サインイン]をクリック

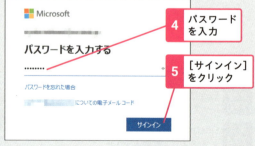

2 メールアドレスを入力
3 [次へ]をクリック
4 パスワードを入力
5 [サインイン]をクリック

770 365 2024 2021 2019 お役立ち度 ★★☆

Q ExcelからOneDriveにブックを保存したい

A ファイルの保存場所としてOneDriveを指定します

Excelで現在開いているブックをOneDriveに保存するには、以下のように操作します。OneDriveに保存すると、ブックの自動保存が有効になります。なお、OneDriveに同期しているパソコンのフォルダーに保存しても、ブックがOneDriveに保存されます。

Officeにサインインしておく

1 [ファイル]タブをクリック

2 [名前を付けて保存]をクリック

3 [OneDrive - 個人用]をクリック

4 [OneDrive - 個人用]をクリック

[名前を付けて保存]画面が表示された

OneDrive内のフォルダーが表示されるので、保存先とファイル名を指定して保存する

771 365 2024 2021 2019 お役立ち度 ★★☆

Q ExcelからOneDrive上のブックを開くには

A [開く]画面でOneDriveを選択します

事前にサインインを済ませておけば、パソコンに保存されたブックと同じ要領でOneDrive上のブックを開くことができます。[ファイル]タブの[開く]の画面から次のように操作します。

1 [OneDrive - 個人用]をクリック

OneDriveにあるフォルダーを選択してブックを開く

772 365 2024 2021 2019 お役立ち度 ★★☆

Q OneDriveから開いたブックを保存するには

A パソコンに保存したファイルと同様に[上書き保存]をクリックします

OneDriveから開いたブックは、パソコンから開いたブックと同様に編集して保存できます。なお、Microsoft 365とExcel 2024/2021では、標準でOneDrive上のブックの[自動保存]がオンになるので、保存操作をしなくても変更を保存できます。

773 [365][2024][2021][2019] お役立ち度 ★★★

Q **フォルダーの［状態］欄に表示されるアイコンは何？**

A **パソコン上でのファイルの保存状態を表します**

OneDriveと同期しているフォルダーの［状態］欄には、下表のようなアイコンが表示されます。これらのアイコンはファイルの保存状態を表します。下表の説明を参考に、ファイルを右クリックして［空き容量を増やす］や［このデバイス上に常に表示する］をクリックすると、保存状態を変えられます。パソコンのディスク容量を節約したい場合はOneDriveだけに保存する、オフライン時にも使用したいファイルはパソコンにも保存する、と使い分けるといいでしょう。

ファイルの状態をアイコンで確認できる

アイコン	説明
☁	OneDriveのみに保存されているファイル。このファイルを開くとパソコンにダウンロードされ、◎ に変わる
◎	OneDriveとパソコンの両方に保存されているファイル。このファイルを右クリックして［空き容量を増やす］をクリックすると ☁ に変わり、［このデバイス上に常に表示する］をクリックすると ● に変わる
●	OneDriveとパソコンの両方に保存されているファイル。このファイルを右クリックして［空き容量を増やす］をクリックすると ☁ に変わる
⟲	同期中のファイル
👥	ほかのユーザーと共有されているファイル

774 [365][2024][2021][2019] お役立ち度 ★★★

Q **OneDriveの内容をブラウザーで確認するには**

A **［OneDrive］アイコンをクリックして［オンラインで表示］を実行します**

共有の状態を管理したいときなど、WebブラウザーでOneDriveを開いたほうが操作しやすい場合があります。タスクバーの［OneDrive］アイコンを使うと、ブラウザーが起動し、簡単にOneDriveのWebページを表示できます。

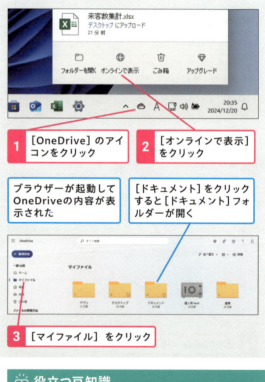

1 ［OneDrive］のアイコンをクリック
2 ［オンラインで表示］をクリック
ブラウザーが起動してOneDriveの内容が表示された
［ドキュメント］をクリックすると［ドキュメント］フォルダーが開く
3 ［マイファイル］をクリック

役立つ豆知識

Webブラウザーから開くには

自宅のパソコンから業務用のOneDriveを確認したいときなどは、「https://onedrive.live.com/」にアクセスして業務用のMicrosoftアカウントでサインインすると、Webブラウザーから直接OneDriveを開くことができます。

775 　365 2024 2021 2019　お役立ち度 ★★★

Q **Webブラウザーを利用してブックをOneDriveに保存したい**

A **OneDriveの機能を使ってファイルをアップロードできます**

自宅のパソコンから業務用のOneDriveにブックを保存したいときは、WebブラウザーでOneDriveのWebページを開いてアップロードを行います。同じ要領でExcel以外のファイルもアップロードが可能です。

OneDriveのWebページにサインインし、保存先のフォルダーを表示しておく

1 ［新規追加］をクリック
2 ［ファイルのアップロード］をクリック

［開く］画面が表示された

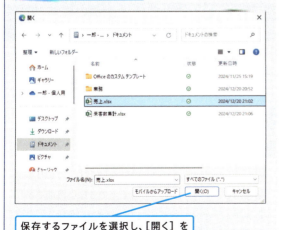

保存するファイルを選択し、［開く］をクリックして保存する

776 　365 2024 2021 2019　お役立ち度 ★★☆

Q **OneDriveにあるブックをパソコンにダウンロードしたい**

A **OneDriveのWebページで［ダウンロード］をクリックします**

出先でブックを使う必要ができたときは、ブラウザーでOneDriveのWebページを開き、ブックを選択して［ダウンロード］をクリックすると、ダウンロードできます。

OneDriveのWebページにサインインしてダウンロードするファイルを表示しておく

1 ダウンロードするファイルをクリック
2 ［…］をクリック
3 ［ダウンロード］をクリック

777 　365 2024 2021 2019　お役立ち度 ★★☆　サンプル

Q **OneDriveにフォルダーを作成するには**

A **OneDriveのWebページで［新規追加］をクリックします**

OneDriveのWebページを開き、以下のように操作すると、フォルダーを作成できます。

1 ［新規追加］をクリック
2 ［フォルダー］をクリック

778 [365][2024][2021][2019] お役立ち度 ★★☆

Q WebブラウザーでOneDriveにあるファイルを開くには

A OneDriveにサインインして一覧からクリックします

ブラウザーでOneDriveのWebページを開き、そこに保存されているブックをクリックすると、Web用Excelでブックが開きます。画面上部には［ホーム］［挿入］［数式］［データ］などのリボンが表示され、通常のExcelと同じ感覚で編集できます。［校閲］タブからは、変更箇所やバージョン履歴を確認することも可能です。編集内容は自動保存されます。

WebページのOneDriveを表示しておく

1 編集したいブックをクリック

Web用Excelが開き、ブックが表示された

リボンを使用して通常のExcelと同じ感覚で編集できる

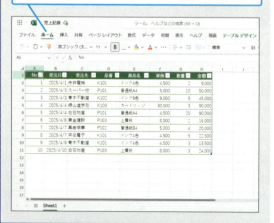

779 [365][2024][2021][2019] お役立ち度 ★★★

Q ブラウザで開いたブックをパソコンのExcelで編集したい

A Web用Excelの［編集］からアプリ版を起動します

パソコンにExcelがインストールされている場合、以下のように操作すると、Web用Excelのブックをパソコンのexcelで開き直すことができます。自分で作成したブックや共有相手から編集権限が与えられているブックの場合、編集内容はOneDriveに上書き保存されます。

Web用Excelでファイルを開いておく / 1 ［編集］をクリック

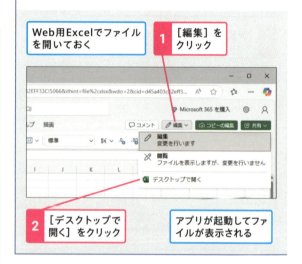

2 ［デスクトップで開く］をクリック / アプリが起動してファイルが表示される

780 [365][2024][2021][2019] お役立ち度 ★★☆

Q Web用ExcelではExcelの全機能を使えるの？

A 基本的な機能は使えます

Web用Excelは、パソコンのExcelと同じようにリボンを利用して操作します。一部使用できない機能もありますが、データや数式の入力、フォントや色などの書式設定、テーブルやグラフの作成といった基本的な作業は行えます。

781 [365] [2024] [2021] [2019]
お役立ち度 ★★★

Q OneDriveに保存した
ブックを共有したい

A 該当するファイルを選択して
メニューから［共有］を選びます

OneDriveに保存したブックは、複数のユーザーと共有できます。共有方法には、このワザで紹介するメールの自動送信の方法と、ワザ783で紹介する自分でURLを共有相手に知らせる方法の2種類があります。メールの自動送信の方法では、指定したメールアドレスに、ブックへのリンクを含むメールが送信されます。

OneDriveのWebページにサインインし、
共有するブックを表示しておく

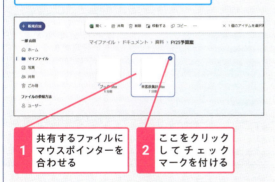

1 共有するファイルにマウスポインターを合わせる
2 ここをクリックしてチェックマークを付ける

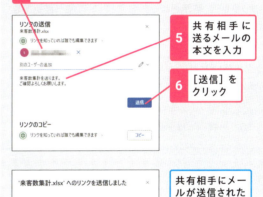

ブックを選択できた
3 ［共有］をクリック

共有方法の選択画面が表示されたら
［メール］をクリックしておく

4 共有相手のアドレスを入力
5 共有相手に送るメールの本文を入力
6 ［送信］をクリック

共有相手にメールが送信された

782 [365] [2024] [2021] [2019]
お役立ち度 ★★★

Q 共有相手がブックを
変更できないようにするには

A リンクを送信する際に［表示可能］
を指定します

初期設定では、共有相手はブックの編集が可能です。編集されたくない場合は、リンクを送信する際に［表示可能］を指定します。すると、共有相手はブックを開いて閲覧することはできますが、編集することはできなくなります。

ワザ781を参考に、［リンクの送信］画面を表示しておく

1 ［編集可能］をクリック
2 ［表示可能］をクリック

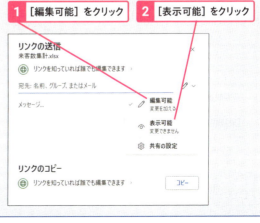

783 365 2024 2021 2019
お役立ち度 ★★★

Q ブックのURLを取得して共有相手に自分でメールを書きたい

A [リンクのコピー]を実行してメールなどに貼り付けます

多くの人とブックを共有する場合は、リンク先のURLを取得して、そのURLをメールやSNSで共有相手全員に伝える方法が便利です。[リンクのコピー]を実行するとURLがコピーされるので、それをメールやSNSの画面に貼り付けます。なお、共有相手がブックを編集できないようにするには、[リンクのコピー]の下の[リンクを知っていれば誰でも編集できます]をクリックして、表示される画面で[表示可能　変更できません]を選択してください。

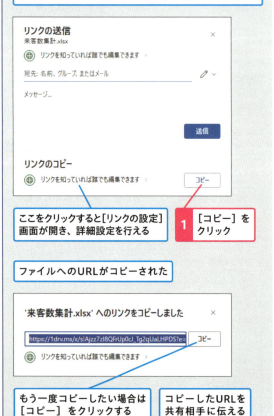

ワザ781を参考に[リンクの送信]画面を表示しておく

1 [コピー]をクリック

ここをクリックすると[リンクの設定]画面が開き、詳細設定を行える

ファイルへのURLがコピーされた

もう一度コピーしたい場合は[コピー]をクリックする

コピーしたURLを共有相手に伝える

784 365 2024 2021 2019
お役立ち度 ★★

Q 共有するブックをパスワードや共有期限で保護したい

A [リンクの設定]でパスワードや期限を設定できます

初期設定ではブックのリンクを知っている人は誰でもブックにアクセスできてしまいます。Microsoft 365には「OneDriveのプレミアム機能」という特典が付いており、共有するブックにパスワードやリンクの有効期限を設定してセキュリティを強化できます。設定するには、ワザ781の[リンクの送信]画面の[リンクの送信]欄で[リンクを知っていれば誰でも編集できます]をクリックし、表示される[リンクの設定]画面でパスワードや有効期限を入力します。

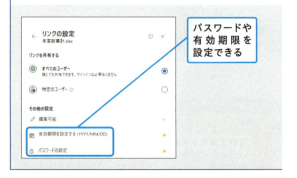

パスワードや有効期限を設定できる

785 365 2024 2021 2019
お役立ち度 ★★

Q 特定の相手だけと共有するには

A [特定のユーザー]を指定します

ワザ784で紹介した[リンクの設定]画面で[特有のユーザー]を選択してメールを自動送信すると、リンクを受け取った相手はブックを開くときに指定したメールアドレスのMicrosoftアカウントによるサインインを求められます。本人以外はブックを開けないので安心です。

786 〈365 2024 2021 2019〉 お役立ち度 ★★☆

Q 複数のブックをまとめて共有したい

A ブックをまとめたフォルダーを共有します

複数のブックを共有したいときは、対象のブックを同じフォルダーに保存して、フォルダーに共有の設定を行うのが便利です。フォルダーを共有する操作は、ブックと同じ要領で行えます。

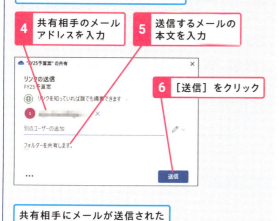

787 〈365 2024 2021 2019〉 お役立ち度 ★★★

Q 共有されているブックやフォルダーを確認したい

A ［共有］メニューで確認できます

OneDriveのWebページの左のメニューで［共有］をクリックすると、自分で作成して共有を設定したブックや、ほかのユーザーが自分と共有したブックを確認できます。

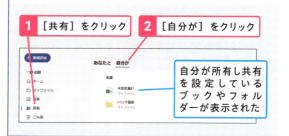

788 〈365 2024 2021 2019〉 お役立ち度 ★★☆

Q Excelからブックを共有するには

A ［共有］をクリックして［リンクの送信］を実行します

OneDriveに保存したブックをExcelで開き、画面の右上にある［共有］-［共有］をクリックすると、ワザ781と同様の［リンクの送信］画面が開き、共有の設定を行えます。

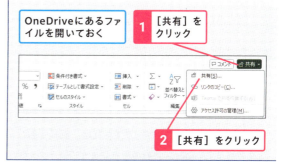

789 365 2024 2021 2019 お役立ち度 ★★☆

OneDriveで共有したブックの共有設定を解除するには

Q

A ［アクセス許可を管理］画面で解除します

OneDriveのWebページからブックの共有を解除するには、ブックを選択して［アクセス許可を管理］画面を表示します。URLや共有相手が一覧表示されるので、目的に応じてURLを解除したり、共有相手の共有を停止したりします。

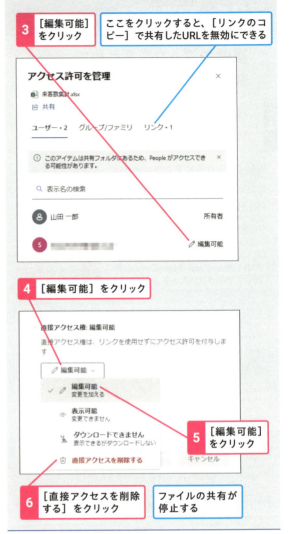

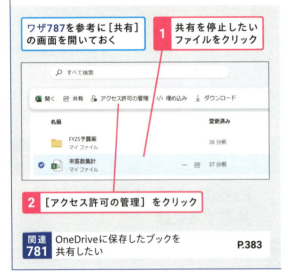

| 関連 781 | OneDriveに保存したブックを共有したい | P.383 |

790 365 2024 2021 2019 お役立ち度 ★★☆

共有を知らせるメールが届いたときは

Q

A メール本文のリンクをクリックしてブックを開きます

ブックを共有するメールが届いたときは、ブックへのリンクをクリックします。すると、ブラウザーが起動してWeb用Excelにブックが表示されます。編集の権限が与えられている共有ブックであれば、編集することもできます。なお、共有の設定によっては、ブックが表示される前にOneDriveへのログインを要求される場合があります。

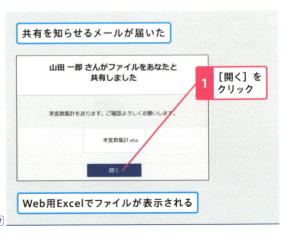

791 [365][2024][2021][2019] お役立ち度 ★★★

Q スマートフォンやタブレットで OneDriveのブックを確認するには

A ［OneDrive］アプリを使用します

［Microsoft OneDrive］アプリを使用すると、スマートフォンやタブレットから簡単にOneDriveを開けます。OneDriveに保存されているブックをタップすれば、ブックの内容も確認できます。スマートフォンやタブレットのWebブラウザーでOneDriveのサイトを開くこともできますが、アプリのほうが便利です。

■Androidスマートフォン用の「Microsoft OneDrive」アプリ

■iPhone用の「Microsoft OneDrive」アプリ

App StoreやGoogle Playで「OneDrive」と入力して検索してもよい

［インストール］をタップするとアプリがインストールされる

792 [365][2024][2021][2019] お役立ち度 ★★☆

Q スマートフォンやタブレットで ブックを編集するには

A ［Excel］アプリを使用します

スマートフォンやタブレット向けに提供されている［Microsoft Excel］アプリを使用すると、OneDriveに保存されているブックを開いて編集したり、新規にブックを作成したりできます。外出先でブックを確認・編集するのに役立ちます。

■Androidスマートフォン用の「Microsoft Excel」アプリ

■iPhone用の「Microsoft Excel」アプリ

App StoreやGoogle Playで「Excel」と入力して検索してもよい

［インストール］をタップするとアプリがインストールされる

第15章 マクロで操作を自動化するワザ

マクロを使いこなす

マクロを使うと、Excel上での作業を自動化でき、頻繁に行う作業を省力化できます。ここではマクロに関する疑問を解決しましょう。

---

793 〔365/2024/2021/2019〕 お役立ち度 ★★★

Q マクロって何？

A Excelの操作を自動化するプログラムです

「マクロ」とは、Excelの操作を自動化するためのプログラムです。一連の操作をマクロとして登録しておくと、マクロを呼び出すだけで、その操作を自動で実行できます。頻繁に行う操作を登録しておけば、作業効率が上がります。マクロは「VBA」（ブイビーエー）というプログラミング言語で作成されたプログラムですが、Excelには［マクロの記録］という機能が搭載されているので、VBAを知らなくても簡単にマクロを作成できます。

■マクロを使わない場合

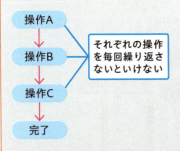

■マクロを使った場合

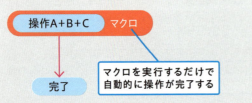

---

794 〔365/2024/2021/2019〕 お役立ち度 ★★★

Q ［開発］タブが表示されていない！

A オプションから表示する必要があります

マクロに関する高度な操作を行うときは、［開発］タブが必要になりますが、リボンに表示されていない場合があります。以下の手順で表示しましょう。

ワザ046を参考に［Excelのオプション］画面を表示しておく

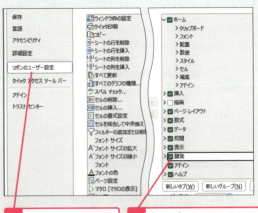

1 ［リボンのユーザー設定］をクリック
2 ［開発］をクリックしてチェックマークを付ける

リボンに［開発］タブが表示された

795 お役立ち度 ★★★ [365][2024][2021][2019] サンプル

Q マクロを記録するには

A ［マクロの記録］で記録を開始して実際に操作します

マクロを記録するには、［マクロの記録］画面でマクロ名と保存先を指定します。するとマクロの記録モードになり、Excel上で行った操作が記録されます。以下の例では、入力欄のデータを自動削除するマクロを作成しています。入力欄のセル範囲を選択して Delete キーを押す操作を記録するだけで、マクロが作成されます。

セルB2〜B6の文字を削除する操作をマクロに記録する

1 ［表示］タブをクリック
2 ［マクロ］をクリック
3 ［マクロの記録］をクリック

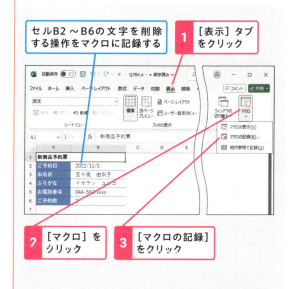

［マクロの記録］画面が表示された

4 マクロ名を入力
5 ここをクリックして［作業中のブック］を選択
6 ［OK］をクリック

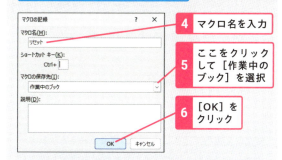

マクロの記録が開始された

7 セルB2〜B6をドラッグして選択
8 Delete キーを押す
9 セルB2をクリックして選択
マクロの記録を終了する
10 ［表示］タブをクリック
11 ［マクロ］をクリック
12 「記録終了」をクリック
マクロの記録が終了した

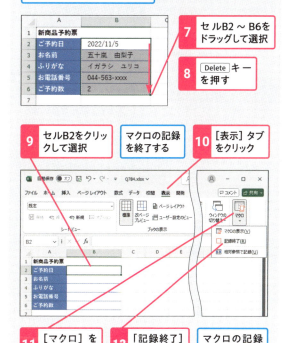

---

796 お役立ち度 ★★ [365][2024][2021][2019]

Q マクロに記録できない操作はあるの？

A 画面の表示や変換過程は記録されません

マクロには記録できない操作があります。例えば、何かの設定画面を表示して設定内容を変更すると、設定内容が記録されますが、設定画面を表示する操作そのものはマクロには記録されません。また、漢字データを入力すると、入力内容は記録されますが、入力や変換の過程は記録されません。マクロの記録中にExcel以外のソフトウェアを操作しても、その操作はマクロには記録されません。

関連 795 マクロを記録するには P.389

797 マクロを実行するには

Q マクロを実行するには

A マクロを選択して[実行]をクリックします

マクロを実行するには、マクロをショートカットキーやボタンに登録して実行するのが簡単ですが、事前に登録の手間が必要です。マクロを記録してすぐにテスト実行するような場合は、事前準備の必要のない[マクロ]画面を使用します。マクロの記録先のブックを開き、[マクロ]画面に一覧表示される中から実行したいマクロを選択してください。

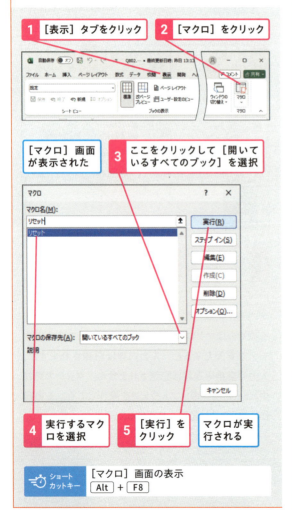

798 [相対参照で記録]って何に使うの?

Q [相対参照で記録]って何に使うの?

A 相対参照を使うとマクロの開始位置をそのたびに変えられます

[相対参照で記録]を使用すると、相対参照でマクロの記録を行えます。例えば、セルA1が選択された状態でマクロの記録を開始し、セルA2を選択して色を設定したとします。絶対参照では、「セルA2を選択して色を付ける」という操作が記録されるため、マクロを実行すると常にセルA2に色が付きます。相対参照では「1つ下のセルを選択して色を付ける」という操作が記録されるため、マクロを実行するとその時点で選択されていたセルの1つ下のセルに色が付きます。

■相対参照で記録する場合

[マクロ]の[相対参照で記録]をクリックしてオンにすると相対参照で記録される

「現在のセルから1つ下のセルを選択して色を付ける」と記録される

■絶対参照で記録する場合

[マクロ]の[相対参照で記録]ボタンがオフのときは絶対参照で記録される

現在のセル位置にかかわらず、常に「セルA2を選択して色を付ける」と記録される

799 マクロを含むブックを保存するには

A [Excelマクロ有効ブック]として保存します

マクロを含むブックは、通常の[Excelブック]形式（拡張子「.xlsx」）では保存できません。「Excelマクロ有効ブック」形式（拡張子「.xlsm」）で保存しましょう。マクロの有無で保存形式を変えることで、ブックにマクロが含まれていることが分かり、危険なマクロを警戒しやすくなります。

マクロを含むブックに保存する

[名前を付けて保存]画面を表示しておく

1 ブックの保存場所を指定　**2** ブック名を入力

3 [ファイルの種類]をクリックして[Excelマクロ有効ブック]を選択

4 [保存]をクリック　マクロを含むブックが保存される

800 ブックを開いたら「マクロが無効にされました」と表示された

A [コンテンツの有効化]をクリックします

マクロを含むブックを開くと、Excelの初期設定では[セキュリティの警告]がリボンの下に表示され、マクロが無効にされます。「無効」とは、マクロを実行できない状態のことです。これは、マクロウイルスの感染を防ぐための措置です。マクロをいったん無効にすることにより、知らないうちにマクロウイルスが実行されてしまうのを防ぎます。自分が作成したブックや信頼できる人から入手したブックなど、マクロが安全であることが分かっている場合は、以下の手順を行うとマクロを有効にできます。

1 マクロを含むブックを開く　マクロが無効の状態でブックが開かれる

[セキュリティの警告]が表示された　**2** [コンテンツの有効化]をクリック

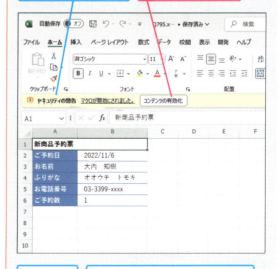

マクロが有効になる　次回以降に開いたときは[セキュリティの警告]は表示されなくなる

関連 801 マクロを含むブックに警告が表示されるようにしたい　P.392

801 [365 2024 2021 2019] お役立ち度 ★★☆

Q マクロを含むブックに警告が表示されるようにしたい

A [Excelのオプション]の[トラストセンター]で設定を変更します

作業の自動化に役立つマクロですが、世の中にはウイルスを感染させるような悪意で作成されたマクロも存在します。念のため、Excelのセキュリティの設定を確認しておきましょう。初期設定では[警告して、VBAマクロを無効にする]が選択されており、マクロを含むブックを開いたときにワザ800で紹介したようにいったんマクロが無効になります。[VBAマクロを有効にする]が選択されている場合は感染の危険があるので、初期設定に戻しましょう。

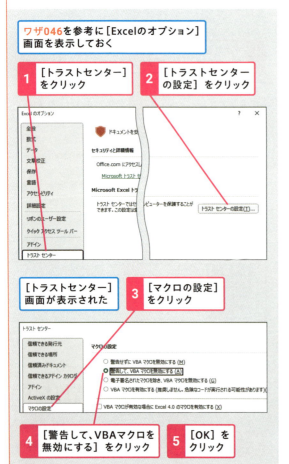

802 [365 2024 2021 2019] お役立ち度 ★★★

Q 「セキュリティリスク」の警告が表示された！

A 開きたいブックがある場所を[信頼できる場所]に登録します

マクロを含むブックを開くと、初期設定では[セキュリティの警告]が表示されマクロが無効になります。また、Webサイトからダウンロードしたブックを開くときも、[セキュリティリスク]が表示されマクロが無効になります。このような不便を解消するには、マクロの保存先のフォルダーを[信頼できる場所]として登録します。[信頼できる場所]に保存したブックは、常にマクロが有効な状態で開くので便利です。なお、安全性に不安があるブックは、[信頼できる場所]に保存しないでください。

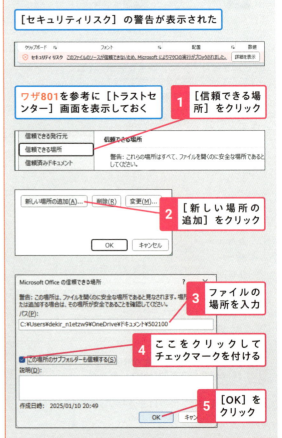

803

Q ワークシートにマクロを実行するボタンを作成したい

A [開発]タブの[コントロール]からボタンを追加します

ワークシートにボタンを配置して、そのボタンにマクロを登録すると、ボタンのクリックで即座にマクロを実行できるので便利です。ワザ794を参考に[開発]タブを表示しておき、[開発]タブの[コントロール]グループにある[挿入]ボタンを使用してボタンを配置します。

ワザ794を参考に[開発]タブを表示しておく

ここでは、マクロを保存したブックを開き、マクロを実行するためのボタンを配置する

① [開発]タブをクリック
② [挿入]をクリック
③ [ボタン]をクリック

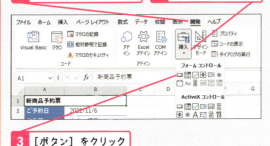

④ ここにマウスポインターを合わせる
マウスポインターの形が変わった
⑤ ここまでドラッグ

[マクロの登録]画面が表示された
⑥ ボタンに登録するマクロをクリック
⑦ [OK]をクリック

ボタンにマクロが登録された
⑧ 文字列を入力

ほかのセルをクリックしてボタンの選択を解除しておく
ボタンをクリックするだけでマクロを実行できる

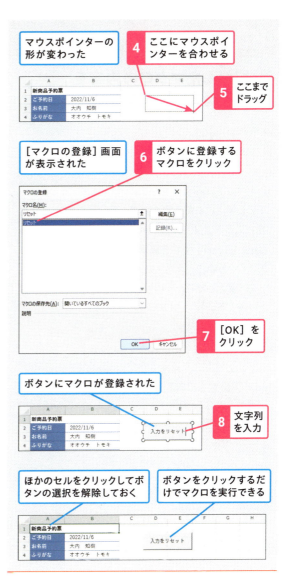

804

Q 作成したボタンを選択するには

A Ctrl キーを押しながらクリックで選択できます

ボタンの移動やサイズ変更をするときは、Ctrl キーを押しながらボタンをクリックして選択します。単にクリックするだけだと、マクロが実行されてしまうので注意しましょう。

Ctrl キーを押しながらクリックしてボタンを選択する

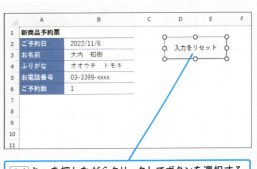

関連 803 ワークシートにマクロを実行するボタンを作成したい　P.393

805 [365][2024][2021][2019] お役立ち度 ★★★ サンプル

Q 記録したマクロの内容を確認するには

A [マクロ]画面で選択して[編集]をクリックします

[マクロの記録]を実行してマクロを作成すると、「コード」と呼ばれる英単語の羅列のようなプログラムが自動作成されます。作成されたコードは「VBE（Visual Basic Editor）」という画面で表示できます。プログラミングの知識がある人なら、VBEでマクロを編集したり、新しいマクロを一から作成したりすることが可能です。

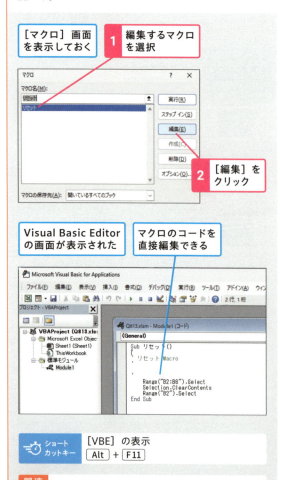

[VBE]の表示 Alt + F11

関連 806 VBAって何？ P.394

806 [365][2024][2021][2019] お役立ち度 ★★★

Q VBAって何？

A Excelで使用できるプログラミング言語です

人が話す言葉に日本語や英語などさまざまな言語があり、それぞれ単語や文法が異なるように、プログラムのコードにもいろいろなプログラミング言語があります。Excelのマクロは、「VBA（Visual Basic Applications）」というプログラミング言語で作成されます。VBAの単語や文法を学習すれば、マクロの記録では自動作成できないような、複雑な動作をするマクロを作成することができます。

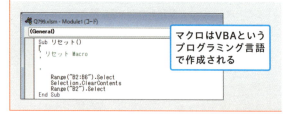

マクロはVBAというプログラミング言語で作成される

807 [365][2024][2021][2019] お役立ち度 ★★☆ サンプル

Q マクロを削除するには

A [マクロ]画面から削除します

不要になったマクロや、間違って記録したマクロは、以下の手順で削除できます。

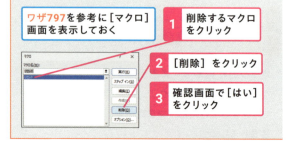

808 Copilotで提供されたマクロを使用したい

Q Copilotで提供されたマクロを使用したい

A コードをコピーして標準モジュールに貼り付けます

Copilotで提供されたマクロや、Webサイトに掲載されているマクロを実行したいことがあります。マクロのコードをコピーし、「標準モジュール」に貼り付ければ、ワザ797の方法で実行できます。提案されたマクロが正しく動作するとは限らないので、実行する際は必ずブックをバックアップしておいてください。

［ステータス］が［退会］の会員を名簿から削除するマクロを使用する

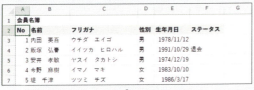

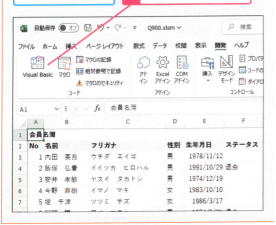

使用したいコードをコピーしておく

1 ［開発］タブの［Visual Basic］をクリック

VBEが起動した

2 ［挿入］をクリック

3 ［標準モジュール］をクリック

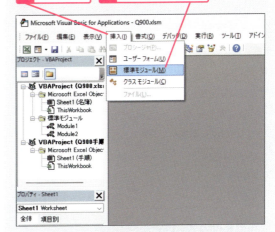

標準モジュールが表示された

4 ここをクリックしてカーソルを表示

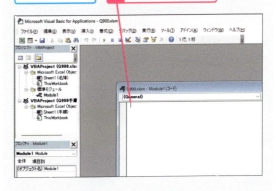

5 Ctrl＋Vキーを押す

コードが貼り付けられた

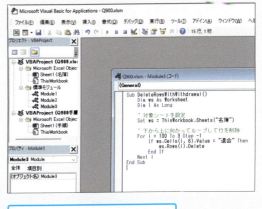

ワザ797を参考にマクロを実行する

付録 ショートカットキー一覧

ブックの操作

[印刷] 画面の表示	Ctrl + P
上書き保存	Shift + F12 ／ Ctrl + S
名前を付けて保存	F12
[ファイル] 画面を表示	Alt + F
[ファイルを開く] を表示	Ctrl + F12
ブックの新規作成	Ctrl + N
ブックを閉じる	Ctrl + F4 ／ Ctrl + W
ブックを開く	Ctrl + O

セルの移動とスクロール

1画面スクロール	PageDown（下）／ PageUp（上）／ Alt + PageDown（右）／ Alt + PageUp（左）／
行頭へ移動	Home
最後のセルへ移動	Ctrl + End
[ジャンプ] 画面の表示	Ctrl + G ／ F5
選択範囲内でセルを移動	Enter（次）／ Shift + Enter（前）／ Tab（右）／ Shift + Tab（左）
先頭のセルへ移動	Ctrl + Home
2つのExcelウィンドウを切り替える	Ctrl + F6 ／ Ctrl + Tab
データ範囲、またはワークシートの端のセルへ移動	Ctrl + ↑ ／ Ctrl + ↓ ／ Ctrl + ← ／ Ctrl + →
すべてのExcelウィンドウを切り替える	Ctrl + Shift + F6 ／ Ctrl + Shift + Tab
ワークシートの挿入	Alt + Shift + F1
ワークシートを移動	Ctrl + PageDown（右）／ Ctrl + PageUp（左）
ワークシートを分割している場合、ウィンドウ枠を移動	F6（次）／ Shift + F6（前）

行や列の操作

行全体を選択	Shift + space
行の非表示	Ctrl + 9（テンキー不可）
行や列のグループ化を解除	Alt + Shift + ←
[グループ化] 画面の表示	Alt + Shift + →
非表示の行を再表示	Ctrl + Shift + 9（テンキー不可）
列全体を選択	Ctrl + space
列の非表示	Ctrl + 0（テンキー不可）

データの入力と編集

カーソルの左側にある文字を削除	Backspace
[クイック分析] の表示	Ctrl + Q
空白セルを挿入	Ctrl + Shift + +（テンキー不可）
[形式を選択して貼り付け] 画面の表示	Ctrl + Alt + V
[検索] タブの表示	Shift + F5 ／ Ctrl + F
コメントの挿入／編集	Shift + F2
新規グラフシートの挿入	F11
新規グラフの挿入	Alt + F1
新規ワークシートの挿入	Shift + F11 ／ Alt + Shift + F1
数式バーの展開/解除	Ctrl + Shift + U
セル内で改行	Alt + Enter
セル内で行末までの文字を削除	Ctrl + Delete
選択範囲の数式と値をクリア	Delete
選択範囲のセルを削除	Ctrl + −
選択範囲の方向へセルをコピー	Ctrl + D（下）／ Ctrl + R（右）
選択範囲を切り取り	Ctrl + X
選択範囲をコピー	Ctrl + C
[置換] タブの表示	Ctrl + H
直前操作の繰り返し	F4 ／ Ctrl + Y
直前操作の取り消し	Alt + Backspace ／ Ctrl + Z
[テーブルの作成] 画面の表示	Ctrl + T
入力の取り消し	Esc
[ハイパーリンクの挿入] 画面の表示	Ctrl + K
貼り付け	Ctrl + V
編集・入力モードの切り替え	F2

セルの選択

選択の解除	Shift + Backspace
選択範囲を1画面拡張	Shift + page down （下）／ Shift + page up （上）
選択範囲を拡張	Shift + ↑ ／ Shift + ↓ ／ Shift + ← ／ Shift + →
入力の確定／入力を確定後、次のセルを選択	Enter
セルを移動せずに入力を確定	Ctrl + Enter
入力を確定後にセルを選択	Shift + Enter （前）／ Tab （右）／ Shift + Tab （左）
ワークシート全体を選択／データ範囲の選択	Ctrl + A

セルの書式設定

下線の設定／解除	Ctrl + U ／ Ctrl + 4
罫線の削除	Ctrl + Shift + _
斜体の設定／解除	Ctrl + I ／ Ctrl + 3
［セルの書式設定］画面の表示	Ctrl + 1 （テンキー不可）
［外枠］罫線を設定	Ctrl + Shift + 6
［通貨］スタイルを設定	Ctrl + Shift + 4
取り消し線の設定／解除	Ctrl + 5 （テンキー不可）
［日付］スタイルを設定	Ctrl + Shift + 3
標準書式を設定	Ctrl + Shift + ~
［パーセント］スタイルを設定	Ctrl + Shift + 5
太字の設定／解除	Ctrl + B ／ Ctrl + 2

数式の入力と編集

1つ上のセルの値をアクティブセルへコピー	Ctrl + Shift + "
1つ上のセルの数式をアクティブセルへコピー	Ctrl + Shift + '
SUM関数を挿入	Alt + Shift + =
［関数の引数］画面の表示	（関数の入力後に） Ctrl + A
現在の時刻を挿入	Ctrl + :
現在の日付を挿入	Ctrl + ;
数式を配列数式として入力	Ctrl + Shift + Enter
相対／絶対／複合参照の切り替え	F4
開いているブックの再計算	F9

Windows 11の操作

アドレスバーの選択	Alt + D
エクスプローラーを表示	⊞ + E
仮想デスクトップの新規作成	⊞ + Ctrl + D
仮想デスクトップを閉じる	⊞ + Ctrl + F4
音声入力を開始	⊞ + H
現在の操作の取り消し	Esc
コマンドのクイックリンクの表示	⊞ + X
アクセシビリティの表示	⊞ + U
ショートカットメニューの表示	Shift + F10
タスクビューの表示	⊞ + Tab
ズームイン／ズームアウト	⊞ + + ／ ⊞ + -
［スタート］メニューの表示	⊞ ／ Ctrl + Esc
セカンドスクリーンの表示	⊞ + P
キャストの表示	⊞ + K
［設定］の画面の表示	⊞ + I
Webを検索	⊞ + W
タスクバーのボタンを選択	⊞ + T
デスクトップの表示	⊞ + D
名前の変更	F2
表示の更新	F5 ／ Ctrl + R
ファイルの検索	⊞ + F ／ F3
［ファイル名を指定して実行］の画面を表示	⊞ + R
ロック画面の表示	⊞ + L

デスクトップでの操作

ウィンドウをすべて最小化	⊞ + M
ウィンドウの切り替え	Alt + Tab
ウィンドウの最小化	⊞ + ↓
ウィンドウの最大化	⊞ + ↑
ウィンドウを上下に拡大	⊞ + Shift + ↑
画面の右側にウィンドウを固定	⊞ + →
画面の左側にウィンドウを固定	⊞ + ←
最小化したウィンドウの復元	⊞ + Shift + M
作業中のウィンドウ以外をすべて最小化	⊞ + Home

ショートカットキー一覧

キーワード解説

本書を読む上で、知っておくと役に立つキーワードをまとめました。なお、関連するほかの用語がある項目には→が付いています。併せて読むことで、初めて目にする専門用語でもすぐに理解できます。ぜひ活用してください。

数字・アルファベット

3-D参照（スリーディー参照）
連続して並んでいる複数のワークシートの同じセル番号のセルやセル範囲を参照すること。例えば、[Sheet1] シートから [Sheet5] シートまでのセルB4の値を参照する3D参照式は、「Sheet1:Sheet5!B4」と表される。
→セル、セル範囲、ワークシート

3-D集計（スリーディー集計）
3-D参照を使用して、複数のワークシートに入力されたデータを集計すること。例えば、[Sheet1] シートから [Sheet5] シートにあるセルB4の値を合計するには、3-D参照を使用して「=SUM(Sheet1:Sheet5!B4)」と入力する。
→3-D参照、ワークシート

Backstageビュー（バックステージビュー）
[ファイル] タブをクリックしたときに画面いっぱいに表示されるウィンドウのこと。ファイル操作や印刷に関する設定が行える。→ウィンドウ、[ファイル] タブ

CapsLock（キャップスロック）
キーボードからアルファベットを入力するとき、CapsLockがオンの状態だと大文字が、オフの状態だと小文字が入力される。Shift+CapsLockキーでオンとオフが切り替わる。

Copilot（コパイロット）
Microsoftが提供しているAIサービスの総称。対話形式で分からないことを質問できる。Windows 11に付属する「Microsoft Copilot」のほか、サブスクリプション契約が必要な有料の製品もある。→サブスクリプション

Excel 97-2003形式（エクセル97-2003形式）
Excel 97/2000/2002/2003に対応したファイル形式（拡張子「.xls」）のこと。→拡張子

FILTER関数
指定したセル範囲から、条件に当てはまるデータを抽出して表示する関数。Excel 2021以降で使用できる。抽出結果のデータ数分だけ数式が自動でスピルする。
→関数、スピル、セル範囲

IME（アイエムイー）
日本語を入力するためのプログラム。Windowsには初めから「MS-IME」がインストールされている。
→インストール

LAMBDA関数（ラムダ関数）
よく使う計算式を独自の関数として定義するために使用する関数。LAMBDA関数に名前を付けて登録すると、自作の関数としてブック内で利用できる。→関数、ブック

Microsoft 365（マイクロソフトサンロクゴ）
サブスクリプション制のOfficeの総称。料金を支払っている間、常に最新のOfficeを利用できる。個人向け製品には「Microsoft 365 Personal」「Microsoft 365 Family」があり、PCまたはMac、タブレットやスマートフォンなど複数の端末で使用可能。→Office、サブスクリプション

Microsoftアカウント（マイクロソフトアカウント）
OneDriveなど、マイクロソフトが提供するさまざまなオンラインサービスを利用するときに必要な認証ID。WindowsやOfficeのサインインにも使用する。マイクロソフトのWebサイトで手続きして無料で取得できる。
→Office、OneDrive、サインイン

Num Lock（ナムロック）
テンキーで数値を入力できる状態にすること。NumLockキーを押して数値の入力と方向キーの機能を切り替えられる。また、テンキーがないパソコンでは、Num Lockの状態にすると通常のキーボードの一部がテンキーの代わりに利用される。

Office（オフィス）
Excel（表計算アプリ）、Word（ワープロアプリ）、Outlook（電子メールアプリ）、PowerPoint（プレゼンテーションアプリ）、Access（データベースアプリ）などを1つにまとめたマイクロソフトのパッケージ製品のこと。→アプリ

OneDrive（ワンドライブ）
マイクロソフトが提供するオンラインストレージサービス。標準で5GBの容量を無料で使える。OneDriveにアップロードしたブックは、Web用Officeで編集したり、ほかの人と共有したりできる。
→OneDrive、Web用Office、共有、ブック

POSAカード（ポサカード）
レジで支払いが完了した時点で商品を有効化するシステムのこと。Microsoft 365 Personal／FamilyとOffice 2024は、POSAカードとダウンロード版の2種類で提供される。レジを通すことでPOSAカードに記載されたプロダクトキーが有効になる。Officeを実際にインストールするには、マイクロソフトのWebページでプロダクトキーを入力してダウンロードする必要がある。
→Microsoft 365、Office、インストール

R1C1参照形式（アールワンシーワン参照形式）
ワークシートの行と列を数字で表すセル参照の方法。これに対して行を数字、列をアルファベットで表すセル参照の方法を「A1形式」と呼ぶ。例えば行2、列3の位置にあるセルは、A1形式では「C2」、R1C1形式では「R2C3」と表す。→行、セル、セル参照、列、ワークシート

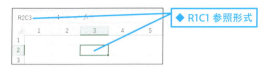
◆ R1C1 参照形式

SmartArt（スマートアート）
ExcelやWord、PowerPointに付属する図表の作成機能。さまざまな図表の枠組みが用意されており、文字を入力するだけで組織図や概念図などを簡単に作成できる。

SUM関数（サム関数）
引数に指定したセル範囲に含まれる数値の合計を求める関数。例えば「=SUM(C2:C10)」では、セルC2からC10の数値の合計を求める。→関数、セル範囲、引数

Web用Office（ウェブ用オフィス）
WebブラウザーでWord、Excel、PowerPointなどのファイルを作成・編集できる無料のオンラインアプリ。パソコンにExcelがインストールされていなくても、インターネットに接続できる環境にあれば利用できる。
→Office、アプリ、インストール

WEEKDAY関数（ウィークデイ関数）
曜日を調べるための関数。「WEEKDAY(日付,種類)」の形式で入力する。引数の［種類］は省略可能で、省略した場合のWEEKDAY関数の結果は、指定した日付が日曜日なら「1」、月曜日なら「2」、土曜日なら「7」となる。
→関数、引数

XLOOKUP関数（エックスルックアップ関数）
表から指定したキーワードに該当するデータを取り出す関数。Excel 2021以降で使用できる。表からデータを取り出す関数にはVLOOKUP関数もあるが、XLOOKUP関数はより機能を強化した関数。例えば、該当データがない場合の処理を指定できる。→関数

XML（エックスエムエル）
eXtensible Markup Languageの略称。さまざまなソフトウェア間のデータ交換を目的として定められたデータを記述するための言語。

あ

アイコン
操作の対象や処理の結果などを表す小さな絵柄。フォルダーの中に表示されるファイルのアイコンから、ファイルの種類が分かる。

アイコンセット
数値の大きさに応じてセルを3～5種類のアイコンで分類する、条件付き書式の機能の1つ。
→アイコン、条件付き書式、セル

アウトライン
行や列の項目を折り畳んだり展開したりできるように、データをグループ化する機能。折り畳みと展開には、＋ －や１２などのボタンを使用する。特定の項目ごとにデータが階層化されているときに、階層ごとにデータを集計、表示できる。→折り畳み、行、グループ化、列

アクティブシート
操作対象として最前面に表示されているシートのこと。シート見出しの背景が白色で表示される。→シート見出し

アクティブセル
ワークシートでは、常に、最低でも1つのセルが選択されている。選択されているセルの中で、入力ができる状態になっているセルをアクティブセルと呼ぶ。複数のセル範囲を選択すると、セルがグレーになるが、その中で白く表示されているセルがアクティブセル。
→セル、セル範囲、ワークシート

アプリ
アプリケーションソフトウェアのこと。Windows向け、iPad向け、Android向けなど、さまざまなアプリが有料／無料で提供される。ExcelやWordもアプリの一種。

インク数式
手書きで入力した数式を自動認識して、数式ツールの数式に変換する機能。数式ツールとは、「Σ」や「∫」などの数学記号を使った式や、分数など数学特有の構造を持つ式を入力する機能のこと。セルに入力する数式とは異なり、計算結果を得ることはできない。→セル

印刷プレビュー
印刷結果の用紙イメージを画面上に表示する機能。印刷プレビューを使用することで、印刷前に仕上がりを確認できる。

インストール
パソコンにソフトウェアや機能を追加することを「インストール」と呼ぶ。類似の言葉に「セットアップ」があるが、基本的にどちらも同じものと考えていい。

インデント
字下げのこと。インデントを設定すると、空白を使わずに文字がセルの中で字下げされる。→セル

インポート
ほかのアプリで作成したファイルのデータをExcelに取り込むこと。Excelでは、テキストファイルやAccessのデータなどをインポートできる。→アプリ

ウィザード
複雑な機能を利用するときに、1画面ずつ段階を踏んで細かな設定を行えるようにする仕組みをウィザードと呼ぶ。Excelには、テキストファイルをインポートするための［テキストファイルウィザード］や、特定の区切り文字でデータを分割するための［区切り位置指定ウィザード］などが用意されている。→インポート

ウィンドウ
パソコンの画面に表示される長方形の表示領域のこと。Excelのウィンドウは、リボン、ブック、作業ウィンドウなどの要素で構成される。
→作業ウィンドウ、ブック、リボン

上書き保存
元のファイルを、編集内容で書き換える保存方法。上書き保存前のブックの内容は残らないので、残しておきたい場合は、上書き保存ではなく名前を付けて保存を実行する。→ブック

エクスポート
ワークシートやブックをExcel以外のファイル形式のファイルに保存すること。テキストファイルやCSVファイルのほか、PDFファイルやXPSファイルにエクスポートできる。→ブック、ワークシート

演算子
数式で実行する計算の種類を表す記号のこと。「＋」「－」「＊」「／」「＾」など、算術計算に使用されるものや、「＝」「＞」「＜」「＞＝」「＜＝」「＜＞」など、値を比較するために使用される記号がある。

オートSUM（オートサム）
ボタンをクリックするだけで、計算対象のセル範囲を自動認識して、合計の数式を作成する仕組み。→セル範囲

オートコンプリート
文字列を入力中、同じ文字列で始まるデータを入力候補としてセルに自動表示する仕組み。同じ列内の隣接するセル範囲に入力済みのデータが入力候補となる。関数の入力候補を自動表示する「数式コンプリート」という機能も用意されている。
→関数、セル、セル範囲、文字列、列

オートフィル
データや数式を素早く入力できるようにした入力支援機能のこと。元にするセルを選択し、セルの右下隅に表示されるフィルハンドルをドラッグして、連続データの入力や数式のコピーなどを実行できる。
→セル、フィルハンドル

オートフィルオプション
オートフィル操作を行った直後に表示されるボタンの名称。このボタンをクリックすると、［セルのコピー］［連続データ］などオートフィルの種類を選べる。
→オートフィル、セル

オートフィルター
データを簡単に絞り込むための機能。オートフィルターを設定した表の列見出しにはフィルターボタン（▼）が追加され、これをクリックして表示される一覧から抽出の条件を指定する。

おすすめグラフ
選択したデータに適したグラフを提案してくれる機能。選択肢から選ぶだけで、グラフを即座に作成できる。

オブジェクト
ワークシート上に配置できる要素のこと。グラフオブジェクト、描画オブジェクト、数式オブジェクトなどがある。
→ワークシート

折り畳み
アウトラインが設定された表の詳細データを非表示にすること。これに対して、折り畳まれた詳細データを表示することを「展開」という。→アウトライン

か

カーソル
セルに文字を入力すると、入力した文字の直後に縦棒が点滅する。この縦棒をカーソルと呼び、文字を入力する位置の目安として利用する。カーソルは、マウスのクリック操作のほか、［編集］モードのときに方向キー（←→↑↓）でもセル内を移動できる。→セル、［編集］モード

改ページ
印刷時にページを改めて、次のページから続きのデータを印刷すること。Excelでは印刷内容が1枚の用紙に収まらない場合、自動的に改ページが行われる。また、改ページ位置を手動で指定する機能もある。

拡張子
Windowsで扱うファイルを識別するための文字列のこと。例えば「Sample.xlsx」というファイル名の場合、「Sample」がファイルの内容を表す文字列で、「.xlsx」がファイルの種類を表す拡張子となる。→文字列

カラースケール
数値の大きさに応じてセルを段階的に色分けする、条件付き書式の機能の1つ。→条件付き書式、セル

カラーパレット
［ホーム］タブの［塗りつぶしの色］や［フォントの色］の横の［▼］をクリックしたときに表示される色の一覧のこと。一覧に表示される色は、Excelのバージョンやブックに設定されているテーマによって異なる。
→テーマ、ブック

関数
複雑な計算や面倒な処理の結果を1つの数式で簡潔に求める仕組み。一般的に「=関数名(引数)」の形式でセルに関数を入力すると、その結果が表示される。数値計算、日付処理、文字列操作など、Excelにはさまざまな種類の関数が用意されている。→セル、引数、文字列

行
ワークシートの横方向のセルの並びを行と呼ぶ。1枚のワークシートには1,048,576行あり、セルの位置を特定できるように、ワークシートの左端には行番号が振られている。→セル、ワークシート

共有
同一のファイルを複数のユーザーで編集できる状態のこと。OneDriveに保存したブックに共有の設定を行うと、インターネット経由で複数のユーザーが同一のブックを閲覧・編集できる。→OneDrive、ブック

クイックアクセスツールバー
リボンの上または下に表示される、ボタンの表示領域。よく使う機能をボタンとして自由に登録できる。
→リボン

クイック分析
データを素早く分析するための機能。データが入力されるセル範囲を選択すると、[クイック分析]ボタンが表示され、条件付き書式やグラフ、テーブルなど、データの分析機能を簡単に利用できる。
→条件付き書式、セル範囲、テーブル

グラフエリア
グラフ全体の領域を「グラフエリア」と呼ぶ。グラフ全体を選択するには、[グラフエリア]と表示される場所をクリックする。

グラフシート
グラフを表示するためのグラフ専用のシート。元のデータとは別に、グラフだけを表示したいときに使う。

クリップボード
「コピー」や「切り取り」の操作を行ったとき、対象のデータが保管される場所のこと。「貼り付け」の操作を行うと、クリップボードに保管されていたデータが取り出される。
→貼り付け

グループ化
複数の図形を1つの図形として扱えるようにまとめることをグループ化という。また、複数のワークシートに対して同じ処理を行いたいときに、複数のワークシートをひとまとめにすることもグループ化と言い、まとめられたワークシートを作業グループと呼ぶ。
→作業グループ、ワークシート

降順
大きい順の順序のこと。降順の並べ替えで数値は「10、9、8、……」、日付は「2025/4/30、2025/4/29、……」、アルファベットは「Z、Y、X、……」のように並ぶ。降順の反対を昇順と呼ぶ。→昇順、並べ替え

ゴールシーク
セルに入力された数式が目的の値になるように、数式が参照しているセルの値を変化させて最適値を求める機能。逆算したいときに利用する。→セル

コメント
セルに表示できるメモ。コメントを利用すると、書類に付せんを貼るように、セルにメモを残せる。Excel 2021以降、コメントの機能が刷新され、会話形式のやり取りが可能になった。→セル、メモ

コンテキストタブ
ワークシート上の選択対象に応じて自動でリボンに表示されるタブのこと。例えば、SmartArtを選択すると、[SmartArtのデザイン][書式]の2つのタブが表示される。バージョンによっては、「○○ツール」という名前でコンテキストタブがグループ化されて表示される。
→SmartArt、グループ化、リボン、ワークシート

コントロール
ワークシートに自由に配置して使用できる、入力や操作のための部品のこと。マクロを実行するためのボタンはコントロールのひとつ。→マクロ、ワークシート

さ

再計算
ワークシートに入力されている数式が計算し直されること。Excelの初期設定では、セルの値や数式が変更されると、自動的に再計算される。→セル、ワークシート

サインイン
オンラインで提供されるサービスなどを利用するときに、IDやパスワードを入力して利用者を認証する手続きのこと。「ログイン」「ログオン」などと呼ばれることもある。Microsoftアカウントでサインインすると、OneDriveを利用できる。→Microsoftアカウント、OneDrive

作業ウィンドウ
関連する設定機能をまとめたウィンドウ。例えば[クリップボード]作業ウィンドウにはクリップボードに関連する機能が集められている。
→ウィンドウ、クリップボード

作業グループ
グループ化したワークシートのこと。作業グループ内のワークシートに一括して書式設定や入力などの操作が行える。→グループ化、書式、ワークシート

サブスクリプション
月額や年額の料金を支払っている間、製品やサービスを利用できる仕組みのこと。Microsoft 365 Personal／Familyはサブスクリプション制で提供される。
→Microsoft 365

シート見出し
ワークシートの名前が表示される部分。シート見出しをクリックすると、そのワークシートに切り替わる。新規ブックに表示されるシート見出しの数は1つだが、必要に応じて追加できる。→ブック、ワークシート

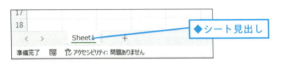

◆シート見出し

指数
5を3回掛け合わせること（5×5×5）を、「5の3乗」と表現する。この「3」のような、累乗を表す数値を指数と呼ぶ。通常、指数は5³のように掛け合わせる数値の右上に小さく表記するが、Excelの数式では「5^3」のように入力する。

自動回復用データ
フリーズしてしまったときに備えて、Excelには編集中のブックを10分おきに自動的に保存する機能がある。保存されたファイルを自動回復用データと呼ぶ。フリーズ後、Excelを再起動したときに自動回復用データを使ってブックが回復される。→ブック、フリーズ

自動保存
自分で保存の操作をしなくても、ブックが自動的に上書き保存される仕組み。Web用Excelでは、ブックは自動保存される。また、Excel 2021以降でOneDriveに保存したブックを編集するときも自動保存される。
→OneDrive、上書き保存、ブック

ジャンプ
名前を付けたセル、空白セル、条件付き書式が設定されたセルなど、特定の条件を満たすセルを選択する機能。セルだけでなく、図形も選択できる。
→条件付き書式、セル、名前

収束値
ゴールシークを実行したときの［数式入力セル］の実行結果の値のこと。ゴールシークは方程式の答えを逆算で求める機能を持つが、実際には数式を逆算しているわけではなく、［変化させるセル］の値を少しずつ変えながら［数式入力セル］の値が［目標値］に近づくまで（収束するまで）計算を繰り返す。→ゴールシーク

循環参照
セルが自分自身を参照していたり、複数のセルでお互いを参照し合っていたりする状態。具体的な値を参照できないのでエラーとなる。→セル

条件付き書式
指定した条件に当てはまるセルに自動的に書式を設定する機能。塗りつぶしの色、フォント、罫線などの書式を指定できる。→書式、セル、フォント

昇順
小さい順の順序のこと。昇順の並べ替えで数値は「1、2、3、……」、日付は「2025/4/1、2025/4/2、……」、アルファベットは「A、B、C、……」のように並ぶ。昇順の反対を降順と呼ぶ。→降順、並べ替え

ショートカット
パソコン上で何かの機能を利用するとき、最短の手順でその機能を実行できるようにすることを総称してショートカットと呼ぶ。

ショートカットキー
Excelで行う操作を簡単に実行できるようにするために、機能を割り当てたキーの組み合わせのこと。通常は英数字のキーと Ctrl キー、 Shift キー、 Alt キーなどを組み合わせて利用する。

ショートカットメニュー
右クリックしたときに表示されるメニュー。右クリックした場所に応じて表示されるメニュー項目が異なる。

書式
セルや図形、グラフなどに設定できる装飾機能のこと。例えばセルの場合、フォント、塗りつぶしの色、表示形式、配置などの書式がある。
→書式、セル、表示形式、フォント

書式記号
表示形式で使われる書式内容を表す文字のこと。「3:50」と表示されているセルに「h"時"mm"分"」という表示形式を設定すれば、「3時50分」という表示に変わる。この表示形式の「h」や「mm」を書式記号と呼ぶ。
→書式、セル、表示形式

シリアル値
日付と時刻に割り当てられる数値のこと。日付のシリアル値は、「1900/1/1」を「1」として、「1」から始まる整数の通し番号で表す。また、時刻のシリアル値は、24時間を「1」と見なした小数で表す。

数式バー
アクティブセルの内容を表示したり、編集したりする場所。数式が入力されている場合、セルには計算結果が表示され、数式バーには数式が表示される。セルに表示形式を設定しても、数式バーには値そのものが表示される。
→アクティブセル、セル、表示形式

数値データ
数値として扱えるデータのこと。Excelでは、同じ「123」というデータでも、文字列として入力した「イチニサン」という数字データなのか、「ヒャクニジュウサン」という値を表す数値なのかを区別して扱う。→文字列

ズームスライダー
画面の表示倍率を拡大、縮小できるつまみのこと。ステータスバー右端にある。つまみを左右にドラッグすると、10%から400%の間で表示倍率を変更できる。
→ステータスバー

スクロールバー
ワークシートを上下左右に動かして、画面に表示される範囲を変えることをスクロールといい、ウィンドウの右端と下端にあるスクロールを制御する帯の部分をスクロールバーと呼ぶ。→ウィンドウ、ワークシート

ステータスバー
Excelの画面下端の帯状の部分。現在の状態（［入力］モードや［編集］モードなど）や実行中の操作に関する説明などが表示される。→［入力］モード、［編集］モード

スパークライン
セル内に表示できるグラフのこと。［折れ線］［縦棒］［勝敗］の3種類がある。→グラフ、セル

スマート検索
セルに入力されている用語をキーワードとして、Webを検索する機能。Webブラウザーを起動しなくても、Excel内で素早くWebを検索できる。検索結果は作業ウィンドウに表示される。→作業ウィンドウ、セル

スピル
動的配列数式を入力したときに、入力したセルだけでなく、その下や右のセルにも数式が入力され、結果が表示される仕組みのこと。スピルと動的配列数式は、Excel 2021以降の機能。→セル、動的配列数式

スライサー
テーブルやピボットテーブルで集計対象のデータを切り替える機能。スライサーを利用すると、一覧から項目をクリックして簡単に抽出結果を切り替えられる。
→テーブル、ピボットテーブル

絶対参照
数式をコピーしても、その数式が参照するセル番号が変わらないセル参照の方法。列番号と行番号に「$」を付けて、「$A$1」のように表現する。
→行、セル、セル参照、列

セル
表計算ソフトには、パソコンで簡単に計算を行うための電子的な集計用紙「ワークシート」が用意されている。このワークシートを構成する小さな四角いマスをセルと呼ぶ。セルには、文字や数値のほか数式を入力できる。
→ワークシート

セル参照
数式の中にセル番号を入力すると、実際にはそのセルの値が計算に使用される。セル番号でそのセルの値を表現することをセル参照と呼ぶ。→セル

セルのスタイル
フォントやフォントの色、塗りつぶしの色、罫線などの書式をまとめて設定する機能。セルのスタイルを使用すると、セルに書式を一括設定できる。
→書式、セル、フォント

セル範囲
複数のセルをまとめて、セル範囲と呼ぶ。Excelでセルに関する操作を行うとき、単一のセルなら、「セルB1を選択する」という表現になるが、セルB1とセルC5を対角線上の頂点とする連続したセルを操作するような場合には、「B1～C5までのセル範囲」と表現する。→セル

［全セル選択］ボタン
ワークシート上のすべてのセルを選択するボタン。行番号の上端と列番号の左端が交差する位置にある。
→行、セル、列、ワークシート

相対参照
数式をコピーしたとき、コピーした数式が参照するセル番号が自動的に変化するセル参照の方法。「A1」のように単にセル番号を指定すれば相対参照になる。「=A1」と入力されたセルをその真下のセルにコピーすると、コピー先のセルは「=A2」となる。→セル、セル参照

た

タイトルバー
ExcelやWordなどのウィンドウ最上部に表示されるバーのこと。タイトルバーには、ソフトウェアの名前やブック名が表示されるほか、ブックを閉じるボタンなどが配置されている。→ウィンドウ、ブック

タスクバー
Windowsの画面下部にある帯状のバー。タスクバーには［スタート］ボタンやアプリへのショートカット、起動中のアプリの名前、現在の日付と時刻などが表示される。
→アプリ、ショートカット

タップ
画面上の項目を指先で押す操作。マウスのクリック操作に当たる。タッチ操作対応の環境で、リボンのボタンやセルを選択するときなどにタップする。→セル、リボン

データテーブル
数式にさまざまな値を代入して計算した結果をまとめた一覧表のこと。代入値の変化による計算結果の違いを比較できるので、試算表として活用できる。

データの入力規則
セルに入力するデータの種類や値の範囲を制限したり、入力モードを自動的に切り替えたりする機能。入力時にドロップダウンリストを表示して、その中から入力するデータを選択させることもできる。→セル、入力モード

データバー
数値の大きさに応じた長さの横棒をセル内に自動表示する、条件付き書式の機能の1つ。→条件付き書式、セル

データベース
住所録や売り上げのデータなど、共通の目的で集められたデータをデータベースと呼ぶ。データを入力したり条件に従って取り出したりするなど、データを管理する仕組み全体をデータベースと呼ぶこともある。

テーブル
表をデータベースとして使用しやすくする機能。表をテーブルに変換すると、自動でオートフィルターが設定され、データの集計や抽出が簡単にできるようになる。
→オートフィルター、データベース、リスト

◆テーブル

テーマ
[配色][フォント][効果]の3要素からなる書式機能。テーマを変えると、ブック全体のデザインが一括して変わる。また、[塗りつぶしの色][フォントの色][セルのスタイル]など、ボタンの一覧に表示される項目の色やデザインも変わる。なお、テーマにマウスポインターを合わせると、リアルタイムプレビューの機能で操作結果が一時的に表示される。
→書式、ブック、マウスポインター、リアルタイムプレビュー

テキストボックス
文字を入力するための四角い図形。縦書き用と横書き用の2種類がある。テキストボックスを利用すると、セルのマス目にとらわれずに、自由な位置に文字を表示できる。
→セル

テンプレート
ブックのひな型となるファイルのこと。見積書や領収書など、定型文書の見出しや数式を入力したものをテンプレートとして保存しておくと、テンプレートから新規ファイルを作成してデータを入れるだけで素早く文書を完成できる。→ブック

同期
OneDriveなどのオンラインストレージとパソコンの間で、ファイルを同じ状態にすること。OneDriveと同期しているパソコンのフォルダーにファイルを保存すると、自動的にOneDriveにアップロードされる。→OneDrive

統合
複数のワークシートに分散されている表のデータを、1つの表にまとめる機能。データをまとめるときに、合計や平均など、集計の方法を選ぶことができる。
→ワークシート

動的配列数式
Excel 2021以降で使用できる、配列数式の強化版の機能。複数の結果を返す数式を入力する際に、先頭のセルに入力して Enter キーを押すだけで、数式がスピルして複数の結果が複数のセルに自動表示される。事前にセル範囲の選択が不要な点、通常の数式と同様に Enter キーで確定できる点が、従来の配列数式になりメリット。
→スピル、セル、セル範囲、配列数式

トリミング
画像を部分的に切り出す加工方法。例えば写真の上下左右から背景部分を切り落として、被写体の一部を残すことができる。

な

名前
セルやセル範囲に付ける名前のこと。セルやセル範囲に名前を付けておけば、「=SUM(金額)」など、数式でセル番号の代わりに名前を利用できる。なお、名前は絶対参照で指定されるので、数式をコピーしても、参照されるセル範囲は変化しない。→絶対参照、セル、セル範囲

並べ替え
データが入力されているセルを特定の基準に沿って並べる操作。数値の小さい順、日付の古い順、五十音順、アルファベット順の並び方を昇順、その逆の並び方を降順と呼ぶ。→降順、昇順、セル

[入力]モード
セルに新規のデータを入力するときのモード。[入力]モードで方向キーを押すと、データの入力中はアクティブセルが移動し、数式の入力中は参照セルが移動する。これに対して、既存のデータを編集する[編集]モードがある。
→アクティブセル、セル、[編集]モード

入力モード
キーボードから入力する文字の種類を指定するためのIMEの機能。通知領域にある[入力モード]ボタンで[ひらがな]や[半角英数]などに切り替えられる。→IME

ネスト
関数の引数に、ほかの関数を使用すること。64段階までネストした関数を使用できる。なお、「nest」は「入れ子」を意味する単語。→関数、引数

は

配列
複数の値を一まとまりのデータとして扱う仕組み。Excelではセルに入力されたデータを配列として扱える。配列を使用した数式は配列数式、または動的配列数式として入力する。→セル、動的配列数式、配列数式

配列数式
配列を使用した数式の総称。Excel 2021以降、配列数式は通常の数式と同様に Enter キーで確定できるようになった。それ以前のExcelでは、あらかじめ結果の配列と同じサイズのセル範囲を選択して配列数式を入力し、 Ctrl + Shift + Enter キーで確定する必要があった。
→セル範囲、配列

パス
ファイルやフォルダーの保存場所を表す文字列のこと。ドライブ名、フォルダー名、ブック名を「¥」で区切って表現する。例えば、Cドライブの［Data］フォルダーにある「Book1.xlsx」ブックは「C:¥Data¥Book1.xlsx」となる。
→ブック、文字列

バックアップファイル
不測の事態に備えて、ファイルのコピーを保存しておくことをバックアップといい、バックアップしたファイルをバックアップファイルと呼ぶ。

貼り付け
コピーや切り取りの操作によってクリップボードに保管したセルや図形を、指定した位置に表示させる操作。
→クリップボード、セル

パワーピボット
ピボットテーブルの機能を強化する仕組み。パワーピボットを使うと、複数のテーブルをもとにピボットテーブルを作成して集計を行える。
→テーブル、ピボットテーブル

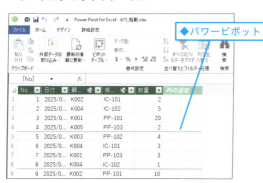

ハンドル
セルやグラフ、図形を選択したときに周囲に表示される小さなつまみのこと。セルの右下に表示されるハンドルをフィルハンドル、グラフや図形の八方に表示されるハンドルをサイズ変更ハンドルという。なお、図形を選択したときは、回転ハンドル（◎）と調整ハンドル（○）も表示されることがある。→セル、フィルハンドル

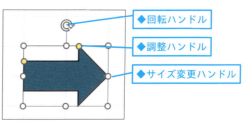

比較演算子
2つの値の大きさを比較し、結果としてTRUE（正しい）またはFALSE（正しくない）のどちらかを返す演算子のこと。「=」「>」「<」「>=」「<=」「<>」などの演算子があり、例えば「A1>B1」という演算の結果は、セルA1の値がセルB1より大きい場合「TRUE」となり、そうでない場合は「FALSE」となる。→演算子

引数
関数の結果を求めるために必要な、計算や処理の対象となるデータのこと。合計を求めるSUM関数の場合、数値や数値が入力されたセルが引数となる。
→SUM関数、関数、セル

ピボットグラフ
ピボットテーブルの集計結果から作成するグラフのこと。
→ピボットテーブル

ピボットテーブル
データが入力された一覧表から手軽に集計表を作成し、データの分析を行えるようにした機能。集計の基準となる項目を、集計表の見出し位置に自由に配置できる。

表示形式
セルに入力したデータの表示方法。同じ「1234」という数値データでも、表示形式の設定により、「1,234」「1,234.00」「¥1,234」などさまざまな形で表示できる。ただし、表示形式を設定しても、セルに入力されている値そのものは変わらない。→数値データ、セル

ピンチ
2本の指で画面にタッチし、互いの指を近付ける操作。これと反対の操作を「ストレッチ」という。タッチ操作対応の環境でワークシートをピンチすると、画面の表示倍率を縮小できる。→ストレッチ、ワークシート

[ファイル] タブ
Excelのリボンの左端に表示されるタブ。[ファイル] タブをクリックすると、Excelの画面にBackstageビューが表示され、ファイル操作や印刷に関する操作を実行できる。→Backstageビュー、リボン

フィルハンドル
セルやセル範囲を選択したときに、右下隅に表示される小さな四角形のこと。フィルハンドルをドラッグすると、数式をコピーしたり、連続データを作成したりできる。
→セル、セル範囲

フォント
文字の書体のこと。フォントを変更することで、文字の見ためや雰囲気を変更できる。

複合参照
相対参照と絶対参照を組み合わせたセル参照の方法。数式をコピーしたとき、行は固定して列方向だけを相対的に変化させたい場合は「A$1」、列は固定して行方向だけ相対的に変化させたい場合は「$A1」のようにセル番号を入力する。
→行、絶対参照、セル参照、相対参照、列

ブック
Excelのファイルのこと。ブックは、ワークシートを束ねたもので、1つのブックは1枚以上のワークシートで構成されている。→ワークシート

ブックウィンドウ
Excelのウィンドウの中で、ワークシートが表示される領域のこと。→ウィンドウ、ワークシート

フッター
ワークシートの下余白の印刷領域を「フッター」と呼ぶ。ページ番号や日付、会社名など、複数のページに共通する内容を印刷するために利用する。→ワークシート

フラッシュフィル
列の先頭に入力したデータの規則性を認識して、表の最終行までのデータを瞬時に自動入力する機能。
→行、列

フリーズ
何らかの不具合が発生し、パソコンの動作が停止して動かなくなること。ほかのアプリや、マウス、キーボードの動作は正常なのに、Excelからの応答だけがない状態を「Excelがフリーズした」などと言う。→アプリ

プリインストール
プリインストールのプリは「前」や「あらかじめ」といった意味を表す接頭語。前もってインストールされている状態を、プリインストールと呼ぶ。Office製品などがあらかじめインストールされて販売されているパソコンを、「プリインストールマシン」と呼ぶこともある。
→Office、インストール

プロパティ
属性や特性などを意味する言葉で、Windowsでは、プロパティにいろいろな設定が保存されている。ブックのプロパティには、作成日時、更新日時、サイズ、作成者などの項目がある。→ブック

プロンプト
CopilotなどのAIに対して質問や指示を行うための入力のこと。→Copilot

ページレイアウトビュー
印刷したときのイメージを確認しながらワークシートを編集できる表示モード。ワークシートに収まるセル範囲を確認したり、余白に印刷する内容を表示したりできるので便利。→セル範囲、ワークシート

ヘッダー
ワークシートの上余白の印刷領域を「ヘッダー」と呼ぶ。複数ページのすべてにページ番号やファイル名、日付などを印刷するために利用する。→ワークシート

ヘルプ
Excelの操作方法や関数の使い方、トラブルの対処法など、Excelに関して分からないことを調べられる機能。
→関数

[編集] モード
セル内のデータを編集するときのモード。データが入力されたセルをダブルクリックしたり、セルを選択してF2キーを押すと [編集] モードになる。[編集] モードでは、方向キーを押したときにセル内でカーソルが移動する。これに対して、新しいセルにデータを入力するときのモードを [入力] モードという。
→カーソル、セル、[入力] モード

ポイント
フォントの大きさを表す単位。1ポイントは約72分の1インチ（約0.35ミリ）。→フォント

保護
セルの編集やシート構成の変更を禁止する機能。ワークシートやブックを保護することによって、誤って数式を書き換えてしまったり、ワークシートを削除してしまったりする失敗を防げる。→セル、ブック、ワークシート

ま

マウスポインター
ディスプレイ上で、マウスの動きに応じて移動する小さなマーク。Excelの操作状況に応じてマウスポインターの形状が変わる。

マクロ
一連の操作を自動で実行する機能。マクロを作成して保存しておけば、同じ操作を繰り返し実行できるので、定型的な処理を自動化したいときに便利。Excelには、実行した操作を記録してマクロを自動で作成できる機能が用意されている。

ミニツールバー
セルを右クリックしたり、セル内の文字をドラッグしたりするときに表示される小さなバー。書式や表示形式などを設定するためのボタンが並んでいる。
→セル、書式、表示形式

メモ
Excel 2019のコメントにあたるMicrosoft 365とExcel 2024/2021の機能。この機能を使用すると、セルにメモを表示できる。→Microsoft 365、コメント、セル

文字列
文字として扱われるデータ。アルファベット、かなや漢字、記号、数字などで構成される。数字だけで構成されるデータでも、郵便番号や電話番号などは、数値ではなく文字列の表示形式を設定すれば、先頭の「0」を表示できる。
→表示形式

文字列操作関数
文字列の置換や検索、部分文字列の取り出し、文字種の変換など、文字列データを操作するための関数の総称。
→関数、文字列

や

ユーザー定義
ユーザーが独自に定義する機能のことを総称して「ユーザー定義」と呼ぶ。Excelでは、表示形式やグラフ、関数などをユーザーが独自に定義できる。→関数、表示形式

予測シート
過去のデータをもとに、将来のデータを予測する機能。時系列のデータを選択して[予測シート]を実行すると、指定したデータと将来のデータをまとめたテーブルと、そのテーブルのデータを表すグラフが新規シートに作成される。→テーブル

読み取り専用
ブックを開くとき、内容は確認できるが、編集した内容を上書き保存できない状態のこと。読み取り専用のブックを編集したときは、別の名前を付けて保存する。
→上書き保存、ブック

ら

ライセンス認証
パソコンにインストールするアプリが正規の製品であること、インストールできる制限数を超えていないことなどを証明するための手続き。→アプリ、インストール

リアルタイムプレビュー
フォントやフォントサイズ、セルの塗りつぶしの色など、設定項目にマウスポインターを合わせるだけで、選択結果を一時的に確認できる表示機能。複数の選択結果を比較できるのでやり直しの手間が省け、書式を効率よく設定できる。
→書式、セル、フォント、マウスポインター

リボン
Excelのさまざまな機能を実行するためのボタンが並んでいる、画面上部に表示される帯状の領域のこと。ボタンは機能別に「タブ」に収納されており、タブ内で「グループ」別に分類されている。タブの構成は、選択状況や作業状況に応じて変わる。

リンク貼り付け
コピーしたデータの貼り付け方法の1つ。貼り付けられたデータは、コピー元のデータと合わせて更新されるように、コピー元のデータとの関連付けが保持される。
→貼り付け

列
ワークシートの縦方向のセルの並びを列と呼ぶ。1枚のワークシートには16,384列あり、セルの位置を特定できるように、ワークシートの上端には列番号が振られている。→セル、ワークシート

ロック
セルや図形などが勝手に変更されたり、削除されたりしないようにする機能。ロック機能を有効にするには、ワークシートを保護する必要がある。
→セル、保護、ワークシート

わ

ワークシート
データを入力したり、グラフを作成したりする場所のこと。1つのワークシートは、1,048,576行×16,384列のセルから構成される。Excelのシートには、ワークシートのほか、グラフ表示専用のグラフシートがある。
→行、グラフシート、セル、列

ワイルドカード
あいまいな文字を検索するときに利用する、特別な役割を持った記号。「*」(半角アスタリスク)は0文字以上の任意の文字列、「?」(半角クエスチョン)は任意の1文字の代わりとして検索に利用できる。→文字列

索引

数字・アルファベット

3-D参照	191, 398
3-D集計	191, 398
Accessデータベース	374
Backstageビュー	54, 398
CapsLock	72, 398
Copilot	274, 398
CSV	373
Excel 97-2003形式	398
Excelのオプション	60
Excelの起動	48
Excelの終了	50
Excelマクロ有効ブック	391
FILTER関数	244, 398
IFERROR関数	235, 239
IFS関数	233
IF関数	232
IME	398
LAMBDA関数	47, 218, 398
Microsoft 365	44, 398
Microsoft Copilot Pro	280
Microsoftアカウント	376, 398
Num Lock	72, 398
Office	398
Officeのカスタムテンプレート	344
Officeの修復	362
OneDrive	377, 398
PDF	350
POSAカード	43, 398
R1C1参照方式	399
SmartArt	292, 399
SUM関数	399
TEXTAFTER関数	230
TEXTBEFORE関数	230
TEXTSPLIT関数	231
VLOOKUP関数	238
Web用Excel	377
Web用Office	399
WEEKDAY関数	399
What-If分析	319
XLOOKUP関数	236, 399
XML	399

ア

アート効果	295
アイコン	292, 399
アイコンセット	149, 399
アウトライン	316, 399
アカウント	45, 378
アクセス許可の管理	386
アクティブシート	399
アクティブセル	64, 399
値として貼り付け	100
新しい関数	202
アプリ	399
インク機能	366
インク数式	80, 399
印刷	156
印刷の向き	161
印刷範囲	162
印刷プレビュー	156, 399
インストール	399
インデント	399
インデントを増やす	134
インポート	399
ウィザード	400
ウィンドウ	400
ウィンドウの整列	358
ウィンドウ枠の固定	357
上書き保存	51, 400
エクスポート	400
エラーインジケーター	196
エラー値	195
エラーチェック	196
エラーメッセージ	87
演算子	400
オートSUM	177, 400
オートコレクトオプション	123
オートコレクトのオプション	92
オートコンプリート	85, 400
オートフィル	81, 400
オートフィルオプション	81, 400
オートフィルター	307, 400

おすすめグラフ	400
オブジェクト	400
折り返して全体を表示する	135
折り畳み	400

カ

カーソル	400
［開発］タブ	388
改ページ	166, 400
改ページプレビュー	160
拡張子	351, 400
カスタムオートフィルター	310
カラースケール	149, 400
カラーパレット	47, 400
関数	401
AND関数	233
ASC関数	227
AVERAGE関数	207
AVERAGEIF関数	214
CEILING.MATH関数	211
CHAR関数	228
COUNT関数	207
COUNTA関数	207
COUNTIF関数	212
COUNTIFS関数	213
DATE関数	221
DATEDIF関数	224
DAY関数	220
DAVERAGE関数	216
DCOUNT関数	216
DSUM関数	215
EOMONTH関数	221
FILTER関数	244
FIND関数	230
FLOOR.MATH関数	211
GROUPBY関数	217
HOUR関数	220
IFERROR関数	235
IF関数	232
IFS関数	233
INDEX関数	241
INDIRECT関数	242
JIS関数	227
LAMBDA関数	218
LEFT関数	228
LEN関数	229
LOWER関数	227
MATCH関数	241
MAX関数	207
MAXIFS関数	215
MID関数	222
MIN関数	207
MINIFS関数	215
MINUTE関数	220
MONTH関数	220
NETWORKDAYS.INTL関数	223
NOW関数	219
OR関数	233
PHONETIC関数	227
PIVOTBY関数	217
PROPER関数	227
RANK.EQ関数	209
RIGHT関数	228
ROUND関数	209
ROUNDDOWN関数	210
ROUNDUP関数	210
SECOND関数	220
SORT関数	243
SORTBY関数	243
SUBSTITUTE関数	229
SUMIF関数	214
SUMIFS関数	214
SWITCH関数	234
TEXT関数	222
TEXTAFTER関数	230
TEXTBEFORE関数	230
TEXTSPLIT関数	231
TIME関数	221
TODAY関数	219
TRIM関数	229
UNIQUE関数	245
UPPER関数	227
VLOOKUP関数	238
WORKDAY.INTL関数	223
XLOOKUP関数	236
YEAR関数	220

項目	ページ
漢数字	128
関数の挿入	204
関数のネスト	206
既定のローカルファイルの保存場所	347
行	401
行／列の入れ替え	101
行／列の切り替え	253
行の再表示	111
行の高さの自動調整	73
行の高さや列の幅を揃える	108
行や列全体を選択する	97
行や列の挿入	106
共有	383, 401
切り取り	99
均等割り付け（インデント）	136
クイックアクセスツールバー	58, 401
クイック印刷	61, 157
クイック修復	362
クイックスタイル	300
クイック分析	58, 401
空白のブック	51
区切り位置指定ウィザード	88
グラフエリア	247, 401
グラフシート	401
グラフスタイル	249
グラフタイトル	246, 256
グラフの移動	248
グラフの種類の変更	250
グラフのデザイン	246
グラフの要素	251
グラフフィルター	254
クリップボード	103, 401
グループ化	401
計算方法の設定	200
形式を選択して貼り付け	102
罫線	146
系列の順序	266
検索する文字列	120
検索と置換	117
［校閲］タブ	71, 364
降順	303, 401
ゴールシーク	318, 401
互換性チェック	363
互換モード	363
個人情報	351
コピー	99
コメント	401
コンテキストタブ	401
コンテンツの有効化	194, 391
コントロール	393, 401

サ

項目	ページ
再計算	401
サイズ変更ハンドル	247, 286
サインイン	50, 378, 401
作業ウィンドウ	401
作業グループ	401
サブスクリプション	43, 402
シートのグループ解除	115
シートの選択	113
シートの保護	367
シート保護の解除	71
シート見出し	113, 402
軸の書式設定	263
指数	402
四則演算	176
自動回復用データ	402
自動再計算関数	203
自動保存	50, 346, 402
自動保存されたバージョン	356
ジャンプ	402
収束値	402
縮小して全体を表示する	138
循環参照	402
循環参照のエラー	199
上位／下位ルール	150
条件付き書式	149, 402
条件付き書式ルールの管理	151, 154
条件を指定してジャンプ	96
詳細設定	78, 313
昇順	303, 402
小数点以下の表示桁数を増やす	127
ショートカット	402
ショートカットアイコン	49
ショートカットキー	58, 402
ショートカットメニュー	56, 402

書式	402
書式記号	402
書式のクリア	141
書式の検索	121
書式のコピー／貼り付け	101
書式のみコピー（フィル）	142
書式ルールの編集	151
シリアル値	219, 402
白黒印刷	163
数式の検証	197
数式の表示	200
数式バー	73, 203, 402
数値データ	402
数値フィルター	310
ズームスライダー	63, 403
透かし	173
スクロールバー	403
図形	284
図形の書式設定	286
図形のスタイル	285
図形の塗りつぶし	262
ステータスバー	181, 403
図の挿入	294
スパークライン	273, 403
図表	292
スピル	47, 186, 403
すべてクリア	74
すべてのメモを表示	365
すべてのユーザー設定をリセット	62
スペルチェック	92
スマート検索	53, 403
スライサー	302, 328, 403
セキュリティの警告	391
セキュリティリスクの警告	392
絶対参照	180, 403
セル	46, 403
セル参照	403
セル内で改行	72
セルの強調表示ルール	150
セルの結合	137
セルの削除	105
セルの書式設定	134, 146
セルのスタイル	139, 403
セルの挿入	105
セルの高さ	109
セルのロック	368
セル範囲	403
セルを結合して中央揃え	137
セルを選択する	94
［全セル選択］ボタン	403
選択オプション	95, 162
選択範囲内で中央	138
選択範囲に合わせて拡大／縮小	359
選択範囲の拡張	66
選択範囲の書式設定	271
線の色	147
全般オプション	348
相対参照	403
挿入オプション	106

タ

ダイアグラムビュー	334
タイトル行	168
タイトルバー	403
タイムライン	329
タスクバー	49, 403
タスクマネージャー	361
タップ	403
縦棒／横棒グラフの挿入	246
タブ	54
置換	119
置換後の文字列	120
中央揃え	135
調整ハンドル	285
重複する値	314
重複の削除	315
通貨表示形式	126
データ系列の書式設定	271
データソースの選択	252
データソースの変更	330
データテーブル	258, 319, 403
データの入力規則	86, 404
データバー	149, 404
データベース	298, 404
データ要素を線で結ぶ	269
データラベル	260

テーブル	298, 404
テーブルスタイル	300
［テーブルデザイン］タブ	143, 299
テーブルとして書式設定	143
テーブルの作成	299
テーマ	144, 404
テキスト	350
テキストファイルウィザード	372
テキストフィルター	310
テキストボックス	288, 404
テンプレート	343, 404
同期	404
統合	192, 404
動的配列数式	186, 404
ドキュメントの暗号化	349
ドキュメントの回復	361
ドキュメントの検査	352
閉じる	50
トップテンオートフィルター	310
トラストセンター	392
トリミング	295, 404

ナ

名前	404
名前の管理	184
名前の定義	183
名前ボックス	66
名前を付けて保存	52, 346
並べ替え	304, 404
並べて比較	359
入力モード	70, 90, 404
［入力］モード	404
ネスト	405

ハ

バージョン	45
バージョン履歴	356
パーセントスタイル	126
配置	287
ハイパーリンクの編集	122
配列	405
配列数式	186, 189, 405
パス	405

パスワードを使用して暗号化	349
バックアップファイル	348, 405
貼り付け	99, 405
貼り付けのオプション	100, 371
パワーピボット	332, 405
範囲の編集の許可	369
ハンドル	405
凡例	246, 255
比較演算子	232, 405
引数	405
ピボットグラフ	331, 405
ピボットテーブル	322, 405
［ピボットテーブル分析］タブ	328
表計算アプリ	42
表示形式	128, 405
［表示形式］タブ	75
標準	77
標準の色	145
標準ビュー	160
標準フォント	141
表全体を選択する	96
開いて修復する	355
ピンチ	405
ピン留め	49, 353
［ファイル］タブ	406
ファイルの概要	351
ファイルを開く	51, 353
フィールド	298
フィールドリスト	323
フィル	83
フィルター	307
フィルターのクリア	302
フィルターボタン	309, 326
フィルハンドル	74, 82, 406
フォント	406
復元	356
複合グラフ	272
複合参照	181, 406
ブック	46, 406
ブックウィンドウ	406
ブックの管理	356
ブックの保護	349, 370
ブックの履歴	353

項目	ページ
フッター	169, 406
太字	128
フラッシュフィル	89, 406
フリーズ	406
プリインストール	406
ふりがなの表示／非表示	91
プロパティ	406
プロンプト	275, 406
分割表示	357
文章校正	123
分数	77
ページ番号	170
［ページレイアウト］タブ	144, 161
ページレイアウトビュー	109, 160, 406
ヘッダー	169, 406
ヘッダーとフッター	169
ヘルプ	406
［編集］モード	68, 406
ポイント	406
保護	406
保存されていないブックの回復	355

マ

項目	ページ
マウスポインター	46, 406
マクロ	388, 406
ミニツールバー	56, 407
無視したエラーのリセット	197
メジャー	338
メモ	364, 407
メモの編集	365
目盛線	360
文字の効果	289
文字列	76, 407
文字列操作関数	407
元に戻す	125
元の値	86
元の列幅を保持	100
問題のチェック	352, 363

ヤ

項目	ページ
やり直し	125
ユーザー設定のビュー	312
ユーザー設定リスト	84, 306
ユーザー定義	407
ユーザー名	352
郵便番号	90
横（項目）軸ラベル	255
横方向に結合	137
予測シート	320, 407
余白	161
読み取り専用	346, 407

ラ

項目	ページ
ライセンス認証	45, 407
リアルタイムプレビュー	56, 407
リボン	53, 407
リボンにないコマンド	62
リボンのユーザー設定	55, 61
リレーションシップ	334
リンクされた図	102
リンクのコピー	384
リンクの自動更新	194
リンクの設定	384
リンク貼り付け	104, 407
ルールのクリア	151
レコード	298
列	407
列の幅の自動調整	110
連続データの作成	83
ロック	407

ワ

項目	ページ
ワークシート	46, 407
ワークシートのコピー	115
ワークシートをグループ化する	115
ワークシートを再表示する	114
ワークシートを削除する	112
ワークシートを挿入する	112
ワークシートを非表示にする	114
ワードアート	289
ワイルドカード	118, 213, 407
枠なし	147
和暦	80, 133

本書を読み終えた方へ
できるシリーズのご案内

シリーズ累計8000万部突破※1
売上ベストセラーNo.1※2

※1：当社調べ　※2：大手書店チェーン調べ

Excel関連書籍

できるExcel 2024 Copilot対応
Office 2024＆Microsoft 365版
羽毛田睦土＆できるシリーズ編集部
定価：1,298円（本体1,180円＋税10%）

Excelの基本から、関数を使った作業効率アップ、データの集計方法まで仕事に役立つ使い方が満載。生成AIのCopilotの使いこなしもわかる。

できるWord 2024 Copilot対応
Office 2024＆Microsoft 365版
田中亘＆できるシリーズ編集部
定価：1,298円（本体1,180円＋税10%）

Wordの基本操作から仕事に役立つ便利な使い方、タイパを向上させる効率的なテクニックまで1冊で身につく。Copilotにも対応！

できるExcel関数 Copilot対応
Office 2024/2021/2019＆Microsoft 365版
尾崎裕子＆できるシリーズ編集部
定価：1,738円（本体1,580円＋税10%）

豊富なイメージイラストで関数の「機能」がひと目でわかる。実践的な使用例が満載なので、関数の利用シーンが具体的に学べる！

読者アンケートにご協力ください！

ご意見・ご感想をお聞かせください！

https://book.impress.co.jp/books/1124101111

「できるシリーズ」では皆さまのご意見、ご感想を今後の企画に生かしていきたいと考えています。お手数ですが以下の方法で読者アンケートにご協力ください。
ご協力いただいた方には抽選で毎月プレゼントをお送りします！

※プレゼントの内容については「CLUB Impress」のWebサイト（https://book.impress.co.jp/）をご確認ください。

1 URLを入力して Enter キーを押す
2 ［アンケートに答える］をクリック

※Webサイトのデザインやレイアウトは変更になる場合があります。

◆会員登録がお済みの方
会員IDと会員パスワードを入力して、［ログインする］をクリックする

◆会員登録をされていない方
［こちら］をクリックして会員規約に同意してからメールアドレスや希望のパスワードを入力し、登録確認メールのURLをクリックする

■著者
きたみあきこ

東京都生まれ。神奈川県在住。テクニカルライター。コンピューター関連の雑誌や書籍の執筆を中心に活動中。近著に『増強改訂版 できる イラストで学ぶ 入社1年目からのExcel VBA』(インプレス)『マンガで学ぶエクセル VBA・マクロ "自動化の魔法" Microsoft 365対応』(マイナビ出版)『データ収集・整形の自動化がしっかりわかる Excel パワークエリの教科書』(SBクリエイティブ)などがある。

STAFF

シリーズロゴデザイン	山岡デザイン事務所<yamaoka@mail.yama.co.jp>
カバー・本文デザイン	伊藤忠インタラクティブ株式会社
DTP制作	田中麻衣子、町田有美
校正	株式会社トップスタジオ
デザイン制作室	今津幸弘<imazu@impress.co.jp>
	鈴木　薫<suzu-kao@impress.co.jp>
制作担当デスク	柏倉真理子<kasiwa-m@impress.co.jp>
編集・制作	リブロワークス
デスク	荻上　徹<ogiue@impress.co.jp>
編集長	藤原泰之<fujiwara@impress.co.jp>
オリジナルコンセプト	山下憲治

■商品に関する問い合わせ先

このたびは弊社商品をご購入いただきありがとうございます。本書の内容などに関するお問い合わせは、下記のURLまたは二次元バーコードにある問い合わせフォームからお送りください。

https://book.impress.co.jp/info/

上記フォームがご利用いただけない場合のメールでの問い合わせ先
info@impress.co.jp

※お問い合わせの際は、書名、ISBN、お名前、お電話番号、メールアドレス に加えて、「該当するページ」と「具体的なご質問内容」「お使いの動作環境」を必ずご明記ください。なお、本書の範囲を超えるご質問にはお答えできないのでご了承ください。

- 電話やFAXでのご質問には対応しておりません。また、封書でのお問い合わせは回答までに日数をいただく場合があります。あらかじめご了承ください。
- インプレスブックスの本書情報ページ https://book.impress.co.jp/books/1124101111 では、本書のサポート情報や正誤表・訂正情報などを提供しています。あわせてご確認ください。
- 本書の奥付に記載されている初版発行日から3年が経過した場合、もしくは本書で紹介している製品やサービスについて提供会社によるサポートが終了した場合はご質問にお答えできない場合があります。

■落丁・乱丁本などの問い合わせ先
FAX 03-6837-5023
service@impress.co.jp
※古書店で購入された商品はお取り替えできません。

できるExcelパーフェクトブック 困った！＆便利ワザ大全 Copilot対応 Office 2024/2021/2019 & Microsoft 365版

2025年2月21日 初版発行

著　者　きたみあきこ＆できるシリーズ編集部
発行人　高橋隆志
編集人　藤井貴志
発行所　株式会社インプレス
　　　　〒101-0051　東京都千代田区神田神保町一丁目105番地
　　　　ホームページ　https://book.impress.co.jp/

本書は著作権法上の保護を受けています。本書の一部あるいは全部について（ソフトウェア及びプログラムを含む）、株式会社インプレスから文書による許諾を得ずに、いかなる方法においても無断で複写、複製することは禁じられています。

Copyright © 2025 Akiko Kitami and Impress Corporation. All rights reserved.

印刷所　株式会社広済堂ネクスト
ISBN978-4-295-02100-1 C3055

Printed in Japan